The Unique World

方寸

方寸之间　别有天地

设计现代城市

1850年以来都市主义思想的演变

〔美〕埃里克·芒福德 —— 著
Eric Mumford

Designing the Modern City

Urbanism Since 1850

刘 筱 —— 译

社会科学文献出版社
SOCIAL SCIENCES ACADEMIC PRESS (CHINA)

目 录

致 谢

首先，我要感谢耶鲁大学出版社的编辑凯瑟琳·波勒（Katherine Boller），她的热情支持让本书得以顺利出版，同时感谢米歇尔·科米（Michelle Komie）于 2012 年与我签订了本书合约。我还要感谢耶鲁大学出版社的其他成员，他们出色的工作使本书的出版成为可能。另外，本书的研究工作得到了华盛顿大学山姆福克斯设计与视觉艺术学院（Sam Fox School of Design and Visual Arts）院长卡蒙·科兰杰洛（Carmon Colangelo）的创意行为研究基金（Creative Activity Research，2012）的支持，同时还得到了华盛顿大学建筑学院前院长布鲁斯·林塞（Bruce Lindsey）和现任院长希瑟·伍夫特（Heather Woofter）的大力支持。我的同事历史学教授玛格丽特·加尔布（Margaret Garb）、东亚城市研究专家金成豪（Sungho Kim）、关晟也给予我莫大的帮助。除此之外，我还得到了华盛顿大学众多同事和学生的帮助与支持，篇幅有限，在此无法一一列举。

在本书的写作过程中，许多研究同行提供了重要见解，我特别感谢谢里夫·卡哈特（Sharif Kahatt），2013 年他邀请我前往位于利马的秘鲁天主教大学任教，这段经历使我在当今世界城市发展研究方面有了新的视角。我还特别感谢哥伦比亚大学的玛丽·麦克劳德 (Mary McLeod)，哈佛大学设计研究生院的伊芙·布劳 (Eve Blau)，波士顿东北大学的伊凡·鲁普尼克（Ivan Rupnik），圣路易斯华盛顿大学以及 H3 工作室的约翰·霍尔（John Hoal），明尼阿波利斯市 VJAA 公司的詹妮弗·尤斯（Jennifer Yoos）和文森特·詹姆斯（Vincent

vii

James），他们深厚的思想拓宽了我的研究思路。多年来，我的老师、同事和邻居使我在研究和写作本书过程中受益匪浅。最后，我要感谢我的妻子和两个女儿给予我的鼓励，漫长的研究和写作过程中，若不是她们的耐心与付出，我不可能完成我的写作。

前　言

　　城市起源通常被形容为开始出现具有一定人口规模和密度、一定防御功能，并提供居住和非农业生产的地理空间，其历史可以追溯到至少公元前 8500 年。公元前 3000 年左右美索不达米亚地区发生"城市革命"之后，在今伊拉克及其周边地区出现了许多古代城市，以建造在具有纪念意义的塔庙周围的寺庙建筑群为特征，而今天在那里仍可见到早期文字的遗迹。公元前 500 年，世界许多地方开始出现各种各样的城市，通常人口不到几千人。古罗马城是第一个人口超过百万的城市，学者通常将具有此类物理形态的区域称为"urbs"（都市），这就是英文单词"urban"（都市）的来源。20 世纪初，被称为"都市主义"（urbanism）的研究领域开始被分离出来。在英国、法国、北欧以及美国东部地区，工业化对劳动力的需求以及铁路系统的建立吸引了大量农业人口涌向城市，城市化问题日益引起关注。第一批城市出现的时候，世界人口可能还不到 500 万，到 1700 年，这个数值已经增长到大约 7.91 亿，不到当今世界人口的 11%。到 1900 年，虽然工业化发展迅速，但世界人口仍然不足 20 亿。到 1950 年，世界人口也还只有 25 亿，且其中大部分集中在亚欧，除了东京和上海，世界主要大城市仍主要集中在欧洲、苏联以及美国。如今，世界人口约为 75 亿，南亚和非洲成为人口增长最快的地区，除了纽约，世界 10 大城市已主要集中于亚洲，其中中国和印度这两个世界上人口最多的国家有 6 个城市上榜。

　　自 1850 年起，技术和社会的变化使世界总人口和城市规模开始呈现爆炸式增长，这些变化自然包括世界贸易增长，最初由海洋帝国以及复式记账法和火药的使用所驱动，同时还有鼓励创新和寻找新市场的更先进的经济体系持续发展的作用。而这样的经济体系往往会催生大型贸易网络和国际贸易，在某些情况下，造就了殖民帝国。这种发展方式极大地推动了一部分族群获得军事和知识优势，从而扩大其控制和征服的能力，或者至少能使很多人富裕起来。

本书主要介绍了过去一个半世纪以来，城市设计是如何以其现实主义实践和理论化的概念来回应城市中不断变化的社会、技术和经济环境，如19世纪的巴黎、柏林、维也纳和巴塞罗那，或者20世纪的纽约、新德里、东京，这些城市至今仍因其城市建成环境而倍受称赞，并为之后的城市设计介入城市发展提供了重要的研究框架。本书还追溯了20世纪后出现的各种城市理论思想，如1910年左右兴起于法国被称为"城镇规划"（town planning）或"都市主义"的设计思想，它们影响了伦敦汉普斯特德花园郊区（Hampstead Garden Suburb）和印度昌迪加尔（Chandigarh）的规划和建设。通过这些具有先驱意义，甚至时常相互对立的城市设计项目，本书既探讨了城市是如何被设计的，同时又追溯了不同城市设计师的设计理念。

本书并不打算详尽而全面地探讨自1850年以来的全球城市发展史，仅希望从特定视角，呈现投资者、设计师、开发商、产业工人以及政府部门等如何塑造城市的详细历史细节。本书也不打算成为一本城市技术史，试图讨论技术如何影响城市。相反，本书关注的是设计领域的关键人物如何通过各种城市设计和规划实践来应对不断变化的社会、技术和经济环境，和他们创建的关于如何设计城市环境的主流论述，即被称为"都市主义"的广泛领域。因而本书的重点自然就放在那些经常被争论的由不同人物提出的城市设计理念上。其中包括19世纪称帝的法国总统拿破仑三世；"城市化"一词提出者、巴塞罗那工程师厄尔德方斯·塞尔达（Ildefons Cerdà）；"遵循艺术原则的城市设计"思想之父卡米洛·西特（Camillo Sitte）；景观设计学奠基人弗雷德里克·劳·奥姆斯特德（Frederick Law Olmsted）；花园城市理论家埃比尼泽·霍华德（Ebenezer Howard）；以"地点—工作—人"为基点的区域主义倡导者帕特里克·格迪斯（Patrick Geddes）；现代建筑主义和现代都市主义的核心人物勒·柯布西耶（Le Corbusier）；加泰罗尼亚移民建筑师，CIAM（国际现代建筑协会）主席，战后现代"城市设计"领域的机构投资人约瑟夫·路易斯·泽特（Josep Lluís Sert）；

提出著名的"城市权利"和"空间政治"概念的战后法国激进理论家亨利·列斐伏尔（Henri Lefebvre）和强调历史名城建筑重要性及其传统城市形式的捍卫者、米兰人阿尔多·罗西（Aldo Rossi）。本书还研究了其他各种城市设计思想、理论和组织，如 CIAM 和 CNU（新城市主义协会）及其继承者、追随者和批判者。本书第一部分介绍了迄今仍然被称为经典的欧洲和美国的城镇模式，以及在此基础上转变而成的全球模式。本文的后半部分则讨论了这种转变的复杂性及其在亚洲、中东、撒哈拉以南非洲和其他区域的许多新城市中不断出现的新现象。

关于 19 世纪前欧洲发展的文献非常丰富，但针对 1850 年以来城市设计发生的巨大变化的文献较少。弗朗索瓦兹·邵艾（Françoise Choay）的《现代城市：19 世纪城市规划》（The Modern City: Planning in the 19th Century，1969）一书开创了 19 世纪的都市主义思潮与社会实践，这本先锋巨作的主要观点和图例至今仍然具有重要的指导意义。莱昂纳多·本奈沃洛（Leonardo Benevolo）出版于 1963—1993 年的诸多著作，都清晰地描述了上面提到的许多具体的欧洲城市设计成果。美国城市理论家刘易斯·芒福德（Lewis Mumford, 1895—1990）以及意大利马克思主义历史学家曼弗雷多·塔夫里（Manfredo Tafuri, 1935—1994）在 20 世纪中期提出的激进思想则引起了广泛争议，塔夫里批评了现代主义建筑师和设计师的自负，质疑其是否能够以工人阶级利益为导向改造工业社会，正是他的观点打开了关于城市设计批判性诠释的新路径并持续产生影响至今。同时他关于城市设计师的角色思考毫无疑问也是值得肯定的，但非常可惜的是他的诸多思想火花和研究成果甚少公开出版。当然，本书也增加了一些重要的研究，如斯皮罗·科斯托夫（Spiro Kostof）的《城市的形成》（The City Shaped，1991）和《城市的组合》（The City Assembled，1992），其中提供了众多重要的城市设计案例；彼特·霍尔（Peter Hall）的《明日之城》（Cities of Tomorrow，1988）是一部关于现代城市规划的知识史，以及斯蒂芬·沃德（Stephen Ward）百科全书式的著作《规划 20 世纪城市》（Planning the Twentieth-Century City，2002）也为本书提供了重要素材。

还有一些非常重要的现代都市主义研究散布在建筑史文本中，如肯尼斯·弗兰姆普敦（Kenneth Frampton）的《现代建筑》（*Modern Architecture*，2007），让－路易斯·科恩（Jean-Louis Cohen）的《1889 年以来的建筑未来》（*The Future of Architecture Since 1889*，2012），凯瑟琳·詹姆斯－柴克拉柏蒂（Kathleen James-Chakraborty）的《1400 年以来的建筑》（*Architecture Since 1400*，2014）等。而本书的意义和价值则是全面阐述 19 世纪以来，城市设计师如何以独特的设计理念和设计实践塑造城市，并进一步整合社会、经济和政治变迁。

第一章
现代都市主义的兴起：
19世纪的欧洲城市

004   许多今天最受人敬仰的欧洲城市，如罗马、佛罗伦萨、威尼斯和巴黎等，几个世纪以来一直是城市环境设计的灵感来源。如今，这些城市里常常挤满了游人，充斥着各种各样的社会冲突。城市环境形成于某种文化环境之中，在这种环境中，纯粹的经济问题总是从属于政治和宗教权威。城市空间是国家权力的一种投射，用新的、适宜的不朽意象来表达，比如教皇西克斯图斯五世（Sixtus V，1585—1590）时期的罗马，那些新设计的笔直街道、喷泉和教堂等，都极大地影响了后来的城市环境设计。

    1643—1715年，国王路易十四统治着法国。当时，他不仅重新改造了卢浮宫东翼（1671），使其成为欧洲历史上最大的建筑，而且还在巴黎西南20公里外，占地800公顷的土地上兴建了一座巨大的新宫殿——凡尔赛宫（1661—1715，图1）。凡尔赛宫运用了当时最先进的测量技术和给排水管网技术，体现了最杰出的建筑和景观设计水平。它的中心建筑是一座巨大的宫殿，其东西两翼的廊道装饰着文艺复兴风格的古典雕塑和巨大玻璃窗，这种细节设计，对之后的政府建筑设计有巨大影响。花园和排水系统设计则在某种程度上受伊斯兰风格的启发，严格地沿轴心进行组织管理，并汇集于同时兼为国王办公室和接待室的卧室。凡尔赛宫的宏伟规模以及精美的古典建筑装饰和花园设计无不体现出法兰西国王的统治权威，威慑来访的各国使节，以及任何试图谋反叛乱的贵族和外族领导者。可以说凡尔赛宫的设计准则极大地影响了欧洲其他皇家宫殿和花

005 园，特别是莱茵兰地区的大小公国（后来成为德国的一部分），比如卡尔斯鲁厄

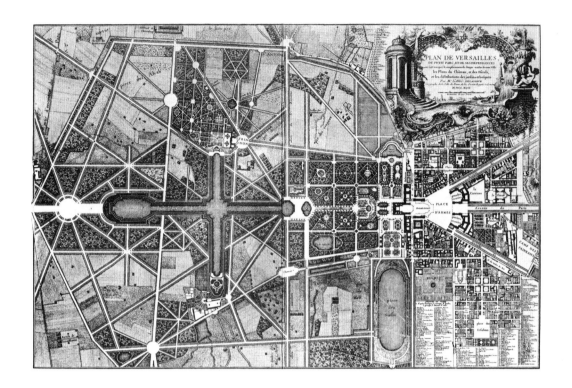

图1　凡尔赛宫平面图及
安德烈·勒诺特尔设计的
花园。
(André Le Nôtre, Abbé
Delagrive plan, 1746)

（Karlsruhe）等。

　　凡尔赛宫建筑和景观的规划与设计对"既有城市"的设计也产生了影响，欧
洲的统治者们开始有意识地管理和控制城市环境，使其看起来比中世纪杂乱、肮
脏的城市环境更宏伟、更"有规则"。在中世纪的城市中，拥挤的街道上塞满了
各种木质结构的住宅，也没有完善的给排水设施。统治者们通过调整和限制住宅
类型，以几何形式的直街重塑街道格局，有时也会统一街道宽度，并大规模种植
行道树，比如柏林的菩提大街（1647）。偶尔这些统治者也会委派建筑师和工匠
修建带有喷泉和雕塑的广场，以彰显皇室的荣耀和权威。18 世纪时，这种做法
在欧洲及其遥远的殖民地都很普遍，尽管这些地区的城市设计通常会受本土城市
设计的影响。

　　城市的发展，使具有理想主义色彩的文艺复兴式城市规划作为中世纪的延伸
得以实现，尤其是在柏林，普鲁士统治者将中世纪的城镇中心沿着新建的古典式
街道和广场向外扩展。在巴黎也发生过城市美化事件这样的插曲，如原来的皇家 006

　　　设计现代城市：1850 年以来都市主义思想的演变

广场（今孚日广场）、胜利广场、旺多姆广场、路易十五广场（今协和广场）等，尽管经历了法国大革命（1789—1793）的洗礼，但在进入 19 世纪前，大部分城市仍保持着中世纪的形态。但在这一时期，阿贝·劳吉尔（Abbé Laugier）、皮埃尔·帕特（Pierre Patte）等著名建筑师和理论家引领了一场广泛而有影响力的讨论，倡导在城市设计中采用多样化的、宜人的城市空间和街道布局，并促使巴黎在 19 世纪进行了许多真正意义上的城市变革。

伦敦，正在崛起的国际大都市

到 1800 年，尽管伦敦作为大英帝国首都，人口规模和城市版图都在迅速扩大，但同期的清王朝的都城北京（1644—1912）仍然是世界上最大的经济中心，也是最大的城市，这一地位保持了几个世纪。到 1825 年，拥有 130 万城市人口的伦敦终于成为全球最大的城市，并一直保持到 20 世纪 20 年代。伦敦是无可争议的第一个资本主义大城市，是全球金融、贸易和行政中心。它从各地吸收了大量移民，首先是从周边的乡村地区，接着是爱尔兰地区，后来甚至扩展到世界各地。当今世界的许多大城市都是其追随者，要么是在欧洲殖民主义时代的鼎盛时期建立的，要么是在这一时期扩展的。这其中包括许多曾是英国殖民地前哨的印度大城市，如金奈（马德拉斯，1639）、孟买（1665）及加尔各答（1690）——1912 年前一直是英属印度首都。另外，还包括如新加坡（1819）、尼日利亚的拉各斯（1851）、南非的约翰内斯堡（1886），以及仰光（1852）等城市。除此之外，尽管清王朝保持着文化上的独立，但随着 1842 年[1]鸦片战争战败，英国和其他欧洲大国在中国的沿海和沿江地区开辟了"通商口岸"，如广州、上海、天津、汉口、香港等，这些城市也开始带有英国式的城市元素。即使是今天成为其他文化传统典范的城市，在现代发展中也受到了英国风格的强烈影响，尤其是像卡拉奇（karachi）这样的地方，在 1839 年被英国统治之前，卡拉奇曾经作为荷兰东印度公司的殖民口岸；还有巴西圣保罗、东京（1867 年之前名为江户）等

1　原文误为1843年，鸦片战争结束是在1842年。——译注（书中所有脚注皆为译注，后不再标示）

城市。

和伦敦一样，这些城市中的大多数也被划分为不同的地区，比如相对少数的权贵阶层居住区往往与为其服务的广大平民阶层如仆人、商人、劳工和无业游民的居住区是分开的。在英属殖民地区，城市通常被明确分隔成土著的"黑人城镇"（black towns）和欧洲殖民者的"白人城镇"（white towns），建立了种族 和宗教隔离模式，这种城市模式一直延续至今。与传统城市模式相比，这种新型的种族隔离城市甚至更依赖于农村地区种植的粮食。1850年，这些城市的形态仍然与早期由砖石和木头建起的城市相似：狭小而低矮的房屋分布于狭窄的街道两旁，既没有室内卫生管道，也没有市政供水。电力设施、机动车、电梯还不存在，室内管网设施成为极其奢侈而稀缺的存在。大多数殖民城市的生活与古代城市相似，都是用步行来解决日常生活所需，故而其建成区规模很少超过几平方公里。这些城市极度依赖水资源供给以及畜力的长途运输，因为直到19世纪20年代客运交通才在英国出现，而直到1913年，亨利·福特才开始在美国大规模生产汽车。

19世纪，史无前例的新元素开始出现在殖民地和其他地方的大城市，以及在政治、商业和文化上受其影响的众多小城市。这些城市新元素包括城市边缘的花园墓地、公园，以及建有昂贵独幢别墅的通勤住宅区等，并配置了公共马车驿站、马车和通勤铁路线等服务。但是，早期世界大都市都没有大型污水排放系统，比如汉堡直到19世纪40年代才设计和建设了第一套城市污水排放系统，而伦敦直至19世纪50年代后期才开始建设。

伦敦作为一个大都会区，其19世纪的城市设施、社会生活和设计转型至今仍可在其建筑文物和城市环境中看到（图2）。处于欧洲大陆边缘的伦敦直到18世纪仍然还是一个不同寻常的皇家都城与欧洲北部港口城市的混合体，它不仅拥有以君主制为中心的强大法院，而且拥有跨越英吉利海峡建立长期贸易和文化联系的浓厚的商业文化。国家政治权力和跨国商业力量高度集中在一起，促使受商业驱动的伦敦迅速发展，"成为全球最大的商业中心"。伦敦有两个中世纪中心，一个是商人聚集的面积很小的伦敦城，一个是旁边的皇家都城威斯敏斯特城。伦敦城有汉萨同盟的交易中心"钢院商站"（Steelyard），而威斯敏斯特城则以哥特式教堂为中心，至今仍彰显着英国王室的王权神授。到1700年，伦敦的发展已经扩展到泰晤士河沿岸的

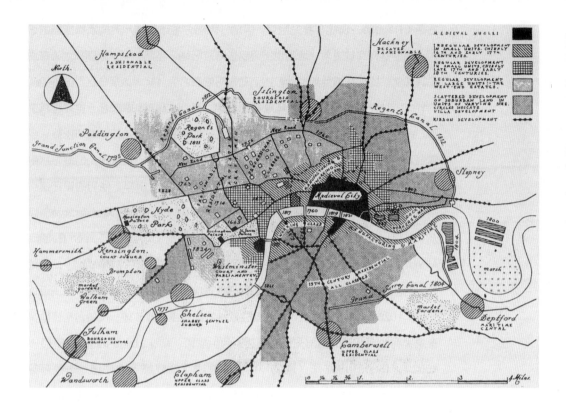

图 2 1830 年前的伦敦规划图。
(drawing by Alison Shepherd, from John Summerson, *Georgian London* [New Haven: Yale University Press, 2003], 3)

古老中心以外，社会地位和财富不断上升的商人阶层为建造品质更好的住宅（比如美式连排别墅），将伦敦西区作为新的居住地，这里正好位于白金汉宫和圣詹姆斯公园（St James's Park）等皇家领地的外围，这些皇家领地有时也向公众开放。即便如此，这种增长模式与欧洲大陆国家的首都也大不相同，如柏林在城市最初形成时也拥有两个相互独立的城市定居点，但后来合并了。伦敦与罗马也不同，罗马有梵蒂冈城，这里是天主教教皇所在地，曾是天主教拥有大量领地的世俗世界的首都，直至 1861 年意大利统一为一个民族国家。

19 世纪初期城市不断扩张，伦敦以及伯明翰、利物浦等其他英国城市的发展模式与欧洲大陆的中心型城市也大不相同。如巴黎、马德里、里斯本等国家首都和贸易城市都曾是帝国的中心，且都由皇室和贵族或者几个商业家族通过联姻而牢牢控制着权力，自然也造成宗教和文化环境的单一。城墙以外的土地开发绝大多数受到法律的严格限制，以保护有价值的农业用地。除了荷兰、威尼斯、拉古萨（Ragusa，现杜布罗夫尼克）等地，大部分城市都排斥不同宗教族群的进入，即便是允许其进入，活动也被限制在特定区域。当然，对于欧洲犹太人来说尤其如此，比如在威尼斯，他们的活动被限制在名为"犹太人居住区"（Ghetto）的地方，这一规定来自 1516 年颁布的法律，直到 1797 年拿破仑一世才将其废除。同时，15 世纪意大利文艺复兴时期的王宫贵族、教皇和其他城市贵族，经常强调城市环境应该在精神层面和世俗层面具有打动人心和提升人们道德水平的能力，这种观点为之后几个世纪的欧洲统治者提供了榜样。他们的设计指引来自古罗马建筑师维特鲁威所著的《建筑十书》（*Ten Books Architecture*）以及文艺复兴早期意大利的人文主义者莱昂·巴蒂斯塔·阿尔伯蒂（Leon Battista Alberti，1404—1472）影响深远的《建筑论》（*On the Art of Building*）。在伦敦，这些文艺复兴时期有关城市形态的理念影响十分有限且进展缓慢。国王查理一世（1625—1649 年在位）试图建立欧洲式的君主专政政体，其中包括资助具有意大利教育背景的英国文艺复兴建筑师伊尼哥·琼斯（Inigo Jones，1573—1652）。1630—1637 年，查理一世批准修建了伦敦第一个广场——科芬花园（Covent Garden），但是他的统治随着英国革命及其骑士团被激进的新教徒"圆颅党"击败而结束，他也在 1649 年被处死。奥利弗·克伦威尔（Oliver Cromwell）随后利用清教徒神权政治对新兴的大英帝国实行独裁统治直至 1661 年[1]。文艺复兴风格的城市设计，就像前国王的欧洲大陆艺术收藏品一样，颇受质疑。随着 1660 年君主制复辟成功，越来越多的改良版文艺复兴式建筑才以政治上可接受的方式在英国城市里发展起来。不同于其父亲，新国王查理二世依靠议会的支持，其中越来越多的议会成员受到财富越来越丰厚的商人的支持。

1666 年毁灭性的伦敦大火后，议会通过了一项可以说是英语世界里第一部全面的建筑立法《伦敦重建法案》（London Rebuilding Act，1667），它规定伦敦未来的所有新建筑都必须是砖石结构，而非木质结构，作为对伦敦城的中世纪木质房屋在大火中被烧毁的回应。该法案的部分条款是由建筑师克里斯托弗·雷恩（Christopher Wren，1632—1723）爵士起草的，他还以文艺复兴风格设计并督建

---

1 此处疑有误，克伦威尔于1658年去世，其子理查德·克伦威尔继任护国公后也很快于1659年被赶下台。1660年查理二世复位。

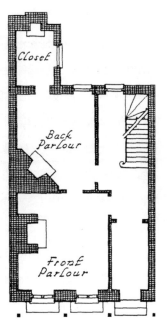

图 3　1667 年《伦 敦 重建法案》规定的 1670—1700 年伦敦排屋朝向街道侧的标准外立面及平面图。
(John Summerson, *Georgian London* [New Haven: Yale University Press, 1988], 51)

了圣保罗大教堂（1708 年竣工）。《伦敦重建法案》规定了四种砖砌排屋形式，上至 4 层 900 平方英尺（84 平方米）及以上的一级住宅，下到非常小的双层四级住宅。这里的分级标准主要依据对业主征收的税额。雷恩还规定了街道两旁的建筑物高度不得超过其所面向的街道宽度的一半。随着这部法案的实施，我们熟悉的城市模式发展起来。法案刻意将砖砌外立面、文艺复兴风格的建筑形式拓展至重建后的伦敦城，而前大英帝国的很多城镇，包括北爱尔兰的德里市（Derry，创建于 1622 年）、美国南卡罗来纳州的查尔斯顿（Charleston，1670）和费城（1681）、印度的加尔各答（1690）、澳大利亚的悉尼（1788）等殖民地城市（图 3）都深受其影响。

　　文艺复兴风格的砖砌排屋建筑模式是 18 世纪英国殖民城市发展的基础，随着气候条件的变化，这些建筑形式也会相应地发生变化，比如典型的热带英属殖民城市加尔各答和查尔斯顿流行印度风格的"侧廊"[1]。1667 年，雷恩希望重新规范伦敦的街道，并引入了新的对角大道设计，正如 16 世纪 80 年代教皇西克斯图斯五世时的罗马一样，但是这种全新的设计因难以将城市地块重新分配给失火房产所有者而最终

010

1　Veranda，底层房屋外带屋顶的走廊。

搁置。因此，伦敦城的街道很大程度上还是按照他们以前的中世纪形态重建的。

随着伦敦财富的增长和国际地位的提升，精英聚集的伦敦西区和最终变成工人阶级聚居地的伦敦东区都逐渐向周边的私家农田扩张。而大地主们通常会自行安排街道布局，建设新的住宅区和广场，希望能从中谋取高额利润。这些排屋以99年的租期租赁给了建筑商，从而使得业主可以在几个世纪内保留土地所有权，因为这些土地的价值往往会大幅增长。这种局部变化、业主多元的开发模式对很多英国和北美早期的城市也产生了影响，比如美国波士顿的比肯山（Beacon Hill）和费城的社会山（Society Hill）一带。

1801年，伦敦人口规模达90万，这也是首次相对准确的记载，而此时伦敦仍然是一个狭窄街道两侧挤满砖砌排屋的城市，当然偶尔也会有半开放的公共广场。随着较为富裕的城市居民（通常是寻求城市住宅的商人或乡村庄园所有者）蜂拥至伦敦西区和新住宅广场附近的地区，伦敦城的老商业中心人口锐减。从这些住宅区到市中心主要商业区的新的马车通勤服务开始激增。最初，这些公 交马车主要服务于那些收入较高的工人，他们支付高额费用来乘坐舒适的且定期运营的马车前往市中心上班，不久，不太富裕的工人也开始通过公交马车从伦敦东区的工人阶级居住区前往市中心的作坊和工厂工作。在伦敦西区，有远见的建筑师约翰·纳什（John Nash，1752—1835）说服摄政王，在时尚住宅东侧建设一条建筑风格统一的购物街，这条购物街将通向半开放的原皇家猎场摄政公园（Regent's Park，图4）。这项雄心勃勃的计划源于18世纪中后期时尚度假小镇巴斯（Bath）以及爱丁堡新城（Edinburgh New Town，1767—1850）。这两个城镇，古典式大型石砌外立面造型的连排建筑群围绕公共广场而建，产生了宫殿般的华丽之感。在巴斯，广场是圆形的，而面朝广场的是约翰·伍德（John Wood）设计建造的举世闻名的新月形连排建筑（1767—1774）。

纳什还为摄政公园旁的"帕克村"（Park Villages）设计了一些造型新颖的郊区别墅，其中有些设计成了哥特式的，从而使这种风格再次兴起并成为一种新时尚。若干年前，纳什还曾为布里斯托（Bristol）的郊区设计布雷斯村（Blaise Hamlet），这被认为是第一个盎格鲁－美利坚式郊区（1811）。摄政街和摄政公园于19世纪20年代竣工，同时竣工的还有摄政运河（Regent's Cannal），并

图 4 摄政公园（1811）及波特兰区，约翰·纳什设计，出自 1832 年地图。
(A.E.J.Morris, *History of Urban Form: Prehistory to the Renaissance* [New York: Wiley, 1972], 203)

通过新建的河网与城际"大运河"（Grand Junction Cannal，1801）连接。这是一条连接伦敦和英格兰中部地区的水路，加速了煤炭和木材的运输。这些大型公园、郊区以及市政基础设施等在当时备受推崇，为后来的国际大都市发展建立了早期模式。其城市在大众和经济方面的成功使得伦敦的发展将与巴黎完全不同，并且将迅速覆盖广阔的大都会区，从而与人类历史上所有城市的行政管辖分布都有所不同。

与此同时，快速发展的英国工业城市，如利物浦、曼彻斯特、伯明翰等，也出现分散式的城市发展新模式，该模式是德国社会学家弗里德里希·恩格斯（Friedrich Engels，1820—1895）在《英国工人阶级状况》（*The Condition of the Working Class in England*，1845）一书中首先提出来的。他写道："随着制造业的蓬勃发展……疯狂的是，建筑作品没有考虑居民的健康和舒适，而只考虑可能的最大利益，这些工人就像昆虫一样聚居于最简陋的洞穴，因为这是他们唯一承担得起的。"恩格斯还观察到这些工厂主以及为工厂主服务的金融和法律专业人士，住在舒适优美的郊区，每天乘坐通勤马车或是早期的客运铁路往返于郊区和市中心的办公室。在这些早期的工业中心，对住房的巨大需求导致了城市发展的012新形式。在这里，尽管工人的生存状况恶劣，但总比在农村忍饥挨饿要好。尽管按当时北美郊区的密度标准来说这些城市已经非常密集，但扩张仍在加速，修建了大量的中产阶级和工人阶级排屋。这些住宅标准严格遵循法律规定的防火要求，但也因此剥夺了他们的阳光和清新空气，并且也往往缺乏给排水设施和卫生设施。

19世纪的城市创新：工业综合体和铁路系统 013

随着伦敦和其他英国城市的周边逐渐建起一排又一排新的双层砖砌住宅，临近商业街的小商铺反而更适合这一地区的特点和方式，而传统马车通勤工具也面临着与蒸汽火车通勤系统的新竞争。19世纪30年代，这一系统作为一种昂贵的通勤交通选择首次引入伦敦。铁路技术发展自古代和中世纪的采矿技术——当时的采矿技术是由人或动物在铁轨上拉车，到18世纪，铁路技术已经成为工厂原材料运输的主要方式。随着18世纪蒸汽机的发明，铁路的速度大大提高。到19世纪20年代，按时刻表运行的客运交通铁路系统，开始连接英国和北美的部分城市，包括纽卡斯尔至斯托克顿、伦敦至伯明翰，以及美国东北走廊城市之间的线路。南卡罗来纳州、古巴等地也开始修建早期铁路系统。

至19世纪50年代，售票制公共铁路交通服务系统已经在许多国家建立起来，并逐渐在全世界盛行。这些铁路不仅包括法国、比利时、瑞士的早期国家铁路系统，还包括英属印度地区（包括今天的巴基斯坦、孟加拉国、缅甸、尼泊尔和不丹）的广泛的私人铁路系统。19世纪50年代，这些铁路系统从不断增长的港口城市孟买、金奈，以及英属印度首都加尔各答扩展到整个印度次大陆（图5）。在英国殖民时代，这些铁路系统也推动了快速增长的其他工业中心如艾哈迈达巴德（Ahmedabad）、海德拉巴（Hyderabad）、卡拉奇和拉合尔（Lahore）的发

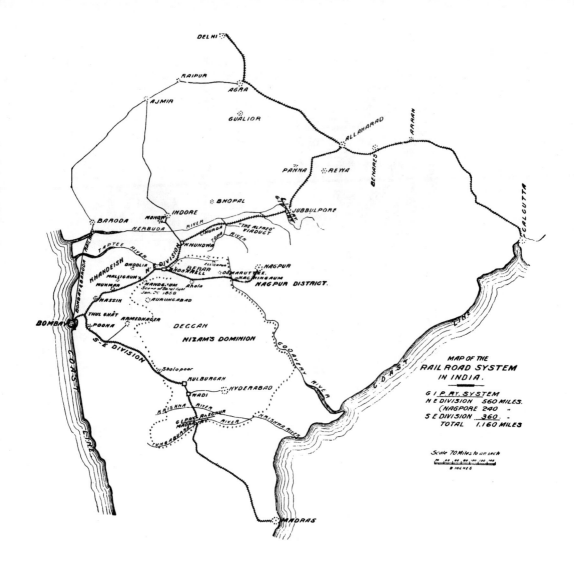

展，其中卡拉奇和拉合尔位于现在的巴基斯坦。

同一时期，区域性铁路系统也在欧洲各地发展起来，其中 1837 年普鲁士王国开始修建以柏林为中心的铁路线；奥匈帝国以首都维也纳为中心开始修建铁路系统，连接了包括奥地利、斯洛文尼亚、科罗地亚、匈牙利、捷克、斯洛伐克、波兰、罗马尼亚、塞尔维亚、西乌克兰等地区；而沙皇俄国于 19 世纪中叶也以圣彼得堡为中心，将现在的波兰、波罗的海共和国、芬兰、格鲁吉亚、哈萨克斯坦及其周边的邻国纳入区域性铁路系统。在奥斯曼帝国——以伊斯坦布

图 5　1870 年的印度次大陆地图。上面显示的是通往德里和主要东部港口城市马德拉斯（今金奈）、加尔各答（1911年前为英属印度首都）的铁路线。

图6 伊斯坦布尔的新卡
拉 科 伊（New Karaköy）
至托普汉（Tophane）的
道路，摄于约1900年，
街道右侧为努斯瑞蒂耶清
真寺。
（Library of Congress）

尔为中心，包括现在土耳其、伊朗和突尼斯之间的大部分中东地区以及欧洲东
南部部分地区——伊兹密尔（Izmir）、贝鲁特（Beirut）、海法（Haifa）、亚历山大
（Alexandria）和塞萨洛尼基（Thessaloniki）等主要港口都修建了自己的区域性铁路
系统，同时伊斯坦布尔在1918年之前都居于这一区域的核心和首要位置（图6）。 014

这些规模庞大、依靠中央财政和行政管理建立起来的铁路系统极大地增强了
帝国首都及其沿线如都灵、苏黎世、哥本哈根、斯德哥尔摩等区域中心城市的重
要性，并促使其人口快速增长。19世纪50年代，早期国家铁路系统也出现在当
时还是西班牙殖民地的古巴，同时1816年独立的阿根廷也以布宜诺斯艾利斯为
中心兴建了国家铁路系统（1855）。之后，拉丁美洲和亚洲也开始了国家铁路网建
设。但是在中国，英国修建铁路的计划长期遭到清政府的强烈抵制，因为清政府认
为这是对其统治权的巨大威胁，直到1905年，中国才开始修建第一条铁路。

在伦敦，第一条铁路通勤线出现在连接伦敦与伯明翰、米德兰等中部工业
城市的城际线建成后不久，新的火车站——伦敦桥站（London Bridge）、芬 015

邱奇站（Fenchurch）和优斯顿站（Euston，1837）相继建成。它们的成功极大地鼓舞了其他私营铁路公司修建类似的火车站来连接伦敦城，帕丁顿火车站（Paddington，1838）、国王十字火车站（King's Cross，1857）、圣潘克拉斯火车站（St. Pancras，1865）也因此相继建成。这种扩张极大地提高了城市土地价格并刺激了周边地区的高密度开发。甚至推动了1851年（万国博览会召开那一年）约瑟夫·帕克斯顿（Joseph Paxton）在水晶宫建设中的技术创新，每天有60列通勤火车往返于格林尼治郊区和伦敦桥火车站。到19世纪60年代，伦敦铁路交通的巨大成功进一步推动了泰晤士河铁路大桥的建成，以及城市中心新铁路高架桥的修建，不过也因此导致相关地区的工人阶级聚居区被清除，让位于大型铁路调车场。

前所未有的铁路交通速度和规模极大地促进了大都市的扩张，而这正好发生于大英帝国在世界各地传播启蒙思想之时。结果也导致人权、废除奴隶制（1807）等思想遍布整个帝国势力范围，最终英国通过军事力量废除了全球奴隶贸易。大英帝国复杂的法律体系也得到了传播，至今仍在许多国家广泛使用。它也为1945年之后的世界舞台奠定了基础，当时的美国曾一度试图扮演类似的世界领导者角色。然而，英国和其他欧洲殖民帝国在国内外实行严格的种族等级制度，也导致了一系列的社会冲突。这种等级制尽管在当时被认为是建立在所谓科学研究的基础上，将北方的欧洲人种置于最高位置，将撒哈拉以南的非洲黑人置于殖民地社会结构的最底层，这种以人种为基础的等级制也使南非约翰内斯堡等城市，在发展中建立了以少数白人族群为核心的金融、工业和行政中心。

19世纪，英美文化圈城市倾向于从现有中心沿铁路线随机发展，在原农业土地上建造工业区和住宅区。这些由私人资本驱动、非计划性的增长具有典型的离心性，并潜在希望尽可能不受政府控制。几乎没有制定什么法规来控制这种后来所谓的"发展"。在伦敦以及随后发展起来的其他地区——最典型的如美国东北和中西部地区，这种发展模式只受到中央政府最低限度的管制，而主要依赖文化和经济力量的相互作用，并充分考虑当地的自然特征和已建立起来的土地所有权模式。在人类的经济和政治活动不断改造世界的过程中，这类大都市的发展带来了一种全新的生活方式，一种高度依赖便捷的铁路交通系统、清洁水供应系统，以及技术先进的污水处理系统的生活方式。使这种革新成为可能的测量、分级和管道技术，以及更大规模的劳动力组织，在1850年以前就已经逐渐发展起来。在英美两国为了利益而进一步扩大这些实践的过程中，它们往往对现有的"本土"土地利用模式漠不关心，尤其是那些涉及土地灌溉系统和传统集体土地所有权模式的。这种发展模式通常会导致复杂甚至破坏性的结果，尽管在多数情况下欧洲和美国早期建立的基础设施系统至今仍在广泛使用。

到19世纪初，这些大都市发展技术在蓬勃发展的英国工业城市中得到了应用和推广，其工业增长最初以纺织业为中心，1760年后，纺织业逐渐从南兰开夏郡（South Lancashire）地区的机械化工厂发展起来。美洲种植园的奴隶和印度劳工采摘的棉花被运往利物浦，之后利物浦作为港口迅速发展起来。到1820年，曼彻斯特附近的工厂已经开始用机器生产成衣和纺织品，这些城市的发展为世界其他工业城市的发展提供了模式，创立了港口与工业中心的世界体系。这些城市的发展是建立在大型工厂令人难以置信的利润的基础上的，这些工厂利用廉价的原材料生产消费品并销售至全球市场。这种从农业向工业的转型伴随着城市化的发展，如今依然如此。

从18世纪初到1801年（英国第一次全国人口普查时期），英格兰和威尔士的 城市居民从占总人口的20%—25%上升到占900万总人口的33%。到1851年，这一城市人口占比增长到54%，大约有1800万人实现了城市化。也是这一年，第一次统计出农村人口和城市人口之间的差距。到1901年，英格兰的城市化水平达到80%，接近2014年美国84%的城市化水平，远高于2010年全球54%的城市化水平。在英格兰，商业资本开始流入新建住宅，其中大部分是位于建成区边缘的砖砌排屋。相对于欧洲大陆，低廉的土地成本导致可以开发更高质量的住宅，并实现更低的居住密度，以至于在1824年，伦敦城区的占地面积已经是巴黎的4倍。

公共卫生、环境规制及城市基础设施

更高的生活水平必然伴随着巨大的环境代价，早在19世纪30年代这种状况就已凸显出来。煤炭的大量使用导致伦敦中心区常常笼罩在浓重的黑烟之下，从而刺激人口向欠发达的边缘地区迁移。更严重的是，1831 年首次暴发了霍乱，当时人们还不知道霍乱的起因。然而，当时已有很多人注意到，尽管 1800 年泰晤士河还可以游泳，有很多可食用的鲑鱼，仍然是伦敦居民用水的主要来源，但到了 19 世纪 30 年代河水已经被污水严重污染。这在一定程度上是因为新的室内冲水马桶的使用日益增多，而冲水马桶的废水被直接排放到了河里。时任济贫法委员会（Poor Law Commission）秘书的埃德温·查德威克（Edwin Chadwick，1800—1890），提议修建济贫院安置穷人，并且他还是最早的公共卫生倡导者之一。他主持了第一个详细的关于城市生活的社会学研究，并出版了专著《英国劳工阶级卫生环境状况》（*The Sanitary Condition of the Labouring Population of Great Britain*，1842），呼吁中央政府成立国家公共卫生委员会，但在当时这种声音并不受政界欢迎，直到霍乱疫情再次暴发，这一提案才被采纳，并于 1848 年颁布了第一部《公共卫生法案》（Public Health Act）。该法案设立了由税收资助的地方卫生委员会，来解决一系列公共卫生问题。

法案包含对工业污染的监管，查明不适宜居住的房屋，并修建卫生安全的公共墓地、公园和公共浴池等。对公共卫生的担忧也导致伦敦首次对城市建筑进行详细的公共监管，进而制定了关于房屋建设中土地使用的各种标准和规范。建筑规范在不同的市政单元略有不同，但是到了 1875 年，地方政府部门标准化了各种建筑规范。他们的第一个目标是确保住宅的通风性，这是因为当时的医学理论认为疾病主要是因为腐烂变质物通过空气传播。因此，确保室内和周围空气的自由流通是至关重要的，从而要求所有的建筑物必须面对宽阔的街道，且屋后也要有开敞的空间。这样的规定遭到工薪阶层住宅开发商的强烈抗议，因为到 19 世纪 40 年代他们已经开发了许多"背靠背式"的建筑，这种建筑形式可以使两排没有室内管道的房屋共用同一个后墙，这是工人住宅的常见类型。因此，19 世纪 40 年代禁止这类建筑的努力失败了，不过 1875 年增加的补充条例则成功地禁止了该类建筑的进一步建造。

出于类似的公共卫生原因，《1847 年城镇改良法案》（Towns Improvement

Clauses Act of 1847）建议所有通行马车的街道应该宽30英尺[1]，仅用于步行的街道应宽20英尺。至19世纪末，补充条例规定后建的街道宽度必须达到36英尺或42英尺以上，但最大宽度不能超过50英尺。19世纪末，这些日益严格的法规与建筑商的传统做法相互作用，形成了标准化的英国城市规划细则。包括沿街建造的双层连排建筑略微远离街道线，以留出一定的步行道（因此可出租的面积减少了）。另外城市住宅通常有后花园，通过矮墙分隔邻里，并且有后巷贯通整个邻里街区。不过在贫民区，那些背街的房屋几乎没有自然光，且只能通过狭窄的步行通道或是隧道穿过临街房屋与主街相连。

不过这些旨在提供自由流通的空气的新规定本身并不足以阻止传染病的传播，在许多情况下，传染病传播的罪魁祸首是被污染的饮用水源。1854年，约翰·斯诺（John Snow，1813—1858）博士证明了霍乱是由伦敦苏豪区原宽街（Broadwick Street，Soho area）一处受污染的水泵里的细菌引起的，他还绘制了霍乱在当地的传播地图。这一发现直接导致对污水处理和城市清洁水源的关注。泰晤士河及其支流的污染治理推动了1855年伦敦首都公共事务委员会（London Metropolitan Board of Works）的成立，它被授权在整个大伦敦区域建立完善而有效的排污系统以及马车专用交通系统。约瑟夫·巴扎尔杰特爵士（Joseph Bazalgette，1819—1891）被任命为首席工程师，详细设计和建造的数英里砖砌排水系统将原来排向泰晤士河的污水通过水泵引流到靠近出海口的潮汐地带。这一系统包括北岸的三条和南岸的两条巨型截流污水管，以及两个泵站。尽管这一工程并没有考虑到城市设计，但新建的"维多利亚堤"（Victoria Embankment, 1862—1870）成为泰晤士河北岸浅层污水管网工程的一部分，而作为泰晤士河南岸防御洪水工程的"阿尔伯特堤"（Albert Embankment），对伦敦的河滨地区进行了重大改造，并进一步提高了泰晤士河沿岸的开发价值。 019

也正是在这一背景下，全球首个地铁系统——伦敦地铁于1863年开始运行，基于19世纪30年代就已提出的地下蒸汽机车铁路的设想。开业当天，帕丁顿站和法林顿站之间运送的乘客就达3.8万人次，很快其他私人企业也开始投资

1　1英尺=0.3048米

和运营地铁项目。连接主要车站的伦敦地铁"环线"（Circle Line）建成于 1884 年，由于采用了最新的"挖埋管道技术"（cut and cover），其施工造成了相当大的破坏。1890 年，伦敦城见证了第一条深埋隧道铁路线的开通，这也是最早使用电气化技术的地铁线。伦敦的快速扩张促使美国金融家查尔斯·泰森·叶凯士（Charles Tyson Yerkes, 1837—1905）在 20 世纪初买下了伦敦地区的地铁线路。他曾于 19 世纪 90 年代建造了芝加哥地铁 L 线（Chicago Loop），并在此基础上又增建了三条新的电气化地铁线路。大概在同一时期，经营各个竞争线路的私人公司就达成一致，并开始发行全系统的彩色编码地图，成为现代地铁地图的前身。伦敦地铁作为公共交通系统直到 1933 年才建设完成，大约在同一时间，哈里·贝克（Harry Beck）设计了如今为人熟知的彩色地铁路线图，并被其他城市广泛模仿。

巴黎的城市现代化（1852—1870）

1852—1870 年，在法国皇帝拿破仑三世及其巴黎行政长官乔治－欧仁·奥斯曼男爵（Baron George-Eugène Haussmann, 1809—1891）的领导下，巴黎完成了现代化建设。新的开阔的景观大道——两侧整齐排列着统一石砌外立面的六层公寓，穿过城市连接至新火车站；而街道之下修建有现代化的排水系统和市政管线系统。两个大型公共景观公园布洛涅森林公园（Bois de Boulogne）和宛赛纳森林公园（Bois de Vincennes）由皇家园林改建而成，其他新公园也相继建成。法国大革命期间（1789—1792），巴黎仍然到处是狭窄、脏乱、难以治理的中世纪式街道。商用货运马车和客运马车难以在城市里通行，即使通过了税卡（1784—1791）也要花上好几个小时才能穿过城镇。税卡（海关）由建筑师克劳德－尼古拉斯·勒杜（Claude-Nicolas Ledoux, 1736—1806）设计，他将整个巴黎城用围墙围起来，若想进城则必须通过税卡征税。除此之外，法国大革命之前勒杜还接受委托设计了一个具有乌托邦色彩的理想城"绍村"（Chaux）盐场，于 1775 年在阿尔克－塞南（Arc-en-Senans）开始建造。但是这些在城市规划方面的启蒙努力并没有给当时的巴黎带来直接影响。

　　巴黎作为法兰西帝国（尽管在 1763 年和 1815 年的两次英法战争中都失败了，但当时仍然是世界第二强国）的首都，为改变混乱状况，在现代化和规范化方面确实做出了大量努力，但直到 19 世纪 50 年代巴黎还保持着中世纪的城市形态。早期的城市化努力——包括修建拱廊式商业街和店铺，如宽 197 英尺（60 米）的里沃利大街（Rue de Rivoli），修建具有世俗意义的纪念碑，如拿破仑凯旋门（1836 年竣工），以及规定街道两边建筑高度及后退红线等城市美化运动的早期尝试——与许多技术创新同时发生，这些创新部分源于 1794 年法国大革命后期成立的巴黎综合工科学校（École Polytechnique，今法国巴黎综合理工学院）的教学和研究工作。

　　巴黎仍然是建筑环境设计的学术中心，这是革命防止"无知、迷信和错误"死灰复燃的结果。而法兰西革命政权也将巴黎综合工科学校视为保卫国家的重要基石。它将专业性的工程技术、精密测量、统计等知识门类从建筑学中分离出来，而非仅是古代和文艺复兴时期的传统知识，并在重新组建的巴黎美术学院（École des Beaux-Arts）继续教授这些学科。在建筑和工程专业培养模式方面，这两所学校在 20 世纪 30 年代以前一直是世界各地类似专业机构的典范。

　　尽管拿破仑一世战败，但巴黎仍是"19 世纪的首都"，正如 20 世纪 30 年代瓦尔特·本雅明（Walter Benjamin）在他的作品《巴黎：19 世纪的首都》（*Paris: Capital of the Nineteenth Century*）里所描述的那样（图 7）。本雅明提醒人们注意 1815 年之后巴黎出现的众多新现象，包括夏尔·傅立叶（Charles Fourier, 1772—1837）的空想社会主义理论，他设想了一个未来社会，其成员是根据各自的兴趣自愿组织起来的，集体生活在宫殿般的"法伦斯泰尔"（phalansteries）中。傅立叶将这种理想称为"socialism"（社会主义，1835），这也是历史上首次使用这一概念。随后在 1837 年，他还创造了"feminism"（女性主义）一词。本雅明指出 1822 年后出现的由玻璃穹顶、钢结构建造的巴黎购物广场，作为新兴中产阶级所需奢侈品的交易中心，体现了"一种与传统过时者彻底决裂的努力"，或许其中还暗示了"无阶级社会的理想"。19 世纪 50 年代，百货公司开始出现在巴黎，其形式类似于米兰长廊（Milan Galleria，即埃马 ₀₂₁

努埃莱二世长廊，1861—1877），这些建筑预示了后来 20 世纪的购物中心以及消费社会的不断扩张。本雅明还呼吁关注摄影的兴起、世界博览会的开始、私人生活空间作为与工作场所相对立的事物的重要性，以及夏尔·皮埃尔·波德莱尔（Charles Pierre Baudelaire, 1821—1867）的批评诗。波德莱尔首先提出了城市现代性和"城市游荡者"（flâneur）的概念，后者指流连于百货公司和咖啡馆之间，看报纸，谴责艺术市场商业化的人，而这样的现代城市正是波德莱尔（有时被禁止的）抒情诗的主题。

图 7 《雨天的巴黎大街》，古斯塔夫·卡耶博特摄，1877 年。(Gustave Caillebotte, *Paris Street, Rainy Day*, Art Institute of Chicago)

所有这些迥然不同的城市新现象在 19 世纪 50 年代达到顶峰，此时，巴黎也开始了从中世纪城市向现代化都市典范的转型。路易·拿破仑（Louis Napoleon），拿破仑一世的侄子，1848 年被选为法国总统，为了实行独裁统治发动政变，并于 1852 年宣布自己为皇帝拿破仑三世。他旨在实现现代化的社会保护主义计划鼓励投资、促进巴黎经济增长，并维护教会和贵族的地位，这种方式在过去十年里很受欢迎。他任命非常能干的奥斯曼男爵为塞纳省（大巴黎区）行政长官（1853—1870）以实现他关于重建巴黎的梦想，建造了新式古典纪念碑以及令人印象深刻的文化设施。通过积极吸引房地产投资，奥斯曼得以建 022
造现代化的区域性的给排水系统，并提供了新的交通路线连接当时正在建造或计划建造的许多新火车站。尽管在世界铁路工程方面法国是领导者，但 1841 年批准的国家铁路系统建设进展非常缓慢。对于拿破仑三世和奥斯曼男爵来说，中世纪巴黎的众多旧街道和建筑，虽然伴随着法兰西帝国存在了几百年，却没有什么价值，对他们而言，像伦敦那样利用新技术将巴黎打造成现代城市是更重要的目标，当然同时保留文艺复兴时期令人印象深刻的古典宏伟仍是彰显帝国光辉的重要元素。他们的巴黎重建规划的关键是，建立一个全新的以景观大道为基础的交通系统来统一众多的消费场所和工厂，并创建全新的道路网络以提升整个城市的交通运行速率。他们还致力于通过现代的、世俗化的地标，比如火车站、市政厅、歌剧院等来营造巴洛克式的街景透视效果（图 8）。

在对整个城市进行三角测量的基础上，奥斯曼男爵又委托进行了一次全面的平面测量。他将该项调查与 18 世纪法国军事工程师完善的地形图相结合，来规划全新的路网系统。他把绘制出来的巴黎详细地图按 5 : 1000 的比例尺刻在他办公室里可滑动的巨大黑板上，这样他就能更好地监管皇帝拿破仑三世城市发展目标的进展。巴黎规划的视觉效果对于拿破仑三世和奥斯曼男爵来说都无比重要，法律规定，沿新开辟大街排列的私人新建奢华公寓，都必须统一为 023
六层高度（20 米），且沿人行道一侧允许作为连续的商业用途。早在 18 世纪，这种类型的公寓就已经在巴黎出现，且当时也有类似的建筑设计规范（图 9）。1807 年拿破仑一世颁布了相关法律，将这种设计以法律形式确立下来，其中一项法律授权城镇制定街道规划并为其划拨公共用地。奥斯曼男爵最重要的工作是提高城市的交通效率，即现在所说的"流量"，从而满足商业或公共安全的需要。这些宽阔的景观大道和带有庭院的新式公寓也保证了良好的通风，极大地提升了公共卫生水平。

拿破仑三世的路网系统以双层同心圆构成，以两条相交主干线形成的"大十

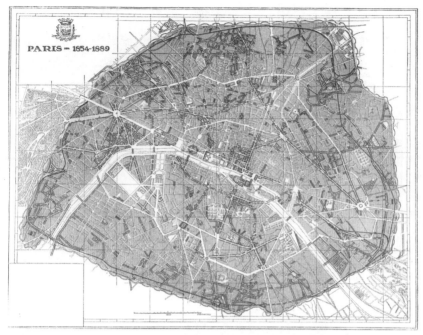

XVII. THE TRANSFORMATION OF PARIS UNDER HAUSSMANN: PLAN SHOWING THE PORTION EXECUTED FROM 1854 TO 1889.
The new boulevards and streets are shown in yellow outlined with red.

图 8　奥斯曼巴黎规划，
1854—1889 年。
(D. H. Burnham and
Co., *Plan of Chicago*
[Chicago: Commercial
Club, 1909], 16)

字"为中心，即南北向的圣米歇尔大道（Sébastapol-Saint Michel）和东西向的里沃利大街。里沃利大街与卢浮宫连接，这座曾经的皇宫在 1793 年法国大革命后归为国有，并开辟成世界第一座公共艺术博物馆，一直由法国政府资助运营。其他新建的景观大道连接着新建的私营火车站（并非总是完美无缺），随着连接法国斯特拉斯堡（Strasbourg）和瑞士巴塞尔（Basel）的首列国际列车投入运营，这些私营火车站开始将巴黎与法国以及欧洲其他地区连接起来。另外主要大街的交汇点被设计成各种活动汇集点，包括由奥斯曼男爵的助手让－查尔斯·阿道夫·阿尔方斯（Jean-Charles Adolphe Alphand）于 1871—1891 间设计建造的公园绿地系统，如肖蒙山丘公园（Parc des Buttes-Chaumont，1867）和从卢浮宫向西北延伸的香榭丽舍大道。

　　19 世纪五六十年代，巴黎的这些转变导致城市人口增加了数百万，他们从巴黎周边的乡村、从法国和其他国家的小城市不断涌入快速发展的首都，因此也推动了巴黎周边街道、公寓的修建。到 1860 年，通过不断地兼并和扩张，巴黎

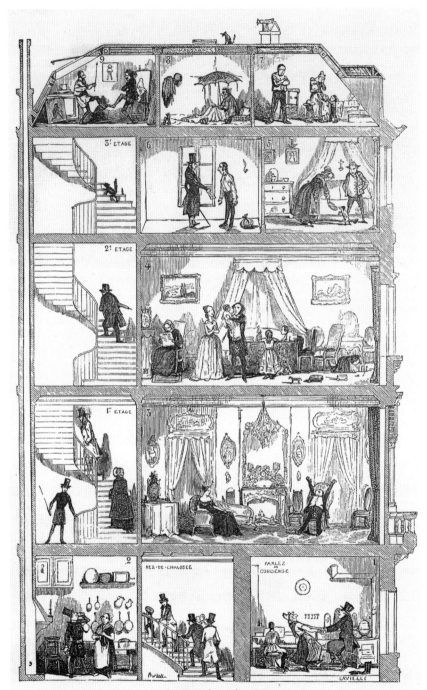

图9 出自艾德蒙·特谢尔《巴黎写真》，展现了一座典型的巴黎式公寓不同楼层中的各个社会阶层的生活状态。
(Edmond Texier, *Tableau de Paris*, Paris: Paulin et le Chevalier, 1852, Vol.1:65)

已建立了 20 个区。约 4 万座新公寓和景观大道的建造需要大规模的拆除，数万城市居民将流离失所，但是这并没有阻碍巴黎从一个政治色彩浓厚的首都转变为商业和消费中心。相反，城市文化和政治出现了新形式，从波德莱尔等诗人的"波希米亚主义"，到爱德华·马奈（Edouard Manet）等画家向现代城市写实主义的第一次转变，再到受克劳德·昂利·圣西门（Comte Henri de Saint-Simon, 1760—1825）思想影响的奥古斯特·孔德（Auguste Comte）、马克思（1818—1883）、恩格斯的政治新主张等，无不反映出巴黎多元而又迷人的文化景象。1851 年，在伦敦水晶宫（约瑟夫·帕克斯顿设计）举办的万国博览会，向世界展示了当时最先进的科技、商品和新艺术风尚，并将在巴黎的转型中得到实现，这座中心城市将打造一种前所未见的现代消费景观。

与此同时，法国保守派社会改革家弗里德里克·勒普莱（Frédéric Le Play, 1806—1882）对工人阶级的家庭结构和工作关系开展了第一次实证研究，研究成果《欧洲工人阶级》（Les ouvriers européens）在拿破仑三世的赞助下于 1855 年出版。勒普莱曾受过采矿技术培训，1834 年他受法国政府委托收集采矿统计数据。1840 年，他被巴黎矿业学校（École des Mines）聘为教授。他收集社会统计数据的目的是，基于 1829—1855 年采集的数据，建立男权文化下的工人阶级家庭的分类体系。他是第一位明确区分工人阶级、失业贫穷阶层和罪犯的社会学家。

勒普莱专注于对社会状况的直接研究和分类，这与共产主义的出现是同步的。共产主义思想在马克思和恩格斯于 1848 年发表的《共产党宣言》中得到首次阐述。这两位德国哲学家生活在巴黎，并积极参与了当时新兴的社会主义运动。马克思后来于 1849 年移居伦敦，成为第一国际的重要影响者，并完成了巨作《资本论：政治经济学批判》（Capital: A Critique of Political Economy，1867—1883），对生产资料所有者和劳动者之间不可调和的冲突和矛盾进行了极具影响力的分析。马克思的历史研究方法抛弃了以往的宗教视角或德国哲学家黑格尔（1770—1831）的精神分析法（如任何时代都有其特定的时代思潮或精神现象），从唯物主义的角度解读现代欧洲史。他们认为，在法国大革命中，布尔乔亚（bourgeois，拥有资本和财产的商业中产阶级）战胜君主制和贵族制后，工人阶级和资产阶级之间将进行一场持久而激烈的斗争以争取谁应该从劳动者的劳动中获得最多利益。马克思和恩格斯认为胜利必然属于工人阶级，从而在之后的一百年里引领无数马克思主义者去思考去完善，并进一步将他们的思想发展成为真正科学意义上的历史理论。

勒普莱的作品与马克思、恩格斯非常相近，而且在当时也是全新的，关注欧洲工业城市中不断增长的工人阶级的生活状况，但政治立场完全不同。拿破仑三世时期受到大众欢迎的独裁政府得到政治力量的支持，这些政治力量试图阻止共产主义和其他革命活动，但又不反对自身的社会改革。相对于暴力革命，勒普莱的作品激发了另一种政治观点，即通过物质和社会环境的设计可以对社会生活产生重大影响，其中一个核心就是男权家庭。这种认识还推动了为工人阶级提供福利住房的各种努力。拿破仑三世任命勒普莱为 1867 年巴黎世界博览会的总设计师，聚焦工业与艺术的关系。博览会展馆是勒普莱设计的"Coliséede Fer"（铁结构竞技场），共分为七个椭圆形圈层，用于不同的国家展示其当代艺术和工业。展场外围设计有餐厅，展场中心则是一个颇具艺术性的花园。该展馆设计使参观者可以沿着通道贯穿各层，比较同一个国家不同的产品，还包括一条可以从法兰西第二帝国的视角形象地解读世界历史的长通道。

拿破仑三世的统治时间并不长，在错误判断形势进攻普鲁士后，1871 年法国战败，他的统治也随之结束。巴黎被德军短暂占领，后由社会主义的巴黎公社接替，在接下来的大约一年时间里，巴黎公社一直试图统治这座城市，但最终还是为资产阶级所镇压，法兰西第三共和国宣布成立。在这混乱的一年里，巴黎有许多重要建筑被毁，如毗邻卢浮宫的拿破仑三世皇宫杜伊勒里宫。但由奥斯曼男爵发起的城市改造之路却仍在继续向前，使得巴黎成为一个极具影响力的世界城市模式。奥斯曼的工作后来由其他人接手，如巴黎公共工程部的建筑师尤金·海纳尔（Eugene Hénard，1849—1923），他发明了环形交叉，并引入不同类型的城市交通模式图。海纳尔尤其关注地下交通和地面交通在城市结构塑造中的协同作用，作为建筑师，他与亨利·普斯特（Henri Prost）等人早在 1910 年就认为"城市规划"（urbanisme）将超出设计领域，拓展至更广阔的都市发展层面。

在其他城市，特定的街道优化也经常使用奥斯曼方式，如墨西哥在法国短暂统治时期开始规划建设墨西哥城的改革大道（Paseo de la Reforma，1855—

026

1870s）规划，里约热内卢市中心改造计划（1903—1906）中的中央大街（the Avenida Central）。罗马维亚尼计划（1873）提出修建的纳兹奥那勒大街（the Via Nazionale）和埃马努埃莱大街（the Corso Vittorio Emanuele），也采用了奥斯曼式。在埃及，赫迪夫[1]伊斯梅尔（Ismāʾīl）为了庆祝苏伊士运河的开通，于 1867 年开始在开罗以伊斯梅利亚（Ismailiya）新区为中心，参照奥斯曼风格进行了规划重建。奥斯曼巴黎也启发了世界其他城市的大型新区建设，如布鲁塞尔、布达佩斯、贝尔格莱德、米兰、斯德哥尔摩、布宜诺斯艾利斯等。但在英语世界，奥斯曼的影响非常有限，主要原因在于奥斯曼式开发需要高度专制或是独裁才能较易征收、清理土地，并进行相对密集的开发，而这些通常与英语系国家现有的私人土地开发模式相抵触。但波士顿是一个例外。19 世纪 50 年代，波士顿在填海区上修建了新城区——号称最美最霸气的贝克湾（Back Bay）和南端街区。这里的建筑宏伟壮观，复折式屋顶，砖砌的连排建筑，大酒店、教堂、公共建筑以及纪念碑等都带有法兰西第二帝国时期的特色。贝克湾的联邦大道（Commonwealth Avenue）是亚瑟·德莱万·吉尔曼（Arthur Delevan Gilman）于 19 世纪 50 年代在填海区而非波士顿老城规划建设的，它混合了英式和法式建筑设计风格，并为"波士顿婆罗门"（Boston Brahmin）[2]家庭设计了各种历史风格的砖结构排屋。它还将非常古老的波士顿公园（Boston Common，英国人在北美定居的首批公共空间之一）与邻近新建的公共花园、城市周边快速增长区连接起来。

　　奥斯曼巴黎不仅为美洲的殖民城市提供了一种城市模式，而且也影响了英法帝国的城市发展。在阿尔及尔，阿尔及尔堤岸（Algiers embankment）的开发则以伦敦的阿德尔菲[3]露台为模型，这是一个用于码头存储的高架平台，上面为古典商业建筑（图 10）。而 19 世纪，法国开发建设的许多新城区也都是按巴黎风格进行的设计。在印度，英国统治者也采用了奥斯曼的城市设计方法，"切开"旧城区开辟出新的景观大道，以改善卫生状况，也更有利于军事管理以及对民众的控制。

1　赫迪夫（Khedive），相当于欧洲的总督，穆罕默德·阿里帕夏首先使用该称号，后被伊斯梅尔帕夏延用，直至 1914年。

2　即波士顿精英阶层。

3　阿德尔菲大厦（Adelphi Building）位于伦敦威斯敏斯特区，临近泰晤士河，由亚当斯兄弟设计的伦敦第一座新古典风格的大厦。

图 10 阿尔及利亚的阿尔及尔提坝，C. F. H. 查西罗（C. F. H. Chassériau）设计。
(photo by William Henry Jackson, *Harper's Weekly*, 1895, 229/ Library of Congress)

巴塞罗那的城市化（1848—1866）

　　曾是强大帝国的西班牙，到了 19 世纪后期，在拿破仑战争之后，衰落成一个贫穷的国家。至 19 世纪 20 年代，绝大部分拉丁美洲殖民地的丢失，加上持续的社会动荡，使西班牙长期停滞在农业社会。在女王伊莎贝尔二世统治期间（1833—1868），加泰罗尼亚地区开始发展成为工业区，工人阶级不断壮大。与美洲的贸易往来推动了纺织业的兴起，其中一个重要的推动因素是自古巴种植园进口的棉花——1898 年之前，古巴一直是西班牙的殖民地。1850 年，巴塞罗那的人口急剧增长至 15 万，成为欧洲城市人口密度最大的地区之一。早在 1848 年，巴塞罗那就有了第一条铁路，且在 1854 年就拆掉了城墙。当时仍处于西班牙军事控制之下的临近平原，开始被视为潜在的城市扩展区。市议会为这一地区的设计举办了一场设计竞赛，在加泰罗尼亚语中这一区域被称为 "Eixample"（扩展区），而西班牙语则称之为 "Ensanche"。最终安东尼奥·罗维拉特里亚斯（Antonio Rovira y Trias）赢得了比赛，他的设计方案采用了带有辐射状城

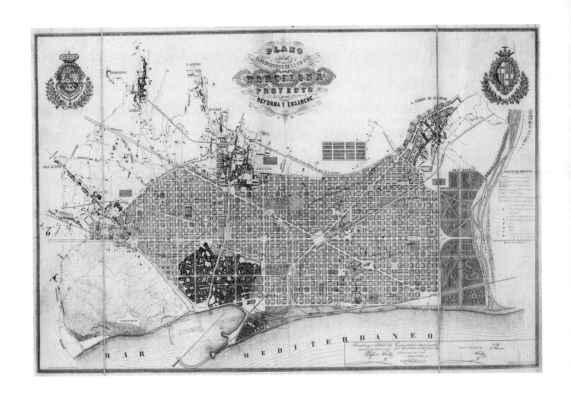

市道路系统的奥斯曼式，但 1859 年国家公共工程部却选用了加泰罗马亚工程师厄尔德方斯·塞尔达（1815—1876）的设计方案（图 11）。在这过去的十年中，塞尔达最先用"城市化"（urbanización）一词来描述现代工业城市的扩张进程，并于 1854 年开始绘制巴塞罗那老城周边地区的地形图。由于受到法国政治思想家圣西门伯爵的影响［圣西门认为艺术家和设计师应该形成一个"先锋派"（avant-garde），与科学家、实业家和工人阶级一起展望未来社会］，塞尔达提出目前有可能会沿着新铁路线扩张的城市，应以公共卫生原则为基础，将城市和乡村生活的优点结合起来。1856 年，他还进行了一次"社会调查"，发现巴塞罗那典型的工薪居民人均居住面积只有 8 平方米，而富裕阶层则达到了人均 21 平方米，尽管他的扩展计划并没有完全按照设计进行，但它的街区，每个都包含 45 度切角，临街的街道宽 20 米，其中有 5 米为步行道，并且每个十字路口都开辟有小型城市广场。另外，规划中还保留了格里西亚大道（Passeig de Gràcia，1829）以及四条巴黎式的景观大道，这一系列规划设计都赋予这座中世纪哥特式

029

图 11 《巴塞罗那城市发展与扩展图（扩展区）》，厄尔德方斯·塞尔达设计，巴塞罗那，1859 年。(Museu d'Historia de la Ciutat, Barcelona)

城市以独特的城市风貌。

　　塞尔达规划还有其他一些特点，比如要求每个街区的沿街两侧都应只建造较低的公寓，并留出街区中心以修建开放式花园，但这一规划细则被开发商否决了，最终所有街道的两旁都建造了更高的建筑物，而作坊工厂以及其他低层建筑则建在了后面的庭院里。1866年经济危机爆发，因此扩展区的第一阶段建设放缓，而塞尔达出版了他的著作《城市化通论》（*General Theory of Urbanization*，1867）。他以自己的实践为例，主张将环境和社会需求融入城市和乡村的物理设计之中。1910年之前，塞尔达的思想也是法国城市规划研究领域的重要思想来源之一，并影响了埃比尼泽·霍华德、雷蒙德·昂温（Raymond Unwin）等人在20世纪初提出的具有英美文化色彩的"城镇规划"概念。

　　这些关于"都市主义"的新的社会和政治思想——被定义为有意识地对街道、住宅、公园、商业设施以及公共设施等进行合理化设计，以表达文化的渴望，并回应特定城市与地区的社会需求——似乎伴随着人类改变建筑环境的能力而开始发生巨大变化。推动这一变化的是铁路建设（包括新隧道和桥梁技术）上的创新，以及开始大规模使用批量生产的建筑组件，如钢架结构元件和标准化的玻璃窗格，而大批的劳动者、煤燃料与蒸汽机的投入使这些技术创新成为可能。如此快速发展导致后来的现代建筑评论家，如希格弗莱德·吉迪恩（Sigfried Giedion，1888—1968）认为这些迥然不同的新现象之间存在着天然的内在联系，并表达了一种新的现代精神。但也有许多学者认为，工业技术进步并不总是或必然导致社会变革，事实上，工业化生活的新世界持续催生出各式各样的设计理念，也包括一些非常保守，以及常常敌视新技术或革命性的社会观念。　030

　　在19世纪的同一时间里，并非所有城市都表现出相同的发展路径。在深受古代地中海文化、伊斯兰文化、东亚和南亚文化影响的地区，仍在继续建造密集的、低层的、步行式的城市，这种传统房屋或无管道的多户砖砌建筑一直是当时的典型建筑，并一直延续至20世纪。然而，19世纪，社会、经济和技术变革的结合永久性地改变了人与环境的关系，并启动了人类发展的新模式，尽管这种发展模式必然会付出环境的代价，但这种模式至今也没有任何减缓迹象。制造业和铁路运输方面的新技术，清除废物并确保公共卫生环境的新方法，以及开发和应用城市环境知识的新方式，这些都是仍在快速增长的全球特大城市的重要前提。在伦敦、巴黎、巴塞罗那以及其他受其影响的城市中，这些新技术并没有立刻改变早期的城市面貌，但是它们却使中上阶层在郊区和市中心之间通勤成为可能：富人可以选择生活在更舒适、卫生、充满诗情画意的郊区，但仍然工作在市中心。这直接促成了新型的社会和文化生活方式，即使在信息技术日益消弭城市、郊区和乡村差别的今天，这种生活方式仍广受青睐。

维也纳和德国的城市建筑（1848—1914）

　　1848 年，维也纳和布达佩斯是奥匈帝国的双首都，奥匈帝国的疆土包括大部分东欧和乌克兰西部地区，由哈布斯堡王朝和讲德语的官僚机构统治。奥匈帝国各行政区的首府也聚集了大量讲德语的城市精英，他们密切关注维也纳的局势和趋势。这些行政区的首府包括波希米亚王国的布拉格、摩拉维亚侯国的布尔诺（Brno，今都属于捷克），西加利西亚的克拉科夫（Krakow，今波兰南部），东加利西亚的伦伯格（Lemberg，今乌克兰列维夫），乌克兰的切尔涅斯（Chernivtsi），以及斯洛文尼亚的卢布尔雅那（Ljubljiana，奥匈帝国卡尔尼奥拉公国）。包括首都布达佩斯（现匈牙利首都）在内，奥匈帝国德语系官员管辖的城市还有克罗地亚的萨格勒布（Zagreb）和特兰西瓦尼亚的赫曼施塔特（Hermannstadt，现罗马尼亚的锡比乌）。1848 年维也纳革命爆发，哈布斯堡皇室同意实行君主立宪制，并允许首都实行有限的自治。之后皇室以巴黎为参照，积极推动维也纳的现代化进程。1852 年，弗朗茨·约瑟夫（Franz Joseph）皇帝成立了一个委员会为维也纳的扩建提供建议，部分原因是为了解决日益严重的住房短缺问题。1857 年，他下令拆除了维也纳外围的中世纪城墙，并要求设计一条新的环城大道（Rinstrasse）来取代它们。环城大道的理念并不新鲜，但直到 1858 年的维也纳城镇规划大赛才被详细设计出来。

　　本次大赛一共收到 85 件作品，由一个庞大陪审团进行评审，评审团由许多政府官员、两名来自维也纳的城市代表以及一些建筑师和建筑商组成。最后在

1858 年末评出了三个一等奖，它们都是由维也纳美术学院（Vienna Academy of Fine Arts）的建筑学教授设计的，其中包括路德维希·福斯特（Ludwig Förster, 1797—1863）的设计方案。最后大赛获奖者以及部分陪审团成员组成了委员会，并于 1859 年秋天由皇帝批准制定了城市总体规划。1859 年，奥匈帝国批准拆除老城墙及其周边地区，1860 年环城大道开始建设。环城大道的精确选址来自福斯特的方案，但变得更宽（57 米）了，而福斯特规划的并行"繁忙交通道路"（heavy traffic road）则仅修建了西北段（图 12）。绝大部分环城大道竣工于 1870 年，至 1890 年，环城大道周边的公共建筑、皇宫新翼——新霍夫堡（Neue Hofburg）以及 590 座豪华公寓也相继落成，它们都是在开发过程中建成的。对于政府和城市商界领袖来说，帝国在欧洲的声望虽然由于 1866 年与普鲁士的战争中战败而开始衰落，但环城大道仍然在经济上取得了巨大成功。与此同时，地价也越来越高，这意味着维也纳市中心无法建造廉价的住房，从而进一步导致社会分化，或许还会引发阶级冲突。

部分受奥斯曼巴黎启发的环城大道的成功，很快为维也纳在整个欧洲带来极大声誉。而德国直到 1871 年才成为统一国家，当时以柏林为首都的普鲁士帝国快速扩张，控制了相当大的一片区域，1871 年后该控制区被统一为德意志帝国（Deutsches Kaiserreich，1871—1918），其中西部部分地区在 1918 年"一战"战败后划归法国，东部部分地区于 1946 年后划归波兰和俄罗斯。但是其主要城市的居民，包括汉堡、法兰克福、慕尼黑（前巴伐利亚公国首府）以及柯尼斯堡（今俄罗斯加里宁格勒），布雷斯劳（今波兰弗罗茨瓦夫）等地区，在 1871 年后都开始有统一的德意志民族国家的意识。德国的这种统一是由以首都柏林相对集中的控制，以及广泛的铁路系统和其他集权式的国家与经济管理组织，如关税联盟等一起保证的。与此同时，各个地区的城市规划与建筑形式因文化与民族差异而各不相同，并且少数民族人口往往很多。

19 世纪中叶的德国城市也存在两种风格迥异的城市规划，一种是体现专制主义巴洛克风格的城市，比如慕尼黑、卡尔斯鲁厄，以皇家贵族宫殿为中心，其设计参照凡尔赛宫；另一种是缺少城市规划的新兴商业城市，这种城市发展与英国工业城市更为相似。历代皇帝致力于以文艺复兴式的透视法技术来强调城市秩

序和国家权力，因此要求新建建筑具有古典设计风格，并沿着笔直的街道整齐排列。这种城市规划要求与投资者、开发商修建铁路线和大型工业综合体以满足快速工业化发展及其带来的新居民的需求，产生了矛盾。工人从偏远的乡村迁移到发展迅速的城市寻找更多的就业机会，导致临近工厂和火车站的平价住宅需求增长迅速。随着工业化发展，城市经济公寓开始出现。经济公寓被定义为城市工薪阶层的公寓楼，通常采光很差，也没有室内管道。工人住房需求最初是通过将曾经的贵族住宅分割成多个单元来满足的，但开发商很快就发现建造高层"米特卡塞恩"（Mietkaserne，即可出租的类似营房的简陋整齐的房屋）更有利可图，但是这种拥挤不堪的生存环境造成了严重的公共卫生问题，引起了人们的关注，并最终导致德国城市建筑开发的第一个法案出台。

　　1855 年，普鲁士皇家警察局局长官卡尔·冯·欣克尔迪（Karl von Hinckeldey）

图 12 《1860 年维也纳环城大道发展图》，显示出中世纪旧城中心分布着的不规则街道。(Historisches Museum der Stadt Wien)

033

颁布了一项柏林城市扩展规划，以解决人口稠密的中世纪市中心日益混乱的问题。冯·欣克尔迪同时还颁布了一项新的供水系统和一项柏林建筑规范（1853），并为之后德意志帝国的其他城市开创了范例。《柏林扩建规划》（Bebauungsplan）于 1862 年由一位经验并不丰富的工程师詹姆斯·霍布瑞希特（James Hobrecht, 1825—1902）制定，他的规划方案是奥斯曼巴黎规划的升级版，在密集的老城周边沿着新式街道修建一个个新式街区（图 13），同时保留部分原来由彼得·约瑟夫·莱内（Peter Josef Lenne）于 19 世纪 40 年代规划修建的开放空间和大道。尽管新的规划方案受到各种非议，但霍布瑞希特的柏林扩展总体规划一直强制执行至 1919 年。新建的大道有 25—30 米宽，在某些情况下，它们会与其他景观大道相交，这些大道大致以同心圆的方式围绕着中心区域。不同于奥斯曼巴黎，霍布瑞希特的柏林规划关于主要街区欠缺清晰的整体组织与布局，在许多情况下，新建的街区或围绕伦敦广场采用网格式布局，或以圆形巴洛克广场为中心沿对角大街向外围放射布局。

尽管霍布瑞希特规划也受到卡尔·弗里德里希·申克尔（Karl Friedrich Schinkel）早期柏林中区规划的影响，但是他的规划甚少考虑美学和纪念性功能。新近规划布局的大型街区（长 200 米，宽 300—400 米）迅速引发土地投机热潮，更宽松甚至根本不存在的法规允许开发商在这些大型街区上建造带有许多内部庭院的大型公寓。这些庭院可以仅有 17 普鲁士英尺（6.7 米）见方——柏林消防局消防车转弯半径所需的尺寸。霍布瑞希特认为他的规划将允许在街区中心布局大型花园，但是也完全可以修建更多的经济公寓，当然这些经济公寓也通常缺少管网设施。

霍布瑞希特规划的明显失败并没有影响他成为德国备受追捧的城市规划专家，但早在 19 世纪 70 年代该规划就受到全国范围的批评，因为它及其相关规划赋予了城市政府在绘制、获取、建立和维护新的城市规划方面更多的权力，也因此导致 1875 年第一部《普鲁士城镇规划法案》的颁布，赋予城市规划及扩建的合法权利。这也是卡尔斯鲁厄工程师莱因哈德·鲍迈斯特（Reinhard Baumeister, 1833—1917）在他具有深远影响的著作《城市扩张与技术和经济的考量，以及建筑规范的关系》（Stadterweiterungen in technischer baupolizeilicher und Wirtschaftlicher Beziehung，1876）的主要内容，同时这部

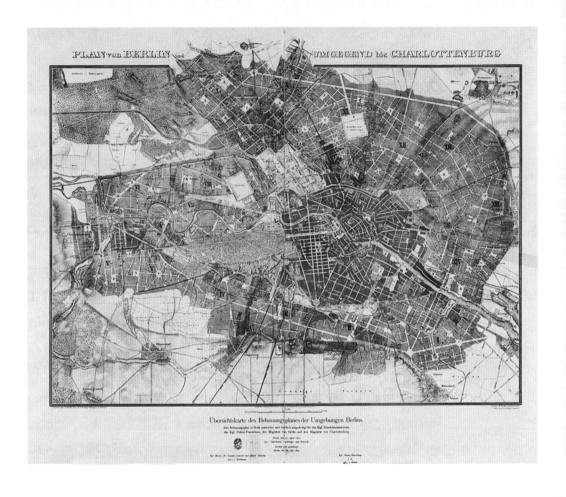

PLAN von BERLIN und UMGEGEND bis CHARLOTTENBURG

Übersichtskarte des Bebauungsplanes der Umgebungen Berlins.

著作奠定了城市建筑（Städtebau）领域的基本范畴。《1875 年普鲁士城镇规划法》（The 1875 Prussian Planning Act）授予地方政府征用土地以建设新街道的权力，并将公共部门、主管部门开发城市新区的行为合法化，允许他们自主规划铁路、交通枢纽、道路系统以及给排水系统。鲍迈斯特的著作旨在为如何组织街道模式和公共空间提供一套模式，并很快成为德国城市设计师的参考标准。不同于卡米洛·西特如今更为出名的著作《遵循艺术原则的城市设计》（Der Städtebau nach seinen künstlerischen Grundsätzen，1889）[1]，鲍迈斯特的作品

图 13 《柏林总体规划》詹姆斯·霍布瑞希特设计，1862 年。这一规划方案因其大型街区设计而饱受争议，它进一步引发了米特卡塞恩的兴建高潮，用于解决从农村来的贫民的基本居住问题。

1　英文版书名为 "Art of Building Cities: City Building According to Its Artistic Fundamentals"，国内常据英文版译为《城市建设艺术》。

甚少关注城市环境的文化价值和审美体验，与此同时，他编制了从文艺复兴时期城镇到奥斯曼巴黎时期的欧洲都市主义的法律和技术准则。

19世纪，这种类型的城市规划更多地被视为一种工程而非建筑尝试，并进 ⁰³⁵一步加剧了自1794年巴黎综合工科学校创建以来的两种职业的分道扬镳。巴黎综合工科学校是世界第一所现代工程技术类学校，也成为19世纪德国、斯堪的纳维亚、意大利、美国以及其他国家创建的工程技术院校的典范。由于这所学校从拿破仑时代起就与军事活动密切相关，因此它的课程设计强调计算和科学程序的应用，来促进对商业和工业有用的工程专业知识的发展，而非继续关注古典传统的正确建筑用途，直到20世纪30年代，这种方法还在大多数建筑学校继续教授。

《1875年普鲁士城镇规划法》颁布的同时，鲍迈斯特出版了《城市扩张》一书，旨在提供清晰、理性的方法来引导19世纪50年代后因铁路建设和工业化进程加速所带来的德国城市扩张。德国工业化进程和英国相似，但德国城市如柏林的建成区比英国城市更密集、更集中。1891年，柏林每幢住宅的平均居住人口达到52人，而伦敦只有8人，基本上还是一个由独立排屋组成的城市。与此同时，相对于英国，德国的地方政府在规范建筑施工方面往往拥有更大的自治权。柏林的总人口在1843年至1872年间，以平均每年4%的速度在增长，而慕尼黑、德累斯顿、汉诺威（鲍迈斯特学习土木工程的地方）、法兰克福和斯图加特等城市的总人口在这段时期的年增长率超过了2%。鲍迈斯特的著作是对德国建筑师及工程师联合会（Verband Deutscher Architeken und Ingenieurvereine）的《1874年城市政策宣言》（Urban Policy Manifesto）的回应。宣言宣称城市规划的首要任务应该是在自由市场环境下确定交通线路和街道布局。

联合会将关键的规划决策定义为制定出一个连贯的城市交通结构，而将独立建筑设计留给私人部门，但要对建筑进行监管，以确保防火安全、通道、健康和结构稳定性等问题。《1874年城市政策宣言》还强调，在不挑战城市发展的资本主义基础的情况下，政府和私人开发商责任共担的重要性。在这一背景下，鲍迈斯特的著作确定了城市扩张的主要任务，包括提供新的住宅，善用私人融资以及扩大交通流量。而交通流量则是最为基础的一点，因为新建的火车站以及堤岸导致了越来越多的交通瓶颈并扰乱了城市向郊外农田的有序扩张。1876 ⁰³⁶

年，第二部《普鲁士城镇规划法》通过，允许城市设置"Fluchtlinien"（沿街道的建筑线），并允许毗邻业主对新建街道和市政设施（如下水道）所带来的损失进行评估。这部法案部分参照了 19 世纪 60 年代在德国西南部的巴登伍登堡公国（Baden-Wurtemberg）颁布的类似规划法案——被许多人认为是现代城市规划立法的开端。

1880 年，鲍迈斯特出版的《标准建筑规范》（*Normale Bauordnung nebst Erläuterungen*）是对城市建筑环境进行行政控制的又一步骤，随后各个地区也陆续颁布了相关建筑规范，如 1900 年萨克森（Saxon）的《标准建筑法》（*Allgemeine Baugesetz*）。这些规范对德国的建筑工程产生了直接影响，尤其是 1881 年科隆的扩建工程。受到维也纳环城大道的启发和鼓舞，科隆也举行了针对中世纪旧城及相关防御设施的规划大赛，共收到 27 部参赛作品，其中来自亚琛（Aachen）的两位建筑师获得了一等奖，这两位建筑师分别是亚琛公共工程主管约瑟夫·施都本（Josef Stübben, 1845—1936）和建筑师卡尔·海因里希（Karl Henrici, 1842—1927）。获奖方案设计了一条 6 公里的新环形街道，以连接通往有充足公共开放空间的新区域的小巷。这一方案还包括在城市南部开发新的商业区，以及在城市北部修建别墅区。施都本因此也被科隆市政府聘请来执行这一方案。方案取得了巨大成功，并使施都本成为德国历史上最有影响力的规划师之一。随后柏林、德累斯顿、慕尼黑等城市也受其影响规划了新的大街和新的住宅区。

在德国发生的一系列规划实践很快引起了维也纳的强烈回应。卡米洛·西特（1843—1903）是维也纳工艺美术学校（Viennese Arts and Crafts high School）校长，19 世纪 60 年代他曾在此学习建筑。他还曾学习视觉生理学和空间透视，并数次游学意大利、德国，学习文艺复兴艺术，尤其是皮耶罗·德拉·弗朗切斯卡（Piero della Francesca）的透视技巧。正如 19 世纪的欧洲人一样，西特也痴迷于理查德·瓦格纳（Richard Wagner）的浪漫主义音乐，并且似乎曾被委托设计瓦格纳歌剧《帕西法尔》（*Parsifa*）的表演舞台。作为一位设计专业教师，他并不特别关注都市主义思潮，但 1889 年他出版的《遵循艺术原则的城市设计》以及后来的英文版本却引起了巨大轰动。西特反对奥斯曼式的维也纳环城大道以及鲍迈斯特的技术思维，他也反对影响深远的文艺复兴时期的开阔广场和遵循透视法则的宽阔大道，相反，他建议当代设计师应学习和模仿中世纪意大利和德意志老城的不规则而又风景如画的城市广场。正如理查德·瓦格纳的成功得益于他的歌剧作品根植于德意志历史和神话传说，并将其他艺术形式整合在一起形成具有民族特色的"整体艺术"（Gesamtkunstwerk），西特看到了通过激发和唤醒人民 心中对传统欧洲城镇广场生活的文化共鸣，开创社会互动和集体认同的新形式的可能性。

西特的出发点在于质疑始于英国的古典传统，这种传统是由约翰·罗斯金（John Ruskin, 1819—1900）等批评家发起的，他认为中世纪手工艺者充满激情的作品远比 19 世纪整齐划一的、毫无情感的所谓古典主义"改造"更有价值，这些工程由领薪的建筑工人完成，他们对日益机械化的工作毫无感情。因此在《遵循艺术原则的城市设计》一书中，西特主张摒弃奥斯曼和德国规范制定者如鲍迈斯特和约瑟夫·施都本的以技术为导向的"都市主义"风潮。相反，他认为应该设计封闭式的市民广场，正如之前提到的中世纪意大利和德意志城镇那样（图 14）。西特的著作在 19 世纪后期的德国引起强烈共鸣，尽管他并非一名专业的城市规划师，但是他仍然被委托负责整个奥匈帝国的城市扩展规划设计。他设计了捷克的奥斯特拉发的马林斯克·霍利（Ostrava-Mariánské Hory）、奥洛摩茨（Olomouc）和捷克捷欣（Český Těšín）等城市的扩展规划，以及波兰的别尔斯克–比亚瓦（Bielsko-Biala）、斯洛文利亚首都卢布尔雅那等城市的扩展规划。

施都本似乎认真研究了西特的著作，并将其作为鲍迈斯特的工程技术导向型城市规划的重要改良，1890 年他出版了自己的《城市设计》（Der Städtebau）一书，这本书迅速成为中东欧城市规划者的标准参考著作。施都本为城市规划制定了方法论，即基于交通流量和土地利用，充分考虑铁路线和水路航线的布局。他还提出了组织城市整体环境的四步骤：

①在刚开始施工的放射状街道上建立法定建筑线。

②确定外环街道的坐标和方位。

③根据需要修建新的放射状街道来连接中心。

④布局对角线大道，将外辐射状街道的交通分布到各个市中心区域。

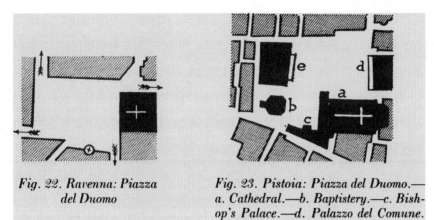

Fig. 22. Ravenna: Piazza
del Duomo

Fig. 23. Pistoia: Piazza del Duomo.—
a. Cathedral.—b. Baptistery.—c. Bish-
op's Palace.—d. Palazzo del Comune.
—e. Palazzo del Podesta. [From Martin]

图 14 《遵循艺术原则的
城市设计》，卡米洛·西
特著。
(Der Städtebau nach
seinen künstlerischen
Grundsätzen [Vienna,
1889], 172)

038　在这一框架指引下，他进一步引入西特的中世纪欧洲城镇广场作为新的发展模
式，并超越西特，开发出"欧洲广场规模尺寸图表"，其中包含精确的测量数
据，可以作为特定城市设计决策的模型。施都本还介绍了当时刚刚开始在科隆
和法兰克福等德国城市实施的新的分区规划。分区规划不仅制定了法定建筑线，
而且制定了街区设计规范包括建筑的高度和层数等。施都本还对私人独立住宅
（自 19 世纪 40 年代以来，德国工薪阶层住宅改革者越来越难以实现的目标）
与多单元高密度"公寓建筑"进行了区分。对于后者来说，其主要问题是缺少
阳光和空气流通不足，而对于今天的城市规划来说，这正是基本的设计规范。

　　1880 年后，城市分区法则作为重要的建筑规范逐渐盛行于德国各个城市，
到 1901 年，许多地区以法定形式确立了分区规划体系，如《科隆分区系统》
（Cologne zone system）。根据施都本的建议，该系统包括四种地区类型：

　　①中世纪城墙内的旧城（分区图上标示蓝色）

　　②城市郊区（标示红色）

　　③乡村（分区图上不标示颜色）

　　④别墅区（标示绿色）

每一种类型的地块具有不同的开发限制，比如建筑物的楼层、高度等，在旧城区
（1 区）允许修建 4 层、66.5 英尺（20.3 米）高的建筑，而在乡村（3 区）只可

以修建1—2层、38英尺（11.6米）高的建筑；别墅区（4区）的建筑也被限制在2层以下，但允许其高度升至52.5英尺（16米）。每一种分区类型还限制了不同的建筑密度，从1区到2区的最高覆盖率75%到4区的不可超过40%。这种大分区规划直接导致20世纪初英语国家和地区第一部分区法规的出台，但是这种条例（如1909年洛杉矶实施的条例）通常针对的只是土地利用性质而非开发强度，不过1916年的《纽约市分区条例》是个例外。

总的来说，鲍迈斯特、施都本和西特的著作为19世纪后半叶德意志地区的城市设计奠定了基础，并且至今仍然影响着欧洲的其他国家和地区。他们的设计思想以完成形式呈现的最早案例是1892—1893年的维也纳，当时环城大道已基本建成。那一年，维也纳举办了城市综合发展规划大赛，活力四射的维也纳建筑师和教育家奥托·瓦格纳（Otto Wagner, 1841—1918）获胜。瓦格纳的著作《现代建筑》（*Moderne Architektur,* 1895）首次提出建筑师必须承担城市环境在实用和技术方面的设计，如交通枢纽、高架桥和各种商业投资住宅。在这次大赛中，瓦格纳的参赛方案包括一份三维建造规划（Bebauungsplan），以一个具有
建筑统一性的三维系统来组织城市，并继承了西特对城市空间的关注，但也将其限制在一个相对严格的经典框架内。瓦格纳的设计还受到阿道夫·冯·希尔德勃兰特（Adolf von Hildebrand）和奥古斯特·施马索夫（August Schmarsow）美学思想的启发，他们已经开始强调与任何特定意义系统都无关的视觉感知的抽象品质。而这种理念至今仍然是艺术教育的重点，比如实物与图之间的区别，以及抽象的建筑空间可以自我解析的理念，而在这一点上对瓦格纳的著作产生了影响。在1911年出版的《大都市》（*Die Gross-Stadt*，1911）一书中，他进一步发展了这一思想，提出19世纪末的大都市应该设计一系列相互关联的网格式街区，每一个街区有其独特的城市结构和便利设施，并且这种城市空间具有无限延伸的潜能（图15）。

总之，德国城市建筑已经从维也纳的环城大道和霍布瑞希特的1862年柏林规划等奥斯曼式的城市改造策略的应用，发展到1875年普鲁士城市规划和建筑实践的法律编纂，进入专业化城市规划阶段。20世纪初以前，这一行业在英国和美国还没有相应的形式，尽管“城市规划”项目已在当地出现。德国城市规划

与英美的不同之处在于，它更准确地侧重于对城市三维形态的立法控制，以及对其中的交通线路和其他基础设施的布局和设计。城市政府、开发商都认为这两者是城市发展的重要方面。至 1910 年，德国城市规划逐渐受到与英美城市盛行的城市美化运动的影响，后来的很多都市主义历史，都涉及不同倡议之间的复杂交流和内部辩论，而他们在不同的语言和文化领域有着共同的愿望和方法。

图 15 《大都市》，奥托·瓦格纳，1911 年。以可步行区域为基础的高密度公寓为基础的城市扩建规划。

040

拓展阅读

Walter Benjamin, "Paris: Capital of the Nineteenth Century," in *Reflections,* translated by Edmund Jephcott (New York: Schocken, 1978), 146–62.

Barry Bergdoll, *European Architecture, 1750–1890* (New York: Oxford University Press, 2000).

Eve Blau and Monika Platzer, eds., *Shaping the Great City: Modern Architecture in Central Europe, 1890–1937* (Munich: Prestel, 1999).

Joan Busquets, *Barcelona: The Urban Evolution of a Compact City* (Rovereto, Italy: Nicolodi, 2005).

Zeynep Çelik, *The Remaking of Istanbul: Portrait of an Ottoman City in the Nineteenth Century* (Seattle: University of Washington Press, 1986).

Francis D. K. Ching, Mark Jarzombek, and Vikramaditya Prakash, *A Global History of Architecture* (Hoboken, N.J.: Wiley, 2007).

Friedrich Engels, *The Condition of the Working Class in England* (London, 1887).

Robert Home, *Of Planting and Planning: The Making of British Colonial Cities* (London: Spon, 1997).

Stephane Kirkland, *Paris Reborn* (New York: St. Martin's, 2013).

Paul L. Knox, *Palimpsests: Biographies of 50 City Districts* (Basel: Birkhauser, 2012).

A.E.J. Morris, *History of Urban Form: Prehistory to the Renaissance* (New York: Wiley, 1972).

Donald Olsen, *The City as a Work of Art: London, Paris, Vienna* (New Haven: Yale University Press, 1986).

Antoine Picon, *French Architects and Engineers in the Age of the Enlightenment* (Cambridge: Cambridge University Press, 1992).

John Summerson, *Georgian London* (New Haven: Yale University Press, 2003).

Anthony Sutcliffe, *Towards the Planned City* (New York: St. Martin's, 1981).

Emily Talen, "Form-Based Codes vs. Conventional Zoning," in Anastasia Loukaitou-Sideris and Tridib Banerjee, eds., *Urban Design: Roots, Influences, and Trends* (London: Routledge, 2011).

Gwendolyn Wright, *The Politics of Design in French Colonial Urbanism* (Chicago: University of Chicago Press, 1991).

第二章
美洲的城市发展及城市美化运动的国际影响

041 ## 欧洲殖民城市及早期本土城市形态

19 世纪时，虽然伦敦与巴黎仍是欧洲乃至世界的中心，但受其影响的其他城市，如上海、孟买、墨西哥城、里约热内卢、布宜诺斯艾利斯等，在此期间也在社会和技术上发生了扩张和变革。随着美国独立战争（1776—1783）取得胜利和 1867 年加拿大独立，北美城市不论是在纵向高度还是横向规模上，都开始以前所未有的方式迅速发展起来。这种转型集中发生在如此复杂的地理环境中，欧洲殖民地的影响与既有土著文化的定居模式和广阔而富饶的自然环境交融，从而为欧洲殖民大国如葡萄牙、西班牙、法国、英国带来巨大的商业前景，而对于荷兰、瑞典、丹麦、俄国等国的影响则小得多。当时，美洲部分土著地区在一定程度上已经开始城市化进程，如中美洲地区和秘鲁，它们在 16 世纪被西班牙暴力殖民，导致许多混合了本土文化和殖民文化的城市形态，并一直影响至今。

15 世纪 90 年代，西班牙和葡萄牙首次发现新大陆部分地区以来——1507 年欧洲地图师马丁·瓦尔德泽米勒（Martin Waldseemuller）将这两片大陆都命名为"美洲"（America）——伊比利亚人的造城运动在南美洲大陆以及北美洲南部地区迅速开展起来。从阿根廷到墨西哥以及美洲西南地区，从加勒比海到加利福尼亚，西班牙的殖民定居点建设都严格遵循特定规范和相似的形式。这种规范和形式来自042 古代和中世纪欧洲大陆的实践，如中世纪的法国巴斯蒂德式（bastide）城镇[1]，或者

---

1 十三四世纪建造在朗格多克、加斯科尼和阿基坦的强化城镇，主要起防御功能。

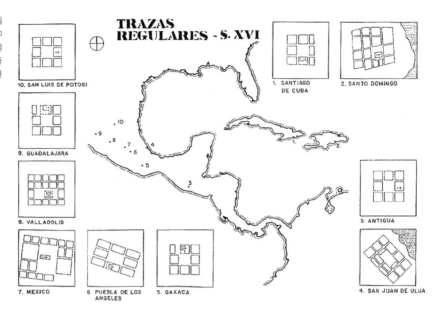

图16 西班牙皇家《西印度群岛法》(1573)中的网格城镇布局,适用于古巴、圣多明戈和新西班牙(1810年后的墨西哥)。
(Jaime Lara, City, *Tempo, Stage* [Notre Dame:University of Notre Dame Press,2004], 98; Courtesy Pontifica Universidad Javieriana, Bogotá)

是东欧的德国策灵根式(Zähringer)城镇[1]。在"新大陆"城市布局完毕后,马德里的西班牙皇室将类似做法写进了1573年颁布的《西印度群岛法》,为殖民城市聚居地制定了基本原则(图16)。这部法令的影响持续了几个世纪,并在一定程度上促使古典式和中世纪式欧洲城市形态在美洲的发展。当然,殖民城市发展过程中同时还存在网格式城市模式,它们受到前哥伦布时代本土文化的影响,如墨西哥的阿兹特克文化和秘鲁的印加文化。

遵循维特鲁威的建筑法则,《西印度群岛法》指出,对于管理者来说,城市选址在一个相对较高的地点具有重要意义,而且要保证有良好的水资源供给,以及充足的周边农业用地以满足城市特定规模人口的需求。因此规划要在造城前确定,然后进行测量,"通过绳和尺等测量工具确定城市的基本范围"。每座城市都以矩形广场为中心,周边街道呈网格状向外延伸,尽管这种形式并没有明确的规定,但西班牙殖民城市通常呈网格状。中心广场的长宽比大致为1:1.5,大小在200×300英尺(61×91米)到300×800英尺(91×244米)之间。广场及广

---

1 策灵根公爵于12世纪在德国南部和瑞士建造的现代意义上的城镇。

场延伸出的街道都建有拱廊。广场周围通常是主教堂或教区总教堂，毗邻各种政府机构和其他公共建筑如医院，以及商店和商人住宅。附近通常是牧场，建成区外则是广阔的农田，通常由贫穷的农民耕种，他们有的是西班牙征服后皈依天主教的原住民，有的则是非洲奴隶。

043
　　《西印度群岛法》的城市建设标准只是完全规范的社会秩序的一方面，即将中世纪欧洲的封建制植入人口结构与生态环境都完全不同的美洲大陆。于是，西班牙、葡萄牙的殖民文化与各种本土文化形成了不同程度的文明混合体，从而导致了复杂的等级社会秩序以及等级制基础上的城市规划和风格迥异的建筑，不过，有时也会延续本土化的发展道路。然而直至 15 世纪，还只有欧洲人才拥有远洋船只、先进的航海技术和武器，这使得他们征服美洲新大陆成为可能。他们通常以野蛮而残酷的方式重构新大陆，并不断地植入欧洲文化，包括语言、宗教信仰、建筑和城市形态等，他们巨大的成功也在欧洲本土引起深远影响。

　　另一方面，在北美，除了墨西哥（1535—1821 年，墨西哥城作为新西班牙王国[1]的首都）和古巴（1898 年，脱离西班牙的殖民统治，成为准独立的美国联邦保护国），其他地区受西班牙的影响较小。1565 年，西班牙殖民者在现美国佛罗里达州圣奥古斯汀城（St. Augustine）的位置上建立了第一个殖民据点，这是一个战略防御工事，用来抵抗宣称对此地拥有统治权的法国人。西班牙人建立的城市中，更重要的是新墨西哥州的圣达菲（Santa Fé，1609）和后来归入得克萨斯州的圣安东尼奥德贝萨尔（San Antonio de Béxar，1718），当时这两座城市皆由墨西哥城管辖。这些城市后来的广场以及网格式规划表明，在《西印度群岛法》颁布 150 年后，仍在继续生效。西班牙美洲帝国的两个统治中心墨西哥城和秘鲁利马建立 200 年后，加利福尼亚（1525 年由西班牙命名）和其他北美西南部的西班牙殖民定居点才于 18 世纪晚期伴随教会的发展而发展起来。

　　继西班牙人开采金银矿，以及葡萄牙人在巴西东北部以非洲奴隶为主要劳动力引进农业种植体系发展农业种植，从而取得经济成功后，其他欧洲国家也希望从美洲新大陆丰富的自然资源和矿产资源中获利。法国殖民者占领了圣劳伦

1　新西班牙（Kingdom of New Spain），是西班牙的副王辖区，为西班牙管理北美洲和菲律宾的一个殖民地总督辖地。

斯河和密西西比河流域，并沿着这条战略水路建立了魁北克（1608）、蒙特利尔（1611/1642）、新奥尔良（1718）和圣路易斯城（1764）等城市。法国殖民者还命名和建立了底特律（1701），作为峡湾边上连接圣克莱尔湖和伊利湖的军事要塞。除了法属加拿大（大致为今加拿大魁北克省）以及部分加勒比海岛屿及沿海地区，17世纪法兰西帝国的商业利益主要集中在与美洲五大湖区和密西西比一密苏里河流域的原住民部落开展利润丰厚的皮毛贸易。 044

英国在新大陆的殖民活动始于16世纪后期，与西班牙和法国的殖民活动相比，英国受到的君主政体的集权控制相对较小。他们有的是开拓新定居点的殖民者，有的是受到半官方资助、专门抢劫西班牙殖民者装满金银的海船的英国海盗。这些西班牙海船在从利马到巴拿马、从墨西哥到哈瓦纳的航线上固定行驶，然后穿过无边无际的大西洋到达西班牙本土的加的斯港（Cádiz）。最终，这些英国殖民者控制了部分原先由西班牙控制的加勒比海岛屿，如牙买加（1655），但是这些英国殖民者的兴趣仍然只在北美东部海岸线一带的农业生产上。第一个永久英属殖民定居点是弗吉尼亚州的詹姆斯敦（Jamestown, 1607），这也是后来第一个在北美南部建立的以种植园经济为核心的奴隶制城镇。随后，来自英国的清教徒在新英格兰地区建立了越来越多的商业殖民城市，在那里直到18世纪末，奴隶贩卖都是合法的。其中规模最大的是波士顿（1630），由清教徒建立，作为马萨诸塞湾殖民地的主要城市。在它的南部是新阿姆斯特丹（纽约），1624年荷兰东印度公司在哈德逊河口岸建立的国际贸易中心。荷兰殖民者随后进一步在新英格兰地区扩张，包括今天的纽约州东部和新泽西州地区。1665年，因英荷战争中荷兰战败，荷兰殖民者只好将新阿姆斯特丹拱手相让，英国人将其更名为纽约。在美国南部地区，人们经常会注意到弗吉尼亚地区缺少城镇，殖民时期在该地出现的重要城市极少。南卡罗来纳州的查尔斯顿（Charleston, 1670/1680），是为南卡罗来纳的稻米种植园而建立的重要的英国殖民地港口和非洲奴隶市场，并于1733年与当时最南方的英国殖民地萨凡纳（Savannah）结盟。萨凡纳是由詹姆斯·奥格尔索普（James Oglethorpe）按网格规划建立的城市，坐落在英属殖民地最南端的佐治亚州。

所有这些英国殖民城市在发展初期，规模都较小，仅步行尺度，且往往邻近水源，通常只由几条具有防御作用的街道组成。尽管在许多方面，这些城市都与当时欧洲的大城市相似,但又有所不同。这些英属北美城市一开始就选择了网格状规划,更像西班牙人在拉丁美洲建立的那些历史更久的城市,尽管西班牙与英国具有完全不同的宗教与文化。英国清教徒第一次采用网格规划建立的城市是康涅狄格州的纽黑文市(建于 1636 年),之后网格规划又被应用于环境与条件完全不同的查尔斯顿和费城(1681)。由贵格会建立的宾夕法尼亚殖民地核心城市费城,逐渐成为北美英属殖民地最重要的城市,且在美国独立战争之后曾短暂地作为美国首都(图 17)。在这些城市里,英国殖民者将欧洲人和"原住民"分离的努力失败了,因为对非洲人的奴役意味着不可能将奴隶从他们劳动和生活的家庭中分离开来。

046

1783 年,美国从大英帝国成功独立出来后,对西部地区的暴力掠夺也开始了,那里曾是美洲各原住民部落的家园。1785 年,美国国会通过了《土地法令》(Land Ordinance),建立了以 6 平方英里(1554 公顷)为单位的测量网格以规划未来宾夕法尼亚州以西的农业定居点。以靠近俄亥俄州边界的东利物浦(East Liverpool)为起点,到 19 世纪中期,土地网格以惊人的速度向西部扩张,并且成为人类历史上最大规模的集中规划区域。1785 年颁布的《土地法令》以及相关法令正是托马斯·杰斐逊(Thomas Jefferson,1743—1826)所构想的"未来美国将是由自由独立的白人农民所组成的共和国"的直接产物。杰斐逊不仅是当时弗吉尼亚州最大的农场主,还是弗吉尼亚州的立法者,美国《独立宣言》的重要执笔人之一,同时还是美国第三任总统。杰斐逊认为美国未来是由谦逊而富裕的白人农场主所组成的国家,只有在必须共同做出决策时,他们才会聚集在一起,在他认为应该位于像弗吉尼亚州里士满(Richmond)这样的小州府的阴沉的古典式建筑里开会,远离伦敦和巴黎这样动荡、腐朽而庞大的帝国中心和商业中心。每一个新成立的州都应尽快组织一系列郡县规划,确立好政府所在地以及法院广场。起初,这些县法院建筑往往比较低调,但到 19 世纪时,这些县法院却建得越来越宏伟,采用奢华的学院派[1]风格,有时甚至可以与州议会大厦相媲美。

1790 年,杰斐逊为新首都哥伦比亚特区华盛顿设计的简约网格式规划,被认为太过于谦逊和低调,因此皮埃尔·朗方(Pierre L'Enfant,1754—1825)的

---

1 学院派(Beaux-Art),又称布杂派,是一种由巴黎美术学院教授的,新古典主义建筑晚期流派,主要流行于19世纪末和20世纪初,强调建筑的宏伟、对称、秩序性。

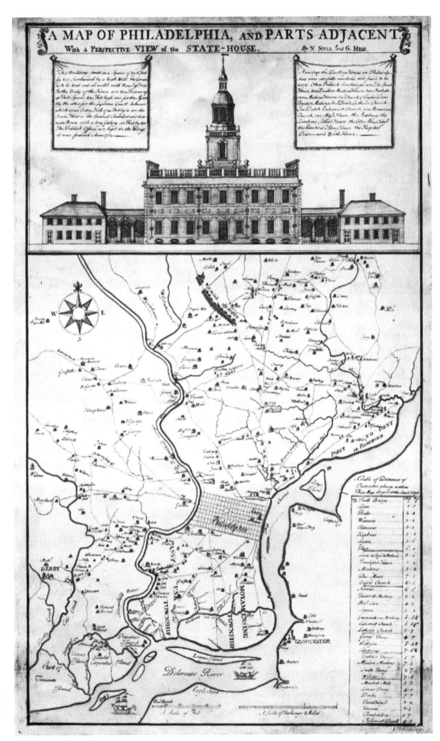

图 17　18 世纪费城城市规划图，1682 年贵格会宗教领袖威廉·彭（William Penn）设计。

设计现代城市：1850 年以来都市主义思想的演变

方案受到了市政府的青睐。这位出生于法国的工程师曾追随后来成为美国第一任总统的乔治·华盛顿，并在独立战争中一起战斗过。朗方的 1791 年首都规划方案设计了宽阔的对角大街、公共广场，并在地势最高处建造重要纪念性设施如国会大厦和总统府（后来的白宫）。这一纪念色彩浓厚的布局方式极易让人联想到凡尔赛宫，事实上朗方的父亲曾是凡尔赛花园的景观设计师。尽管朗方有意打造一座宏伟的巴洛克式新首都，但塑造这个新国家的是杰斐逊的民主思想以及同期美国国内根深蒂固的反城市、重农思想。1785 年，国家正交网格测量确立了美国的城镇模式，每个城镇分为 36 小块，每小块大约 1 平方英里（640 英亩 / 259 公顷），这种土地管理模式逐渐扩展到整个大陆。

在中西部、南部和西部等广大的新定居地区，网格测量模式取代了早期东部地区英美式的不规则土地测量模式，这种早期模式来自中世纪的英国实践，即先确立好城镇的边界和范围。中世纪的土地测量系统采用自然地标，通过河流、岩石、树木等确定彼此间的边界。相反，1785 年的标准网格测量体系，受古罗马时期管理实践的启发，以更规范化的方式组织新的定居区，这在当时被认为是可以减少冲突的合理的管理制度。同时，它还极大地方便了新开拓地区的土地产权交易和开发，因而促使大量投资者和移民从欧洲和美国东部海岸来这里拓荒。网格的精心组织还促使每个城镇特定单元的土地买卖所获得的土地收益都被集中起来建造公立学校，同时每个城镇会预留四个土地单元用于未来发展。随着农业生产力提高，并带来收益增加时，这些预留单元将发挥更大效用。

从 1803 年俄亥俄州开始，美国的新领土上新州不断建立，每个州通常都有位于中心位置的网格状的州首府城市，如哥伦布市（1812）。紧随俄亥俄州首府其后的是印第安纳波利斯（1820）、密苏里州杰斐逊城（1821—1825）、密西西比州杰克逊城（1822）、密歇根州兰辛（1835）。奴隶制曾经在英属和法属殖民地都是合法的，但 1781 年宾夕法尼亚州废除了奴隶制，而在殖民时期因其勘测者名字而命名为梅森 – 迪克森线（Mason-Dixon Line）的宾州南部边界，也成为奴隶制度合法化边界线。后来这条边界线向西延伸，一直到俄亥俄河。最终，南北方在奴隶制合法化上爆发了严重冲突，并进一步向西扩散，最终导致美国南北战争（1861—1865）的爆发。1863 年，美国总统阿布拉罕·林肯发表《解放黑人奴隶宣言》（Emancipation Proclamation），奴隶制宣告废除，而在最艰难的美国重建时期（1865—1877），南方成为北方投资者避而远之的最贫穷地区。直到 20 世纪 50 年代，南方一直都是以农业为主的地区，长期以来形成的以种族隔离为特征的乡村模式一直影响至今。

　　而在遥远的北方，到 1850 年时已经发展起来两条东西向、具有先锋意义的城市带，一条沿俄亥俄河交通走廊，包括匹兹堡（1758），辛辛那提（1788），路易斯维尔（1778），圣路易斯（1764）等城市，其中圣路易斯跟新奥尔良一样曾经是法属殖民地，1803 年杰斐逊总统从法国购买了路易斯安那州大部分土地，从而成了美国城市。这些城市和大西洋沿岸的城市包括费城、巴尔的摩（1729），华盛顿等一样，采用了相似的发展模式，它们不仅复制了网格规划以及砖砌排屋模式，而且包括城市政府组织结构、地方文化、城市内部公共部门如消防局、监狱、医院等。当这些西部城市开始进一步扩张，历史更久的东部城市也以相同的方式迅速扩张其范围。

　　全新的城市网格式规划，如《纽约专员规划》（Commissioner's Plan of 048 New York City, 1807—1811）就是将美国最大的城市沿着豪斯顿街（Houston Street）以北的编号街道和大道进行网格化扩展，不同于《西印度群岛法》规定下的西班牙式城市或早期欧洲殖民城市，网格化的纽约极少设置早期殖民城市的中心广场和公共草坪（图 18）。相反，网格化的街道更像是抽象化的房地产开发和建设的中性工具，这也似乎预示着城市将会以最初由荷兰殖民者修建的华尔街为起点，一路向北，无穷无尽地向外延伸。在绝大多数城市，早期的规划确定

图 18　1807—1811 年《纽约专员规划》。该规划确定了从豪斯顿街以北至西 155 街的街道数字命名方式。(Library of Congress, Geography and Map Division)

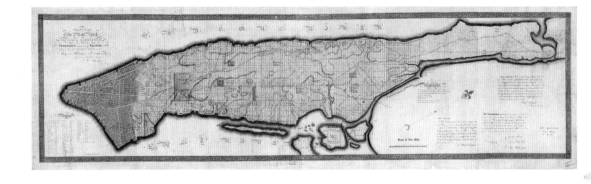

设计现代城市：1850 年以来都市主义思想的演变

了城市的开发单元规模，比如纽约 1811 年确立的开发单元大小为 25×100 英尺（7.62×30.48 米），比西部城市稍微大点。考虑到交通和防御的需求，新城往往建在河边或是湖边。如纽约等城市，在其发展早期，这些城市新规划的街道往往用数字进行编号，也有些城市的街道如圣路易斯城参照费城的街道直接以各种树来命名，还有一些甚至以美国早期总统的名字来命名。

在从新英格兰州和纽约州一直延伸到中西部的北方地区，从 19 世纪 10 年代开始的运河建设，以及后来，19 世纪 30 年代的铁路建设，激发了新城建设的热潮。运河网络起源于美索布达米亚，而在中国和其他一些地区也已有几百年的历史。相较于陆路，运河无疑是解决内陆交通最有效的方式。运河在北美出现始于 18 世纪末，并沿用英国的修建模式，至 19 世纪二三十年代其修建和运营达到顶峰。1825年，伊利运河通航，它将广大中西部农业区通过布法罗（1801）、奥尔巴尼与哈德逊河及纽约相连，使纽约成为比密西西比河港口城市新奥尔良更有竞争力的关键商业中心。直到 1850 年，新奥尔良仍是全美第五大城市。而纽约以北靠近五大湖的城市群，其典型城市形态通常是木结构而非砖结构的住宅和小型商业区构成。

到了 19 世纪 30 年代，"气球结构"（balloon framing）[1] 开始在芝加哥广泛使用，这种技术至今仍是美国住宅建筑的标准形式。尽管"气球结构"可能是在纽约北部地区更早发展起来的，也可能是从密西西比河流域的法国殖民地木结构建筑方法中衍生出来的，这种方法通常采用垂直木桩。随着木材加工工业化流程的引入，标准预制木材如 2×4 或是其他尺寸的大量销售与使用成为可能，再加上连接标准木材的金属铆钉越来越便宜，使得木结构住宅在新的快速扩展城市如布法罗、克利夫兰（1796）、底特律和芝加哥（1830）成为一种廉价且灵活的方式。

1850 年，美国政府公布了国家边界，许多地区已经有超过 200 年的殖民历史，从而具有鲜明的殖民特征，而其上则叠加了各种类型的土著文化。欧洲移民、非洲黑奴和自由民之间的相互关系奠定了北美广阔地域上的人口格局，完全不同于世界其他国家和地区。葡萄牙、法国、荷兰、德国以及英国的城市和建筑模式也在这里生根发芽，并进行了本土化转变，而城市快速增长的社会与物质基础也随之发生发展起来。

---

1 指轻捷型木骨构架。

1850年之后的新技术与北美城市变迁

绝大多数北美城市，不论是沿着俄亥俄河至圣路易斯的中部城市走廊，还是从俄亥俄州至明尼苏达州以北的肥沃农业带以及水运系统所贯穿的城市群，网格街道、矩形地块，以及标准木结构或砖砌结构建筑构成了绝大多数城市的基本形态。"建筑"（Architecture），正如当时人们所理解的，通常指具有纪念意义的结构类型，如防御设施、教堂、议会大厦、法院、监狱等，其中部分留存至今。受到技术水平的限制，城市模式仍然是紧凑型，比如此时城市里还没有电车，没有室内管网、厕所等卫生设施以及中央供暖系统。所有这一切在 19 世纪上半叶开始急剧变化，一系列技术和社会转型对城市格局产生剧烈影响。19 世纪 10 年代，蒸汽船的发明改变了水运系统，30 年代，货运和客运铁路系统开始运行，通过铁路连接东部港口城市与中西部城市的计划也雄心勃勃地开始实施，1833 年，从查尔斯顿、萨凡纳至汉堡［今南卡罗来纳州的北奥古斯塔（North Augusta）］的铁路建成。

在城市内部，新的马拉铁路系统缓解了公共马车和渡轮的交通压力，而同时，₀₅₀ 英国也开始修建相似的交通系统。蒸汽客运火车则在 19 世纪 20 年代开始运行。此时的英国，城市给排水系统也开始改善，从而推动了纽约"克罗顿渡槽"（New York City' Croton Aqueduct, 1842）等公共系统的修建，这是美国城市第一套提供可靠清洁水源的系统。这条长 41 英里（65 公里）的管道由铸铁铸成，并埋进砖筑的管网内，它将韦斯切斯特（Westchester）县克劳顿大坝（Croton Dam）的水通过哈莱姆河的高架渡槽引入纽约市一个新建的水库（这个水库后来被改建为中央公园）内，然后再向南分流到位于 42 街的水库（即现在纽约公共图书馆的位置）。

其他新技术也推动了当时正在进行的城市改造。比如无线电报，1844 年美国邮政局首次使用，在华盛顿和巴尔的摩之间传送一小段书面文字信息。同样重要的，还有贝氏转炉钢（Bessemer steel）的使用，19 世纪 50 年代发明的一种通过高温提炼而成的钢铁。它开始用于铁轨以及桥梁构架的建设，如圣路易斯市横跨密西西比河的伊兹桥（Eads Bridge，1874）以及约翰·罗布尔（John Roebling）设计的纽约布鲁克林大桥（1876）的钢索，后者连接了当时各自独立的纽约和布鲁克林。这些新技术使城际铁路系统建设越来越快、越来越密集，正如 1869 年建成的美国太平洋铁路，从东部沿岸城市出发，穿过高山、沙漠，一直延伸到西岸的加利福尼亚，这条铁路还直接导致美国于 1883 年建立了四个标准时区，同时也奠定了国家的工业化基础以及消费经济格局。至 1900 年，美国已不再是以农业为基础的国家，而转型为工业大国。

美国内战后的经济发展逐渐以铁路运输和大型工业企业为中心，因此沿铁路线形成了相应的城市行政中心。银行、金融、保险类公司也纷纷在这些城市设立办公室，从而开始需要更大的办公空间，以前四五层的砖结构小型商业建筑已经不能满足它们的需求。1853 年，伊莱沙·格雷夫斯·奥蒂斯（Elisha Graves Otis）发明了电梯，并于 1854 年在纽约博览会上展出，1857 年在位于纽约百老汇大道与布鲁姆大街、由约翰·盖诺（John Gaynor）设计的铸铁外立面的霍沃特大厦（Haughwout Building）上首次使用。随着南北战争后的经济繁荣，以铁路为基础的北方工业城市开始迅猛发展，开发商发现配置垂直电梯的高层办公大厦相比于传统临街办公空间更受市场欢迎。这极大地转变了传统的城市空间布局模式，即沿着大街平面布局一至两层楼高的房地产开发模式。电梯的使用迅速将纽约带入摩天大楼时代，芝加哥紧随其后，再加上 19 世纪 80 年代中期贝氏转炉钢的应用，高层建筑成为时代流行。

摩天大楼从此开始改变美国主要城市的面貌，创造了 19 世纪 80 年代在纽约首次出现的"天际线"新景观，并进一步导致城市中心区地价的上升。直到 19 世纪 70 年代以前，纽约还没有比教堂尖顶高的建筑，当然偶尔也会有一些大型仓库或是烟囱，但是到了 80 年代，纽约曼哈顿下城已经开始打造摩天大楼形象，再加上坐落在纽约港口自由岛由法国雕塑家弗雷德里克·奥古斯特·巴特勒迪（Frédéric Auguste Bartholdi）设计的自由女神像（1886），从而形成了独特的纽约天际线。在美国东北部和中西部城市以及旧金山也出现规模稍小一些的摩天大楼中心区。旧金山于 1847 年改为现名，1848 年美墨战争（1846—1848）结束后正式加入美国联邦。之前这里由西班牙教会管辖，1776 年建立了一个名叫"芳草地"（Yerba Buena）的小村庄，之后逐渐发展成为国际贸易中心，直至 19 世纪 30 年代这里还属于墨西哥管辖。1848 年淘金热之后，旧金山迅速发展成为西海岸地区重要的商业中心，同时也是 19 世纪美国城市中最受华人欢迎、接纳华人移民最多的城市，当时中国移民面临着来自美国本土殖民者的严重种族歧视。

到 1879 年，1807 年首次在伦敦使用的煤气路灯也开始在北美城市大规模使用。电灯的发展始于 19 世纪，19 世纪 50 年代于伦敦水晶宫举办的万国博览会和 1878 年巴黎歌剧院大街实验性地使用了弧光灯。而电灯在城市广泛使用的潜力最终被出生于俄亥俄州米兰镇的实业家、投资家以及通信技术专家托马斯·爱迪生挖掘出来。1879 年，爱迪生发明了白炽灯，然后为了白炽灯能够进一步推广，1882 年，他又说服投资商在曼哈顿下城珍珠街（Pearl Street）255—257 号修建了中央发电站，从而可以覆盖 1 平方英里区域的电力供应，包括以华尔街为起点沿着东河（East River）向北直到佩克史立普街（Peck Slip）和斯普鲁斯街（Spruce），从此电力时代开启，逐渐影响全球并一直发展至今。同一年，爱迪生开始游说在伦敦霍尔本高架桥（Holborn Viaduct）地区修建蒸汽发电站，到 1887 年，爱迪生电力公司已经修建了 121 座发电站。爱迪生的发明还包括第一台留声机（1878），第一台摄影机（1891）。到 1894 年，欧洲和美国已经有可以放映电影的公共影院，随后又发展到孟买。电气化也使有轨电车线路成为可能，1879 年在柏林开始试运行，并迅速推广到其他城市，包括弗吉尼亚州里士满。

这些创新不仅极大地加速了城市中心区房地产价格的上涨，并且随着通勤时间的减少，以及抽水马桶等更现代化设施在新郊区的出现，房地产投资迅速扩展至中心区以外的地区。在许多城市，尤其是芝加哥和波士顿，有轨电车连接的郊区通常由低廉的木结构住宅、小型公寓以及商业建筑组成，由许多小承包商——往往是新近欧洲移民——一次开发几栋。这些地区起初通过马车与市区通勤，现在则升级为有轨电车并覆盖主要街道，并铺设有排水管网、天然气管网等市政设施。1830 年，芝加哥第一次修建了网格式街道，宽 60 英尺（18.3 米），沿着芝加哥河，在国家大道（State Street）以西的南北支线交会处附近（图 19）。随着铁路运输的发展，芝加哥成为重要的西部节点，东北沿海城市的货物运送到这里装卸，并进一步通过以此为节点的西行铁路继续运输到更遥远的西部地区。

之后，新的铁路线以芝加哥为节点继续向西一直延伸到盐湖城（1847）、奥马哈（1854）、堪萨斯城（1853）、丹佛（1858），并于 1869 年延伸至萨克拉

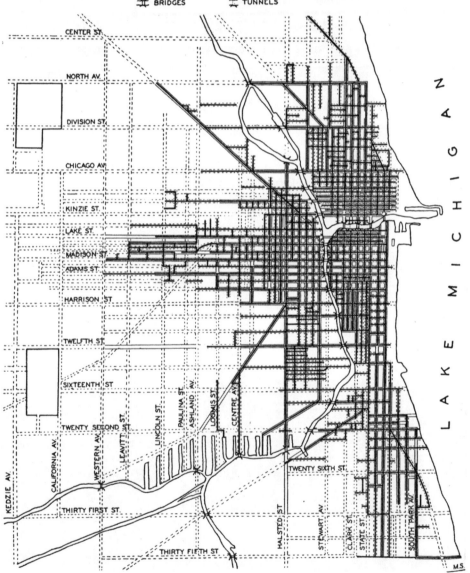

MAP OF CHICAGO

SHOWING

SEWERS, PAVED STREETS AND BRIDGES
1873

PREPARED BY HOMER HOYT FROM MAP OF SEWERAGE SYSTEM IN CHICAGO TRIBUNE-JUNE 18,1873
AND FROM ANDREAS HISTORY OF CHICAGO VOL.II PP.57-86, VOL.III PP.129-130

LEGEND

— SEWERS   ┄┄ UNPAVED STREETS
═══ STREETS PAVED WITH WOODEN BLOCKS OR GRAVEL
☰ BRIDGES   ☰ TUNNELS

图 19 1873 年芝加哥地图，标示着下水道，铺设过的街道以及桥梁。(Homer Hoyt, *100 years of Land Values in Chicago* [Chicago: University of Chicago Press, 1933], 92)

门托（1850）以及旧金山。19世纪30年代，许多其他铁路枢纽城市也开始沿着相似的路线发展，包括亚特兰大（1836）、休斯敦（1836）和达拉斯（1841）等几个南方城市在美国内战后随着国家铁路网的建设而得到发展，但直到第二次世界大战后都还只是规模较小的区域中心城市。而芝加哥这样的北方城市，不仅仅是重要的区域性农产品交易中心，还是重要的制造业中心，并且不断地吸引着世界各地的新移民。

在这些快速发展的城市中，充足的就业机会不仅吸引了美国乡村的农民，而且吸引了大量欧洲移民，其中许多来自爱尔兰以及德语国家和地区。芝加哥的人口增长最为迅速，从1850年的3万增长到1870年的30万，人口规模超过圣路易斯，成为美国西部的主要城市。1871年，一场大火毁掉了芝加哥的大部分木结构建筑，但这座城市很快以更坚固的材料重建起来。到19世纪80年代，钢结构的运用使城市中心区的商业建筑可以超过人类历史上的任何建筑高度（除了小部分教堂尖顶），而现在一些已经被拆除并基本被遗忘的曼哈顿下城摩天大楼就是在这前十年建造的（图20）。

图20 世界上第一批摩天大楼（摄于纽约市政厅，建于1802—1812年），从左至右分别是乔治·B. 波斯特（George B.Post）设计的世界（普利策）大厦（建于1889—1890年，现已拆除），R. M. 亨特设计的纽约论坛大厦（建于1873年，现已拆除）。

　　　设计现代城市：1850年以来都市主义思想的演变

这些新式的商业大厦配套了可以无线传送文字信息的电报系统，后来又配套了可以传送语音信息的电话系统，电话于 1876 年首次在费城"美国独立百年纪念博览会"上展出，同时参展的还有打字机、早期电灯、享氏番茄酱以及因其防侵蚀特性而被重视的入侵性藤本植物葛根。这次展览会还因对早期殖民时代家庭厨房的再创造而闻名，复兴了 18 世纪的英国殖民建筑和装置时尚，而这似乎与展览会上展示的前所未有的技术进步背道而驰。

北美沿铁路发展起来的城市也开始表现出与过去完全不同的社会和政治特征。这些城市快速地吸收了大量欧洲移民并创造出新的城市文化，这种新文化并非以传统的宗教与手工活动为基础，而是根植于商业和娱乐。大众体育如棒球在这些城市发展起来，而城市精英无比热情地引进和建设具有思想启蒙意义的欧洲式艺术博物馆、公共图书馆和德国式的研究性大学等公共设施。同时，还有更多传统上就一直受欢迎的组织也继续发展起来，从酒馆客栈，到教堂、俱乐部、贸易学校等。这些城市为数以百万计的人提供了前所未有的发展机会，但是与此同时，也带来了新的社会冲突以及极端拥挤和恶劣的生活条件。和伦敦以及其他英国城市一样，这些美国新城市燃烧了大量的煤炭，遭遇了持久的烟雾污染，日夜不分。但是也因为生活在这里而获得了前所未有的舒适与便捷，因此他们心甘情愿在此纳税、支付租金以及各种生活费用。

到 19 世纪末，一系列的技术革新极大地改变了美国的城市生活。其中包括洁净的供水系统、市政排水系统，以及电报、电话、照相、电影等通信技术，安全的垂直升降电梯、钢结构、煤气照明、电力等。这些发明创造极大地促进了城市建设的创新，摩天大楼改变了城市形态和城市功能，而田园式的郊区生活方式也迅速成为城市中产阶级的心之向往。

美国的公园运动

到 19 世纪 80 年代，在芝加哥，类似于 S. E. 格罗斯（S. E. Gross）这样的投机建筑商已经能够建造整个城市外围的居住区，包括木结构住宅、有轨电车系统、铁路以及基本的市政管网系统，如水、电、气等，因而广受工人阶级欢迎。这些居住区——包括紧临芝加哥市行政边界的湖景区（Lakeview）的一部分（1889 年，湖景区通过合并成为芝加哥的一部分），以及新的近郊如布鲁克菲尔德（Brookfield）——开启了大规模郊区开发，并成为 20 世纪美国城市的主要特征。老旧的城市中心区存在的许多社会冲突和公共卫生问题，往往被认为是因为人口过多和缺少亲近自然的机会。这些被认为是导致各种城市社会问题如犯罪、传染病、家庭破裂等的根源，因此解决社会问题的有效途径便是降低居住密度，增加城市内的开放空间和绿地。

19 世纪初期，如何解决城市问题通常参照欧洲城市的经验，如伦敦摄政公园（1819）和巴黎第一座花园公墓拉雪兹神父公墓（Père Lachaise cemetery，1804）等。为了控制流行病蔓延，公共卫生专家认为在城市边缘可以修建花园式公墓，因此美国第一座花园公墓奥本山公墓（Mount Auburn Cemetery,1836）在波士顿附近修建。花园公墓设计理念来源于 18 世纪欧洲庄园的庭院，它也被称为"公园"（park），这一概念最初指森林狩猎区。这类森林狩猎区形成于 18 世纪，是通过将农民驱逐出他们各自小而低效的土地而形成的，这一过程被称为"圈地"。直到 19 世纪中期，"圈地"一直远离城市，但是有着强烈文化影响力的"田园理想"却在逐渐拥挤不堪的城市里不断生根蔓延。到 19 世纪 50 年代，城市里的富人和社会名流开始外迁到交通便捷、拥有田园生活意境的郊区。到 1860 年以前，已经有几个类似的田园式郊区建成。卢埃林公园（Llewellyn Park）是早期精英式郊区的典范，1853 年由卢埃林·S. 哈斯凯尔（Llewellyn S. Haskell）开发，位于曼哈顿以西 12 英里（19.3 公里）的新泽西州奥兰治，由亚历山大·杰克森·戴维斯（Alexander Jackson Davis,1803—1892）设计，采用花园式布局，亲近自然，并设计有 50 英亩（20.2 公顷）大小的中心公园并命名为"Ramble"（意为漫步）。正如花园式公墓一样，这类自然主义设计受到 18 世纪英国乡村庄园的影响，致力于表现一种纯粹而简朴的自然生活，而非事实上的各种精心设计、造价高昂的建成环境。

美国新田园运动的重要支持者安德鲁·杰克逊·唐宁（Andrew Jackson Downing, 1815—1852）是一位景观设计师和园艺师。唐宁的作品就像是英国作家 J. C. 劳登（J. C. Loudon）作品的美国版，与美国哈德逊河画派的狂喜愿景以及拉尔夫·瓦尔多·爱默生（Ralph Waldo Emerson）提出的先验哲学同时发表。19 世纪 40 年代，唐宁出版了一些广受欢迎的著作或样式集，如畅销的《乡村住宅建筑》（*Architecture of Country Houses*），书中建议中产阶级房主应该用草坪、树木、鲜花以及自然风景来布局。1850 年，唐宁雇用年轻的英国建筑师卡弗特·沃克斯（Calvert Vaux, 1824—1895）作为设计合伙人，一起开展大哈德逊河片区的景观规划设计。之后，唐宁受美国总统米勒德·菲尔莫尔（Millard Fillmore）委托，重新设计白宫和联邦议会大厦之间的景观，以使其具有如画般的田园风光。1851 年，唐宁还倡议在纽约（仅包括曼哈顿和南布朗克斯部分地区）边缘开辟一片土地用作公共公园，这一提议受到公共卫生倡导者以及一些城市房地产商的大力支持。当时，城市公共公园还十分稀缺，大多布局在德国和英国的一些城市，而唐宁模式主要是受到位于英国利物浦郊区由约瑟夫·帕克斯顿设计的伯肯海德公园（Birkenhead Park, 1845）的影响。

　　1852 年，唐宁在一起蒸汽船事故中丧生，但他参与的纽约城公园设计工作由沃克斯延续了下来。1853 年，纽约州通过了一部法令，批准城市为兴建公园可以征用目前未被开发、不适合农业发展或是城市建设，以及非法聚居、人种混杂的地区。因此，纽约购买了近 800 英亩（324 公顷）的土地用于中央公园建设，沃克斯进一步说服市政当局举办了中央公园景观设计大赛。他还邀请前记者、乡绅弗雷德里克·劳·奥姆斯特德（1822—1903）担任中央公园土地整备团队的监督人。1858 年，奥姆斯特德与沃克斯提交了一份名为"绿草坪"（Greensward）的方案，并被选中，成为历史上最成功的景观设计方案之一（图 21）。奥姆斯特德

图 21　中央公园"绿草坪"规划，弗雷德里克·劳·奥姆斯特德与卡弗特·沃克斯设计，纽约，1858 年。
(Library of Congress, Geography and Map Division)

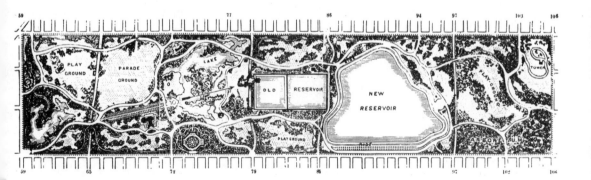

非常熟悉唐宁的著作与设计思想，并且作为一名记者曾于 19 世纪 50 年代参观访问了欧洲的花园，包括伦敦摄政公园以及利物浦伯肯海德公园。他在 1858 年中央公园规划方案中描述了建造顺序，首先是排水和平整坡地，进而通过土壤富集以修建车道和步道，以及沃克斯设计的各种桥梁。随后，再种植 24 万棵乔木和灌木，并建造一些独特别致的公园设施，其中许多一直保留至今。

奥姆斯特德和沃克斯设计的占地 843 英亩（341 公顷）的中央公园采用了早期英国公园的设计模式，同时也引入了有关交通循环组织的现代设计思想。在中央公园设计中，考虑了不同交通工具的速度，包括直接穿过公园供商业交通使用的快速道路，公园内部供马车使用的车道，以及行人道路系统，其设计则注重安全，既有上行的桥梁，也有下行的隧道，以避免各种可能的交通意外。奥姆斯特德在中央公园设计初期，提出了"景观设计学"（landscape architecture）的概念，之后他在这个 0.5×2.5 英里（0.8×4 公里）的矩形公园内设计了环境各异的小景，从保持崎岖自然地形的景观步道到以古典喷泉为终点的典型法式景观大道，再到被认为是公园核心景观的毕士达平台（Bethesda Terrace）等。公园还保留了如"绵羊草地"（Sheep Meadow）等的大片空地，用于给城市人放松、亲近自然，以暂时逃离经济快速增长所带来的喧嚣、污染和无情而残酷的竞争。所有这些规划设计都需要进行大规模的土地挖掘与平整，从而使这个人造景观呈现出"自然"之美。

随着中央公园设计取得巨大成功，奥姆斯特德和沃克斯团队设计了大约 50 个城市公园和公园道，以及居住郊区项目，这些项目为美国大都市的发展奠定了重要的模式，某些设计原则一直延续至今。1860 年，他们被委托设计北曼哈顿地区的新街道，1807—1811 年的网格规划至西 155 街就终止了。奥姆斯特德开始认识到交通系统在塑造城市发展和城市形态中的重要作用，与此同时，他还接受委托在加州大学伯克利分校附近规划一个新街区。在这个项目中，他首次提出区域气候以及地形应该指导景观设计，他建议将新东湾（East Bay）发展与奥克兰联系起来，将停靠渡船的码头与旧金山用一条景观大道连接起来。1865 年，奥姆斯特德和沃克斯承担了布鲁克林展望公园的设计，之后又负责设计一个独立的大城市，从而开创了另一种具有权威性的美国公园设计。他们还建议在东公园道地区（Eastern Parkway，1868）附近设计一系列景观大道与新展公园相连，从而把新公园与东部边缘开发区连接起来，并将公园的自然景观渗透进整个城市。而与此同时，东公园道地区所处的纽约州也立法保护这一带的发展，不仅限制居住区内的商业开发，同时还规定所有的建筑都必须沿着街道中线退后至少30 英尺（9.2 米）。奥姆斯特德还主张住宅间距至少要有 50—100 英尺（15.25—30.5 米），而这些规定和建议进一步推动了 1909 年《美国郊区分区条例》的通过。这些项目也是奥姆斯特德 1859 年巴黎之行的部分成果，他在巴黎认识了奥斯曼男爵的助手让 - 查尔斯·阿尔方斯，非常欣赏他们所设计建造的福熙大道 [avenue Foch，后改名为皇后大道（avenue de l'Impératrice）]，这条大道与凯旋门星形广场相连，宽 459 英尺（140 米），设计了不同速度的主路和辅路，两边矗立着壮观华丽的城市大厦。

奥姆斯特德的著作预计美国的"大都市"将继续扩大。他清楚地认识到，公园和公园道会增加城市周边地区的房地产价值。1867 年，布法罗市委托他与沃克斯规划城市景观设计，他们不仅设计了若干公园，如特拉华公园（Delaware Park），还设计了林荫覆盖的公园道路系统来连接新建的居住区，而这些新的住宅区的位置远离街道。随后这一年，奥姆斯特德增加了独立设计任务，他在芝加哥附近设计了非常有影响力的公园式通勤郊区——河滨社区（Riverside），这个社区位于德斯普兰斯河（Des Plaines River）沿岸，占地约 1600 英亩（648 公顷），位于芝加哥中心城以西 9 英里（15 公里）的地方，此时这里还不叫卢普区（The Loop）。奥姆斯特德第一次考察这里时，他尤为吃惊这里居然如此单调，但是他发现榆树和橡树杂乱生长的崎岖河岸可以开辟为公共广场，再规划相应的马车道和人行道，形成有层次体系的空间结构，那么这里就会成为与芝加哥市中心只有一小段火车距离的富有吸引力的通勤郊区（图 22）。他坚信这样的新居住环境将融合城市与乡村优势，形成一种全新的生活方式。奥姆斯特德与沃克斯的合作结束于 1872 年，随后他的设计事务所于 1883 年搬到了波士顿郊区布鲁克莱恩（Brookline），之后直到他 1903 年去世，一共接了大约 550 个项目。

1878 年，奥姆斯特德承接了波士顿联邦大道至穆迪河（Muddy River）区潮滩的扩展规划，他设计了新芬威（Fenway）公园道以连接波士顿文化中心与占

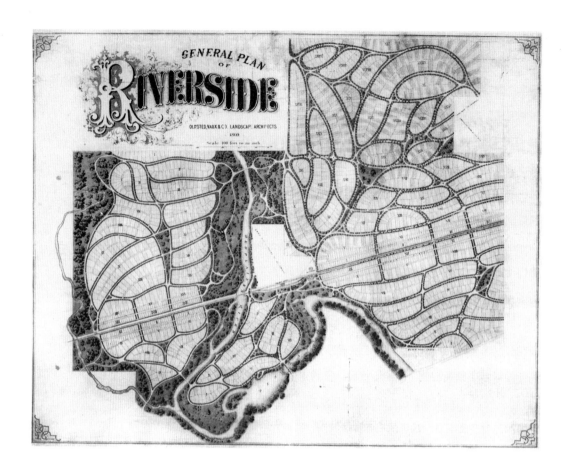

图 22 河滨社区规划，弗雷德里克·芬·奥姆斯特德设计，伊利诺伊州，1869 年。该规划的左半部分尚未建成，后来 S. E. 格罗斯将其重新进行网格规划并于 1893 年并入格罗斯代尔（Grossdale），1905 年更名为布鲁克菲尔德（Brookfield）。

地面积 520 英亩（210 公顷）的新富兰克林公园（1885），并靠近他在 1872 年规划的阿诺德植物园（Arnold Arboretum）。奥姆斯特德事务所还承担了许多城市设计项目，广受赞誉，从位于帕洛阿尔托（1891）的斯坦福大学校园到旧金山金门大桥公园初步规划，再到纽约河滨公园（Riverside Park）以及蒙特利尔皇家山公园（Mount Royal Park）等，而皇家山公园是当时加拿大英语演讲商业活动中心。奥姆斯特德设计的其他景观项目还包括底特律贝尔岛（Belle Isle）前期设计，以及在芝加哥、米尔沃基、路易斯维尔和罗切斯特等地设计修建的布法罗和波士顿芬威道式的新公园和公园道。

1886 年，奥姆斯特德的一位学生查尔斯·艾略特（Charles Eliot, 1859—1897）在波士顿开设了自己的设计事务所，之后他成为保护快速发展的美国大

设计现代城市：1850 年以来都市主义思想的演变

都市地区未建土地的积极倡导者。他的思想推动马萨诸塞州于 1891 年通过立法成立了"公共保护理事会"（Trustees of Public Reservations），这是历史上第一个征收自然和历史保护用地并加以管理以供公众参观的组织。他的努力还推动了"英国国民信托组织"（National Trust in Britain，保护历史古迹的组织）的成立，推动了波士顿大都会公园绿地景观系统（1893）的建立。同年，艾略特以合伙人的身份加入了奥姆斯特德事务所，并很快成为主要负责人。1897 年英年早逝前，他承担了大量波士顿都市区的设计任务，并采用早期的自然分类系统设计理念进行景观设计和管理。事务所随后由奥姆斯特德的儿子小奥姆斯特德（Frederick Law Olmsted, Jr，1870—1957）和侄子约翰·查尔斯·奥姆斯特德（John Charles Olmsted, 1852—1920）继续经营。

在奥姆斯特德和沃克斯设计了纽约中央公园之后的数十年里，美国公园运动极大地改变了美国大都市的环境，奥姆斯特德的公园、公园道以及居住郊区规划设计模式在某种程度上至今仍有着世界性影响，而查尔斯·艾略特和奥姆斯特德家族在保护自然、避免因大都市扩张而侵蚀自然的努力也具有重要的时代意义，并直接导致 1900 年小奥姆斯特德于哈佛大学创建了世界上第一个景观设计学专业。

城市美化运动（1893—1940）

19 世纪技术和社会的快速转变，主要集中于美国内战前后的几十年间，它导致了城市中心区前所未有的拥挤、混乱、肮脏。至 19 世纪 90 年代，恶劣的城市环境使文化精英们开始追求更为有序、更为传统的城市形态。尽管路易斯·沙利文（Louis Sullivan, 1856—1924）及其同时期的芝加哥建筑师在钢结构摩天大楼（图 23）方面有着颇具影响力的创新，但其他建筑师仍继续在古典都市主义的基础上去适应以技术和社会转型、大众娱乐和消费主义为特征的新城市世界。1893 年，在芝加哥举办的世界哥伦比亚博览会，也即芝加哥世博会，由芝加哥建筑师丹尼尔·H. 伯纳姆（Daniel H. Burnham,

图23 正在施工的温莱特大厦钢结构,丹克尔马尔·阿德勒与路易斯·苏利文设计,圣路易斯市,1891年。最早的高层建筑之一,其外观设计旨在庆祝其高度。(*Engineering Magazine*, 1892)

1846—1921）负责设计，纽约建筑师麦金、米德和怀特（Mckim, Mead and White）也参与其中。他们设计了一种新方法能够让展览馆既保持辉煌震撼的场面，又能够远离工业污染和城市中心区的拥挤（图24），首先在选址上选择远离城市中心的密歇根湖畔，打造全新的花园式园区，沿园区中庭两边是纪念性的古典建筑，展出农产品和工业产品，最中心则是凯旋门和丹尼尔·切斯特·法兰奇（Daniel Chester French）创作的大型雕塑《共和女神》（*The*

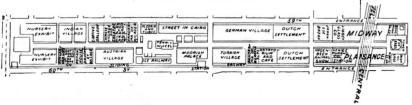

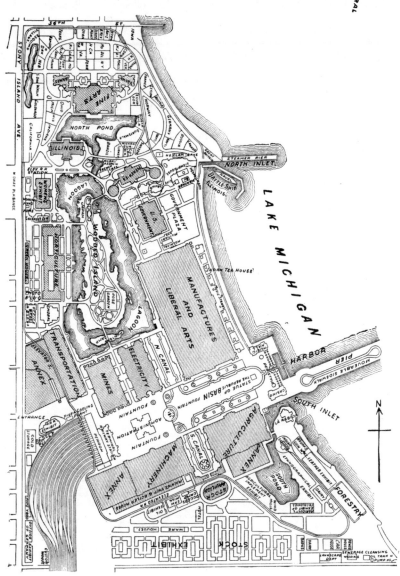

图 24　哥伦比亚世界博
览会规划设计图，D. H.
伯纳姆等设计，芝加哥，
1893 年。
(*Shepp's World Fair
Illustrated* [Chicago:
Globe Bible,1893], 17)

Republic）。

1900 年以后，世博会的成功推动了城市规划运动的进一步发展，即我们所熟知的"城市美化运动"（City Beautiful Movement）。世博会首席协调建筑师伯纳姆和查尔斯·佛伦·马吉姆（Charles Follen Mckim）以及景观设计师小奥姆斯特德作为参议院公园委员会（Senate Park Commission）的成员，于 1901—1902 年负责监管华盛顿特区新的首都规划，以重新规划具有象征意义的国家行政中心（图 25）。他们的麦克米伦规划（McMillan Plan）是一位铁路公司负责人、银行家和密歇根州参议员詹姆斯·麦克米伦（James McMillan）提出的，旨在扩展和改进皮埃尔·朗方的 1791 年规划。1850 年，A. J. 唐宁对国家广场进行了部分景观改造，但之后一直疏于管理，被随意地当作仓储或是农业用地，还有国会大厦前的高架铁路。为了这次首都规划，设计师们参观了巴黎、罗马、威尼斯、维也纳、布达佩斯、法兰克福、柏林和伦敦。在返程途中，伯纳姆说服宾夕法尼亚铁路公司负责人出资，将国会大厦前的高架铁路线改成隧道（即现在的 395 号州际公路），并重新设计国家广场，后来也就有了我们今天所熟悉的景象。规划还包括建议在华盛顿纪念碑（1848—1884）以西地区再开垦 100 英亩（40.4 公顷）土地，用来新建两座纪念性建筑。

061

062

图 25 华盛顿特区规划图，参议院公园委员会（Burnham, McKim, F.L. Olmsted, Jr.）制，1901—1902 年，弗朗西斯科（Francis L. V. Hoppin）提交。
（Library of Congress）

设计现代城市：1850 年以来都市主义思想的演变

其中一座是类似万神庙的建筑以纪念国家杰出人物，这对于曾设计纽约大学布朗克斯校区（1894 年，现布朗克斯社区大学）"名人堂"的马吉姆、米德与怀特建筑事务所（Mckim, Mead & White）来说并不陌生。它将坐落在白宫中轴线以南，后来杰斐逊纪念堂（1935—1943）就建在那里。另一座纪念性建筑是林肯纪念堂（1914—1922），纪念堂前有一座水池，再前面是一座纪念桥跨过波托马克河（Potomac River）连接阿灵顿国家公墓。新建的博物馆和政府大楼沿国家广场两侧布局，新的行政大楼建在白宫以北的拉法耶广场（Lafayette Square）附近。该规划还包括一个新的公园系统，由小奥姆斯特德提出，沿着现有的水道，将石溪公园（Rock Creek Park）以及新建的大街、联合火车站等与新的参议院公园以及国会大厦连接在一起。新规划的联合火车站由伯纳姆事务所设计，在前汽车时代，联合火车站是绝大多数游客进入首都的新门户。

华盛顿的麦克米伦规划绝大部分竣工于 1940 年。20 世纪初，这一规划为 D. H. 伯纳姆事务所和马吉姆、米德与怀特建筑事务所带来许多客户和类似的城市美化项目。1903 年，伯纳姆起草了克利夫兰规划（Group Plan for Cleveland），其中大部分规划在若干年之后由其他建筑师完成；1905 年，他又为旧金山制定了一部总体规划。1906 年，旧金山大地震和火灾将城市大部分摧毁，之后的重建虽然是按照伯纳姆规划执行的，但是原来的街道和街道两边的土地产权则难以按照新规划进行调整，也欠缺相应机制以普遍接受的方式实施新规划。只有由其他建筑设计师设计的市政厅建筑群及其周边的交通环线和电报山观景台是根据伯纳姆规划方案执行的。之后还有许多美国城市，如圣路易斯、堪萨斯城、印第安纳波利斯、丹佛、洛杉矶、费城等，也陆续委托其他建筑师进行精心规划和建设类似市政厅、博物馆、图书馆、景观大道和公立学校等建筑（图 26）。

城市美化运动在重组高密度的网格式曼哈顿中心方面不太成功，因为在曼哈顿，昂贵的土地使人们不可能在这里开发大广场、新型景观大道以及公共空间。但是，在那个时代，极具魅力的博物馆、图书馆、公立学校、公园、火车站却在曼哈顿的 5 个区域陆续建成，它们得以建成主要是因为城市新贵的慈善捐赠，包括 1865 年以来因工业迅猛增长积累了大量财富的"强盗大享"（robber barons），工业资本家、金融家等。其中最引人注目并且至今仍然良好运行的纽

图 26　美国城市美化运
动中的市民中心。
(Thomas Adams, *Outline
of Town and City
Planning* [New York:
Russell Sage Foundation,
1935], 235)

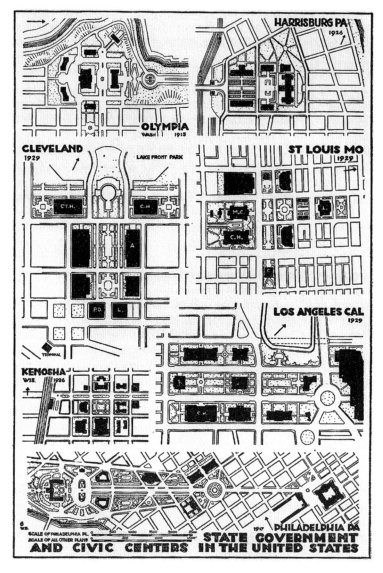

约中央火车站（1903—1914，图 27）是由明尼阿波利斯的里德与斯德姆建筑事

务所（Reed & Stem）和纽约的沃伦与魏摩建筑事务所（Warren & Wetmore）组

成的联合体设计的。

在华盛顿之后，城市美化运动的顶峰是 1909 年伯纳姆和爱德华·H. 本尼特

（Edward H. Bennett, 1874—1954）主持的芝加哥规划，受芝加哥商业俱乐部

（Commercial Club of Chicago）委托。该组织由城市各行各业的商界领袖组成，包括保险业主席查尔斯·戴尔·诺顿（Charles Dyer Norton, 1871—1922），关注芝加哥地区铁路枢纽规划和建设的沃巴什铁路公司主席弗雷德里克·H. 迪纳诺（Frederic A. Delano, 1863—1953）以及商业大亨查尔斯·A. 瓦克（Charles A. Wacker）。伯纳姆在卢普区划出 50—60 平方英里（81—97 平方公里）大小的地块用来开创性地实施包括铁路线、高速路以及公园道、森林等系统的规划，对于极少数拥有私家汽车的富人来说，只需要 2.5 小时的车程就可到达市中心。他不仅规划了优美的市政厅和湖畔，同时还在城市西南规划了中央清洁中心及仓储用地，并与新的铁路线相连，从而改善密歇根湖区的基础设施水平。此次规划还包括在城市西面开辟新的公园用地，用来扩展 1904 年德怀特·珀金斯（Dwight Perkins）的提议，将这块用地从最初的发展用地中预留出来，由景观设计师延斯·詹森（Jens Jensen, 1860—1951）设计成芝加哥森林保护区。

065 　　伯纳姆及其团队的芝加哥规划，更详细地实践了 1907 年圣路易斯规划中提出的关于新公园道的区域性规划方案，并产生了第一部为美国城市制定的完整的区

图 27　纽约中央火车站，里德与斯德姆建筑事务所和纽约沃伦与魏摩建筑事务所设计，纽约，1903—1914 年。(Avery Architectural and Fine Arts Library, Columbia University)

D.N.BURNHAM & E.N.BENNETT - Consultants - 1908

图 28 《芝加哥规划》，D.
H. 伯纳姆事务所设计。
(Chicago: Commercial
Club, 1909)

域规划。和之后的其他类似规划不同，伯纳姆的很多提议都得到了具体实施，其
中部分是由他的合伙人爱德华·H. 本尼特落实的，爱德华·H. 本尼特还设计了几
乎所有芝加哥河的桥梁与堤岸（1913—1927），以及卢普区的北密歇根大道延长
线（图 28）。伯纳姆规划还推动了海军码头公园（Navy Pier）、格兰特公园（Grant
Part）和伯纳姆公园（Burnham Park）以及文化机构如国家历史博物馆（Museum of
Natural History）、谢德水族馆（Shedd Aquarium）等配套设施的修建，同时还促成
了北岛（Northerly Island）的开发，从而使密歇根湖呈现出岛链般的壮观视觉效果。
而本次规划的最终目标是到 20 世纪 30 年代，通过伊利诺伊中央铁路，沿着湖畔创
建一个全新的活力中心，即现在著名的千禧公园（Millennium Park, 2000）[1]。

1 千禧公园是为了迎接21世纪的到来而修建的，但2004年才建成，比预期的2000年推迟了4年。而相应的配套服务设施
   于2015年才修建完成。

不过,芝加哥后来的发展与伯纳姆规划有很大不同,伯纳姆原计划在霍尔斯特德街(Halsted Street)和国会街(Congress Street)之间修建的纪念性市政厅并没有建成,反而成为"芝加哥圈"(Chicago Cirde)立体交通桥,94 号和290 号州际公路在此交汇。1909 年以来建造的许多高层建筑并没有给这座城市带来伯纳姆致力于打造的巴黎式整齐、壮观的城市景象。但是,到 20 世纪八九十年代,1909 年版芝加哥规划却重新成为芝加哥新城市主义(New Urbanism)的重要参考,哈罗德·华盛顿图书馆(Harold Washington Library, Hammond, Beeby, Babka, 1988—1991)的新学院派(neo-Beaux-Arts)设计和众多城市住宅开发项目都反映了伯纳姆规划的持久影响。

1898 年,美西战争中美国战胜西班牙后,新古典主义城市美化运动理念和新美国建筑技术也开始走向世界。菲律宾首都马尼拉自 16 世纪以来一直是西班牙殖民地,1898—1942 年则转为美国控制。1904 年,伯纳姆为马尼拉编制了一套规划,同时他还受托为菲律宾夏都碧瑶市(Baguio)编制规划,在这里他提出了一个新的街道规划方案,并建议采用与美国城市规划相似的方式为新公园、铁路线和公共建筑选址。与其他几项规划一样,包括 1909 年芝加哥规划在内,伯纳姆提议修建巴黎式对角布局的景观大道,以城中心为核心,辐射整个网格式城市空间。这样不仅可以沿大街两侧布局令人震撼的建筑(至少在理想层面上是可能的),而且也能提高城市的交通运行能力。

伯纳姆还建议将马尼拉旧式的西班牙风格建筑塑造成城市的标志性特征,并"作为未来城市建设的范例"。他还建议种植大量树木并修建喷泉,和奥姆斯特德一样,他主张将城市滨水地区打造成公共公园,还建议在城市外围地区建立新的公园,在城市密集地区建立规模适中的运动场。对于这座古老的西班牙风格城市,他建议保留 16 世纪的城墙,但可以将相邻的护城河填满从而打造一座环城公园。不仅如此,他还提议对原城市运河系统进行修缮,使其发挥重要的交通运输作用。伯纳姆本人并没有在菲律宾停留太久,而是把具体设计工作交给了耶鲁大学建筑艺术(学院派)专业毕业生威廉·E. 帕森斯(Willam E. Parsons, 1872—1939),在之后的几十年里,他为马尼拉设计了许多建筑作品。

伯纳姆的规划设计预见了 20 世纪早期的许多城市设计实践,尽管未能迅速促成美国城市规划和城市设计领域的专业培养体系的形成，但他成功地将城市美化运动理念和美国建筑科技结合起来，并运用于菲律宾及其他地区的城市规划和建设中，取得了极富成效的影响，如另一个前西班牙殖民城市波多黎各，也在1898年美西战争后成为美国的一部分；再比如古巴，1959年以前古巴名义上是独立的共和国，但政治上仍然受到美国的影响。因此在哈瓦那，小乔治·沃林上校（George Warling, Jr., 1833—1898）这位曾设计过美国孟菲斯和新奥尔良市政给排水系统的美国卫生工程师不仅被委托设计全新的给排水系统，还包括电力管网以及有轨电车和电话系统的设计。作为这项工程的一部分，美国工程师设计了哈瓦那防波堤，以及海滨大道公园；而如伯特兰·格罗夫斯诺·古德休建筑事务所（Bertrand Grosvesnor Goodhue），马吉姆、米德与怀特建筑事务所以及纽约其他杰出的建筑设计事务所也在此地设计了大量作品。至1925年，法国建筑师让·克劳德·弗赖斯蒂尔（Jean Claude Forestier, 1861—1939）受古巴总统委托，融合学院派设计与美国的创新技术，以及奥姆斯特德的公园和公园道规划实践，制定了著名的哈瓦那综合规划。

067

法国都市主义的发展（1901—1939）

尽管大多数学院派设计项目都位于城市，但在1917年之前巴黎美术学院并没有任何关于城市设计的正式系统训练课程。1894—1908年，编写了所有年度学生设计竞赛方案的该校建筑理论教授于连·加代（Julien Guadet, 1834—1908）则反对将城市概念化为整体设计对象的观点。与都市主义相比，他更偏好"开放式建筑"（architecture of public ways）——设计应在"机遇与环境"中、在随时间不断发展起来的城市大环境中产生和发展。加代对建筑的社会或历史影响并不感兴趣，他认为像钢铁这样的新材料只适用于功能型建筑。相反，他继续"学院派"实践，强调传统切割的石材作为建筑材料的重要性，并认为应按照经典原则正确使用这些材料。到1910年，这些观点日益受到城市化、社会和技术变革的挑战。对于都市主义的发展来说，西特的理论和实践则是关键起点，1900年左右，一群杰出的巴黎美术学院毕业生在之后的城市实践中开辟了社会和技术领域的全面创新。

这些毕业生中就包括里昂·乔斯利（Léon Jaussely, 1875—1932），他是1903 年巴黎美术学院最高水平设计竞赛罗马奖的获奖者。这次竞赛的主题是"公共广场"，而乔斯利设计了一座具有纪念意义的古典风格作品：坐落于河边，成为大都市生活的舞台，充斥着城市游荡者和飞驰的汽车等城市新技术。在这之前几年，乔斯利还获得了另一座影响稍低的设计大奖，那一次的设计主题是"伟大民主国家大都市里的人民广场"，在这次比赛中，他将设计场地设置在了巴黎巴士底附近，他规划了一个用于公众集会、以步行交通为主的广场，同时还规划了一所"人民大学"与"新产品讲习班"（Grandes Ateliers des Productions Nouvelles）、"流行大剧院"（Great Populer Theater）相邻。该设计还规划有大众娱乐场、健身场、游泳场馆，以及一座"人民的艺术"展览馆。乔斯利的目标是"通过社会教育解放大众精神"，并且以全新形式进行表达。尽管这一激进的艺术实践对作为学院派建筑教育模式基础的贵族社会秩序形成了巨大挑战，但乔斯利的设计仍然牢牢地保留了古典传统，这一点在他后来的作品中也得到了体现，其中最有代表性的是 1903 年为巴塞罗那制定的总体规划方案。

在这几年中，也有一些同样获得罗马奖的巴黎美术学院同学支持乔斯利在社会和技术层面的创新。他们进一步发展了相关学术思想和社会实践，并成为法国"都市主义"思想的重要基础，这一概念在 1910 年左右被包括亨利·普斯特（1874—1959）在内的团体所使用。1902 年，普斯特因"国家印刷局"（national printing office）设计而获得了当年的罗马奖。1910 年，他又赢得了比利时安特卫普城市扩展规划设计竞赛，他宣称"都市主义"是"建设城市的艺术"。在这次作品中，他整合了奥斯曼男爵及其德国追随者西特等人的思想，并反映了 20 世纪初新的社会变化与基础设施需求。除了建筑师，普斯特还咨询了更广泛的专家和普通人，从而使他更能理解技术所带来的挑战，以及拆除城墙、扩展城市这一最基本的愿望。但是，普斯特的设计仍然完全遵守当时的社会规范，即将不同社会阶层进行分区，"放"进不同的街区（quarter）里，而每个街区内部又根据不同收入和社会地位配置以不同类型的住宅。通过分析区域交通模式，他建议保留旧式运河，再兴建一些新城市元素，如环绕人工湖的豪华酒店和位于城市外围的工人阶级花园城等，而花园城不仅规划了公园，同时还配置了其他社会服务设施。尽管普斯特的设计既有积极的一面也有消极的一面，但无疑是富有远见的设计。他提出功能分区，分成居住、商业、工业等独立分区，并配置新型城市基础设施以及医院、酒店等，由于此时德国已开始使用飞艇，基于空中旅行的大众交通模式也被考虑到规划之中。

1910 年，法国在摩洛哥建立了一个重要的军事机构，普斯特受驻地将军赫伯特·利奥泰（Hubert Lyautey, 1854—1934）的委托，将摩洛哥城市从传统的阿拉伯卡斯巴哈（casbahs，即旧城）扩展为欧洲商人和移民工人的新聚居地。利奥泰还颁布了一系列城市法规，这些法规主要是受法国慈善事业组织社会博物馆（Musée Social）的启发而制定。该组织成立于 1894 年，由法国实业家、有影响力的市民以及专业人士组成，并致力于改良法国社会，关注快速变化的工业地区所面临的各种挑战。这个组织及其实践直接促成了 1902 年法国有关法规的出台，即要求所有城镇地区必须建立和加强公共卫生管理，尽管它也受到 1848 年英国颁布的类似法令的启发。受到德国城市分区规划、美国移民定居点建设以及英国花园城市运动的影响，1907 年社会博物馆成立了城乡卫生保健部（Section d'Hygiène Urbaine et Rurale）。

社会博物馆还尝试重新规划曾经环绕巴黎的防御工事，代之以一个长期的项目，包括配套住宅、新式交通街道、公园、公园道以及新的公共建筑。其中参与规划设计的一位建筑师是尤金·海纳尔。海纳尔是一位接受过学院派训练的建筑师，曾负责规划 1889 年巴黎世博会，之后又为巴黎城市公共事务部（Travaux de Paris）工作。1903 年，海纳尔已经设计了一系列极富创新意义的规划以解决城市面临的各种问题和挑战，包括不同层级的街道系统，从而减轻交通拥堵。这一提议与广为人知的由摩西·金（Moses King）主持的曼哈顿多层级交通远景规划几乎提出于同一时代，其中曼哈顿规划启发了纽约建筑师哈维·威利·科贝特（Harvey Wiley Corbett）等在 20 世纪 20 年代提出了相似的方案。海纳尔还提出了车辆双向行驶的环形交叉体系，用来解决城市交通拥堵问题，其中第一代方案于 1905 年在美国纽约哥伦布环岛上首次应用。1907 年，帕克和昂温（Parker and Unwin）在英国莱彻沃斯花园城（Letchworth Garden City）使用了单循环环形交叉设计，从此这种设计流行于欧洲和世界各地，而这种环形交叉通常被称为"环岛"（rotaries）。海纳尔还推广使用同比例尺地图来制作城市交通网络示意图，这一概念最早由塞尔达于 19 世纪 50 年

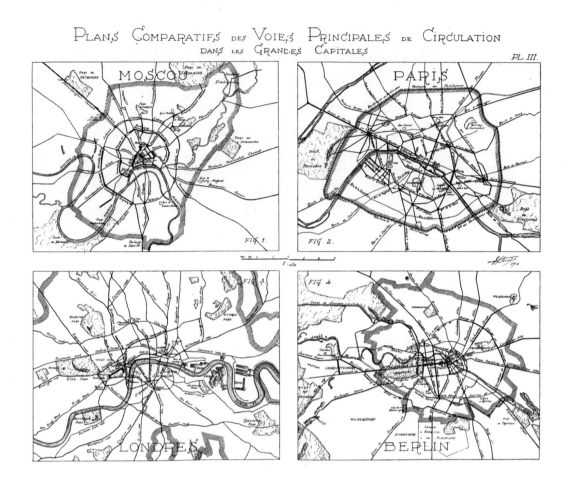

代提出（图 29）。到 20 世纪 20 年代初，海纳尔的思想和设计以及他对都市主义的创新将对勒·柯布西耶产生重要的影响。

　　这些巴黎美术学院培养的城市规划师最具开拓性的工作是成立了法国规划师协会（Francaise des Urbanistes，简称 SFU），由海纳尔、普斯特以及其他城市规划师创立于 1911 年，其中必须要提及的是托尼·加尼耶（Tony Garnier, 1869—1948），他于 1899 年因"中央银行主要分行"项目设计而获得罗马奖，这位来自里昂的受奖学金资助的学生于 1889 年开始在巴黎美术学院学习，并受到法国社会主义政治思想以及爱弥尔·左拉（Émile Zola）的小说《劳动》（*Travail*）的强烈吸引。与其他巴黎美术学院教授和学生不同的是，加尼耶还受到法国维欧勒·勒·杜

图 29 《城市街道系统同比例尺地图》，尤金·海纳尔设计，1903 年。(Eugene Hénard, *Études sur l'architecture et les transformations de Paris* [Paris: Éditions de la Villette, 2012],162—63)

克（Eugène-Emmanuel Viollet-le-Duc, 1814—1879）理论的影响，而杜克从
19 世纪 60 年代起就非常重视建筑技术的视觉效果，并将其作为建筑的最基本功能。加尼耶提出要用钢筋混凝土建造一座理想的社会主义工业城市，从而震惊了学院派教育体系。在他理想的工业城（Cité Industrielle）里，所有建筑都将采用19 世纪 90 年代法国工程师弗朗索瓦·埃内比克（François Hennebique, 1842—1921）改良的新型建筑材料。这一材料将古代时就开始使用的传统材料与水泥和钢筋结合起来，从而使建筑得到强化。虽然巴黎建筑师兼承包商奥古斯特·佩雷（Auguste Perret, 1874—1954）成功地使混凝土应用于古典传统的比例系统中，但加尼耶却在"工业城"方案中提出，要全面采用这种新材料。这两位建筑师，以及海纳尔，将深刻地影响勒·柯布西耶的作品及建筑的未来。

　　"工业城"是加尼耶作为巴黎美术学院罗马奖获得者，在受法国政府资助进行研究的三年间完成的作品。在此期间，加尼耶还完成了对古典纪念性建筑的文献分类。该项目草图于 1901 年绘制完成，但直到 1917 年才出版。他在一系列引人注目的建筑设计图中，综合了当时许多新的社会和技术方向（图 30）；该规划是具有一定弹性的网格式街道布局，就像美国工业城镇那样，但没有严格的社会等级制度，而是以废除私有财产制度为前提，并认为所有的土地都应是供所有人使用的连续的公园式绿地。基本的住宅单元是混凝土建成的独户住宅，并向四周的公共绿地开放。警察、法院、监狱和军事基地将消失，因为加尼耶坚信在一个由工人阶级管理并为工人阶级服务的城市，它们将不再是必须的。工业区将单独布局，远离住宅区，而学校将成为住宅区的中心，每个住宅区都将有足够的空间供学生学习与娱乐。大学也将不复存在，因为加尼耶认为，富裕资本家的资助
不会允许就读大学的人考虑根本的社会变革。取而代之的是免费的技术教育。卫生医疗设施将设置在最好的地区，有充足的阳光和绿色空间以实现良好的卫生条件。"工业城"的中心保留了行政和公共服务功能，包括会议中心、商务中心、博物馆、图书馆和档案馆等，并保障体育和文化娱乐设施的充分供给。

　　虽然加尼耶的设计以及海纳尔和社会博物馆的规划在巴黎基本上未能实现，但 1910 年后，相关的理念却在法国殖民下的摩洛哥的城市得到了广泛实践。亨利·普斯特在安特卫普设计竞赛中获胜后，于 1910 年被任命为拉巴特和卡萨布

图 30　工业城（法国里昂附近的一个理想社会主义城市项目），托尼·加尼耶设计，1904年设计，1917年发表。

兰卡（图 31）等城市的总体规划和建设的主要负责人。最终，他于 20 世纪 20 年代重新回到法国，并在巴黎实践了自己的规划理想，完善了《大巴黎地区修订规划》（Plan d'Aménagement de la Régian Parisienne，1934）。从 1919 年最终决定拆除 1840 年修建的城市城墙开始，这一修订规划经历了漫长的过程。1938 年，普斯特受土耳其阿塔图尔克政府[1]的委托，为伊斯坦布尔制定总体规划，其中大部分规划都得到了实现。

今天，法国都市主义先锋（乔斯利、普斯特、海纳尔、欧布拉德、布瓦德、阿加什、弗赖斯蒂尔和加尼耶）已很少有人会记起，但是他们的社会实践却深刻地影响着今天全球的许多城市，他们的专业实践和教学为后来的城市化进程奠定了基础，尽管在 1950 年后，古典主义建筑风格几乎被完全摒弃。

072

1　即穆斯塔法·凯末尔·阿塔图尔克领导下的土耳其政府。阿塔图尔克是土耳其共和国第一任总统，施行了"凯末尔改革"，使土耳其成为世俗国家，为土耳其的现代化奠定了良好基础。

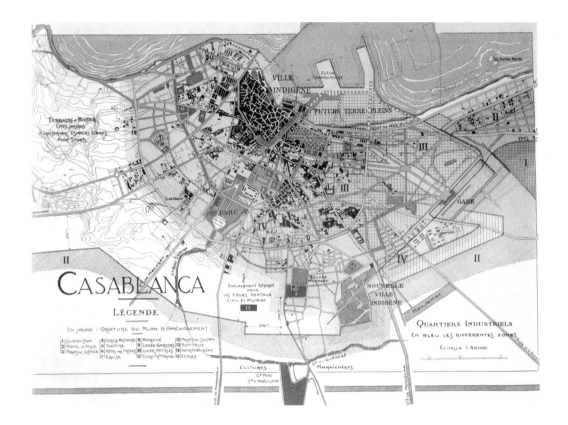

图 31 卡萨布兰卡扩展
与发展规划，亨利·普
罗斯特设计，摩洛哥，
1917 年。20 世纪 40 年
代后期法国都市主义在
世界其他地区的实践。
(France-Maroc, 1917,
from Jean-Louis Cohen
and Monique Eleb,
Casablanca: Colonial
Myths and Architectural
Ventures [New York:
Monacelli, 2002], 77)

1910年前后城市美化运动的影响

　　1900 年，伦敦人民向往并引以为傲的生活方式是中世纪风格以及郊区别
墅生活，美国的城市美化运动以及法国都市主义思潮的影响相当有限。成立
于 1855 年的"首都公共事务委员会"的主要工作是改善交通，努力解决住房
短缺问题，并没有考虑对整个城市结构和外观进行大规模整改，并于 1889 年
被"伦敦郡议会"（London County Council）取代。延续议会大厦（House of
Parliament, 1837）的建筑模式，新建的政府大楼也趋向于新中世纪风格，例
如 G. E. 斯特里特（G. E. Street）设计的新法院（New Law Courts, 1867—
1882）。唯一例外的是金士威 - 奥德维奇大道（Kingsway-Aldwych）的改造
（1899—1905）。这条繁忙的大道两侧排列着统一的古典建筑立面，国王爱德华
七世认为这是大英帝国首都的美化运动。

大约同一时期，1905 年，孟买改建了新的巴黎式景观大道，以此改善交通和城市卫生环境。然而，绝大多数英国殖民城市的建设都与伦敦相似，零敲碎打，并没有统一的城市规划。传统的城市区划可以追溯到 17 世纪本土的"黑人城镇"和新式的、通常位于郊区的欧洲殖民者的"白人城镇"划分。然而，到 1900 年，一些城市也开始发展成为大型工业中心和行政中心，如现位于巴基斯坦的卡拉奇、拉合尔和缅甸仰光。

在这些发展模式中也有例外，如 1910 年由四个独立殖民地合并而成的南非独立联盟的新首都。大英帝国当局镇压了布尔人（Boer，讲阿非利堪斯语的荷兰裔白人反抗英国殖民统治，于 1881 年和 1902 年两次遭到镇压）起义后，决定修建一座壮观的新首都综合体，象征两个"白人种族"的统一，并共同统治大多数的土著人。新首都以 19 世纪阿非利卡人（Afrikaaner）领袖安德烈斯·比勒陀利亚（Andries Pretorius, 1798—1863）的名字命名，其城市设计由建筑师赫伯特·贝克爵士（Herbert Baker, 1862—1946）负责，他曾经被英国殖民总督塞西尔·罗兹（Cecil Rhodes）派往地中海考察古典城市，以使他的设计能更好地象征大英帝国在非洲的权威性，大英帝国将以罗马帝国为典范。因此，他为比勒陀利亚的国会大厦设计了一个象征团结的罗马穹顶，以及两座以克里斯托弗·雷恩爵士设计的格林尼治医院（1692）为原型的塔楼。

首都比勒陀利亚的建筑大受欢迎，与此同时，1911 年底，英国国王乔治五世意外地宣布将印度首都从加尔各答迁至德里，加尔各答是英帝国在印度长期执政的权力中心。自 1858 年以来，英国在该地区的势力和影响力不断增强，并且自 1867 年以来，关于新首都的建立就开始引发各种讨论。德里曾是莫卧儿帝国的首都，英国自称是莫卧儿的继承者，并在那里修建了一座兵营或军事基地，以及一座民事驻扎地（也称为欧洲飞地）。至 19 世纪 80 年代，有 8 条铁路线汇集于此，从而成为印度铁路网的中心，从而使欧洲货物进口、印度原材料出口更便捷。而此时孟加拉国的政治动乱成为主要社会问题，因此将首都搬至德里可以更接近英帝国夏都西姆拉（Simla）。

国王宣布迁都后，德里成立了城镇规划委员会（这是官方首次使用"城镇规划"概念来指代这种项目），委员会成员包括建筑师埃德温·兰德西尔·鲁琴斯爵士（Sir Edwin Landseer Lutyens, 1869—1944）。1912年，将新首都选址在旧德里以南，1926年，最终将新首都命名为新德里。鲁琴斯提交了一个初步设计方案，但委员会中的一些成员反对方案中部分地区的网格化街道布局，因而委员会介绍了另一位英国建筑师亨利·沃恩·兰切斯特（Henry Vaughn Lanchester, 1863—1953）的方案，但是兰切斯特的弧形街道布局很快也遭到否定。因此，鲁琴斯推荐赫伯特·贝克爵士为执行建筑师，1913年，新方案最终通过。方案中的许多建筑由鲁琴斯和贝克两人设计，1916年，他们在主干道倾斜角度上产生了严重分歧，虽然最终方案融合了欧洲古典和印度元素却没有受到大众欢迎。1947年印度独立后，新德里作为国家首都延续至今（图32）。

尽管新德里规划在某些方面与1902年美国华盛顿中心区扩展规划相似，但仍然有不少创新，包括修建古典式景观大道，如六角形对角景观大道以及有机结合了欧洲与印度元素的政府大楼。以莱西山（Raisina Hill）为中心的几何规划突出了历史文化遗迹的视觉效果，一条主轴连接礼宾府（Government House）和印度历史要塞，另一条主轴则与旧德里的历史遗迹贾玛清真寺（Jamma Masjid, 1644—1646）呈30度角。和华盛顿首都扩展规划一样，新德里规划也设计了大型新火车站，正对全新的城市广场，并成为城市建成区与国会大厦间的交汇区域。鲁琴斯设计的礼宾府是整个规划的核心，坐落于两条主轴的交汇处，东西宽440英尺（134米），南北长330英尺（101米）。与其他官方建筑一样，它以雷恩式的英国古典风格为基础，折中结合了南亚元素，如chujja（突出的石头飞檐）和chattris（小屋顶亭），以及受传统印度教佛塔启发的穹顶。屋顶上巨大的喷泉碗，象征着英国工程师在印度次大陆所建造的给排水系统的独创性。同时也修建了印度式拱门，鲁琴斯还发明了新的柱头设计，抽象的印度石钟替代了爱奥尼克涡旋式柱式，形状规则的大花园以莫卧儿花园为原型，强调了大英帝国对莫卧儿帝国的历史继承。

在礼宾府以南，穿过一个大型庭院，贝克设计了两座行政办公大楼，以容纳各个殖民政府部门。和比勒陀利亚一样，他再次设计了雷恩格林尼治医院式的塔楼，并在底层设置了可以欣赏风景的凉廊以及更多的chattris（小屋顶亭）和jaalis（南亚石窗格栅）元素。1919年行政改革后，象征代议制政府的国会大厦

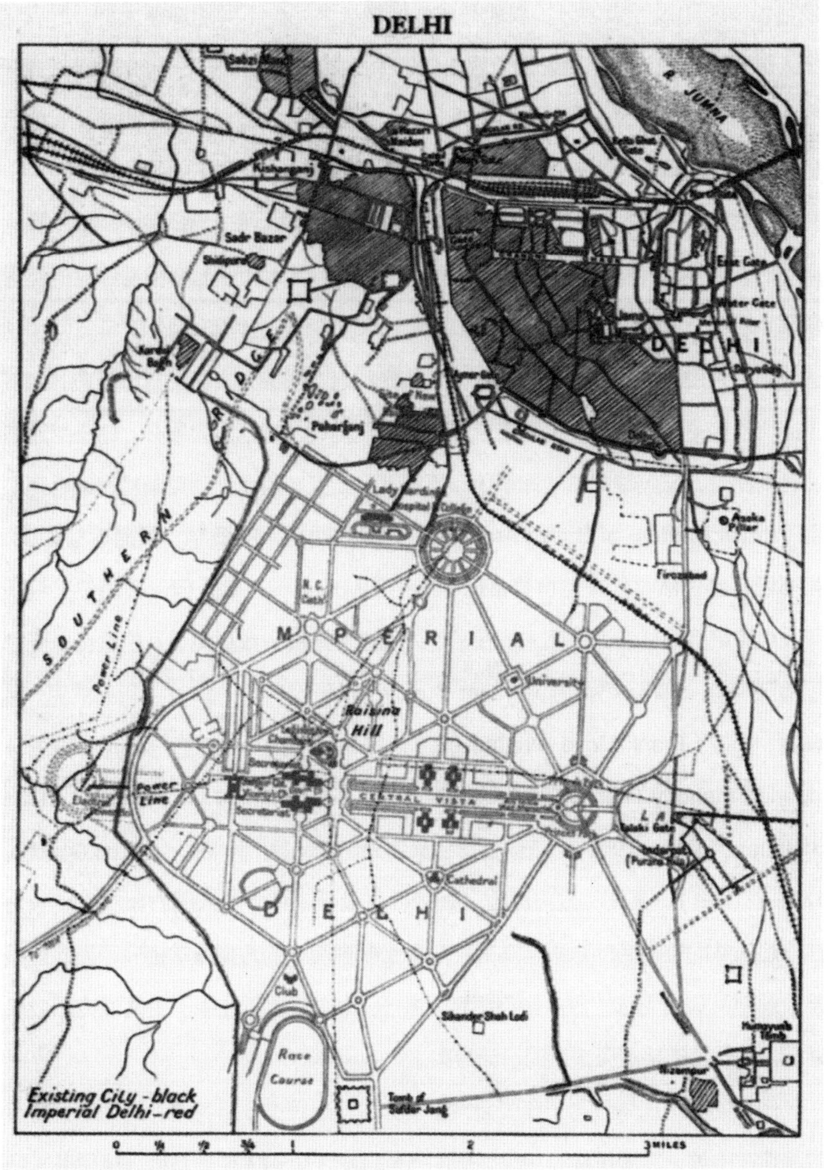

图 32 新德里规划，赫伯特·贝克爵士与埃德温·鲁琴斯爵士设计，印度，1913—1931 年。

毗邻行政大楼建成，国会大厦的穹顶象征着印度统一。而由其他建筑师设计的建筑也在规划指引下逐渐建成，东西轴线通向圣公会教堂，与历史悠久的贾玛清真寺遥相呼应。围绕行政区的是独栋住宅，坐落在绿荫环绕的地区，居住着被纳入61 级的政府文官体系中的政府官员。欧洲人和印度人严格按种族进行隔离。而住宅也按照阶级等级划分，表现在居住区被分为完全不同的规模大小，既有给仆人居住的小单元也有给统治阶层居住的大庄园。新德里——于 1931 年正式开放——的重要性不仅因其成功的城市设计，而且因为它在向南亚引进电话、收音机、电影院和机场等新技术方面扮演的角色。076

1912 年，为澳大利亚新首都堪培拉举办的城市规划设计竞赛中，城市美化运动的影响也以不同的方式体现出来。1901 年，澳大利亚七个相互独立的英国殖民地合并为一个英联邦国家，但直到 1908 年才选定首都。1910 年，为了创建一个"人口规模可以与伦敦匹敌，城市景观堪比巴黎，文化上直追雅典，经济上比肩芝加哥"的新首都，堪培拉城市设计竞赛在全球范围内展开。由于给定的设计周期短，又欠缺成熟的评审团，再加上奖金少，因而受到英国皇家建筑师协会（Royal Institute of British Architects，简称 RIBA）的抵制。然而尽管如此，竞赛组委会仍然收到来自世界各地 138 个团队的设计方案，但只有两位工程师和一位建筑师组成的评审团未能在最终入围者上达成一致意见，几位最终入围者包括沃尔特·伯利·格里芬（Walter Burley Griffin, 1876—1937）和弗兰克·劳埃德·赖特（Frank Lloyd Wright）的前芝加哥合伙人马丽安·马奥尼·格里芬（Marion Mahony Griffin, 1871—1961）以及芬兰建筑师埃利尔·沙里宁（Eliel Saarinen, 1873—1950）、法国都市主义者阿尔弗莱德·阿加什（Alfred Agache, 1875—1959）。最终，政府成立了规划委员会希望将六个入围方案的优点整合在一起，然而整合后的方案与澳大利亚本土参赛团队的方案非常相似，因此这项整合规划又被新当选的政府全盘否定，并于 1913 年重新选择了有两评审团成员评选为第一名的格里芬夫妇的设计方案。

他们的城市规划致力于在国会大厦设计中体现民主政府特质，因而他们将行政院建在山顶，立法机构在山脚，而两者都以司法机构大楼为基础，格里芬夫妇用剖面图说明了这一设计理念。由于这一方案更强调功能，因而在一定程度上背离了城市美化运动的学院派模式。按照规划，城市结构被设计成一系列放射状同心多边形，并通过大型公园道将附近山脉、湖泊及桥梁所组成的景观连接在一起（图 33）。公园道以国会大厦为中心，将市政厅、商业中心以及近郊居住区组织在一起。由于对格里芬规划的持续反对，因而在 1918 年最终方案出台前，争议

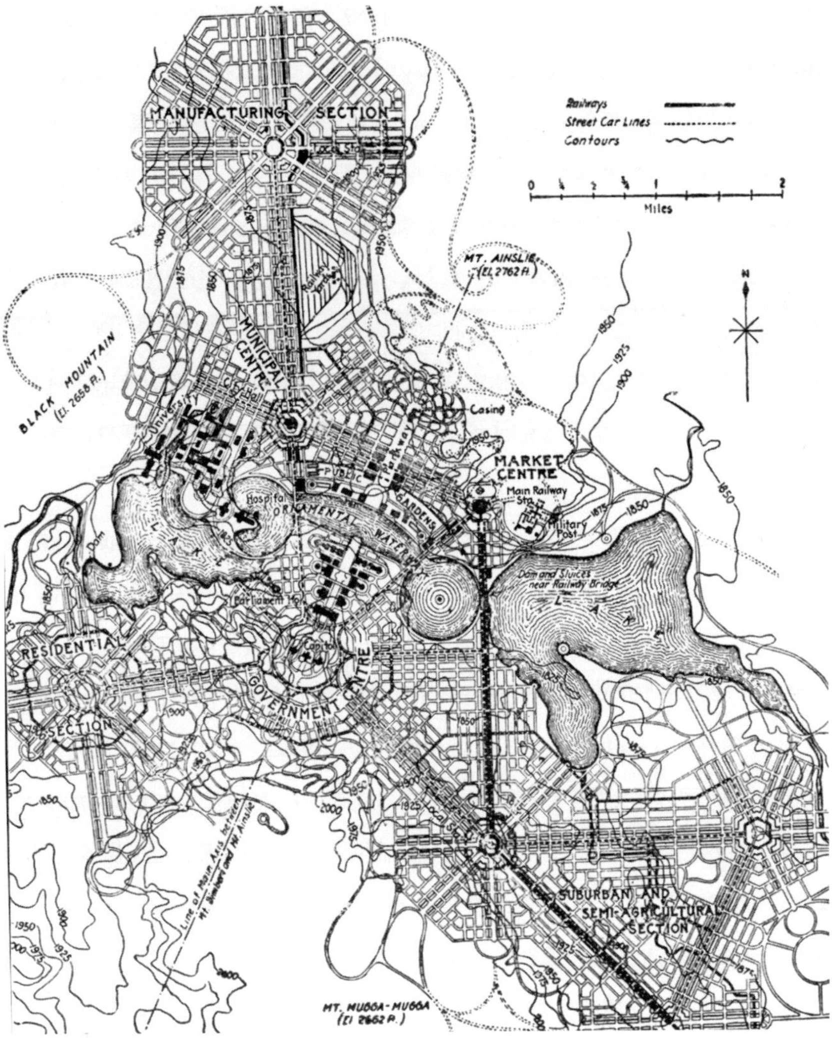

图 33　堪培拉：澳大利亚新首都规划，沃尔特·伯利·格里芬与马丽安·马奥尼设计，1913年。

也越来越多，格里芬不得不于 1920 年辞去了堪培拉城市规划师一职。除了公园道、国会大厦和市民中心一带的几何式街道布局，堪培拉绝大部分的建设并没有遵照格里芬夫妇的设计。

　　从某些方面来说，都市主义在美国和欧洲大陆的实践中得到了更多的发展，但第一个城市设计（Civic Design）专业却在 1909 年成立于利物浦大学。该专业的教授团队，包括当时在大英帝国十分活跃的古典派建筑师帕特里克·阿伯克隆比爵士（Patrick Abercrombie, 1879—1957）和斯坦利·阿德谢德（Stanley Adshead）教授。阿伯克隆比爵士于1915—1935年在此执教，而阿德谢德则于1914年组建了英国伦敦大学学院（UCL）的城镇规划专业。像普斯特、欧内斯 077 特·埃布拉德（Ernest Hébrard）和其他法国都市主义者一样，这些建筑师都致力于将古典主义风格的城市美化与新技术、多元地方文化结合在一起，致力于在设计中表达其思想，并与他们的合作伙伴分享，从而形成一个管理良好、规划良好、组织良好的社团，这正是利物浦大学城市设计专业的教学理念和教学基础，并包含了景观艺术、工程技术和城镇规划实践等讲座课程。阿德谢德与阿伯克隆比还讲授"城市社会学"（social civics）课程，他们试图将城市设计与新兴的社 078 会科学联系起来。

利物浦大学城市设计专业的学生们承接了许多重要的帝国设计项目，包括克利福德·霍利迪（Clifford Holiday, 1897—1960）在马耳他和英国统治下的巴勒斯坦（现以色列—巴勒斯坦地区）的规划项目，威廉·霍尔福德（William Holford, 1907—1975）在南非和战后英国的规划项目，以及林顿·博格尔（Linton Bogle）在印度勒克瑙（Lucknow）的规划项目。同时，许多毕业生也活跃在澳大利亚，而且每年都有五六名学生从英属殖民地包括英属印度、加拿大、锡兰（现斯里兰卡）、伊拉克、埃及、马来西亚、新加坡以及独立王国泰国等前往利物浦大学学习，这一专业在20世纪20年代达到影响力巅峰。之后，类似专业相继在亚历山大城（1942）和开罗（1950）建立，这也意味着20世纪上半叶融合了英式城镇规划和美式城市美化运动的城市建设遍及全球。

时至今日，这一经典的"城镇规划"方向仍然带有强烈的英国殖民主义色彩，从历史角度来看它仍然是一个复杂的话题。像比勒陀利亚和新德里这样的首都尽管政治上已经独立，并且发生了巨大的社会变革，但它们的某些功能仍与当初的设计相似。不过在过去的半个世纪里，南亚和非洲的许多城市却以较少的规划取得了巨大的发展，这正是我们需要另外加以研究、探讨其内在城市结构的新问题。

拓展阅读

Hilary Ballon, *The Greatest Grid: The Master Plan of Manhattan, 1811–2011* (New York: Museum of the City of New York /Columbia University Press, 2011).

Daniel H. Burnham and Edward H. Bennett, *The Plan of Chicago* (Chicago: Commercial Club, 1909).

Jean-Louis Cohen and Monqiue Eleb, *Casablanca: Colonial Myths and Architectural Ventures* (New York: Monacelli, 2002).

Mark Crinson, *Modern Architecture and the End of Empire* (Aldershot, England: Ashgate, 2003).

William Cronon, *Nature's Metropolis: Chicago and the Great West* (New York: Norton, 1991).

Albert Fein, *Landscape into Cityscape: Frederick Law Olmsted's Plans for Greater New York City* (New York: Van Nostrand Reinhold, 1981).

Thomas Hines, *Burnham of Chicago* (London: Oxford University Press, 1974).

Paul Knox, *Palimpsests: Biographies of 50 City Districts* (Basel: Birkhäuser, 2012).

Richard Plunz, *The History of Housing in New York City* (New York: Columbia University Press, 1990).

John Reps, *The Making of Urban America* (Princeton: Princeton University Press, 1965).

Wolfgang Sonne, *Representing the State: Capital City Planning in the Early Twentieth Century* (Munich: Prestel, 2003).

Lawrence Vale, *Architecture, Power, and National Identity* (London: Routledge, 2008).

Matthew Wells, *Engineers: A History of Engineering and Structural Design* (New York: Routledge, 2010).

第三章
从住房改革到区域规划（1840—1932）

伦敦与纽约

　　到 19 世纪中叶，英国工业城市糟糕的卫生和社会状况已成为人们关注的焦点。埃德温·查德威克的《英国劳工阶级卫生环境状况》（1842）被认为是促使公众态度转变的重要转折点，让公众向政府施压，要求政府必须采取行动来解决这些问题。因此，政府成立了相关工作委员会负责调查伦敦东区工人阶级聚居区白教堂（whitechepel）一带霍乱流行的原因，至此，"贫民窟"（slum）一词开始被用于形容这种密集、拥挤的聚居地带，追溯其词源可能来自德语单词 schlamm，意为"泥"或"煤"。

　　1841 年，伦敦大都市区改善劳工阶层住房协会（Metropolitan Association for Improving the Dwellings of the Industrious Classes）成立。1844 年，改善劳工阶层生活状况社团（the Society for the Improvement of the Condition of the Laboring Classes）也在伦敦成立。参照 19 世纪 40 年代私人开发商修建的排屋模型，新式工人住宅或是修建成拥有更大窗户和后花园的排屋，或是设计成拥有开放走廊的五层公寓。尽管冬季寒冷，这些住宅也没有采用内部封闭的双层走廊，而是选择开放式走廊以让更多的阳光照进公寓，并保证必要的空气流通，这在当时被认为是防止传染病传播的必要条件（图 34）。1846 年，伦敦大都市区住房协会投资了第一栋这样的模范经济公寓，到 1870 年，该协会的投资利润率为 5.25%，远低于投资传统贫民窟式住宅所能获得的利润率。

　　大约在同一时期，工业城市快速发展，传染病在城市迅速蔓延，促使英国

图 34　伦敦劳工阶级模
范公寓，私人慈善协会
兴建。
(London County Council,
London Housing
[London: London County
Council, 1937], 208)

DWELLINGS ERECTED IN 1846 BY THE METROPOLITAN ASSOCIATION

DWELLINGS ERECTED IN 1844 BY THE SOCIETY FOR IMPROVING THE
CONDITIONS OF THE LABOURING CLASSES

议会在 1848 年通过了世界上第一部《公共卫生法案》，随后于 1851 年颁布了《普通住宅与劳工阶层住宅卫生检查细则》（Common and Laboring Classes' Lodging Houses）。当时正值伦敦举办万国博览会，维多利亚女王的丈夫阿尔伯特亲王赞助的改善劳工阶层生活条件社团在博览会上展出了劳工阶层模范公寓，其中之一是被称为"家庭模范公寓"（Model Housing for Families）或"帕内尔式公寓"（Parnell House）的多层住宅庭院，由亨利·罗伯茨（Henry Roberts）设计，位于布卢姆伯里的斯特拉萨姆街（Streatham Street，1850）。帕内尔式公寓呈细长 U 形，每层建有 8 个通风采光良好的住宅单元，通过开放的走廊进入，同时每个单元前后都有采光。这一设计试图表明对典型"贫民窟"的改进，并彰显了伦敦中心区可以接纳更多普通家庭并使其拥有更为舒适体面的生活。

帕内尔式公寓还旨在提供一种替代方案以取代当时流行的典型英式狭窄双层排屋，后者由于缺乏足够的采光和开放空间，《公共卫生法案》难以实施。这种传统排屋通常配套有四个小房间，每层两间，厕所设置在后院，有时仅配套一个水龙头。相比之下，多层帕内尔式公寓的每个单元都建有三个独立的卧室。这些公寓表明，更好的住房可以改善健康，并带来更大的社会影响，因为人们开始将其视为一个普通工人家庭——父亲工作、母亲从事家务——的基本家庭生活模式。1851 年，伦敦万国博览会上还向关心住房问题的参观者展示了其他模范公寓，尤其是由"社团"赞助、罗伯茨设计的乡村住宅模型（Model Cottages）。有人认为，建造和出租这样的住房可以带来 7% 的年回报率，虽然仍然低于贫民窟式住宅的收益率，不过对于投资者来说这样的收益还是可以接受的。

当时的社会精英主要担心城市工业工人阶级地区糟糕的住房条件可能引发社会动荡。这个问题是由德国记者、社会主义活动家弗里德里希·恩格斯在其《英国工人阶级状况》（1845 年首次以德语出版）一书中提出的，该书是首批对工业革命带来的各种社会和城市变化进行的详细研究之一。恩格斯对住房改革持悲观态度，1848 年，他与卡尔·马克思一起代表共产主义者同盟也即共产国际前身发表了《共产党宣言》，呼吁世界各地的工人阶级彻底推翻资本主义社会，为工人阶级创造更好的生活，而不是像帕内尔式公寓那样仅仅只做出零星的慈善式住房改良。但是在英国主流政治中，这些慈善家的努力很快获得了大量支持，19 世纪 60 年代，几个致力于建造模范工人阶级公寓的私人慈善组织活跃于伦敦社交界，而另一部《住宅法案》（Housing Act）也于 1868 年通过。

1859—1869 年，慈善家安吉拉·伯德特 - 库茨（Angela Burdett-Coutts，1814—1906）委托建筑师亨利·达比夏尔（Henry Darbyshire）设计位于哥伦比亚广场（Columbia Square）的住宅建筑综合体，这是一栋五层高的哥特复兴式建筑，带有庭院以及一座精心设计的商场。1869 年，改善工人住宅公司（Improved Industrial Dwellings Company）在伦敦东区建造了贝斯纳格林住宅区（Bethnal Green），这栋六层高的公寓综合体拥有风格统一的临街面和内部庭院。1871 年，建筑师和历史学家巴尼斯蒂·福莱彻爵士（Banister Flecher，1866—1953）在伦敦设计了"工人阶级模范住宅"，公寓的起居室正对街道而背靠花园，这种设计直接影响了 20 世纪住宅公寓的设计。在这种背景下，早期在改善工人阶级住房问题上的努力被认为是远远不够的，因此 1875 年和 1879 年国会通过《住宅法案》的补充条例 [也称为《十字法案》（Cross Acts）]，并进一步增强了地方政府清理与重建"不符合公共卫生标准地区"的权力。

1855 年，负责修建伦敦的排水系统和其他基础设施的伦敦首都公共事务委员会使用了 1875 年修订的《住宅法案》和同年颁布的《公共卫生法案》[1932年规划师托马斯·亚当斯（Thomas Adams）形容该法案为《卫生宪章》]，作为总面积 42 英亩（17 公顷）的 16 个伦敦贫民窟改造项目的法律基础。除安置了 22872 名原住居民，还有 27730 名登记在案的居民因改造而受益。由伦敦首都公共事务委员会负责的其他几个土地整理项目，是由皮博迪信托投资公司（Peabody Trust）在精英云集的威斯敏斯特地区 [大彼特街（Great Peter Street）] 和霍尔本 [小科拉姆街（Little Coram Street）] 开发的。1879 年，由查尔斯·巴里（Charles Barry）兴建的比肯斯菲尔德公寓（Beaconsfield Buildings）成为后来清除贫民窟计划的第一个范本，该项目由维多利亚住宅协会（Victoria Dwellings Association）资助，包括一组五层经济公寓成平行间隔排列，可容纳 1100 人。这些伦敦慈善公寓项目，尽管极少为现代建筑师所知，但却是最早开展的大规模城市清除贫民窟的尝试。

1889 年，伦敦首都公共事务委员会被伦敦郡议会（LCC）取代，这也是世界上第一个在大都市地区成立的大都市区政府机构。1890 年又通过了另一部《住宅法案》，允许伦敦郡议会进行渐进式的"改善"（improvement）和"重建"（reconstruction）——这是早期现代城市规划使用中的标准用语。伦敦郡议会随后在 1890—1912 年一共进行了 13 次这样的清除贫民窟工作。此时，查尔斯·布斯（Charles Booth, 1840—1916）也开始了《伦敦人的生活与劳动》（*Life and Labor of the People in London*，1889—1903）的研究和撰写，这部城市社会学的基础研究还绘制了"伦敦贫困地图"，反映了伦敦从富人到最贫困人口等七个阶层的生活区域。伦敦郡议会的改善计划清理了部分最贫困地区，包括将贝斯纳格林的邦德瑞街（Boundary street）重建成五层楼高的街区（1893—1900）。在这一地区，伦敦郡议会还重建了将近 15 英亩（6 公顷）的贫民区，并为 5700 名居民提供了安妮女王风格的砖结构公寓街区，有充足的绿地和公共设施。伦敦郡议会还建造了新式住宅，如七层楼高的米尔班克大厦（Millbank Estate, 1897—1902），因街道扩建或是泰晤士河桥梁和隧道建设而拆迁的居民住所，以及供单身工人阶级居住的三联式公寓。至 1899 年，伦敦郡议会已开始转向开发建设郊区公寓住宅，其中包括在图廷（Tooting）郊区修建的可以容纳 20000 名居民的别墅地产区（Totterdown Fields），以及当时位于大都市边缘的托特纳姆（Tottenham）、克罗伊登（Croydon）、哈默史密斯（Hammersmith）地区的开发。

到 19 世纪 50 年代，英国在私人慈善住房建设方面的努力已经影响并激励到其他国家，尤其是法国和德国。法国在巴黎新火车北站附近修建了经济适用模范住宅区拿破仑城（Cité Napoleon, 1851）。与此同时，在靠近瑞士巴塞尔的法国城市穆尔豪斯（Mulhouse）修建了工人城（Cité Ouvrière），此项目由当地实业家和住宅改革家资助。更为独特的案例则是由安德烈·戈丁（Andre Godin）于 1859 年在吉塞（Guise）修建的傅立叶式法兰斯泰尔（phalanstery），不过这个项目并没有得到推广。在德国，罗伯茨式公寓受到当地住房改革家的青睐，并被认为是工人阶级住宅的典范，从而替代了出租兵营（Mietkasernen）并被广泛修建于柏林。083

在纽约，成立于 1845 年的纽约扶贫协会（New York Association for Improving the Condition of the Poor）受伦敦帕内尔式公寓启发，在纽约五点贫民区（Five Point slum），即今天的唐人街委托建造了一座模范平民公寓，这座"工人之家"公寓由约翰·W.里奇（John W. Ritch）于1855年设计，旨在容纳工薪阶层的非洲裔美国人，同时对这里的居民实行严格的卫生要求和道德规范，包括强制性的新教宗教服务。1867年，"工人之家"被卖给不那么体面高尚的业主后，迅速成为臭名昭著的欧洲移民贫民窟，直到后来被拆除。尽管如此，第一次世界大战前，曼哈顿和布鲁克林（1898年之前是独立市）还是修建了许多其他慈善住宅项目。其中比较有代表性的是由阿尔弗雷德·特雷德韦·怀特（Alfred Treadway White，1846—1921）在布鲁克林开发的项目，包括塔楼（Tower Building，1879）和一组6层高的无电梯公寓，其中公寓由走廊连接各个单元，并配套了室内管网系统。这一项目的建筑密度仅52%，远远低于同类工人居住区80%的建筑密度。但是，这类项目中成功的很有限，因为它们与私人开发的经济公寓住宅相比仍然欠缺足够的竞争力，其中大部分是由新移民建造和经营的。

而塔楼的建设时间与美国第一部住宅法规的出台几乎同步，这部法规规定了经济公寓采光和空气流通的最低设计标准。至19世纪60年代，"经济公寓"（tenement）通常指4—6层高、无电梯的工人阶级公寓，曼哈顿几乎到处是占地25×100英尺（7.62×30.5米）的公寓。这些建筑通常没有中央供暖和室内管网系统，而且厕所等设施设在公寓后院供所有住户使用。这些公寓内部还有许多无窗小房间，每个小房间通常都住着一个移民大家庭。在纽约暴发了几次霍乱疫情之后，这些拥挤肮脏的工人聚居区如下东区，疾病的传播和蔓延成为各阶层关注的焦点。而且这些地区存在着重大火灾隐患，1832年、1849年、1866年纽约地区发生了多次大规模火灾。

因此，美国政府面对这些安全问题，第一次尝试以立法途径规范经济公寓的消防安全、通风和采光。在纽约州立法机构首次设定最低建筑标准的一年后，1867年《纽约经济公寓住宅法》（New York Tenement Housing Act）仅强制规定了建筑物外部必须设有消防逃生通道。1878年由《市政设施工程师》（*Plumber and Sanitary Engineer*）杂志主办的模范经济公寓设计大赛中，建筑师、防火仓库设计师詹姆斯·E.维尔（James E. Ware，1846—1918）的设计方案赢得了比赛。在他的方案中，每一层住宅楼设有两个卫生间，在主楼梯边还配置有电灯杆。这个设计直接推动纽约州立法机构通过了1879年的《经济公寓住宅法》

（Tenement Housing Act），它规定 5 层高的经济公寓相邻建造时，必须每个地块临街面的建筑红线后退 3 英尺（0.92 米）、设置 6 英尺（1.83 米）高的电灯杆。1880—1901 年，纽约建造了大约 6 万套符合《旧住宅法》（Old Law）的经济公寓，这也是美国最早通过立法来规范城市建筑形式的成果之一，规模巨大、影响深远，至今仍有相当部分公寓留存。

　　住房改革者对《旧住宅法》中关于最低采光和通风的规定颇为不满，1884 年的住宅法进一步扩展到要求取消外部厕所，要求在所有楼层提供供水系统，并要求在所有经济街区配备电气化路灯。不过，在丹麦裔记者雅各布·里斯（Jacob Riis, 1849—1914）于《斯克里布纳杂志》（*Scribner's Magazine, 1889*）发表文章了《另一半人的生活方式》（How the Other Half Lives，1890 年又出版了同名著作），并刊载了许多经济公寓状况的照片（图 35）之后，进一步改善经济公寓条

图 35 下东区 "弯道"（The Bend）两边的经济公寓和排屋，纽约姆博里大街，1890 年。（Jacob Riis, *How the Other Half Lives* [New York: Charles Scribner's Sons, 1890], 48)

件的呼声继续发酵。因此，1901 年，纽约州进一步修改了住宅法，颁布了《新住宅法》（New Law），制定了住宅公寓建筑标准，规定多户住宅公寓的建筑密度不得超过 70%，同时要求内部通风井不得小于 24X24 英尺（7.32×7.32 米），如果是紧邻地块红线，通风井则不得小于 12×24 英尺（3.66×7.32 米）。每个房间必须有一个一定大小的外窗，并且首次详细规定了室内紧急消防通道的要求。

1901 年，纽约市进一步在《新住宅法》基础上制定了相关条例，并规范了 1930 年以前中产阶级住宅公寓的建筑标准。20 世纪 30 年代以前，这一法定条例为美国其他城市效仿，并通过立法确定了多户住宅公寓的规划形式。

当时，大多数北美城市没有纽约那样拥挤不堪，1890 年，纽约有三分之二的居民住在经济公寓里。而直到 1920 年，美国其他城市或地区的大多数贫民都住在四周开敞的独立住宅内，尽管这些独立住宅仍然缺乏室内管网系统或是电气设施，但这些很少是住房改革的重点。

英国花园城市运动及其国际影响

自 19 世纪初以来，分散化的城市住房改革模式一直是企业主和发明家感兴趣的话题。早在 1810 年，实业家罗伯特·欧文（Robert Owen, 1771—1858）就为他在苏格兰新拉纳克（New Lanark）的纺织厂工人首次提出了模范社区。19 世纪 20 年代，欧文前往美国印第安纳州试图修建一个乌托邦社区"协和新村"（New Harmony），由科学家和启蒙运动家组成，但是所有计划都没有完全成功，尽管美国地质勘查局的起源要归功于"协和新村"，而且这里的绝大部分建筑都是在欧文之前由德国新教教派拉皮兹派（Rappites）修建的，并且大部分被保留了下来。不过，欧文对工人住房的兴趣和工业时代对组织集体生活的需要产生了持久影响。在新英格兰地区，波士顿工厂主们修建了工业城镇，如马萨诸塞州的洛厄尔（Lowell,1822）和新罕布什尔州的曼彻斯特（Manchester,1810 年建成，后于 1838 年扩建）。这些工业城镇通常修建有用于工业运输的运河，还有各种类型的工人住宅。工人住宅通常 5—7 层高，呈四方形组合，布局在砖结构厂房附近。早期规划的城镇中心通常会修建管理严密的社区中心并为附近工厂女工服务，不过这些工业城镇周边很快就成了聚集了爱尔兰裔、法属加拿大人或是其他地区移民的贫民窟。

其他英美投资者、实业家和移民在 19 世纪规划和修建了许多模范社区，如海吉亚社区（Hygeia），其名来自罗马健康女神，1827 年选址于辛辛那提的俄亥俄河边，但没有成功；再如澳大利亚阿德莱德（Adelaide，1837），一座绿带环绕的网格式新城，后来成为澳大利亚和新西兰许多其他新城开发的典范。1847 年，基督教摩门教徒修建了盐湖城，作为新成立的沙漠州（后改名为犹他州）首府，这座城市同样沿用传统城市规划模式，以具有象征意义的中心广场为核心进行网格状布局，广场周边围绕着重要的宗教建筑。在英国，詹姆斯·西尔克·白金汉（James Silk Buckingham）的理想城镇维多利亚（Victoria，1849）是理想工业社区的另一个例子，不过这一规划也没有建成。不过，同一时期的实业家提图斯·索尔特爵士（Sir Titus Salt）在约克郡的艾尔河谷（Aire Valley）建成了一座模范工业城镇索尔泰尔（Saltaire，1852）。本杰明·理查德森 (Benjamin Richardson) 提出了另一个类似的提议，也被称为《海吉亚：健康之城》（*Hygeia: A City of Health*, 1876），主张在这个新城镇里覆盖有宽阔的林荫大道，公共卫生将成为城市管理的首要准则。

这些想法也在伦敦和其他 19 世纪大城市的通勤郊区得到了实践。其中著名的案例是英国的贝德福德公园（Bedford Park, 1875—1878），从伦敦市中心到贝德福德公园的火车通勤时间为半小时。它的开发商在一处 18 世纪建成的地块上精心规划了一个新的半独立式住宅（两户独立住宅共用一面墙，这也是最常见的英国住宅形式）居住区，同时为保护"皇家园艺协会"（Royal Horticultural Associety）管理和栽种的树木而规划了相应街道。这种布局形成了狭长形的街区，50×75 英尺（15.24×23 米）地块上的优雅半独立式双拼住宅与街道距离15—20 英尺（4.57—6.1 米）。建筑师 E. W. 戈德温（E. W. Godwin）及其追随者理查德·诺曼·肖（Richard Norman Shaw, 1831—1912）以如诗如画般的历史复兴风格设计了绝大部分住宅，从而为后来世界各地的郊区发展树立了榜样。

086

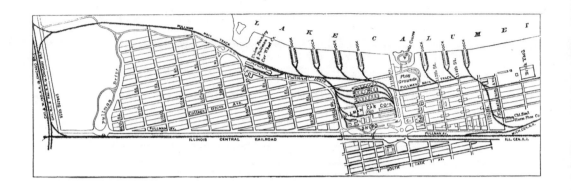

1880 年，美国铁路卧铺车厢主要制造商乔治·普尔曼（George Pullman）在伊利诺伊州芝加哥以南投资修建了模范小镇普尔曼（图 36），由 S. S. 贝曼（S. S. Beman）设计，并结合早期乌托邦城镇理念，将这里开发成为以铁路通勤为主、精英聚集的郊区城镇。那个时代，城市与城市间的商务往来通常要乘坐一整夜的火车，因而普尔曼生产的豪华卧铺车厢成为长途旅行的基本要素，但是普尔曼发现很难防止拥有制造车辆精密配件所需木工技术的工人被别的公司挖走，因此他决定在芝加哥卢普区以南，火车通勤距离短的地方修建模范工人城镇，以防止公司熟练技术工人流失。普尔曼小镇的建筑包括一系列租赁住宅，既有中产阶级居住的豪宅，也有经济公寓，供工厂里不同职位的工人租住。这些住宅离工厂区都只有一小段步行距离。普尔曼小镇还建设有各种公共服务设施，包括商品市场（一种早期的商业街）、景观公园以及可以泛舟的湖。可以说，这是 19 世纪经过精心设计的企业生活区典范，因而也激励了英国地区开展同样的社会实践，如由利华兄弟肥皂公司（Lever Brother soap company）[1] 修建的阳光城（Port Sunlight，1888）以及由吉百利巧克力公司建造的博恩维利城（Bournville，1893），这些模范工业城镇融合了早期工厂城的（factory-town）组织模式，由具有家长式作风的企业主提供全方位的服务，且随着住宅通勤模式的发展，将住宅布局在风景优美的景观中，并提供丰富的户外娱乐活动，正成为那个时代的社会时尚。

英国速记员和乌托邦理论家埃比尼泽·霍华德（1850—1928）在《明天：

图 36　普尔曼地图（地图顶部指东方），伊力诺伊州，1885 年。芝加哥铁路卧铺车厢制造商乔治·普尔曼为留住熟练技术工人而建造的企业生活区典范。

087

1　1929年与荷兰Margarine Unie人造奶油公司合并，成立联合利华公司。

通往真正改革的和平之路》(*Tomorrow: A Peaceful Path to Real Reform*，1898)一书中为这一新兴趋势提供了清晰的理论基础，该书后来又以《明天的花园城市》(*Garden Cites of Tomorrow*，1902)的名字再版。与此同时，阿德纳·弗林·韦伯(Adna Ferrin Weber)的著作《19世纪的城市发展》(*The Growth of Cities in the Nineteenth Century*，1899)让人们关注到快速增长、具有世界性的城市化进程已经出现。霍华德的努力促成了1901年英国"花园城市协会"(Garden City Association)的成立，其目标是将工人阶级从过度拥挤、肮脏，甚至是危险的城市生活状态中解放出来，重新安置到新建的花园城市中，这些城市坐落在大都市边缘地带的广阔乡村。在那里，居民可以找到工厂就业或是从事其他行业的工作，享有各种文化和娱乐活动(图37)。19世纪70年代，霍华德在美国生活了好几年。1873年，他在内布拉斯加州霍华德县当了一段时间的农民，之后又搬到了芝加哥。在这个快速发展的中西部城市里，工厂和居住区邻近乡村以及边远森林，给霍华德留下了深刻的印象。1878年，霍华德回到伦敦。到19世纪90年代，他开始到处宣传他的花园城市理念，他认为像伦敦这样的大工业城市应该重组为6000英亩(2428公顷)的小型紧凑城镇，每个城镇容纳不超过32000人。每个城镇都将通过铁路系统与其他花园城镇相连，并被公园绿带和提供食物的农场围绕。每个花园城镇的建成区应该不超过1000英亩(405公顷)，同时提供各种就业机会、文化和娱乐活动以及各种类型的住宅，它不仅具有城市的所有优点，同时还拥有乡村的优点，从而成为完美无缺的城市模型。

1884年，英国经济学家阿尔福莱德·马歇尔(Alfred Marshall, 1842—1924)曾提出沿着铁路交通线将大都市区的产业和工人疏散到城市以外、土地便宜的地区的想法，而且这项措施的实施应该集中协调管理。霍华德的花园城市方案为如何做到这一点提供了图解设计模型。霍华德还主张，为必要的新建基础设施进行的融资应来自4%—5%利率的债券，新居民向共同基金支付租金，以偿还债券持有人的债务，并最终获得花园城市的共同所有权。

在当时英格兰和威尔士80%的乡村土地仍然归属于不到7000人的主要是贵族的土地所有者的情况下，由霍华德提出的花园城市理论却受到具有慈善热情的英国实业家的金融与政治支持，因此，花园城市运动迅速影响到整个英国并进一

设计现代城市：1850年以来都市主义思想的演变

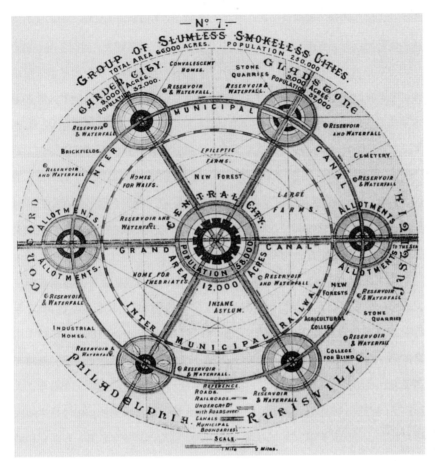

图 37 一组无烟、无贫民窟的城镇模型图，埃比尼泽·霍华德设计，1898 年。
(Ebenezer Howard, *Tomorrow: A Peaceful Path to Real Reform* [London, 1898])

步向世界其他国家和地区扩散。它引起了整个英语国家开展专业化的城市规划，并鼓励城市化地区通过疏散式离心规划来解决一系列社会和环境问题。霍华德的理想花园城市可以居住 32000 人，分散为 6 个区，每区有 5000—6000 人，每个区设计得就像一个小镇，依次建设，且都有花园。花园城市里的每一个地块大小为 20×130 英尺（6.1×40 米），每一个区都由 120 英尺（37 米）宽的景观大道与 145 英亩（59 公顷）大小的中心花园和市政中心相连，市中心还布局有玻璃水晶宫式的购物大街、市政厅、图书馆、博物馆、音乐厅和演讲厅。

1899 年，霍华德呼吁成立花园城市协会以推广他的设计理念，伦敦大企业家、律师拉尔夫·内维尔（Ralph Neville）于 1901 年成为该协会主席。相比霍华德，内维尔和他的客户更为担心潜在的城市阶级矛盾和暴力冲突，他们认为市民中逐渐流行的感性主义和颓废现象可以通过疏散方式来解决。他们还担心城市生活会实质性地削弱年轻工人阶级的斗志，并进一步破坏大英帝国在世界军事领域的领先地位。有人认为，花园城市所提供的高品质生活会激励工人阶级追求更高的工资。其他企业家，如乔治·吉百利（George Cadbury）和 W. H. 利华（W. H. Lever）等也支持花园城市协会。在协会第一任秘书长托马斯·亚当斯（1871—1940）的带领下，1901 年 9 月，协会在博恩维利城召开了影响深远的成立大会，有 1500 名英国市政官员出席了会议。几个月后，他们在伦敦东北 34 英里（55 公里）处的赫特福德郡（Hertfordshire）征地 3800 英亩（1538 公顷），建设了第一个花园城市——莱彻沃斯。

莱彻沃斯的建成，标志着霍华德的理念开始从空想社会主义转向改良主义，即积极投身于花园城市协会的实业家们以商业为中心的目标。在 1903 年的花园城市设计竞赛中，建筑师巴里·帕克（Barry Parker, 1861—1947）和雷蒙德·昂温（1863—1940）获得了冠军。这两位建筑师此时已经拥有非常丰富的设计经验，并为英国煤炭公司和其他公司设计了模范工人村。1896 年，人脉广泛的巴里·帕克与远亲昂温成立了帕克 & 昂温设计事务所，昂温是牛津大学毕业的工程师，有着强烈的社会主义信念，同时他还受到约翰·罗斯金和威廉·莫里斯（William Morris）的影响，并于 1886 年担任曼彻斯特社会主义联盟（Manchester Socialist League）秘书。1901 年，在博恩维利举办的花园城市协会成立大会上，昂温主张城市购置周边土地用于未来的花园城市发展。这是对霍华德绿带包围城市模式的修正，并于 19 世纪 90 年代在如法兰克福这样的德国城市得到实践。

早在 1902 年，帕克和昂温曾受一家大型可可加工公司老板约瑟夫·朗特里（Joseph Rowntree）委托，在他约克郡郊区的私人土地上设计一片新型工人阶级居住区，而朗特里也曾经参加过博恩维利大会。最终，新爱尔斯维可城（New Earswick, 1902）建在朗特里庄园 130 英亩（53 公顷）的土地上。爱尔斯维可城占地 28 英亩（10.12 公顷），包括 150 幢住宅以二、四或六个单元为一组，连排布局。所有的住宅单元都朝向中心花园，并受罗斯金和莫里斯影响，采用中世纪复兴式设计风格，而且昂温认为中世纪村庄应该是能清晰反映社会等级制度的有机统一体，并在视觉上呈现出可以理解的物理形式，他们把这种物理形式命名为"晶体结构"（crystalline structure）。与此同时，在新爱尔斯维可城，帕克与昂温提出了一个创新的场地规划，对标准化网格街道布局进行了调整，让每栋房屋都面向太阳。每栋房子在二楼都有自己的室内浴室，以及一个向外部倾斜的储藏室。

帕克和昂温设计的莱彻沃斯（1903）实际上不如新爱尔斯维可城的设计有创新，这反映了他们缺乏大型城市设计经验（图 38）。它的街道布局仍然采用相对传统的学院派形式，具有典型的轴对称性，围绕一个显著的中心"劳工教堂"向外辐射排列。劳工教堂项目由于欠缺资金，搁置多年。而帕克和昂温最有创新性的工作在于集合院落（Homesgarth）的设计，这是以牛津大学为设计模

图 38　莱彻沃斯花园城（即将建成的第一个花园城），巴里·帕克和雷蒙德·昂温设计，1903 年。(C. R. Ashbee, *Where the Great City Stands* [London: Essex House, 1917], 45)

型、由 24 个家庭住宅单元围合建成的四合院，四合院的一边设计为餐厅、娱乐室、保育室，其中餐厅和保姆服务的费用由住户共同承担。但是尽管霍华德以及莱彻沃斯的建筑师们构想了一个基于合作花园城市社会模型的未来社会，但是最终莱彻沃斯花园城的绝大部分居民都是富裕的"自由思想者"（free-thinker），而非产业工人。当然，其中许多居民也是熟练的工匠，但这里还是迅速成为国家媒体讽刺的焦点，讽刺这里是神智主义、素食主义以及其他非主流主义的中心。但是它的工业园却很成功，印刷商 J. W. 邓特（J. W. Dent）、"每个人的图书馆"（Everyman's Liabary）系列的出版商以及其他工厂也为了更充裕的空间从伦敦搬到了莱切沃斯。它在商业上的成功以及伦敦大都市区外围的地理位置，使其对于那些非技术型劳工来说过于昂贵，尽管这样的生活条件正是花园城市运动的初衷。

早期花园城市运动的"成果"往往事与愿违，如帕克和昂温的汉普斯特德花园郊区（1907）最后也成为富裕阶层的聚居区。该项目选址在汉普斯特德荒野（Hampstead Heath）附近，邻近伦敦市中心，19 世纪被规划为绿色开敞空间而保护下来。这片土地属于塞缪尔·奥古斯都·巴奈特牧师（Samuel Augustus Barnett, 1844—1913）和他的妻子亨丽埃塔·巴奈特爵士（Henrietta Barnett, 1851—1936）。他们都是圣公会的慈善家，居住在工人阶级聚居的伦敦东区。1896 年，美国金融家、芝加哥高架铁路承建商叶凯士宣布将把伦敦地铁线延伸到该地区，并在戈尔德斯格林（Golders Green）新建一个车站。巴奈特爵士买下并保留了附近一处 80 英亩（33 公顷）的前大学用地，作为汉普斯特德荒野的延伸。随后，她又决定将毗邻的 243 英亩（98 公顷）土地开发为"工人阶级的花园郊区"。她委托帕克和昂温进行设计，并在戈尔德斯格林新火车站通车前动工。汉普斯特德花园郊区原本是典型的伦敦郊区开发的备选地，当时伦敦郊区开发项目通常采用传统的狭窄街道两边兴建排屋的形式，缺少绿化。这种住宅形式因容纳了大量人口，很快就会形成严重的交通堵塞。在汉普斯特德，帕克和昂温对不同的交通方式进行了分析，将过"境"交通限制在后来被称作"超级街区"（superblock）的边缘，并采用"尽端路"（cul-de-sacs）和后退 10 英尺（3 米）等设计手法营造一种田园式氛围，这种设计手法影响了之后许多郊区的发展。

这些设计创新需要一项《议会法案》（Act of Parliament，1906），以允许对传统排屋和街道开发模式标准进行修订。从建筑学上来看，汉普斯特德花园郊区的改革并不激进，但它包括了一系列的住宅类型，从高级公寓到多单元平民住宅等，都以砖和灰泥为材料设计为各种类型的简化复兴风格，从而导致北方英语方言的兴起和克里斯托弗·雷恩爵士设计风格的流行。正如莱彻沃斯，一些集合院落如"果园住宅"（The Orchard，1909）也开始流行，但当时的建筑开发密度仍然非常低，大约每英亩（0.4 公顷）8 幢住宅。此外，还尝试对建成区和非建成

092 区进行严格的区分，尤其值得注意的是，787 英尺（240 米）的砖结构城墙，标志着荒野扩展区的边缘。在这个郊区项目中，还规划了古典式中心公园，而埃德温·鲁琴斯爵士设计的两座教堂（1908）正对花园，也是受到昂温作品的启发。尽管鲁琴斯的设计并不完全符合昂温的中世纪风格和风景如画的花园城市理念。事实上昂温被西特的城市设计理念所吸引，但是昂温的分散式花园城市理念与西特的理念往往难以整合在一起。不过，汉普斯特德郊区取得了巨大的成功，到1912 年，这里的居民已经超过 5000 人，并迅速成为世界花园城市设计的典范（图 39）。

汉普斯特德花园郊区相对密集的郊区设计，反映出两种几乎同时引入英国的设计风格，它们与当时的花园城市理念发生了融合。一种是对德国城市规划的新认识，是慈善家托马斯·科格兰·霍斯法尔（Thomas Coglan Horsfall, 1841—1932）在其为曼彻斯特郊区索尔福德市议会撰写的《改善人民居住环境的德国经验》（The Improvement of Dwellings and Surroundings of the People: The Example of Germany，1905）一书中将这种理念引入英国的。霍斯法尔阐述了德国城市发展的三维控制的法律基础，主张类似的城市发展管控权应该下放到地方政府层面。他还强调，德国政府重视给予财政支持，以在那些"无法以合理的价格住到好房子"的城市建造经济适用住宅。霍斯法尔还强调德国城市重视高效

093 的交通运行模式，尤其是"工人和学生往返于城镇郊区的交通"。他强调政府的责任，必须采取行动改善普通民众的居住条件，防止过度密集的投机性住房开发所带来的负面影响。这一观点在英国引起了广泛关注，当时许多人对高度密集的城市地区感到担忧。

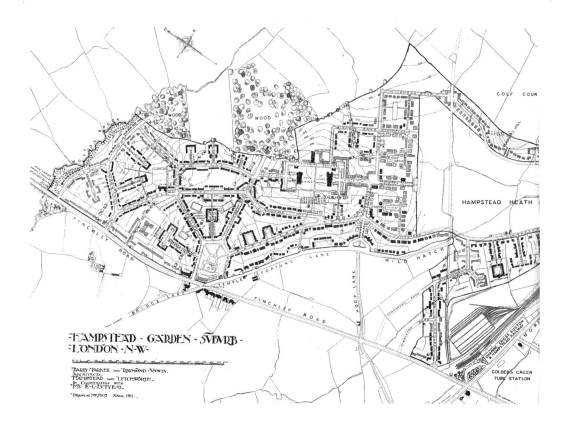

图 39 汉普斯特德花园
郊区，巴里·帕克和雷
蒙德·昂温设计，伦敦，
1907 年。
(Raymond Unwin, Town
Planning in Practice
[London: Unwin,1909]，
fold map VI)

　　1903 年，法国花园城市协会在法国成立，它对霍华德在合作式社会改革方面的愿景颇感兴趣。该组织的秘书乔治·贝诺伊特－利维（Georges Bonoît-Levy, 1880—1971）律师同时也是巴黎社会博物馆组织的成员，于 1904 年参加了首届世界花园城市大会。他还考察了莱彻沃斯，在博恩维尔和阳光城居住了 6 个月，同时他分别于 1904 年和 1905 年出版了《花园城市》（La cité jardin）和《美国花园城市》（Les cités jardins d'amérique）两部著作，并且在后一本著作里将花园城市概念延伸到城市公园。在法国，花园城市理念却经常遭到抵制，因为它似乎是反城市化的英美式郊区理想的表达。

　　为了让花园城市理念在法国能够被接受，贝诺伊特－利维采取了两种方式。一种是选择用 cité 一词，它与英语里的 city 有一定区别，通常指代工人住宅项目。另一种是将霍华德的同心圆模型（concentric diagram）与阿图罗·索利亚·伊·玛塔（Arturo Soria y Mata, 1844—1920）提出的线性城市（Ciudad

　　设计现代城市：1850 年以来都市主义思想的演变

Lineal）相结合。线性城市后来在马德里东部铁路沿线建成（图40）。

1907年之后，社会博物馆组织开始在法国倡导花园城市理念，但是"一战"前法国所建的花园城市屈指可数。"一战"对法国的破坏非常严重，约有625座法国城镇、超过45万栋建筑被战争毁掉，也因此在法国北部地区给花园城市规划提供了新的机会参与战后重建。花园城市运动也影响了巴黎郊区（中心城区以外的边远地区）的发展，如亚历山大·梅斯特拉斯（Alexandre Maistrasse）在巴黎以西6英里（10公里）处规划的占地59英亩（24公顷）的叙雷讷镇（Suresnes, 1921—1939），这个项目受巴黎市长亨利·塞利尔（Henri Sellier）委托，而他深受帕克和昂温的影响。但是叙雷讷镇最初设计的英式乡村小屋很快就被典型的五层高公寓所取代，从而导致该地区的建筑密度迅速增大，每英亩土地上有42个住宅单元，远超昂温以及其他花园城市协会项目所设计的每英亩12个住宅单元的密度。不过和同期其他类似的法国项目一样，叙雷讷镇与其他欧洲大陆城市相比设计了包括公共绿地在内的更多绿色空间，并且规划了蜿蜒的街道、优美的教堂和学校从而营造富有诗意的景观。这种独特又尚未充分研究的田园理想式设计模式混合了花园城市运动以及法国郊区公寓设计理念，同时它又是包括2500个住宅单元的高密度开发模式，后来成为20世纪二三十年代美国纽约公寓大厦设计的模板。

1902年，德国成立了花园城市协会（Deutsche Gartenstadtgesellschaft），比德国企业家和设计师联合成立的德意志制造同盟（German Werkbund, 1907）

094

图40　线性城市项目，阿图罗·索利亚·玛塔设计，马德里，1882年。(Arturo Hernandez, *The Problem of the Land in Spain* [Madrid,1926])

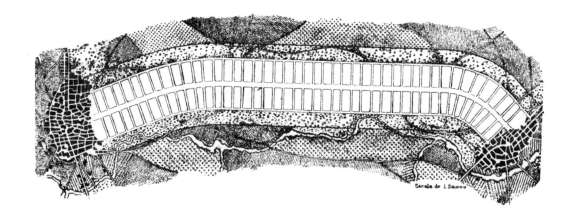

早 5 年。赫尔曼·穆西修斯（Hermann Muthesius, 1861—1927）是该组织的一位核心人物，他曾于 1896—1903 年在伦敦德国大使馆担任文化专员，对英国本土建筑进行过研究和报道。他的著作《英国住宅》（*Das Englische Haus*）为德国读者介绍了混合历史复兴风格和最新本土技术的新郊区模式，作为刚刚创立的德意志帝国已成为英国、法国和美国经济和文化霸权的潜在竞争对手。为了扩大出口和提升德国制造商品的质量，德国制造同盟将制造商、设计师和政府整合在一起共同制定行业和商品标准，而花园城市关于重建劳工阶级生活环境的改良思想也迅速引起重视，环境优美、健康和更分散化的聚居点建设纳入德意志帝国的国家议程，并带来各种各样的设计思想与方法，通常也包括西特的思想。

随着德国军事力量的日益增长，克虏伯家族（Krupp）也成为德国重要的军火制造商。自 1863 年以来，他们一直在德国不同城市为他们的工人建造模范住宅聚居地（colonies）。1909 年，他们委托一位达姆施塔特（Darmstadt）建筑师、制造同盟成员乔治·梅茨多夫（Georg Metzendorf, 1874—1934）设计他们的花园城市玛格丽特高地（Margaretenhöhe，图 41），这座花园城市坐落在工业城市埃森（Essen）西南部，郁郁葱葱、峡谷环绕、风景优美的高原上，布局为西特式的新中世纪风格村庄，周围有 124 英亩（50 公顷）森林。一座 580 英尺（177 米）长的砂岩桥穿过公寓底部的拱门，将居民聚居区与主要的商业广场相连。梅茨多夫在玛格丽特高地项目有两位助手，一位是汉斯·迈耶（Hannes Meyer, 1889—1954），这位瑞士社会主义建筑师后来领导了 1928—1930 年的包豪斯运动；另一位助手理查德·考夫曼（Richard Kaufmann, 1887—1958）则成为犹太复国主义者，1920 年移民到英属巴勒斯坦。

花园城市改良运动也导致德语国家出现了许多中世纪风格的花园城市设计，其中大部分灵感来自德国慕尼黑建筑师西奥多·费舍尔（Theodor Fischer, 1862—1938）的教学与实践。如由理查德·雷迈斯克米德（Richard Riemerschmid）和海因里希·特森诺（Heinrich Tessenow, 1876—1950）设计、位于德累斯顿附近的花园城市海勒劳（Hellerau, 建于 1906 年），由未来表现主义建筑师布鲁诺·陶特（Bruno Taut, 1880—1938）设计、位于柏林附近的花园城市法尔肯贝里（Falkenberg, 1913—1914），这里因 80 幢

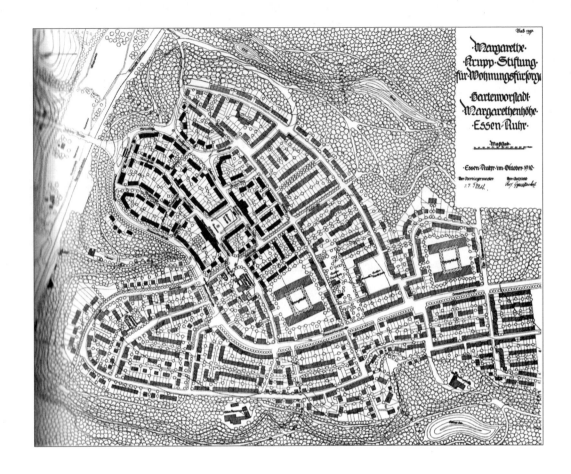

色彩明亮、风格传统的住宅而独具特色。同时，其他现代更为人所熟知的都市主义建筑师也开始了他们设计花园城市的职业生涯，如汉斯·迈耶设计了邻近巴塞尔的弗里多夫城（Siedlung Freidorf, 1919）；恩斯特·梅（Ernst May）在弗罗茨瓦夫－兹洛尼基（Wroclaw-Zlotnicki）设计建造了戈德斯尼登城（Siedlung Goldschnieden, 1919—1920）。而建筑师和城市理论家弗里茨·舒马赫（Fritz Schumacher, 1869—1938）的城市规划工作也开始于这一时期。

可以说德国花园城市运动的成果是改变了郊区发展模式，郊区不再是绿带环绕、自给自足的封闭式城镇，如陶特在马德堡附近进行的城镇改良实践（Siedlung Reform，1912—1915）。与霍华德最初的社会改革目标相似的德

图41 玛格丽特高地——由克虏伯军火商于1909年在德国埃森附近建造的工人花园城市，周围环绕着一片小森林，乔治·梅茨多夫设计。

国实践是基尔的霍夫汉默城（Hof Hammer，1920），它由景观设计师莱贝切特·米格（Leberecht Migge，1881—1935）和建筑师威利·哈恩（Willy Hahn）设计。这里除设计有 50 幢传统风格的双层住宅以供郊区通勤者居住，还提供了大块用地给失业船厂工人在此从事园艺工作。它还在预留土地上修建了两个"堆肥公园"，并利用旱厕收集人类排泄物作为园艺肥料。除此之外，这个项目还设计了白桦林荫道、一个公共公园、一所学校和托儿所，以及游乐场。

　　至 20 世纪 20 年代初，花园城市理念已经成为德国城镇规划的主要方向，而将在下一章中讨论的最为著名的德国魏玛现代主义住宅和城镇设计则继承了它的许多理念。与此同时，其他国家也陆续出现了相关发展理念。

　　早期城市建筑和霍华德思想的融合极大地影响了芬兰建筑师和规划师埃利尔·沙里宁。1917—1918 年，在新独立的芬兰大赫尔辛基规划中，沙里宁出色地将奥斯曼巴黎规划与这些新方法整合在一起，提出城市可以通过宽阔的大道紧凑地连接起来，适宜步行的街区由绿植相连，每一个街区都有自己的西特式内向开放的公共广场。但是由于这个设计方案建设成本高昂，沙里宁的方案仅实现了一小部分，不过他的设计原则却极大地影响了之后芬兰首都和其他城市的规划。

帕特里克·格迪斯、雷蒙德·昂温和城镇规划的兴起

　　在霍斯法尔向英国民众介绍德国规划经验的同时，由帕特里克·格迪斯爵士（1854—1932）提出的另一种思想也引起了广泛关注。格迪斯是苏格兰生物学家、早期城市社会学家、区域主义先驱理论家。19 世纪 70 年，他放弃了伦敦皇家矿业学院（Royal College of Mines）的学习，前往法国学习动物学。在法国他受到雷克吕（Elisée Reclus，1830—1905）激进地理学思想的影响。作为无政府主义者，1871 年雷克吕参加了巴黎公社。巴黎公社失败后，他被法国政府驱逐到法国西南部一个偏远的角落，在那里他发展了自己的思想，认为人类社会及其经济基础可以通过生存的自然环境来理解，1875—1894 年，他陆续将自

己的思想整理成《地理全志》（*La géographie universelle*）出版。格迪斯还非常欣赏与雷克吕同时期的法国作家保罗·维达尔·德·拉·白兰士（Paul Vidal de la Blanche，1845—1918），后者则是更有影响力的倡导环保及其相关生活方式的生态主义者。

在1879—1880年的墨西哥考察之旅中，格迪斯还了解到法国社会学家弗里德里克·勒普莱的思想，尤其是勒普莱强调的"环境—工作—家庭"三位一体理论是工人阶级稳定生活的核心。格迪斯将这一概念转译为"环境—工作—人"，并将法兰西第二帝国改革者的重点从家庭单元（当时仍然是天主教国家的法国社会的基本元素）转换为更加抽象的理念，即在区域层面以更为有机合作的人类社会为基础。1880—1888年，格迪斯回到苏格兰，并在爱丁堡大学教授动物学。期间，他访问了伦敦，并与关注印度哲学的"新生活"组织（Fellowship of New Life）取得联系。另外，他在自然科学领域的工作和教学也使他了解到赫伯特·斯宾塞的思想。他认为生物进化的概念也可以应用于人类社会领域，也即人类社会也是可以不断进化的有机体。这种复杂的思想融合也使格迪斯对学术领域的专业化提出质疑，而学术研究仍然是现代研究型大学的基础，19世纪在德国首先发展起来。相反，他直接采取行动，以积极地方式研究爱丁堡老城区的社会与物质环境。1880年，格迪斯与一位富有的女继承人安娜·莫顿（Anna Morton）结婚，她同时也是利物浦的社会工作者，非常欣赏19世纪60年代奥克塔维亚·希尔（Octavia Hill）在约翰·罗斯金资助下，为改善伦敦工人阶级的居住环境而做的各种努力。后来，帕特里克·格迪斯和安娜·格迪斯创立了爱丁堡环境协会，买下旧城贫民窟的几幢住宅，并在1886—1896年进行了翻修。由于他们的努力，1892年，市议会决定给予他们财政资金资助。在此期间，帕特里克·格迪斯还支持了女权主义运动，主张大学女生宿舍应该由女生自己管理。

这一时期，格迪斯的政治理念其实不如19世纪末欧洲其他城市改革家的激进。1888年，他出版《合作与社会主义》（*Cooperation versus Socialism*）一书，表达了他与劳动社会主义组织的不同政治主张，该组织后来发展成为英国重要的政治力量——工党。1891年，他还在爱丁堡开办了一所暑期学校。1892年，受到罗斯金在谢菲尔德建立工人博物馆的启发，他又开放了第一间市民展览馆——

瞭望塔（Outlook Tower）。瞭望塔有一系列公开展览，同时还可以俯瞰整个城市及周围全景（图42）。格迪斯认为城市生活既需要依赖于可获得的包括空间与文化在内的自然资源，同时又不能像社会主义那样按阶级组织，而是应该按职业或职业团体（工作）来组织，因为组织中个人的行为与地理环境和社会可能性有关。他认为群体之间的冲突比马克思、恩格斯所认为的抽象辩证历史运动对人类社会生活更有意义。格迪斯认为，必须从历史的角度来理解西方城市生活，首先是从古希腊的城邦及其民主制度中产生的，之后的历史又变得不那么民主，而是更有组织的罗马公民社会（Roman Civitas），其中包括自治城镇（municipum）和生产农产品的帕格斯（pagus，又称为乡村）。由于交通的限制，城邦及其之后 ₀₉₈

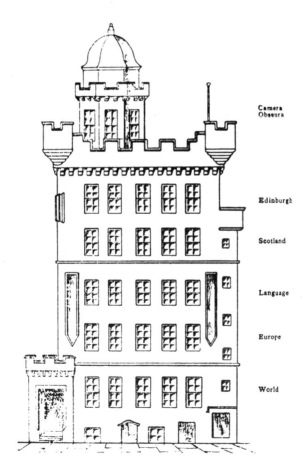

图42 瞭望塔示意图，帕特里克·格迪斯爵士设计，爱丁堡。
(Sir Patrick Geddes, *Cities in Evolution* [London: Williams and Norgate, 1915], 324)

的继承者都没能超过自然资源和农业的限制。

　　格迪斯是第一个清楚地认识到，在新兴的现代工业、铁路和全球大型城市增长的世界中，地理限制不再是决定性因素。相反，他主张一种新的地域性规划，这种规划将以公民调查为基础，以了解在全新的大型工业化城市"conurbation"[（有卫星城镇的）大城市，集合城市]中人与自然环境的现状，格迪斯是最先认识到这一点的先驱者之一。这样的调查还要求理解城市"形态学"的内涵，而"形态学"正是他从生物学那借用来系统描绘城市模式的概念。他还研读了俄国地理学家、无政府主义理论家彼得·克鲁泡特金（Peter Kropotkin, 1842—1921）的著作《田野、工厂和车间》（*Fields, Factories and Workshops*, 1898），该书影响巨大，书中认为"无政府共产主义"才是社会的基础，自由、拥有个人财产的人们可以互助合作生活在一起。克鲁泡特金是最早提出全新、分散的水电能源会使传统以煤为基础的工业城市淘汰的人之一，因此新式的小型工业将分散在广阔的乡村田野。至1900年，格迪斯使用了"neotechnic"（新技术）一词来形容这种新变化，从而与早期"paleotechnic"（工业化早期的技术）集合城市相比较。

099 　　格迪斯还于1899—1900年两次前往美国进行学术访问，拜访了美国哲学家和教育学家约翰·杜威（John Dewey, 1859—1952）和简·亚当斯（Jane Addams, 1860—1935）。杜威后来在芝加哥开展了非常有影响力的公共教育实验，而亚当斯则在1899年创立了全美最负盛名的睦邻组织"赫尔馆"（Hull House），赫尔馆以伦敦汤因比馆（Toynbee Hall）为模型，为美国社会工作奠定了重要的基础。同时，格迪斯还对知名印度哲学家辨喜（Swami Vivekananda, 1863—1902）印象深刻，辨喜是印度哲学在海外最著名的代表之一。辨喜在1893年芝加哥世博会上做了重要演讲，将印度教介绍到美国。1900年，格迪斯在巴黎世博会期间组织了一所暑期学校，在这里他结识了哲学家亨利·柏格森（Henri Bergson, 1859—1941）——他的"创造进化论"思想迅速影响了法国都市主义，还有保罗·奥特雷（Paul Otlet, 1868—1944）——此时他已经开始致力于打造一个汇集文化、交流和各种信息文献的世界城市，这样的城市被称为Mundaneum（世界馆）。1903年，格迪斯受苏格兰丹弗姆林（Dunfermline）政府委托，在这个拥有25000人口的城市以更社会化和环境友好的方式重新规划设计一处公园。该项目由本地最知名的移民后裔、美国钢铁大王安德鲁·卡内基（Andrew Carnegie, 1835—1919）作为礼物献给他的故乡。格迪斯的方案和设计理论很快就开始广泛传播。

　　格迪斯的设计方法开始于区域调查理念，与植物学家对树木和其他植物进行的调查类似。他认为，人应该可以像植物那样划分为各种社会物种，而物种之间会存在威胁和排斥关系。调查结果可用地图标示出来，从而有助于进行详细的实地考察。然后，可以谨慎地提出社会干预措施，以改善现有的社会和环境条件。这一理念可能来自他在爱丁堡老城实施的"保守手术"（conservative surgery）模式：他翻修了老建筑，通过土地清理开辟了一系列小型开放空间，与新建的作为学生宿舍和公共博物馆的瞭望塔融合在一起成为城市新亮点。同时，格迪斯也是最早采用照相技术开展社会调查的先驱者之一，通过照片所反映的社会现状，他和他的学生仔细核定了地图上的具体位置，因受到罗斯金思想的启发，他建议丹弗姆林列一个历史保护建筑清单，之后以法律形式保护城市历史遗迹的行动才陆续成为主流。另外，格迪斯还为丹弗姆林的孩子们规划了一个早期版本的"冒险乐园"。

　　1904 年，格迪斯接受伦敦社会学学会（London Sociological Society）的演讲邀请，以发表他的观点，会上他提交了他的文章《作为应用社会学的公民学》（Civic as Applied Sociological Society）。对于格迪斯来说，塑造新的城市环境不应仅仅依靠建筑师和景观设计师，而应该依赖对自然和社会环境的深入理解，包括这里的建筑还有这里的居民，他认为这是"正在上演的戏剧"。它不仅涉及历史文化遗迹的调查，同时还涉及广泛的当代社会学和地理学调查。1909 年，格迪斯发表了他的"山谷断面"（Valley Section）概念，作为更好地理解环境、工作和人之间关系的有效传播方式（图 43）。他提出，因为现在所谓的"横断面"（transect）是沿着河谷延伸的，从发源地到出海口，所以可以根据沿线的居民职业和建筑形式进行分析。格迪斯强调，大城市通常起源于港口，且实际上对纯粹的行政首都非常反感，因为这些城市建设完全不考虑其自然环境。后来，"峡谷区"概念里又分离出各种聚居点形成，从而与各自的自然环境包括农业区或是矿产区相适应。格迪斯关注的重点是每种地理区域里的居民是如何谋生的。格迪斯

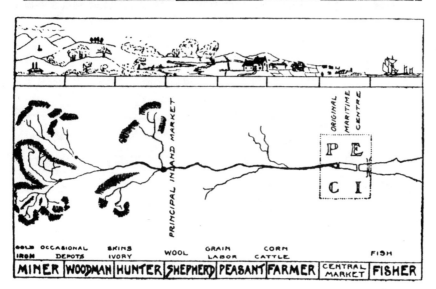

THE ASSOCIATION OF THE VALLEY PLAN WITH THE VALLEY SECTION

RURAL·OCCUPATION·&·MARKET·TOWN·

图 43 峡谷规划和峡谷区，帕特里克·格迪斯爵士设计，1917 年。
(Volker Welter, *Biopolis: Patrick Geddes and the City of Life* [Cambridge, Mass: MIT Press, 2002], 104)

还采用法国生物学家查尔斯·弗劳特（Charles Flahault, 1852—1935）的植物学分类方法进行地理区域分类，以更好地理解人类对各种环境的适应。最终，他将"峡谷区"的概念与人的各种抽象属性如人民、首领、知识分子和情感等联系起来，并认为不论在何种不同社会中，这些概念都将贯穿整个历史。随后他在许多展览中展示了这一思想。

格迪斯对地域主义思想以及自然系统在人类定居方面的重要性的强调，很快就与花园城市运动结合在一起，最终彻底颠覆了城市结构的学院派理念。欧洲几个世纪以来发展起来的古典城市设计，主要关注街道格局、纪念碑以及建筑外立面的有效视觉组织，而对普通大众日常生活空间及其用途的关注较少。到 20 世纪初，英国城市化水平已经达到 80%，但强烈的反城市化情绪已经形成，社会各阶层都指责英国精英制造了冷酷、肮脏和污染严重的工业环境。花园城市运动呼吁工人和企业家一起解决这些问题，通过工业分散化，让工人既能生活在临近自然的地方，又能缩短通勤时间。之后，格迪斯对区域主义思想和自然条件对经济生活的重要性的关注，以及对整个大都市地区的兴趣，与霍华德、帕克和昂温所提倡的方法相结合，从而形成了一套规划理论和实践模式并影响至今。

雷蒙德·昂温在他的《城镇规划实践》(*Town Planning in Practice*，1909)一书中，对这种新规划模式进行了全面的阐述。而这本书的出版恰逢利物浦大学城市设计学院成立，它是英语系世界第一个在大学级别开设的城市规划专业。与格迪斯一样，昂温深受罗斯金和西特的影响，他在第一章中断言，"公民艺术"是"公民生活的重要体现"。与此同时，昂温还盛赞了霍华德，并提到他和巴里·帕克设计的莱彻沃斯花园城市的案例，同时他还提请大家注意霍斯法尔的《改善人民居住环境的德国经验》。昂温认为(尽管有一些不准确)，"城镇快速增长所带来的问题已经通过霍华德先生所提倡的方法得以解决"。与早期英国住房改革者一样，昂温还抨击伦敦内城单调乏味的、按法律规定建设的排屋街道，这些地区的密度达到每英亩 40 户。相反，他从古代至现代的城镇发展历史中举出具有各种独特性的城镇案例，如卡尔斯鲁厄的中世纪广场等。在这本书的第四章《城市调查》中，昂温总结了格迪斯的方法，将"调查先于规划"的理念引入到规划实践中。另外，他还将早期的伦敦交通调查与英国气象办公室发布的风力强度图联系起来。除此之外，昂温还以莱彻沃斯工业分散化为案例进行分析，同时继续呼吁中心广场对公共建筑的重要性。《城镇规划实践》的其他章节则成功地将德国已经广泛使用的德国式城镇规划实践引入大英帝国和美国，为(至少持续到了 20 世纪 70 年代)以花园城市为导向的城镇规划专业培养奠定了基础。

1909 年，英国议会两院通过《城镇规划法》(Town Planning Act)，成为首部允许地方政府开展大规模城镇规划的法律条令。这部法令也是花园城市协会的努力成果，同年该协会更名为"花园城市和城镇规划协会"(Garden Cities 102 and Town Planning Association)。这部法令涉及"任何正在开发或具有建设用途的土地"，它的政治支持主要来自人们对快速、无序的城市化发展和对农业用地的侵蚀的担忧，以及英国日益不平等的土地分配所带来的各种社会问题。根据 1875 年修订的《住宅法》，现有街道的宽度基本为 36—59 英尺(11—15.24

米），并且现有法规允许在靠近工厂和商业区的地方开发高密度的小型排屋，这些住宅通常都缺少给排水系统和室内浴室。花园城市运动则为都市发展提供了一个完整的开发模式，作为另一种替代方案，它的成效已经在汉普斯特德花园郊区项目中得到体现。在《城镇规划法》通过5年后，有105个城镇规划项目根据该法规要求获得实施，其中第一个完成规划建设的是伯明翰。同时，1909年的《城镇规划法》还推动了首个规划专业——立物浦大学城市设计学院的成立，它由W. H. 利华（后来的利华休姆爵士）创立，斯坦利·阿德谢德（1868—1946）教授担任院长。1910年，英国皇家建筑师协会（RIBA）在伦敦举办了一场城镇规划会议，邀请来自欧洲和美国的专家、学者，其中格迪斯在大会上介绍了他自19世纪90年代就开始在爱丁堡举办的"城镇规划展"。

昂温出版《城镇规划实践》一书后，该书成了这个新专业和新职业的操作指南。时任花园城市和城镇规划协会秘书的托马斯·亚当斯后来指出，昂温的书将城镇规划的讨论从围绕不受约束的私人财产权的政治辩论转移到政府该如何通过立法保护财产价值的问题上，城镇规划学会作为新的专业学会也得以建立，并推动了城镇规划教育。该协会很快就拥有了500名会员，包括建筑师、工程师、测量师和律师等，他们还主办了《城镇规划研究杂志》（*Journal of the Town Planning Institute*），并从技术的角度关注具体的土地利用和规划问题。几年之内，英国的城市规划开始将重点扩大到花园城市式住宅区设计上，比如伦敦郡议会大量修建的包含主干道布局的住宅区。1913年，英国举办了干线道路研讨会，这次大会中115名地方当局代表批准了1000平方英里（2590平方公里）规模大小的伦敦地区道路规划草案。20世纪20年代，纽约及周边地区区域规划的关键人物——托马斯·亚当斯，认为伦敦道路规划是"英国历史上第一个区域规划"。

英国1909年的《城镇规划法》也引起了世界范围内的巨大反响，尤其是当时世界上的大部分地区都还处于英国的统治或是商业影响之下。1920年，澳大利亚也通过了类似的《城镇规划法》，并成立了城镇规划部；1926年，新西兰通过类似法律。在南非，开普敦和德兰士瓦省通过规划立法，将花园城市理念引入这个按种族进行区分的前种族隔离的共和国。在加拿大，19世纪的英国当局引入了北美式的农业和城市网格，但英式的城镇规划法在加拿大各省的影响不同，比如新斯科舍省、新布伦瑞克省和阿尔伯塔省在 1915 年通过了类似的城镇规划法，英国规划师托马斯·莫森（Thomas Mawson, 1861—1933）在加拿大西部开展了城市美化运动，并于 1912—1915 年为卡尔加里和里贾纳市设计了规划方案，尽管这两个方案都没有正式实施；在安大略省，城市美化运动与美国居住区规划的发展相似，除了渥太华，其他地方的进展并不顺利。渥太华是建于 19 世纪 20 年代的工业城市，1857 年被选为加拿大首都，1859 年的首都设计竞赛使这里建成了一系列政府大厦，包括哥特式议会大厦。1893 年芝加哥世博会后，一系列城市规划方案出台，以树立渥太华作为国家首都的新形象，并在 1915 年联邦规划委员会的"城市美化"提案中达到"首都建设"的顶峰。不过，不同于 1902 年的美国华盛顿首都规划，渥太华的规划在很大程度上都未能得到具体实践。

在大英帝国管辖的其他地方，1909 年的《城镇规划法》还促进新加坡和马来州（现在的马来西亚）于 1927 年颁布了类似法案。但这一法案对英属印度的影响不大，那里的城市规划采取了完全不同的模式，正如我们在第二章中讨论过的新帝国首都新德里的设计，它是英国采用完全不同的方式进行的规划和建设，更多地受到美国城市美化运动的影响。英国在印度地区的早期立法重点是"公共卫生问题和拥挤问题"，这导致帝国当局成立了专门用于清理和重建贫民窟的"改善信托基金"，1898 年，在这一模式下成立了孟买改善信托基金（Bombay Improvement Trusts）。它的任务是控制和开发新区，并建设交通道路，试图通过交通来改善特别拥挤的城镇地区。因此，它需要重新规划网格式街区系统来取代原有的不规则格局，而多层经济公寓（印度语称为 Chawl[1]）也因"改善信托基金"而陆续建成（图 44）。这些公寓通常由一组 10×10 英尺（3×3 米）大小的单间组成，每个单间可容纳一个家庭，每隔 6—8 个单间设置一间浴室和厕所。1914 年，类似的改善信托基金在海德拉巴和加尔各答成立，随后在英属印度的其他城市也相继成立。

---

1 分间出租的宿舍，也是最小面积的多户住宅。

现代西方规划对印度的另一方面影响主要来自帕特里克·格迪斯爵士在印度的实践。他受英国政府邀请，于 1914 年前往印度金奈（当时名为马德拉斯）举办城镇规划展。格迪斯早就对印度哲学和当地建筑艺术感兴趣，因此在马德拉斯（图 45）开幕演讲中表达了他对印度传统城市形态和文化的欣赏和热情。他还阅读了尼维蒂塔修女（Sister Nivedita）写的《印度生活之网》（*The Web of Indian Life*，1904）一书，尼维蒂塔修女是辨喜的西方弟子，这位伟大的心灵导师说服她前往印度帮助印度妇女改善生活，而格迪斯起初也希望通过自己的努力改变女性在当地社会生活中的地位。另外，对于印度各类精英从旧的城市中心搬向更现代的郊区别墅的趋势，格迪斯持批判态度，他从不涉及政治，而是试图运用社会生物学策略来拯救当地的城市文化和城市形态。格迪斯对 D. A. 特纳的工作也有一定了解，特纳在《印度公共卫生》（*Sanitation in India*，1914）一书中指出，

图 44　孟买改善信托基金经济公寓（最小面积的多户住宅），孟买曼德维区，1908 年。
(Norma Evenson, *The Indian Metropolis* [New Haven: Yale University Press, 1989], 141)

图 45　布局有寺庙和公
共水箱的印度南部传统
城镇规划。
(Henry Vaughn
Lanchester, *The Art of
Town Planning* [London:
Chapman and Hall, 1925],
210)

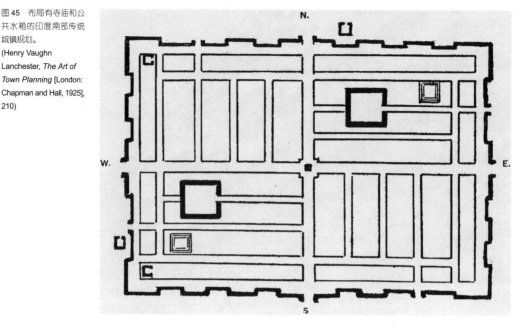

通过水处理生活污水的成本太高，因此更赞同将其作为农业肥料的传统做法。格
迪斯到达印度后，他对圣雄甘地（1869—1948）的民族主义运动留下了深刻印
象，后来他寄给甘地一份《印多尔规划报告》（1917），希望能共同致力于印度
的城市重建。[1]

　　格迪斯是最先关注到印度的西方规划师之一，这里的都市贫民窟位于城市
边缘，建在通常被认为不适合居住的土地上。与英国本土城市边缘不同，这些地
区人口稠密没有正规的街道，也没有基本的给排水系统。因此，格迪斯尖锐地批
评英国式城市改善信托基金在清理贫民窟时的低效，他认为该基金主要服务于城
市地主和投机者的利益，这些所谓的"慈善"工作在很大程度上提高了城市中
心的土地价格，并使当地的工薪阶层住房更加昂贵。他还发现改善信托基金建
造的 chawls 是监狱式的、机械式的，且缺乏与自然的基本联系。格迪斯不建议
马德拉斯成立改善信托基金，而是提议市政府委任一位城市规划专员。格迪斯
于 1915 年担任了这一角色，并继续为印度次大陆的其他众多城市提供规划建议。

1　强调公众参与的城市重建。

　　设计现代城市：1850 年以来都市主义思想的演变

1915—1922 年，他在印度撰写了大约 60 份规划报告。

他的第一份规划报告是受马德拉斯殖民政府的委托，为马德拉斯市以及约 12 个邻近城镇和郊区制定规划。之后印度世袭王公统治者，以及城市议会等聘请格迪斯为规划顾问并制定规划方案，他的助手英国建筑师 H. V. 兰切斯特偶尔也会协助他的工作，也因此兰切斯特很快承担了仰光和桑给巴尔（Zanziban）郊区的规划。格迪斯还为另一些城市制定了具体的规划方案，如达卡（Dacca，现孟加拉国达卡，1916），巴罗达（Baroda，1916），勒克瑙（1916），巴尔拉姆普尔（Balrampur，1917），卡普尔塔拉（Kapurthala，1917），拉合尔（1917）和那格浦尔（Nagpur，1917），印多尔（Indore，1917），加尔各答的巴拉巴扎尔区，科伦坡（现斯里兰卡首都，1921），帕蒂亚拉（Patiala，1922）等，另外，他还为不同类型的城市提供了规划咨询，如艾哈迈达巴德、阿姆利则 (Amritsar)、贝拿勒斯 (Benares) 以及新德里附近的历史城镇等。在格迪斯的各类规划方案中，他反复强调"调查先于规划"的重要性，倡议使用测绘和地形模型以及收集有关研究中关于城市的社会和物理空间环境等各方面的数据。他还监督了包括恒河在内的孟加拉国河流系统的大型地形地貌模型的制作，该模型类似于 1896 年利物浦默西塞德（Merseyside）流域模型。

在格迪斯负责的所有项目中，他都鼓励测绘和观察现有环境，摒弃机械中心主义对待自然的态度，站在"园丁、农夫和市民"的角度看待城市环境，而非站在殖民地改善信托基金工程师的一边以"粗暴"的方式清除贫民窟。格迪斯提出了他所谓的"保守手术"方法以改善城市环境。与英国殖民时期大规模拆除重建式干预城市贫民区不同，他的方法是尽量减少对现有建成环境的破坏。他的规划理念来自他和安娜·格迪斯在爱丁堡老城的实践，1913 年，他还建议都柏林也采用这种方式进行更新改造。格迪斯式"保守手术"还考虑到这样一个事实，即以前住在贫民窟的人往往无法承担 Chawl 这样的新式住宅。因此，他提倡小规模、有重点的城市改善，而不是简单的拆迁。在报告《巴尔拉姆普尔城镇规划》（1917）中，他建议适度拓宽狭窄的旧街道，开辟一系列小型林荫广场，并尽可能少地拆除房屋。在他众多的印度城镇规划中，现存的寺庙以及大型露天"水箱"（传统上用作洗浴和宗教活动的场所）成为修建后街道布局的重点。他强调，正如他在《拉合尔报告》（1917）中指出的那样，他的改造方式比清理和重建费用要低得多，而且几乎不会引起社会混乱。整个传统的建筑结构体现了格迪斯的天才思想——将家庭和宗教信仰、种姓以及职业整合在一起形成统一的模式。格迪斯的思想在其他一些城市也得到采纳，特别是在奥德地区首府勒克瑙，那里的人口下降和洪水泛滥使得采取某种干预尤其必要。与兰切斯特合作，格迪斯改变了利用改善信托基金改造城市的惯例，后来该基金在 20 世纪 20 年代也采用了格迪斯式的方式进行城市规划。

格迪斯的思想在印度广受欢迎，到 1916 年，他开始被视为精神与智慧的源泉，甚至古鲁[1]。1918 年，印度社会学家 G. S. 古尔耶（G. S. Ghurye, 1893—1983）邀请格迪斯到孟买大学社会学系执教，从而使他有机会在勒克瑙、印多尔等城市从事与城市规划活动有关的实地考察工作。与此同时，塔塔钢铁集团的贾姆斯杰·塔塔（Jamsjetji Tata）开发了模范花园城镇詹谢普尔（Jamshedpur），这座新城最初由朱利安、肯尼迪和萨林工程设计公司（Julian, Kennedy and Sahlin）设计建造，并拥有标准的街道网格，但在接下来的几十年里不断地向外扩张。20 世纪 30 年代末，犹太裔德国建筑师奥托·科尼格斯伯格（Otto Königsberger, 1908—1999）用一系列弯曲大道和新住宅区对这座城市进行了扩展。格迪斯不愿意把大部分时间花在孟买，最终在 1924 年辞去了社会学系教职。

1919 年，格迪斯受伦敦犹太复国主义委员会委托，计划在耶路撒冷建立一所希伯来大学，该大学的宗旨是在快速发展的犹太聚居区建一所研究中心以及复兴希伯来语言文化（现位于以色列和巴勒斯坦地区）。该地区在历史上是古犹太文明的中心，现在有大量阿拉伯人，自 16 世纪 10 年代以来，一直为奥斯曼帝国统治，作为南叙利亚省的一部分。1917 年，当时与德国和奥匈帝国结盟的奥斯曼帝国在第一次世界大战中战败，英国同意在那里建立一座"犹太民族家园"。自 19 世纪 90 年代以来，大批欧洲犹太人陆续迁移到这个历史上对犹太教、基督教和伊斯兰教来说都无比神圣的地区，当时成立于维也纳的新犹太复国主义组织

---

1 古鲁（guru），意为智慧教师或"光明和黑暗的揭示者"。

为了对抗欧洲正兴起的排犹主义，在 1897 年就呼吁建立这样的民族家园。1900 年后，包括理查德·考夫曼在内的许多犹太裔欧洲建筑师开始设计集体定居点。和布鲁诺·陶特一样，考夫曼也是慕尼黑工业大学西奥多·费舍尔的学生，他还曾设计多个颇具影响力的花园城市项目，包括纳哈拉（Nahalal，1921），这是一个位于海法东南 20 英里（32 公里）的农业合作社型定居点，由犹太民族基金会（Jewish National Fund）赞助。它的环形规划与霍华德的花园城市模型极其相似。但该花园城市的设计目的是提供 80 个农业地块，每个地块面积 25 英亩（10 公顷），中心的公共设施被房屋环绕。

考夫曼设计的另外三座花园城市式定居点，于 1948 年成为以色列的一部分，包括塔尔皮奥特（Talpiot，1921）、哈维亚（Rehavia，1922）、贝特哈克尔姆（Beit Hakerem，1922）。1916 年，英、法、俄达成一致，认为必须在前奥斯曼帝国领土上建立独立的势力范围，因此在之后 1917 年的《贝尔福宣言》（Balfour Declaration）中，英国表达了对犹太民族之家（Jewish National Home）的支持。1916 年，《赛克斯－皮科特条约》（Sykes-Picot treaty）规定了相关领土的边界，这些领土后来成为叙利亚和黎巴嫩（1943 年以前处于法国统治下），以及英国控制的伊拉克和外约旦王国。当时，耶路撒冷——犹太教、基督教、伊斯兰教的圣城——以及今天以色列附近地区仍然处于国际社会控制下，与之毗邻的则是英帝国统治下的英属巴勒斯坦托管地。格迪斯与犹太复国主义组织的主席，即后来的以色列第一任总理（1949—1952）哈伊姆·魏兹曼（Chaim Weizmann, 1874—1952）一起前往耶路撒冷，拟议大学选址，并最终选定斯高帕斯山（Mount Scopus）。在那里，格迪斯还建议研究传统阿拉伯村庄作为新定居点的模式。1920 年，他第二次访问这里时，走访了这一地区的所有犹太定居点。1924 年，离开印度之后，格迪斯受市议会主席委托，为特拉维夫制定发展规划，这座城市建立于 1908 年，位于阿拉伯人聚居的城市雅法附近，并作为犹太复国主义者的花园郊区。1909 年，维也纳建筑师威廉·斯蒂阿斯尼（Wilhelm Stiassny）为特拉维夫绘制了一幅不规则网格状城市规划图，并为它起了现在的名字，意为"春之山"，这正是西奥多·赫茨尔（Theodor Herzl）关于未来巴勒斯坦犹太家园的乌托邦小说《阿特纽兰》（*Altneuland*，意为新旧之地，1902）

希伯来语版本的名字。在这块占地 1648 英亩（667 公顷）的土地上，格迪斯设计了一个由大型"超级街区"组成的新式直线型网格城市，每英亩土地上修建不超过 12 栋房屋，这与昂温在《城镇规划实践》一书中所倡导的理念相一致。之后，特拉维夫快速发展起来，至 1937 年人口已达 15 万且规划越来越多地使用多层公寓建筑，这主要是因为 1933 年德国纳粹上台后，其中许多都是由受包豪斯影响的德裔犹太建筑师设计的，他们于 1933 年纳粹控制德国后移民至此。

在两次世界大战期间，相关的花园城市以及格迪斯思想应用于世界各地被英国直接控制或强烈影响的地区。这些规划通常与族群划分或是种族隔离相连，因此也延续了早期的做法，不同的人群居住在不同的街区且彼此独立。这种规划有时会在一定程度上改善民众的生活水平，有时也反映出 18 世纪爱尔兰政治家埃德蒙·伯克（Edmund Burke）首次提出的观点，即殖民主义意味着对殖民统治的信任，以保护本土社会免受现代化的破坏性影响。1834 年以后，英国议会已指示殖民地政府规范殖民者与土著居民之间的法律和领土关系，如澳大利亚的土著居民或是英国非洲殖民地的许多土著群体。这些原则在 20 世纪初由殖民地行政官员推广开来，如弗里德里克·卢加德勋爵（Frederick Lugard, 1858—1945），卢加德勋爵曾在 1900—1919 年担任尼日利亚总督卢加德将大英帝国的"使命"定义为"对文明的神圣信任"。而在城市规划方面，这些原则导致英国当局采用"双城"理念，即将现代欧洲区与传统本土区隔离开来。这种方法与亨利·普罗斯特和其他法国殖民地规划师使用的方法相似，都保证了欧洲优先，并作为理所当然、无可争议的事实。卢加德勋爵的《热带非洲的双重使命》（*Dual Mandate for Tropical Africa*，1922）为这种种族隔离和空间分隔确立了清晰的框架，随后这一框架也被应用于大英帝国其他殖民城市的规划。

1930年之前日本和中国的都市主义与现代化

1853 年，美国打开日本大门后，东京开始了西方影响下的现代化进程。日本政府从 1549 年开始禁止葡萄牙和西班牙在日本开展宗教活动，并于 1614 年正式切断了与欧洲的大部分联系。[1]1868 年明治维新后，日本帝国开始在行政管理、工程技术和城市规划领域效仿西方模式。1868 年，江户改名东京，意思是"东方之都"。1872 年，东京开始修建铁路，同年东京发生大火，生于爱尔兰的托马斯·沃特斯（Thomas Waters）负责东京银座中心商务区的重建工作。1886 年，两名德国建筑师被邀请负责规划东京中心区和设计政府大厦，1888 年，《东京城市改善条例》（Tokyo City Improvement Ordinance）通过。

在这一背景下，早在 19 世纪 90 年代东京就开始引入伦敦公寓住宅模式。大正时期（1912—1926），日本的城市中产阶级也开始发展起来。东京结合了日本和西方文化，并在仍旧是父权制的社会中为妇女提供更大的自由。受西方影响的城市发展模式在不断扩张的日本帝国随处可见。1895 年，日本帝国占领台湾，随后吞并韩国（Korea），并在 1910 年将其正式并入日本版图后改名为朝鲜（Chōsun）。1905 年，日本取得日俄战争胜利后，占领了中国满洲里南部地区，并在那里修建铁路。在这种背景下，日本政府主导下的城市美化运动开始在当时满洲里的主要港口亚瑟港（port Arthur）展开，其名字来自 19 世纪一位英国航海家的名字，后来改名为旅顺港（中国大连）。甚至在 1932 年日本创建伪满洲国之前，日本在这一地区的影响就已经非常强了。

1916 年，日本内务大臣后藤新平（1857—1929）在东京成立了都市研究协会 (Metropolian Research Association)，后藤新平是一位城市改革家，曾任满洲铁路公司总裁（1906—1908）和台湾民政事务部长官（1898—1906）。1919 年，他成功地推动了国家立法，制定了城市规划、建筑规范等领域的法律条例，并于 1921 年创建了合作住宅协会（Cooperative Housing Association）。德国、英国和美国的类似立法为日本提供了借鉴，并继续以勒普莱理论为基础关注核心家庭及其居住环境，从而作为现代社会的基本单元。在这一点上，改革者在某种程度上鄙视日本传统文化，尤其是传统日式木结构建筑被认为是不安全的。1919 年的规划与建筑条例还对商业建筑进行了规范，要求必须是钢架结构，配备有电

---

1 1549年以葡萄牙国王为后援的天主教耶稣会来到日本开始传教，之后日本当局对天主教的态度不断变化，直到1614年，日本幕府发出禁教令，开始大规模禁止西方传教活动。日本的锁国令是于1633—1639年逐渐颁布的。此处原文有误。

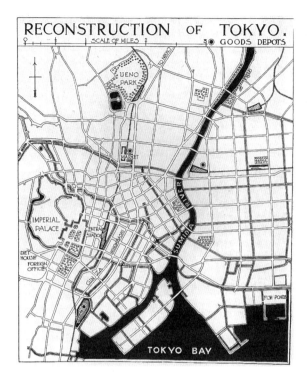

图46 东京总体规划，
后藤新平设计，1923 年。
(Henry Vaughn
Lanchester, *The Art of
Town Planning* [London:
Chapman and Hall, 1925],
218)

梯，这种形式在 1918 年首次广泛应用在东京内田祥三的海上保险大厦上，并成
为整个日本帝国建筑的标准。之后推广到汉城［1910—1945 年，日本将其更名
为京城（keijō）］[1]、台北以及其他亚洲城市。

　　1921 年，日本住房协会立法建立了政府补贴的低息贷款政策（20 年以上
4.8%），为住房合作社会成员新建经济适用房提供资金支持。1923 年，关东大
地震摧毁了东京大部分地区，时任市长的后藤新平鼓励为城市制定一个新的总体
规划，其中包括新的给排水系统（图 46）。1924 年，为解决流离失所者的临时
救济问题，成立了"同润会"，它的创始人包括时任同润会建筑设计部部长的内
田祥三，当时他已是 20 世纪初日本重要的城市学家。1924—1942 年，同润会
建造了大约 9000 幢公寓，大部分是低层钢筋混凝土结构，每幢公寓包括 100 个
至 700 个住宅单元，并配备有现代化的公共设施，甚至某些小区还建有医疗和

1　2005年中文译名改为首尔。

幼儿服务设施。其中一个项目是小冢女子公寓（Ōtsuka Women），该公寓配备有公共餐厅，并限制男性进入大堂。这些住宅项目与荷兰和魏玛德国的住宅项目相似，是花园城市运动在日本的实践，如田园调布（Denen-Chōfu，1921—1932），位于东京涩谷车站西南 4.35 英里（7 公里）处，沿铁路线建造而成，这里相对较大的土地单元供应和相对昂贵的地价使其更像是 19 世纪的通勤郊区而非埃比尼泽·霍华德的花园城市，但它却是 20 世纪 30 年代东京和其他日本城市沿着通勤铁路线高密度扩张的重要一步。在这段时间里，私营铁路公司开始在东京主要的通勤火车站建设百货公司，这种发展模式仍然在今天的许多东亚城市里流行。

在中国，20 世纪的城市发展非常缓慢。1905 年，慈禧太后放弃了反对外国在中国修建铁路，从而使外国的影响在中国大大增强。自 1843 年以来，英国、法国，以及后来的德国、日本、美国和其他西方国家对中国的商业影响一直在不断增强，并且各自的势力范围也基本形成。自 1842 年起香港被英国占领，邻近的澳门从 16 世纪起就受葡萄牙管辖，而上海则部分处于法国的管控之下，被称为"法国特许区"（French Concession），另外上海作为重要港口城市，这里还包括了英国和美国的"国际定居点"及其商业活动。这些地区都处于西方国家的管治之下，同时也生活着处于统治地位的西方精英（他们被称为"Shanghailanders"）和大量中国劳工。20 世纪 20 年代，英国租界当局负责监管外滩的建设。这条沿江大道高层建筑林立，有商务大厦也有酒店，周边地区也受西式风格影响逐渐发展起来。长江及其沿线地区，还有历史名城西安所在的陕西省是英国的势力范围，而德国人从 1879 年至 1918 年拥有山东半岛及其主要城市青岛的经商权利，并在那里修建了海滨长廊。而意大利建筑师和其他西方建筑师则活跃在天津和其他城市。日本控制了包括沈阳（当时叫盛京）在内的满洲里南部地区，满洲里北部地区则处于俄国控制之下。这种复杂的局势一直延续到 1911 年中国辛亥革命之后，这次革命彻底推翻了清王朝的统治，在孙中山（1866—1925）的带领下建立了内忧外患的共和国。

1914 年，中华民国与日本签订和平条约，加入第一次世界大战协约国阵营，然而 1919 年日本取得了之前德国在山东半岛的贸易权。这一结果引起中国学生的强烈反对，发起了"五四运动"，这次运动与 1917 年俄国十月革命对中国知识分子的启发与激励一起，促成了 1921 年中国共产党的成立。1923 年，孙中山领导的国民党得到苏联的支持，并在苏联军事援助的背景下引入列宁主义关于"民主集中制"的思想。1925 年孙中山逝世后，国民党领导人蒋介石改变了这一方向，使中国共产党边缘化，并迅速接管了中国大部分地区。1928 年，他迁都南京，北京暂时结束了其首都功能并改名为北平。作为新首都，南京迅速发展，且国民政府雄心勃勃地试图将美国城市美化运动的规划原则与中国传统文化形式相结合。这在一定程度上是对美国在中国日益增长的影响的回应。1928—1937年，蒋介石的国民党南京政府在美国专家的建议下开始了中国的现代化建设，修建铁路和公路。与此同时，高度分层的中国传统社会结构基本保持完整，许多贫困农民仍然生活在农村。

112

在欧洲占主导地位的上海，19 世纪 50 年代开始出现了一种新的大规模住宅类型"里弄"，它结合了英式城市排屋和带有小型庭院的经济公寓形式，沿着封闭而狭窄的巷道修建密集的两三层砖结构建筑。虽然这里缺乏自然光线，但里弄却可以服务于不同收入水平的社会阶层，成为两次世界大战期间上海的标准建筑形式。在这样的背景下，专业的建筑教育开始出现。中国第一个在海外接受建筑教育的建筑师是庄俊，1914 年毕业于伊利诺伊大学；1928 年奉天（沈阳）的东北大学成立了建筑系，梁思成（1901—1972）担任系主任。他曾在宾夕法尼亚大学师从古典学院派教育先锋保罗·克瑞特（Paul Cret，1876—1945），随后，梁将其他在宾大学习的中国学生介绍回国并加入奉天大学建筑系担任教职，从而在中国开创了融合了学院派建筑艺术和传统中国建筑艺术的中国建筑学教育模式，梁思成对此进行了饱含热情的研究和著述。

20世纪一二十年代美国城市规划与都市主义的转折点

美国城市美化运动是对工业城市的社会和基础设施问题的全面反应，它扩展了学院派设计方法并应用于整个城市再设计中。它还催生了许多著作的出版，如沃纳·海格曼（Werner Hegemann）和阿尔伯特·匹兹（Elbert Peets）所著的《美国的维特鲁威：建筑师和公民的艺术手册》（*The American Vitruvius: An Architect's Handbook of Civic Art*，1922），这部著作中有大量欧洲历史广场和近期设计的实测图，具有极高的影响力和参考价值。

20 世纪 20 年代，尽管城市美化运动因过于关注纪念性建筑而备受质疑，但城市美化时代开创了许多市政监管制度，这些制度仍然支撑着美国大都市地区的发展，尤其是在土地利用分区管理上。至 1918 年，美国许多城市已经通过了分区条例，并且到 1929 年已经有超过 650 个美国市政单位联合不同的市政主体制定了城市土地利用规划。这一结果在一定程度上是规划师在具有相当影响力的商业和房地产利益主体的支持下，共同发展出来的一种共识。而伯纳姆芝加哥规划就是这种合作共识的样本。

这一时期关于如何引导城市发展还有另外一种观点，景观设计师小弗雷德里克·劳·奥姆斯特德（1870—1957）与建筑师格罗夫纳·阿特伯里（Grosvenor Atterbury）一起设计了美国版的花园城市项目"森林山花园"（Forest Hills Gardens，1909），该项目占地 142 英亩（57.4 公顷），位于曼哈顿车站以东只需很短一段车程的皇后区（图 47）。该项目由罗素塞奇基金会赞助，该基金会作为一个私人慈善组织，关注为不同收入阶层提供新的城市发展模式，且新的发展以"车站广场"为中心，包含有酒店和商业中心。沿着景观大道两侧修建低层公寓住宅，并且向外延伸至以双拼住宅或独户住宅为主的区域。阿特伯里针对不同类型的住宅开发了预制混凝土结构系统，外观则采用具有英国乡村风格的传统工艺美术形式。而具有日耳曼风格的步行优先、西特式的围合型车站广场颇具吸引力。广场周围修建的多层公寓密度最大，然后逐渐下降到郊区较典型的独户住宅密度。除此之外，还设置有若干社区公园。"森林山花园"原计划打造成为美国郊区设计典范，但是由于它对火车通勤的依赖从而使这里成为成功的房地产投资项目，最终成为富裕阶层的居住区。

1909 年，华盛顿特区举办的第一届美国城市规划大会上，小奥姆斯特德介绍了德意志国家的城镇规划，并指出他们的规划不仅包括街道布局，而且包括诸如建筑规范、公共卫生法令、治安条例、土地税等法律规范。与此同时，他反对

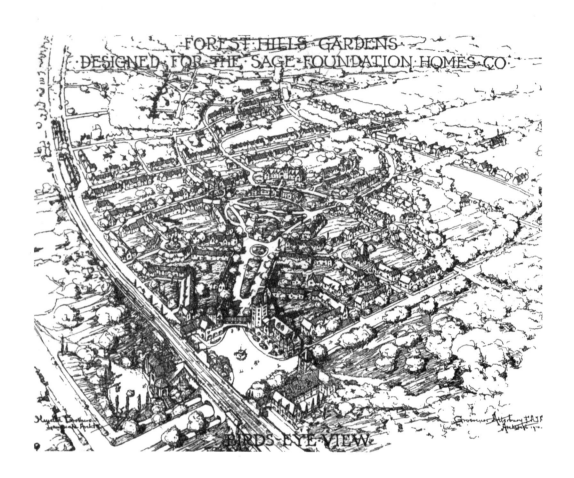

图 47　森林山花园项目，建筑师格罗夫纳·阿特伯里与景观设计师小弗雷德里克·劳·奥姆斯特德设计，纽约皇后区，1909 年。
(National Park Service)

仅仅简单地引进这些做法应用于美国，相反，倡导将"土地利用分区规划"作为控制未来发展的一种手段。这一想法得到美国各地民众的肯定和支持，自 1880 年以来（甚至更早），市民组织开展了许多地方运动，包括禁止酒吧、广告牌、华人洗衣店等，甚至在某些时候还会禁止建造多单元住宅以保护住宅价值（私有财产）不受损失。

小奥姆斯特德无疑知道，在洛杉矶房地产委员会的大力支持下，1909 年洛杉矶通过了全美第一个土地利用分区条例，房地产开发商急于将工业用地和住宅用地分开，并且公开提出必须关注种族和宗教的混合对住宅价值的影响。加州有为了限制某些族群商业活动而专门立法的历史，如 19 世纪 80 年代旧金山和其他一些城市出台了《反华人洗衣业法令》。1886 年，加州最高法院已经认识到分区制在稳定和提高房地产价值方面的作用，并明文规定，华人洗衣店不可以在居住区经营，因为它们降低了周边的房产价值。1909 年《洛杉矶土地分区条例》将城市大部分地区划为居住区，并主要沿着有轨电车线路发展，而内城和商业用地除外，它们主要沿着城市主干道发展。除此之外，分区条例还规划了七个工业区，大部分沿着洛杉矶河以及穿过市区的众多货运铁路线发展，其中有许多铁路向南延伸至圣佩德罗（San Pedro）和长滩（Long Beach），或向东延伸至安大略（Ontario）和圣贝纳迪诺（San Bernardino）。1911—1913 年，加州最高法院前后三次确认了《洛杉矶土地分区条例》的合法性，并将这一法令推广至全州，之后美国其他州也陆续采纳了这种土地利用分区管理方法。

随着私家汽车逐渐成为美国中产阶级的标志，大众更广泛地认同了法律对私人土地使用的强制控制。1913 年，底特律实业家亨利·福特（Henry Ford, 1863—1947）引进了可移动的装配生产线，大大降低了汽车的生产成本，使得他的企业工人，其中许多是新近欧洲移民可以买得起他正在生产的 Ts 型汽车。福特在密歇根州乡村农场长大，是一名顽固的反犹主义者，而且对东海岸的金融界精英充满敌意，并曾在《迪尔伯恩独立报》（Dearborn Independent）上表达过这种想法。他鼓励他的工人离开城市，居住在独立住宅里，然后开车上下班，这一理念对底特律和美国其他大都市地区产生了深远影响。与此同时，他还是雇用非裔美国工人的先锋，且他们中的许多人最终在底特律以及英克斯特（Inkster）近郊购买了自己的住宅。就在美国加入第一次世界大战之前，福特与联邦政府签订了建造潜艇的合同，同时，他开始在底特律市政边界处的迪尔伯恩修建一座新式工厂。1918 年后，他立即将工厂改为生产汽车，从而使福特红河工厂成为现代工厂典范——低层厂房，货车、铁路和水路运输以尽可能低的成本为这里源源不断地输入原材料，同时福特迅速生产新的汽车、卡车和建设新的工厂，并进一步刺激了洛杉矶、达拉斯、沃斯堡等其他城市的分散化发展。

这些低层、分散化的工业综合体，通常位于以独栋建筑为主、私家汽车为交通工具的郊外开发区附近，这种生产与生活模式是 20 世纪 10 年代的伟大创新并对世界范围内的城市化模式产生了巨大而持续的影响。美国注册汽车数量从 1913 年的 130 万辆增长到 1920 年的 1000 万辆，并且一直持续增长。汽车的广泛使用也进一步加剧了原先受有轨电车影响而出现的城市分散化发展趋势。1902
年，美国汽车协会（The American Automobile Association，简称 AAA）在芝加
哥成立，由 9 家私人汽车俱乐部组成。1905 年，联邦公路局成立。1914 年，马
萨诸塞州和新泽西州成为美国最先成立州立公路局管理交通的州，同年，美国
州际公路管理协会（the American Association of State Highway Officials，简
称 AASHO）成立。1916 年，为了回应 AAA 的游说和施压，联邦政府开始给各
州拨款兴建公路项目，这一行动得到了汽车爱好者伍德罗·威尔逊（Woodrow
Wilson）总统的大力支持。

　　此时，美国的大多数道路都是由沙砾或泥土铺设的，直到 20 世纪 10 年代，
随着政府投资以及汽车时代的到来，道路才得到重新铺设并安装了交通标志。到　116
20 年代，纽约州和新泽西州开始强制要求全州境内统一道路标识。1924 年，美
国州际公路管理协会提出建立全美统一的数字标识道路系统，并于 1925 年实施。
现在的州际公路如连接泽西市经芝加哥一直到旧金山的林肯公路即 30 号公路始
建于 1913 年，由私人集团承建，它的设计和标识与同一时期其他长距离双向
两车道州际公路如芝加哥至洛杉矶的 66 号公路不同。至 1930 年，全美有超过
23.4 万英里（37.7 万公里）的公路进行了重新铺设，其中大部分是长距离公路。

　　随着汽车保有量的增加，以汽车为导向的新的建筑类型也开始出现。1907
年，俄亥俄标准石油公司开始广泛建造标准化加油站，为开车者提供汽油——这
是一种石油产品，发现于 19 世纪 50 年代，最初是煤油加工过程中产生的副产
品。至 20 世纪 20 年代，全美已有超过 10 万个加油站。由地方政府投资、为中
途司机修建的"汽车营地"也开始出现，第一家汽车旅馆可能是 1925 年诞生于
州际 101 公路、加利福尼亚州圣路易斯 - 奥比斯波（San Luis Obispo）段，无
疑它具有里程碑式的意义。同时，洗车站和免下车商场开始出现在洛杉矶和其他
城市，而美式商业街也开始出现，通常新式商业中心仍然建在有轨交通线上，但
已经开始配备充足的停车位。位于市中心的百货公司开始在汽车交通方便的城
市外围地区开设分店，比如波士顿附近的韦尔斯利（Wellesley，1923），纽约
市北部韦斯彻斯特县，在芝加哥郊区的埃文斯顿（Evanston）、森林湖（Lake
Forest），以及橡树公园（Oak Park）等都成为新式郊区购物中心，其中最知

　　设计现代城市：1850 年以来都市主义思想的演变

名的是洛杉矶威尔希尔大道 3050 号的布洛克 - 威尔希尔（Bullocks-Wilshire，
1929）。尽管邻近的中威尔希尔地区的精英和各种族隔离阶层也都可以乘坐有轨
电车前往，但布洛克-威尔希尔仍然提供了大型停车场，也从此开始了且毫无减
弱趋势的郊区商业模式。

　　连锁商店在汽车时代也发展迅速，到 1930 年，全美已有约 7 万家连锁商店，
分别由 1500 家不同的公司经营，比如芝加哥的沃尔格林连锁药妆店（Walgreen）
和纽约的伍尔沃斯连锁商店（Woolworth）。郊区的商业零售中心为商家提供充
足的免费停车位，再加上自助零售的兴起——即客户自己选购商品并到柜台统一
结账的模式［20 世纪 10 年代由小猪扭扭（Piggly Wiggly）连锁超市开创］——
开创了全球消费新模式和新体验。

　　至 20 世纪 20 年代，这些富有潜力的商业新趋势已经非常明显。在密苏里
州堪萨斯城西南部的一个偏远地区，毕业于哈佛大学，并且是美国城市规划协会
（American City Planning Institute）早期成员的住宅开发商杰西·克莱德·尼科
尔斯（Jesse Clyde Nichols, 1880—1950）认识到汽车时代的来临对于大都市边
远地区开发的潜力和新商机。1906 年，他开始在乡村俱乐部附近购买土地，并
最终买下大约 10 平方英里（25.9 平方公里）的土地，建了一个可容纳 6 万人的
住宅区。该地区位于堪萨斯城公园绿道系统边缘，该绿道系统由城市公园委员会
德裔景观设计师乔治·凯斯勒（George Kessler, 1862—1923）设计，19 世纪
80 年代他在弗雷德里克·劳·奥姆斯特德的支持下开始在堪萨斯城实践自己的规
划设计理念。1910 年，尼科尔斯扩建了一条现今仍在运行的电车线，并委托凯
斯勒设计新推出的发展用地"落日山"（Sunset Hills），该地区拥有充足的土地，
而且每个土地单元宽度达到了空前的 200 英尺（61 米）。汽车的广泛使用使开发
规模进一步扩大成为可能。1913—1914 年，尼科尔斯还在堪萨斯城州界外地区
修建了一处 5 英亩（2 公顷）大小的精英郊区"米逊山"（Mission Hills）。可以
说这是第一个为汽车通勤而设计的郊区，沿着凯斯勒设计的沃德公园道（Ward
Parkway）不到 20 分钟就可以到达堪萨斯市中心。

　　在城市新开发地区和老城区之间，沿着新建的"灌木小溪"（Brush Creek）
公园道，1923 年，尼科尔斯还开发了多街区、功能混合的乡村俱乐部式购物

中心，这里配备有大型免费停车场，设置有商店、餐厅、高层酒店以及各式公寓。尼科尔斯在邻近的住宅开发项目中，带有车库和车道的独栋住宅成为典型。1908 年在芝加哥成立，1916 年改为此名的美国国家房地产委员会（National Association of Real Estate Boards，简称 NAREB）将这种住宅设计模式设定为全美住宅开发标准。与当时美国几乎所有的中高级住宅开发项目一样，这些地区也受到限制性法律条款的"保护"。这些契约附则（即在确认某一地段合法所有权的地产契据中增加的附加条款）限制了某些人群不可以购买此地房产。限制性法律条款通常禁止非裔美国人购买大多数城市和新郊区的房产，有些地方还限制华人、犹太人、亚美尼亚人以及其他一些族群购买，因为这些人被认为不利于这一地区未来的房产价值。

1948 年以前，这种种族隔离是美国城市普遍存在的现象，当时种族隔离是合法的。在 1896 年"普莱西诉弗格森案"（Plessy v. Ferguson case）中，最高法院裁定种族隔离合法，只要向"两个种族"提供"公开且平等"的公共住宿。在伍德罗·威尔逊总统（1913—1921）执政期间，种族隔离政策更加盛行，威尔逊总统曾任普林斯顿大学校长，受到美国南方各州的支持，联邦政府内部也实行种族隔离，除了极其卑微的职位，所有非裔美国人都被排除在公务员系统之外。

直至 1948 年，在雪莱诉克莱默案（Shelly V. Kramer）的裁决中，最高法院才首次裁定种族限制性条款不可强制执行，这是迈向废除住房种族隔离政策的 118 第一步也是关键的一步。尽管 1910 年巴尔的摩选民通过了种族隔离条例，1916 年路易斯维尔和圣路易斯也相继通过类似政策，允许非洲裔美国人在指定地区居住，但 1917 年，这些法令被裁定为违反宪法的财产权。在圣路易斯，这在很大程度上决定了种族隔离的居住模式（图 48）。1930 年，圣路易斯房地产交易所向美国人口普查局提供了由规划师哈兰德·巴塞洛缪（Harland Bartholomew）制定的地图，地图上标注了位于老城区的"黑人居住区"。与许多其他城市一样，这些种族隔离区的形成仅仅是通过住宅买卖自然形成的，而非由于法律层面的规定。

在北方工业城市如纽约、芝加哥、底特律、费城、克利夫兰，非裔美国黑人

图 48　圣路易斯市米尔溪谷地区在 1910—1959 年是非洲裔美国人聚居的中心，此时正在拆除重建。拍摄于杰斐逊大道和劳顿大道东南角。（Missouri Historical Society, St. Louis）

的大迁移导致黑人人口迅速增长，许多个人和家庭开始离开黑人种族隔离严重和贫困的南方腹地前往北方城市从事大量低薪工作。这些新移民通常会遭到占城市人口大多数的白人的强烈不满，其中相当部分是欧洲移民。1917 年，美国第六大城市圣路易斯市以东、位于密西西比河对岸的工业城市东圣路易斯爆发了大规模种族骚乱，白人工人为反对非裔美国人的涌入而举行罢工，数以百计的非裔美国人因其种族而遭到暴力袭击，从而导致他们部分外迁到该地的其他地区，如密西西比的金洛克（Kinloch）。两年后也即 1919 年，芝加哥近南区的白人和黑人青年在实行种族隔离制度的密歇根湖畔发生冲突，持续 5 天的暴乱最终导致 38 人死亡，多人受伤，还有大量无家可归者。州长命令芝加哥种族关系委员会制定提案，以解决城市里关于住宅和休闲空间的激烈竞争、雇佣关系的种族歧视以及州政府层面的种族隔离问题，尤其是警察内部甚至参与了部分暴动的问题。最后，委员会建议绝大部分新成立的黑人公民组织不应强化"种族意识"而应采取缓慢而渐进的方式改善种族关系，并鼓励在官方认可的种族隔离时代开展种族间的合作。

119

20 世纪 10 年代，随着北方工业城市的种族冲突日益激烈，种族歧视仍然是全国郊区住宅发展的常态。这一点在加利福尼亚州南部表现得尤为突出。加州的快速发展很大一部分原因来自汽车的普及，因而使洛杉矶成为比旧金山更大的城市。而旧金山是 1850 年以来美国西部为数不多的几个主要城市之一，在这种新的发展形势下，种族冲突日益受到空间分隔的调和，分区管制开始在全国范围内实施。1917 年，由小奥姆斯特德领导的一群专业规划师（当时的规定是具有两年以上城市规划经验的人）成立了美国城市规划协会，即后来的美国规划师协会（American Institute of Planners），该协会倡导将土地使用分区条例作为实施区域总体规划的工具。然而人们对分区管制的兴趣更在于认识到分区管制可以合法使用"隔离"手段保护房产价值，而非一般意义上的城市规划。1906—1915 年，不少城市试图在大都市区层面开展总体规划，如旧金山湾区、圣路易斯以及费城等，但由于受到主要来自城市和乡村利益团体的阻挠，以及郊区城镇担心失去其自治权，使区域层面的总体规划最终失败。

与此同时，另一种意料之外的"无规划式分区"的应用出现在纽约。目的是为了规范城市中心区写字楼林立的商务区和工厂集中的工业区。1907 年，第五大道商业协会曾试图阻止服装厂及其大量移民工人"入侵"第 23 街以北第五大道百货公司区域的人行道。1911 年，市长委员会建议通过某种城市分区条例，1913 年，城市规划业务律师爱德华·M. 巴塞特（Edward M. Bassett, 1863—1948）建议对整个纽约市进行土地分区。1914 年，纽约州通过了这一法案。而曼哈顿地区最迫切的分区问题与保护独栋住宅为主的居住区房产价值几乎没有关系，因为绝大部分用地已经迅速被高层商业和公寓所取代。相反，这里的问题是写字楼的高度，比如位于曼哈顿下城的公正大楼（Equitable Building, 1915）几 ¹²⁰ 乎阻挡了邻近建筑的大部分采光。因此 1916 年 7 月，城市评估委员会通过了一项关于纽约市土地分区的决议，这一决议的创新不仅包括土地使用性质，还包括建筑规模与密度。而它正是受到德国土地分区条例的影响，比如 19 世纪 90 年代法兰克福曾经采用类似条例，不过纽约允许建造高得多的建筑。事实上，1914年以前，英国和美国城市规划人员都很青睐德国的这种做法。在曼哈顿下城中心商务区，如华尔街以及正在兴起的位于东 42 街的大中央区，新条例允许建筑用

设计现代城市：1850 年以来都市主义思想的演变

地的四分之一为任何高度的塔楼，然后，通过建立分区包络（zoning envelope）来规范剩余部分的建筑体量。该结构要求建筑的临街外立面与街道水平面保持一定的向后倾斜度，形成"光射角"平面［后来被称为"露天叙面"（sky exposure planes）］。由于当时正在使用的建筑施工技术是以钢结构或钢筋混凝土框架结构为基础，这种建筑只能通过阶梯式来实现，从而形成典型的金字塔型。休·费里斯（Hugh Ferriss, 1889—1962）将这种形式（后来被称作"形态规范"）用图画描绘了出来，后来这种形式通过出版被公众熟知，并成为 20 世纪 20 年代摩天大楼的标志性形象（图 49）。

1916 年的《纽约市分区条例》史无前例地使用了详细的分区地图来指示不同的土地功能，并对整个城市的土地用途进行了重新规划。从某种意义上说，这种功能分区"冻结"了现有的土地用途和一般的建筑高度。同时，由于经济发展的现实需求，它允许部分地区修建巨型建筑的规定却遭到了分区规划拥护者的谴责，他们疾呼纽约在土地开发高度和规划上的过度自由绝不可以推广到美国其他城市的分区规划中。《纽约市分区条例》的另一个不同寻常之处在于，它最初并未将工业用地分类，而是将工业用地划入"不受限制"地区，并延续了早期关于经济住宅的最小院落大小和最高居住密度的规定。

在其他城市，正如规划师所提倡的那样，土地利用分区有时确实成为实施总体规划的手段。如圣路易斯——1910 年仍是美国第四大城市，1916 年，委托工程师哈兰德·巴塞洛缪（1889—1989）对其进行土地利用分区规划，他倡导分区规划应该基于实用，通过拓宽街道改善汽车交通，并清理拥挤而衰败的城市中心区，取得了成功。他在圣路易斯市的分区规划受到 1912 年杰出市民组织提议、乔治·凯斯勒设计的"中央交通干道"的启发，这条中央交通干道从城市美化市民中心出发，将原来的市场大街西扩为宏伟的中央大道。这一计划早在 1907 年的圣路易斯规划中就已提出，并最终完成。这条大道除了极大地提高了往返于城市中心和城西精英聚居区间的通勤效率，而且它的建设还清除了 19 世纪建造的排屋以及位于第 20 街和中央大街间的名为米尔溪谷（Mill Creek Valley）的工业区。1912 年，据说因为非裔美人的迁入，该地区的房产价值开始下降。随着不断变化的种族关系，以及城市北部兴起的"维尔"（Ville）社区，当时是一个更成熟的美国黑人生

图 49 1916 年《 纽 约 市分区条例》效果图, 休 · 费里斯绘。
(Harvey Wiley Corbett, "Zoning and the Envelop of the Building", *Pencil Point 4*, no.4 [April 1923], 16)

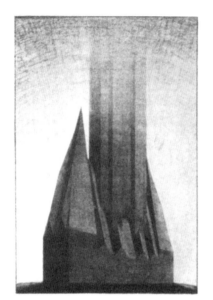

Figure 1.

Figure 2.

Figure 3.

Figure 4.

活中心，导致 1916 年《纽约市分区条例》的出台。

　　关于城市"衰败"的问题已成为全美规划师关注的焦点，如波士顿的 J. 伦道夫 · 柯立芝（J. Randolph Coolidge）。他在 1912 年第四届美国城市规划大会上提出了有影响力的概念"衰败区"（blighted district）——房产价格由持续上涨转为稳定甚至下降的地区。柯立芝认为他的主张只适用于经济层面，而非社会层面。1948 年以前，规划师在他们的工作中很少直接将种族人口统计作为一个规划问题。然而，规划师对"衰败"的定义含糊不清，认为其是肮脏而悲惨的地区，是一种"社会负债"。因此需要更多的公共资源倾斜而非仅仅依靠这一地区的税收，也表明这样的问题不仅仅涉及城市特定地区的物质空间组织。与此同时，绝大部分关于如何解决城市衰败的对策仍然停留在物质空间的重建上，典型对策包括工厂外迁，以及在中心区创造更好的交通环境以及更多的绿化空间。

随着不同的、更分散化的，且最终以汽车为基础的城市规划模式在 20 世纪 10 年代开始逐渐取代城市美化实践，这些问题变得越来越紧迫。与学院派建筑艺术传统相距甚远，有时被称为"城市效率"（City Efficient）的规划理念，在很大程度上是 19 世纪利用各种数据处理能力来应对各种城市问题的进一步发展，尤其是交通、给排水、洪涝管理等，这些通常需要通过收集统计数据和使用新技术（如钢和钢筋混凝土）来进行物理设计干预。因此街道拓宽，新式桥梁、混凝土河道以及新建的或改进的港口设施建设则是众多城市不断发展的成果。

19 世纪 90 年代，在底特律，建筑师阿尔伯特·卡恩（Albert Kahn）的哥哥朱利叶斯·卡恩（Julius Kahn, 1864—1942）开发了一种类似于法国埃纳比克系统的钢筋混凝土施工系统，该系统后来被广泛应用于汽车制造工厂的建设。钢结构的摩天大楼——就像米利肯兄弟（Milliken Brothers）在纽约建造的摩天大厦一楼，从 1910 年开始陆续出现在布宜诺斯艾利斯、约翰内斯堡和悉尼。米利肯兄弟是圣路易斯市阿德勒和沙利文的温赖特大厦（Adler and Sullivan's Wainwright Building, 1890—1891）的钢结构承包商。而其他美国公司也很快在上海、里约热内卢等地建造起 10 层以上的电梯高层建筑。1904 年，美国在巴拿马共和国获得了一块土地，巴拿马曾经是哥伦比亚的一个省，1903 年，西奥多·罗斯福（Theodore Roosevelt）总统促成其独立，并修建了一条连接大西洋和太平洋的运河。美国工程师设计的这条运河以苏伊士运河（苏伊士运河由法国工程师设计，并于 1869 年开通）为参照。在美国巴拿马运河地区（1903—1979），美国陆军工程兵部队和其他人员开发和应用了各种钢筋混凝土建筑技术，特别是在建造水闸系统方面。

这条运河于 1909 年开凿，1914 年通航。当时建造运河所涉及的技术，后来被广泛应用于其他领域。

　　早在 20 世纪 20 年代，洛杉矶地区成为世界上首个以私家汽车交通为基础的大都市之前，钢筋混凝土就开始大规模应用于各种用途（图 50）。圣佩德罗修建了一座新的人工港口，并促使该市兼并了一个长长的"小规模附加设施"（shoestring addition）来连接城市中心区。在遥远的北部地区，在工程师威廉·穆赫兰（William Mulholland）的指导下，修建了一条通往"欧文斯山谷"（Owens Valley）的巨大输水管道，从而使"圣费尔南多山谷"（San Fernando Valley）也兼并成为洛杉矶的郊区。

　　20 世纪 20 年代，整个纽约地区也在进行改造，修建了许多新的公路和公园道，许多产业工人开始沿着既定的通勤线路在市区周边寻找居住地。公园道最初

图 50　科罗拉多街大桥，沃德尔和哈林顿设计。
(Pasadena, California, 1913)

　　　　设计现代城市：1850 年以来都市主义思想的演变

是奥姆斯特德在 1858 年的纽约中央公园规划中构想的马车道，到 20 世纪 20 年代这里开始成为重要的交通干线。世界上最早的可通行汽车的公园道就出现在纽约地区，如长岛机动车公园道（1906—1911）和布隆克斯河公园道（Bronx River Parkway，1906—1923）。布朗克斯河公园道大致建在 1844 年划分的纽约中央铁路线与哈莱姆分割线上，最初计划修建一条同样具有保护河谷功能的线性公园道，由首席工程师杰伊·唐纳（Jay Downer）和景观设计师赫尔曼·W. 默克尔（Herman W. Merkel）设计。这条四车道的快速路宽 40 英尺（12.19 米），连接着新的肯西克水库大坝（Kensico Dam）和和纽约市，并提供了直接进入斯卡斯代尔（Scarsdale）及其临近新发展郊区的新路线。该道路的设计时速可达 25 英里（40 公里），柏油铺设路面，但没有分道线标志。布朗克斯河公园道所在的带状公园整体宽度虽然时有变化，但大多在 200 英尺（61 米）宽左右。公园周边的某些富裕家庭甚至向公园捐赠土地，如在斯卡斯代尔，从而保护了大片森林。

布朗克斯河公园道第一段的成功促成 1922 年纽约州议会成立了韦斯切斯特县公园委员会，负责建立区域公园系统、公园道和户外休闲空间，以与"快乐汽车交通计划"（scheme of pleasant automobile transportation）相配合。唐纳和景观设计师吉尔摩·D. 克拉克（Gilmore D. Clarke, 1892—1982）被任命为该委员会的总工程师，后者曾任布隆克斯河公园道的建筑监理，同时还委托几位纽约顶尖建筑师为公园道设计桥梁。韦斯切斯特县公园道计划于 1923 年开工，这一计划包括索米尔河公园道（Saw Miu River，1926—1954）和哈钦森河公园道（Hutchinson River，1928）以及 1923 年开通的布隆克斯河公园道。规划中，这些公园道最终向北延伸至塔克尼克州立公园道（Taconic State，1931—1932）和哈德逊河西岸的贝尔山公园道（Bear Mountain）。1932 年，十字架公园道（Cross-County）也开始动工，成为环纽约市的大都市公路环线的第一段工程。至 1926 年，由于公园道建设的影响，郊区地价纷纷上涨，委员会建议放弃部分拟建路线，因为部分土地所有者要求更高的价格才愿意出让土地。1932 年，韦斯切斯特县公园道系统一期工程基本完工，已建成 74 座桥梁，跨度从 19 英尺至 99 英尺（5.8—30.2 米），其中许多桥梁是利用钢筋混凝土建造而成，另外还修建了 4 座汽车服务站，并由建筑师彭罗斯·斯道特（Penrose Stout）按传统风格设计。

1924 年，耶鲁大学毕业的市政改革家罗伯特·摩西（Robert Moses, 1888—1981）被地方行政长官阿尔弗雷德·E. 史密斯（Alfred E. Smith）任命为新成立的长岛州立公园委员会的委员，该委员会的职责是利用公共建设来推动州的发展。到 1930 年，摩西还负责监督了长岛 9700 英亩（3926 公顷）公园绿地的开发和建设，包括琼斯海滩（Jones Beach）——一座只有汽车才能到达的公共海滩度假村，以及北部和南部的州立公园道。此时，其他城市及其周边地区也已陆续开始了公园道的修建。1928 年，规划师爱德华·M. 巴塞特引入了"高速公路"（freeway）概念，美国区域规划协会（Regional Planning Association of America，简称 RPAA）成员本顿·麦凯（Benton MacKaye, 1879—1975）提出了"无城镇公路"（townless highway）概念，一种限制穿行且长距离的公路，而社区将建在公路以外的特定适宜地区。亨利·赖特（Henry Wright）在 1925 年《纽约州规划》中引入这一概念，规划还建议将该州的大部分地区如阿迪朗达克山脉作为自然保护区。1930 年，麦凯进一步阐述了赖特的这一主张，并为徒步旅行者设计了从缅因州至佐治亚州的阿巴拉契亚小径（Appalachian Trail）。

20世纪20年代美国的区域主义和郊区规划

1922 年，时任美国商务部部长的赫伯特·胡佛（Herbert Hoover, 1874—1964），在华伦·G. 哈丁（Warren G. Harding）总统的领导下，开始倡导全美市政地方当局制定土地利用分区规划和建筑规范。胡佛是斯坦福大学培养出来的工程师，1897—1899 年在西澳大利亚金矿公司担任采矿工程师，后来在中国短暂居住后前往伦敦定居，期间他赚取了大笔财富。第一次世界大战时，他参加了对欧洲的救援工作，其中包括向俄国运送福特拖拉机。之后他被威尔逊总统任命为美国食品管理局局长。后来在担任商务部部长期间，胡佛主张联邦政府加强国家经济集中化管理，并向中产阶级提供长期抵押贷款，以鼓励大众拥有住房。胡佛在《分区入门指引》（*Zoning Primer*，1922）中介绍了这样一种观点：分区规划不仅是合法的，而且是维持社区健康的必要手段。他建议将地块大小、房屋类型和建筑材料标准化。胡佛还于 1922 年颁布了一部全国模范建筑规范，为住宅建造新技术制定了标准，如电器布线，以及地板和屋顶结构等。在这种背景下，许多城市先后颁布了分区条例，虽然 1926 年欧几里得诉安布勒案（Euclid v. Ambler Supreme Court）后，最高法院的裁决经受了一定的挑战，但其合宪性还是得到了维护。分区条例的使用在许多方面只是对美国现有土地分割实践的简单修正，其结果也仍然是 18 世纪以来许多城镇的发展趋势，但是分区条例不仅直接导致种族隔离社区模式的半合法化，同时还导致住宅形式变化减少，而且街角市场和小型商业设施通常也不再合法。

也就在这十年间，花园城市运动已为北美建筑师和规划师所熟知，在工业园区，许多早期工人新村和花园郊区也已经在美国落地，包括纽约长岛的花园城市（1869），这正是众多郊区通勤城镇案例之一，它建在开敞的自然乡村，而且几乎没有总体规划。由于缺乏公共设施，1929 年，森林山花园的居民以及《校园植物的更广泛用途》（*Wider Use of the School Plant*，1912）作者克拉伦斯·佩里（Clarence Perry, 1872—1944）都认为森林山花园应成为"邻里单元"（neighborhood unit）的典范。在《校园植物的更广泛用途》一书中，佩里已经开始大力提倡公立学校设施可以在课余时间用于社区活动。

1913 年，芝加哥建筑师、弗兰克·劳埃德·赖特的前合伙人威廉·德拉蒙德（William Drummond, 1876—1984）在参加芝加哥举办、由城市住宅用地开发公司赞助的一场设计竞赛时提出了"邻里单元"概念，或许是受到当时欧洲在城市周边地区的规划实践影响，此次竞赛要求在有轨电车沿线一处占地 160 英亩（65 公顷）的地块设计一处低密度居住区。这处地块位于芝加哥卢普区西南 8 英里处，接近布莱顿公园地区。在提交的 40 份设计方案中包括了由弗兰克·劳埃德·赖特设计的"非参赛"方案，评审委员会包括芝加哥景观设计师延斯·詹森、建筑师乔治·马赫（George Maher）以及其他几名专家，最终他们选择了一份由赖特前合伙人威廉·伯恩哈德（William Bernahard）设计的与森林山花园项目相似的方案。德拉蒙德的设计不在获奖作品之列，但他的设计文本中首次使用了"邻里单元"这一概念。弗兰克·劳埃德·赖特的方案同样意义重大，设计的低密度、配置有大量公共设施的居住区正是他后来于20世纪30年代提出的"广亩城"（Broadacre City）规划新思想的前奏。

　　1917年，当美国加入第一次世界大战时，纽约建筑师弗雷德里克·阿克曼（Frederick Ackerman, 1878—1950）被美国建筑师协会（the American Institute of Architects，简称A.I.A.）派往英国研究那里的国防工人住宅。回国后，他就开始在美国倡导类似建设。大约在同一时期，小奥姆斯特德领导的规划团队也提出为军工工人设计类似军队营房式的住宅。小奥姆斯特德为这类居民点特别设计了模型，同时还提供了一份设计手册。也就在此时，阿克曼开始为成立于"一战"期间的美国航运协会的分支——美国应急舰队公司（U.S. Emergency "Fleet" Corporation，简称EFC）工作。1917—1918年，他总共为47座城市规划了67个类似项目，其中60个在1918年5月战争结束时已处于建设协商中。项目成果包括位于新泽西州工业城镇卡姆登的约克希普村（Yorkship Village，1918）的新住宅区。该项目由纽约建筑师伊莱克图斯·利奇菲尔德（Electus Litchfield, 1872—1952）设计，占地225英亩（91公顷），横跨流经费城的德拉瓦河（Delaware River）。与其他EFC项目一样，约克希普村由小型传统风格带有院落的砖砌排屋组成，沿对角大道通向中心广场。

　　亨利·赖特（Henry Wright, 1878—1936）是一名来自堪萨斯城、毕业于宾夕法尼亚大学的建筑师，曾与乔治·凯斯勒在1904年圣路易斯路易安纳商品交易博览会（Louisiana Purchase Exposition）的景观设计中合作，并于1904—1917年在圣路易斯市工作。之后，他与阿克曼以及纽约建筑师罗伯特·D.科恩（Robert D. Kohn, 1870—1953）一起，为EFC规划的众多工人新村挑选建筑师和规划师。亨利·赖特还直接参与一些项目的设计，包括与波士顿皮博迪和斯特恩斯公司合作的纽约州纽堡（Newburgh）"特雷斯聚居点"（Colonial Terraces）¹²⁷项目。EFC还建成了其他一些项目，包括由多位建筑师在康涅狄格州的布里吉波特（Bridgeport）多个地方修建的项目，其中波士顿建筑师R.克里普斯顿·斯特吉斯（R. Clipston Sturgis, 1860—1951）和景观设计师、规划师、游乐场设计先锋阿瑟·A. 舒特莱夫（Arthur A. Shurtleff, 1870—1957）承担了部分项目的设计。这些项目的成功导致美国劳工部于 1918 年成立了一个短暂的机构——国家住房局，小奥姆斯特德担任首席城市规划师。尽管根据国会的命令，所有这些项目在 1918 年间被迅速私有化，但 EFC 项目为建筑师和一些客户提供了对战后居民区进行大规模城市设计的可能性。

克拉伦斯·斯坦因（Clarence Stein, 1882—1975）是一位接受学院派教育的纽约建筑师，曾于 1911—1917 年在伯特兰·格罗夫斯诺·古德休建筑设计事务所工作，并为一家矿业公司设计了位于新墨西哥州的工业城镇泰隆（Tyrone，1914—1918 年，1969 年被拆除）。1923 年，他与亨利·赖特以及曼哈顿公寓住宅开发商亚历山大·宾（Alexander Bing）一起，为皇后区一处新开发的边远地区设计了一个类似 EFC 项目的花园城市发展规划。他们并没有采用传统的设计方法在标准的网格街道上修建单一重复的两层木结构住宅，而是设计了一系列住宅类型，从花园公寓到独户住宅，还设计了一座大型中央公园和大西洋沿岸的"避暑山庄"。与此同时，斯坦因、赖特和宾开始与刘易斯·芒福德及其他人接触，并于 1922 年在纽约成立了美国区域规划协会（PRAA）。芒福德是一位自学成才的纽约作家、艺术家和文艺评论家，他在极度贫困的境况中由单身母亲抚养长大。他首次接触到帕特里克·格迪斯的著作和思想是 1917 年在纽约城市大学某门课程的学习中，之后成为格迪斯遍布全球的众多通讯记者之一。由于他对格迪斯的解读如此清晰精准，格迪斯在他的遗嘱中任命芒福德为自己的官方传记作家，但当 1932 年格迪斯去世后，芒福德却不愿意承担这项任务。尽管如此，芒福德仍然是格迪斯思想在美国的积极传播者和热心拥护者，他向美国人介绍了格迪斯的区域主义思想，以及利用汽车和水力发电的技术推动去中心化城市规划的可能性。芒福德还引用了格迪斯的谱系学分类将都市主义历史和文化带给了美国普通大众，质疑新古典主义的城市美化运动的成功，并在他的著作《棍棒与石头：美国建筑和文明研究》（*Sticks and Stones: A Study of American Architecture and Civilization*，1924）中重新评估了美国建筑师如 H. H. 理查德森（H. H. Richardson）、路易斯·沙利文，以及弗兰克·劳埃德·赖特。

刘易斯·芒福德对区域主义的热情超越了艺术、建筑史和文化批评，并成为美国区域规划协会理论与实践的急先锋。1919 年，成长于曼哈顿下东区欧洲移民家庭的阿尔·史密斯（Al Smith）担任纽约州州长期间（1919—1920，1923— 128
1928），组建了重建委员会以指导纽约州未来的发展。斯坦因自荐为重建委员会住房分会主席，他于 1920 年提交了相关报告，并在报告中强调："按照美国的生活标准，为本州大部分居民提供体面的住房目前在经济上是无利可图的。"

纽约及其周边地区的住房短缺问题日益严重，甚至连《旧住宅法》时期的经济公寓也在翻修，安装基本管网设施以满足最新的建设规范要求。斯坦的住房委员会报告主要关注如何增加花园城市沿线的经济适用房供给的问题，而不是"一战"前关注"贫民窟"和模范城市经济公寓等问题。报告建议组建州立住建局和地方住房委员会，授权地方政府可以征收土地和从事住建运营。斯坦因的报告借鉴了一些德国城市的模式，尤其是法兰克福的经验，他主张由政府征收土地，以遏制房地产市场的投机行为，并建议通过州立法，授权城市征收土地并建造市有住宅。报告中还反对当时标准化的街道平面布局（通常基于城市网格系统），支持大规模住房建设，而非小建筑商在小规模地块上零星地建造房屋和公寓。除了这些德式做法，报告还主张工业分散化布局和实施花园城市建设，从而限制城市发展规模，以保护城市周边土地用于农业和休闲娱乐。

对于纽约州立法机构来说，这些建议太过激进，相反，1920 年纽约州立法机构通过了一项住宅租金控制法，并给予住宅建筑商很大的免税优惠。所有新建住宅如果在 1922 年 4 月之前开工，并于 1924 年之前完工，那么每套公寓可免税 1000—5000 美元（相当于 2016 年的 13672—68360 美元）。虽然只有纽约市执行了这部法规，使州立法得以生效，从而在纽约布鲁克林和皇后区周边掀起了一股建筑热潮。由于租金控制不适用于新住房的租赁，所以之后的住宅建筑运动并没有惠及低收入群体，尽管它确实确保了部分空置的《旧住宅法》经济公寓得以翻新，而非拆除重建。在新建成的连接曼哈顿的地铁沿线地区，斯坦因抱怨"一排排丑陋、糟糕的木结构建筑"正在"狂热抢建"，他的美国区域规划协会同事刘易斯·芒福德同样批评这种半独立式住宅如丑陋的"住宅灌丛"（Flatbush），周围的空地被大量汽车车道和车库所覆盖，和波士顿、芝加哥和布朗克斯修建的多层公寓楼式"宿舍式贫民窟"没有区别。

设计现代城市：1850 年以来都市主义思想的演变

　　尽管也有其他类似实践，但无论是早期的森林山花园开发，还是 1913 年芝加哥住宅用地开发公司（Chicago City Residential Land Development Corporation）举办的设计竞赛，都没有受到美国区域规划协会的重视。相反，美国区域规划协会最早启动的项目是位于皇后区的一个模范住宅区开发，后来这个项目被命名为"日光花园"（Sunnyside Gardens，1923）。而森林山花园最初是计划修建中产阶级社区，结果却变成了精英社区，因此日光花园项目与森林山花园的不同之处在于它的目标是工人阶级居住区。这里总共有 16 个街区，占地 77 英亩（31 公顷），总共修建了 1200 个住宅单元，位于新开通的高架线（现在的 7 号线）上，距离曼哈顿中城的中央火车站只有 15 分钟车程。亚历山大·宾为该项目提供资金支持并创建了城市住宅公司，其预期的投资回报率为 6%。

　　美国区域规划协会的目标是为当时纽约市周边地区正快速建设的网格式单元住宅开发提供替代方案，在日光花园，斯坦因和赖特希望修改已经铺设好的网格式街道，但未能如愿，最终这一项目与之前的两层排屋式住宅并没有太大区别。它的主要创新在于街区内旨在提供一系列娱乐活动的公共绿地，另一个创新就是斯坦因的紧凑型住宅单元设计。和"一战"期间 EFC 推进的项目一样，这里提供了阳光充足的小型住宅单元，同时配备了全新的管网系统和电力设施，而这一切正是当时中产阶级社区的标准配置。斯坦因为日光花园设计的简洁砖砌屋顶外观延续了 EFC 项目的设计方法，同时还增加了一些新设施，如在社区边缘增加顶棚式停车场，这种早期多户住宅开发后来成为美国的标准模式。

　　美国区域规划协会希望提供更多的可替代的集合式新郊区开发模式，其中大部分是基于英国花园城市建设的案例。这些想法后来也得到了美国建筑师协会的社区规划委员会的支持。1921—1925 年，斯坦因担任社区规划委员会主席。他们将规划范围从现有的大都市区扩展到格迪斯所提倡的整个区域，并将它与新的公路系统和分散化的工业结合在一起，让不太富裕的人们居住在亲近自然的现代化环境中，而这样的生活条件以前只有富裕阶层才可以享有。美国区域规划协会的许多空间规划和住宅单元设计都来自 EFC 的经验，而 EFC 本身就是自 1909

年《城镇规划法》颁布以及雷蒙德·昂温的《城镇规划实践》出版以来，伦敦郡议会所推动的郊区住宅开发模式的美国版本。

除了克拉伦斯·斯坦因、亨利·赖特和刘易斯·芒福德，美国区域规划协会的成员还包括建筑师弗雷德里克·J. 阿克曼、罗伯特·D. 科恩以及本顿·麦凯。后来又有许多重要人物加入进来，包括哈佛大学毕业的建筑师特蕾西·奥格（Tracy Augur, 1896—1974）、"邻里单元"倡议者克拉伦斯·佩里以及新泽西州公路局行政长官的女儿凯瑟琳·鲍尔（Catherine Bauer, 1905—1964）——后来成为美国罗斯福新政下公共住房发展的关键人物。

1928 年，日光花园之后，美国区域规划协会规划修建了另一处实验性居住区拉德伯恩（Radburn）。拉德伯恩位于曼哈顿西北 16 英里（26 公里）处，靠近新泽西州帕特森（Paterson），被称为"因汽车时代而生的城镇"。这个项目同样由宾的城市住宅公司投资，宾在这个项目开始之前曾经仔细考查过大约 50 个类似地点，最终在相对平坦的地区，选择了一处 2 平方英里（518 公顷）的地块。这里和新泽西北部其他地区一样，早在殖民时期就开始耕种。横跨哈德逊河，连接李堡和曼哈顿的乔治·华盛顿大桥（1927—1931）已经引发了一场郊区开发热潮，而美国区域规划协会也试图证明他们的郊区开发新模式同样也会取得投资上的成功。与该地区的其他开发项目相似，美国区域规划协会也假定这些搬到拉德伯德居住的居民仍然会在曼哈顿工作，而此时帕特森作为制造业中心已经开始下滑。斯坦因和赖特与纽约建筑师阿克曼和安德鲁·J. 托马斯（Andrew J. Thomas, 1875—1965）一起成为拉德伯恩的规划师，而托马斯是当时纽约多户住宅设计专家，在纽约皇后区设计建造了许多带电梯的大型多层公寓项目。斯坦因后来强调，拉德伯恩"不是一个花园城市"，因为它缺少修建隔离绿化带所需的足够空间，也没有自己的产业来提供相应的就业机会，相反它更似花园郊区，为在曼哈顿工作的居民提供居住空间。

拉德伯恩最重要的设计创新是采用了超级街区理念，居住区内有自己的步行交通系统，比如所有的学生都可以步行不超过 0.5 英里（0.8 公里）便可到达学校。这一理念既是早期花园城市运动的一部分，旨在让住宅更亲近自然，如帕克和昂温的汉普斯特德花园郊区那样，也是对 20 世纪 20 年代美国城市兴起

130

的汽车大潮的一种回应。汽车的普及在当时造成了越来越多的交通事故，尤其是儿童死亡。斯坦因的设计将汽车道与步行为主的绿色空间分隔开来，作为对"有了汽车我们该如何生活"这一问题的回应，它要求"对住宅、小径、花园、公园、街区和邻里社区的关系进行彻底修订"。交通必须按照速度进行组织，像大街（道）这样的主干道与超级街区周围的二级次干道相连，在这种布局中，"死胡同"直接连接住宅以及私家车库，同时避免过境交通。步行系统和汽车交通完全分开，公园道穿越住宅后面的大型公园。当两条主干道相交时，通常采用跨越式或下穿式隧道防止交通阻塞，而这些石桥跟奥姆斯特德和沃克斯曾为纽约中央公园设计的一样。居住区里的住宅都向内朝向绿色空间，改变了住宅和街道的一般关系，同时临街的住宅将更多地承担社区服务功能。而且设计师还设想居住在社区里的男性居民可以在自己的小院里修车，垃圾也可以被清理，从而不再需要小巷（图51）。

131

图 51　斯坦因和赖特与弗雷德里克·阿克曼、安德鲁·J. 托马斯一起设计的拉德伯恩（新泽西州，1928 年）。

拉德伯恩的规划原则来自克拉伦斯·佩里的"邻里单元"，每个邻里单元以小学为中心，以0.5英里（0.8公里）为半径安排人口规模。整个项目总共规划了可容纳7500—10000人的住宅，而且每个邻里单元都有自己的购物中心。在拉德伯恩实际建成的一个邻里单元中，总共有2800人，居住在469套独栋住宅、48栋联排住宅和30栋双拼住宅里。它们全部由斯坦因和赖特设计，一栋容纳93个住宅单元的综合楼由托马斯设计。这里有阿克曼设计的第一代免下车购物中心——广场大厦（Plaza Building），具有威廉斯堡殖民风格。大萧条结束后，拉德伯恩的开发也停止了，由于部分规划已经完成，因而它的规划创新几乎迅速成为美国郊区设计的新潮流。《美国城市》（*American City*）杂志在1928—1929年发表了4篇关于拉德伯恩的文章，因而它迅速成为当时城市规划研究的典型案例。

拉德伯恩的发展与《纽约及周边地区规划》（Regional Plan of New York and Environs）的再版同步，《纽约及周边地区规划》是一个私人赞助项目，由查尔斯·戴尔·诺顿牵头，而他正是伯纳姆芝加哥规划的主要支持者之一。诺顿于1911年搬到纽约，并开始在距曼哈顿50英里（80.5公里）的三州交界处倡导类似行动。1919年，在布法罗举办的第十一届美国城市规划大会上，英国花园城市和城镇规划协会的前秘书、时任多伦多规划师的托马斯·亚当斯提交了题为《作为区域规划基础的区域调查》的论文。他将格迪斯的区域主义方法整合在一起，认为对于专业的美国城市规划来说，"城市之间人为的行政边界正在失去意义"。1917年，圣路易斯市规划师哈兰德·巴塞洛缪对城市规划的内容和目标进行了重新定义：重点关注主干道规划、交通基础设施规划、大都市地区休闲娱乐设施系统布局、可以通过分区条例而强化土地利用性质的分区规划以及城市形态和公共建筑群，等等。1921年，在诺顿的努力下，塞奇基金会开始资助有关纽约地区区域规划的"现状调研"。

曾参加过《1909年芝加哥规划》的弗雷德里克·A.迪纳诺作为拥有几条铁路线的企业总裁以及联邦储备委员会副主席，开始收集纽约地区港口和铁路终端的相关数据，其他规划师也很快投入到这项新生的区域规划调查工作中。与此同时，费城地区也开展了类似的区域规划调查。纽约的这项调查最初是由商务部秘书赫伯特·胡佛、诺顿以及关注居住条件和建筑环境的纽约慈善家组成的发言人代表团向公众介绍的。亚当斯当时是伦敦亚当斯＆汤姆森设计事务所的合伙人，同时也是加拿大政府的规划顾问、麻省理工学院客座讲师，1923 年他被新成立的区域规划协会任命为"规划与调查总干事"。亚当斯后来说，这项工作的目标主要是为当时人口约 1150 万的地区指明"最适合商业用途、住宅用途、工业用途以及开放空间和绿地的土地空间"。因而这项调查包括了 3 个州的 400 名政府工作人员，并试图规划下一个 35 年，即 1958 年之前的区域规划。因此，第一部《纽约及其周边地区的区域规划》（Regional Plan of New York and Its Environment，简称 RPNY）包括了许多具体规划措施，其中一些措施受到花园城市运动的启发，但它最持久的遗产是在沿海港口地区复杂的地形上组织了运输、港口码头和工业。

133 　　这项规划的主要特点在于确定了新的公路和桥梁及其相关路线，并且还规划制定了一个富有雄心的目标——以曼哈顿为中心创建一个包括乔治·华盛顿大桥和林肯隧道在内的区域交通"环路"，而这两者正是连接新泽西和曼哈顿的荷兰隧道—普拉斯基高架路（建于 1919 年，之后被命名为 1 号和 9 号公路）的重要补充（图 52）。《纽约及其周边地区的区域规划》还建议留出大片自然区域用于休闲娱乐，并建议将曼哈顿的大部分工业港口设施搬迁至纽瓦克港。这次规划中的大部分建议后来都得到了实施，但规划提议修建连接曼哈顿周边通勤铁路线的郊区铁路环线却未能实现，因此导致后来城市轨道交通的严重拥堵和集中。

　　拉德伯恩与《纽约及其周边地区的区域规划》的直接作用是形成了 1931 年 12 月由赫伯特·胡佛总统召集的《住房建设及其产权总统会议》（The President's Conference on Home Building and Home Ownership）七卷报告。1928 年，胡佛以"每一口锅里有一只鸡，每一间车库里有一辆车"的竞选口号当

134 选总统。但是 1929 年 10 月的股市崩盘带来的前所未有的萧条，导致 25% 的失业率以及几乎一半以上的美国住房贷款违约，这一切似乎都是在嘲笑胡佛的"居者有其屋"运动。胡佛反对《纽约及其周边地区的区域规划》倡导的公共住宅和通过政府补贴修建新市镇，他认为美国住房的主要问题是许多潜在购房者负担不起 10%—20% 的首付。总统会议组建了一个专门委员会，包括迪纳诺、亚当斯、巴塞洛缪等规划专家，他们管理的委员会包括约 3700 名如住房金融、税收和规划等城市发展各个领域的专业人士。《居住区规划》（Planning for Residential Districts，报告第一卷）强烈建议将"邻里单元"理念作为新住宅区规划方式，

图 52　已建和已规划的
区域快速道路网，1929
年。
(*Regional Plan of New
York and Its Environs*
[New York, 1929],
1:219）

建议每个邻里单元占地约 150—300 英亩（61—121.4 公顷），人口约 3000—
6000，并以 0.5 英里（0.8 公里）为半径规划小学。

　　总统会议报告第三卷《贫民区、衰退区与分散化》（*Slums, Blighted Areas,
and Decentralization*），主张在城市边缘地带建造低收入住宅的同时，工业分散
化布局，同时整理"衰退"区。"衰退"区被定义为"曾经的高档住宅区"，如
今已经转变为"较低级别的地区，如寄宿住宅区，甚至是混合了商业和住宅用途
的地区"。这类地区可以类比为"身体受到局部感染"，其特征是过渡拥挤，地
块和建筑已"废弃"，或是"敌对势力"入侵，如遭受邻近工业的污染。种族问

题并没有被明确加入影响地区衰退的主要原因，但提议的解决方案仍然是通过更好的分区和城市规划以"稳定"土地使用功能，保护有价值的社区，"以获得比未分区前更高标准的整洁与体面"。这些动机也是胡佛于 1928 年以商务部长身份颁布《城市规划授权法令标准》（Standard City Planning Enabling Act）的原因。

巴塞洛缪绘制的显示"土地分区原则"的地图也被纳入总统会议报告《居住区规划》中。这份地图展示了一个以学校和公园为中心的邻里单元概貌，在这里，弯曲的街道两侧排列的是独栋住宅，不远处是一个带停车场的购物中心，与购物中心相连的是双层公寓。《住房建设及其产权总统会议》报告强调了这些为保护财产价值制定限制性条款的重要性。之后，这个小尺度的圆形邻里单元重新发表在英国《城镇规划评论》（Town Planning Review，1935 年 6 月）上，图中还显示了邻里中心的学校和游乐场，后来被 CIAM 主席约瑟夫·刘易斯·泽特引用。不过，总统报告中所设计的街道模式则难以实现，因为《居住区规划》这卷报告还包括几个基于邻里单元的道路详细规划案例，这几个案例可以用来代替当时更传统的网格式布局。到 1931 年，以上涉及的规划理念都已经出现在美国规划实践中，而《住房建设及其产权总统会议》报告的实施则有力地结合了堪萨斯城乡村俱乐部的规划创新、巴塞洛缪的规划实践以及曾经应用于森林山花园和拉德伯恩的"邻里单元"概念，并将它们完整、有序地整合在一起，作为州以下政府层级实施的规划指南。

《住房建设及其产权总统会议》中的《居住区规划》一卷，并没有直接提及种族隔离问题，但这个问题显然不可回避并备受关注。在由美国杰出的黑人社会学家、后来的菲斯克大学校长查尔斯·斯珀吉翁·约翰逊（Charles Spurgeon Johnson, 1893—1956）编写的单独一卷《黑人住宅》（Negro Housing）中，"前言"部分就特别提到了"因种族隔离而逃离恶劣的居住环境的问题"，尽管它又补充说这不是"我们社会任何故意的不人道行为的结果"。然而，仍然有许多让人不解之处，它被描述为："为低收入群体"提供充足的"相应标准"住宅这一难题的重要组成部分。对于这样的要求，拉德伯恩式邻里单元模式并不是合适的选择，根据《住房建设及其产权总统会议》报告组织者的说法，取而代之的将是一种完全不同的住宅模式，一种升级版的模范住宅公寓。安德鲁·J. 托马斯设计的邓巴公寓（Dunbar Apartment, 1926）则是这种公寓的典型代表。该项目位于哈莱姆区西 149 街亚当·克莱顿·鲍威尔大道（Adam Clayton Powell Boulevard）上，是覆盖整个街区的六层高公寓建筑群，与托马斯 1919 年设计的公寓相似。托马斯这位自学成才的建筑师，曾经是曼哈顿一间公寓的物业管理员，也曾经在"一战"期间为 EFC 工作，之后开始在杰克逊高地（Jackson Heights）地区为昆斯波罗公司（Queensboro Corporation）设计大型白人出租公寓综合体。杰克逊高地曾经是典型的位于城市周边的农业区，后来得到快速发展。这些覆盖全街区的六层高独立公寓靠近铁路线，拥有中央公共绿地，是早期模范住宅项目的升级版，现在这些公寓配备了自助乘客电梯、停车场，部分还设计了游泳池和其他娱乐休闲设施。1924 年在皇后区长岛，托马斯又为大都会人寿保险公司（Metropolitan Life Insurance Company）设计了一个大型住宅项目，这是同一家保险公司在大规模住宅方面所做的早期努力，后来该公司又修建了史岱文森小镇（Stuyvesant Town）。与邓巴公寓和同时期的其他建筑项目一样，这样的项目整合了整个街区，并呈 U 形布局，从而为每个住宅单元提供充足的阳光和空气，同时保证每个单元都能以相同的距离进入街区内的有限公共空间。皇后区的众多建筑综合体就像大多数中产阶级住宅一样，限制非裔美国人甚至其他族裔的进入。由小约翰·D. 洛克菲勒（John D. Rockefeller, Jr.）资助的邓巴公寓则是城市联盟（Urban League）努力说服慈善家们为无法在其他地方居住的非裔美国人提供更好的城市住房的成果。

136

　　1932 年，胡佛创立的旨在为大型开发项目提供银行贷款并增加就业的重建金融公司（Reconstruction Finance Corporation，简称 RFC）被认为极大地增强了"总统会议"的作用，"总统会议"始终致力于为城市发展提供新模式，而该金融公司支持的项目则包括了内华达州的顽石大坝（Boulder Dam，即胡佛大坝，1931—1936），还有位于纽约下东区的由弗里德·F. 弗伦奇（Fred F. French）开发的尼克博克村（Knickerbocker Village）。弗伦奇此时已成功开发了位于曼哈顿中城东部、由 H. 道格拉斯·艾维斯（H. Douglas Ives）设计的大型都铎式城市综合体（1925—1932），而尼克博克村则是由范·沃特（Van Wart）和阿克曼设计事务所的弗雷德里克·阿克曼设计，并于 1934 年竣工。该项目占地 3 英亩（1.2 公顷），全部由原来《旧土地法》下修建的经济公寓和其他老旧建筑清理而来，取而代之的是大体量的拥有 1600 个住宅单元和中庭花园的高层大厦。正如克拉伦斯·斯坦因和阿克曼为日光花园设计的连排住宅一样，尼克博克村的砖砌外墙基本没有多余装饰，阿克曼是托斯丹·凡勃伦（Thorstein Veblen）的忠实信徒，他广受欢迎的著作《有闲阶级论》（*Theory of the Leisure Class*, 1899）谴责了新富阶层的奢侈消费和华丽建筑品位，因此，阿克曼的设计主要关注公寓的有效布局以及它们与电梯、建筑服务枢纽的关系。

从 19 世纪的经济住宅改革到 20 世纪 30 年代的区域规划，其历史轨迹是极其复杂的，各个国家和地区之间也差异巨大。1900 年前后，花园城市运动对英国的企业家和住宅改革家来说是解决各种城市病的重要解决方案，与此同时也催生了城市规划专业的诞生，并迅速发展出帕特里克·格迪斯的区域主义和生物技术思想。在 20 世纪 30 年代以前，这些城市规划发展方向对日本及其东亚殖民地的影响仍然十分有限，在这些地区以铁路为基础的城市现代化过程通常导致高密度的发展模式，虽然在某些情景下，如在西方改革家的呼吁下，也会努力改善光照、增加空气流通，以及改善卫生设施。

而在美国，现有的低密度住宅开发传统意味着其高密度移民中心城市，如纽约、芝加哥、旧金山等将以完全不同的模式发展，不论是以乡村俱乐部为基础开发的堪萨斯式精英花园郊区，或是洛杉矶大都市区发展模式。在这样的环境下，花园城市理论与汽车制造商亨利·福特倡导的去中心化发展模式相互交织在一起，创造了新的城市环境。在花园城市运动所倡导的新环境下，步行和新社群主义（具有共产主义性质）几乎不可能存在，尽管在人类历史上存在过类似的聚居形式。不过土地用途仍然被严格划分，以保护房产价值。20 世纪 20 年代，美国区域规划协会试图解决拉德伯恩等社区的设计缺陷，至 30 年代初，拉德伯恩为政府的分区规划奠定了基础。不管怎样，这些努力都没能挑战美国郊区发展的种族隔离和日益以汽车为基础的生活模式，且这种模式仍然具有广泛影响。

拓展阅读

Margaret Crawford, *Building the Workingman's Paradise* (London: Verso, 1995).

James Ford and John M. Gries, eds., *Planning for Residential Districts* (Washington, D.C.: President's Conference, 1932).

Peter Hall, *Cities of Tomorrow* (London: Blackwell, 1988).

James Heitzman, *The City in South Asia* (New York: Routledge, 2008).

Alison Isenberg, *Downtown America* (Chicago: University of Chicago Press, 2005).

Paul Knox, *Palimpsests: Biographies of 50 City Districts* (Basel: Birkhäuser, 2012).

Roy Lubove, *Community Planning in the 1920s: The Contribution of the Regional Planning Association of America* (Pitt sburgh: University of Pitt sburgh Press, 1964).

Helen Meller, *Patrick Geddes* (London: Routledge, 1990).

Richard Plunz, *The History of Housing in New York City* (New York: Columbia University Press, 1990).

Clarence Stein, *Toward New Towns for America* (Cambridge, Mass.: MIT Press, 1957).

Robert A. M. Stern, David Fishman, and Jacob Tilove, *Paradise Planned: The Garden Suburb and the Modern City* (New York: Monacelli, 2013).

第四章
20世纪二三十年代先锋都市主义的兴起

20世纪一二十年代欧洲的社会变化和现代都市主义

　　20 世纪 10 年代左右，埃比尼泽·霍华德的思想及其花园城市运动在欧洲引起了巨大的社会反响和社会变革。其中包括查尔斯－爱德华·让内雷（Charles-Edouard Jeanneret, 1887—1965）的早期都市主义作品。这位法籍瑞士表壳雕刻家和建筑外部架构师在 1920 年开始使用了更为人熟知的笔名"勒·柯布西耶"，也正是在这个时候，"都市主义"一词被引入法国，首个提出者可能是巴黎美术学院的罗马奖获奖者亨利·普斯特。这一概念在普斯特 1911 年创立法国城市学家协会前夕创造出来。协会成员包括巴黎美术学院的毕业生，他们之后参与设计了遍布世界各地的快速发展的工业城市总体规划。托尼·加尼耶就是协会成员之一，他的全钢筋混凝土社会主义工人城市——工业城，是勒·柯布西耶后来的都市主义的主要灵感源泉。城市设计师们开展的大规模城市设计活动与总部位于巴黎的埃纳比克工程公司（Hennebique engineering firm）在全球的扩张同步，该公司是一家钢筋混凝土专业公司，并于 1897 年获得了现在几乎全球通用的钢筋加固现浇混凝土技术的专利。1899 年，埃纳比克公司在全球已拥有 26 个办事处，2700 个混凝土建筑项目，包括桥梁、住宅和工业建筑等，为后来如墨西哥城以及其他许多城市的发展奠定了重要基础。

　　这些新方向的影响和结果在欧洲和北美是截然不同的。第一次世界大战在很大程度上摧毁了欧洲的旧秩序，在这场史无前例的大屠杀（坦克、飞机、毒气弹等新军事技术的使用导致史无前例的伤亡规模）之后，出现了和平主义、国际主义、未
来社会主义等激进的新思想、新愿景。如德裔犹太建筑师布鲁诺·陶特出版了《城

市之冠》(*Die Stadtkrone*, 1919) 一书，描绘了一幅乌托邦式的未来社会图景，以哥特式教堂、吴哥窟式寺庙建筑群、清真寺、宝塔和印度教寺庙等具有象征意义的公共宗教建筑为中心。陶特、沃尔特·格罗皮乌斯 (Walter Gropius, 1883—1969) 和其他人一起组建了一个叫作"玻璃链"(Glass Chain) 的组织，该组织是一个主要由德国艺术家和建筑师组成的团体，其中一些人曾在德意志帝国的军队服役。该团体构想了一个和平主义的、社会主义的、国家边界将消失的未来社会。他们所设想的全新有机花园城市将拒绝之前的任何建筑形式，按照合作社会主义原则进行设计和组织，并大量采用钢筋和水泥来创造一个如水晶般通透的新世界。

表现主义 (expressionism, 后来的称呼) 很快就找到了与其他前卫方向之间的共同联系，如意大利未来主义者，他们拒绝过去的建筑形式以及军国主义式地对速度、新技术以及基础设施的追求，如 1914 年安东尼奥·圣埃里亚 (Antonio Sant'Elia, 1888—1916) 在米兰绘制的《新城市》(*La Città Nuova*) 手稿。还有另外一个完全不同的方向，维也纳的阿道夫·路斯 (Adolf Loos, 1870—1933) 反对维也纳分离主义所开创的新装饰主义风格，反而受到同时期特奥·凡·杜斯伯格 (Theo van Doesburg, 1883—1931) 领导的荷兰风格派艺术运动的影响，从彼埃·蒙德里安 (Piet Mondrian) 的画作中汲取灵感，从截然不同的方向寻求具有最基本色彩和最简单直线形式的普遍视觉语言。尽管这些先锋设计理念出现在不同的社会环境中，但是它们都传达了一种新理念，即全新的建筑和城市形式是新的社会和艺术秩序的必要组成部分。他们不同于花园城市运动的支持者，因为尽管花园城市运动试图改变工业城市生活，使更多的人在工业城市的日常生活中更亲近自然，但采用的通常仍是中世纪或其他前工业时代的城市形态和建筑模式。

在 20 世纪初期的 20 年间，阿姆斯特丹出现了介于德国表现主义和早期中世纪复兴主义之间的中间路线。这种路线与德国的表现主义并没有联系，而是始于 H. P. 贝尔拉赫 (H. P. Berlage, 1856—1934) 的设计和实践。1897 年，这位荷兰建筑师赢得了位于阿姆斯特丹市中心、刚好正对中心火车站的新证券交易大厦设计竞赛。1892 年，贝尔拉赫还发表了一篇关于西特《遵循艺术原则的城市设计》的荷兰语摘要，并将 "city building" 翻译成荷兰语 "stedebouw"。1902 年，在改革派业主联盟和新近成立的荷兰社会民主工人党 (Dutch Social Democratic

Workers' Party，简称 SDAP）的联合支持下，《荷兰城镇规划法》（Dutch town planning law）获得通过。该法律要求每个市制定自己的建筑规范，并在超过 1 万人的城市制定未来扩建规划。规划法并没有要求各城市必须自行建造新住宅，而是要求市政府规范住宅建设并鼓励地方工人阶级自有住宅协会为他们的成员建造模范住宅。《荷兰城镇规划法》是在荷兰社会民主工人党推进"市政社会主义"（municipal socialism）的努力下通过的。1896—1900 年，阿姆斯特丹市政府接管了水厂、天然气厂以及有轨电车系统的所有权。1900 年，贝尔拉赫赢得了一场关于城市扩展地区再规划的设计竞赛，该项目紧邻阿姆斯特丹旧城也即南阿姆斯特丹。该规划于 1904 年获得通过，市政当局于 1911 年开始征地。1908 年，贝尔拉赫开始在阿姆斯特丹讲授专业课程"城市建设"，一直到 1924 年荷兰第一个城市规划专业于代尔夫特理工大学成立。

1914 年，贝尔拉赫被要求大幅修改他所制定的南阿姆斯丹规划方案，他巧妙地将奥斯曼巴黎式的景观大道与大量的公园和公园道结合起来，作为新工人住宅合作社建造新型低层大众住宅的城市框架（图 53）。工人住宅合作社于 1906 年由不同社会团体组建而成，既包括为社会主义者、罗马天主教徒、新教加尔文主义者等提供住宅的社会组织，也包括有许多犹太成员在内的非宗教世俗工人消费合作组织等。除此之外，工人住宅建设协会也参与其中，如 Onze Woning（意

图 53　南阿姆斯特丹总体规划，H. P. 贝尔拉赫设计，1915—1922 年。

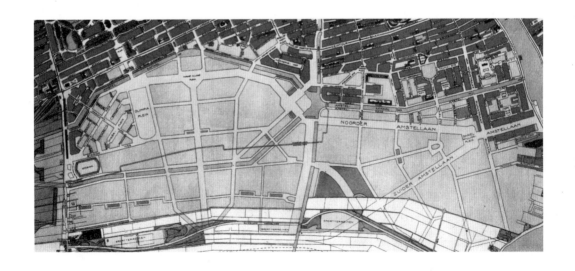

为我们的住宅）以及 Eigen Haard（意为我们的厨房）。与奥斯曼巴黎的不同之处在于南阿姆斯特丹的新住宅和邻近的新规划区的主要目的不是为了展示城市财富，而是一个集中布局、为其成员提供相应住宅的综合社区。

包括米歇尔·德克勒克（Michel de Klerk, 1884—1923）在内的一群被称为"阿姆斯特丹学派"的年轻建筑师以贝尔拉赫为中心，主办了《转向》（Wendingen）杂志。他们在阿姆斯特丹设计了配备有社会服务设施的住宅社区，其中一个综合体项目是德克勒克设计的 Spaarndammerplantsoen 住宅社区（1913—1920）。他们还为城市的新发展区设计了不同的砖结构低层建筑，并配套 141 有公园、公园道、自行车道和城市广场，以及有轨电车和火车。这种住宅形式唤起了对中世纪荷兰乡村建筑以及近期为改善通风和采光而进行的模范住宅改革的思考。1918 年，J. J. P. 乌德（J. J. P. Oud, 1890—1963）被任命为鹿特丹市的城市建筑师，这里的艺术氛围没有阿姆斯特丹那样浓，但是却兴起了具有社会意识的住宅建设方向。其中包括乌德的早期设计项目，历史学家希格弗莱德·吉迪恩曾误以为是乌德发明了街坊式住宅模式（事实另有其人）。另外，还包括米歇尔·布林克曼（Michiel Brinkmann, 1873—1925），他设计的斯宾根住宅（Spangen housing, 1919—1921）是一栋四层楼高的街坊式住宅综合体，由两层"住宅"组成，其上层有一条供步行的"空中人行道"。后来，这种模式得到艾莉森·史密森（Alison Smithson）的高度赞扬，而史密森正是战后建筑师团体"十次小组"（Team 10）的创立者之一。阿姆斯特丹学派的创新以及与早期传统形式的背离极大地启发了柏林德裔犹太建筑师埃里希·门德尔松（Erich Mendelsohn, 1887—1953），他在战争期间的作品以及 20 世纪 20 年代的激进建筑设计影响了全世界。贝尔拉赫和阿姆斯特丹学派以及他们在荷兰开展的城市实践，也表明了主要服务于城市工人需求的都市主义概念也能成为建筑创新的重要源泉，同时代表和产生一种新的城市社会关系。

20 世纪 20 年代的建筑设计实践还包括后来被称之为的"红色维也纳"（Red Vienna）。由于战争，此时维也纳已不再是一个国际大帝国的首都，1919 年，人口约 200 万的维也纳及其周边地区成为新成立的小国奥地利的一个州。这里的市政当局是民选出来的社会民主党，受到奥斯特洛－马克思主义（Austro-Marxist）"第三条道路"的强烈影响。第三条道路是指介于西方资本主义和正在兴起的苏联之间的发展方式。不同于列宁主义，奥斯特洛－马克思主义并不认同暴力推翻资本主义，而是试图创造一种新的生活文化（*Wohnkultur*），从而团结城市劳工阶级，并更好地满足他们的基本需求。为此，维也纳政府还委托超过 190 位建筑师建造了 400 幢庭院式住宅公寓以及相应的公共服务设施。建设费用来自向富人征收的高额税费，从而使公寓租金可以控制在半熟练工人的工资收入水平内。每个居住区都被定义为"Gemeindebauten"（居住区），一个以上的居住区被定义为"commune"（公社），几个"commune"（或者说城市街区）中间设置公共服务中心。公共服务中心通常有幼儿园、诊所、图书馆、洗衣房、剧院等，这种公社式城市组织模式被认为会最终替代高度社会分化的资产阶级城市，并逐步实现全新的社会主义城市社会。在众多红色维也纳住宅项目中，卡尔·恩（Karl Ehn）设计的卡尔·马克思庭院（Karl Marx Hof）最为有名（图 54），尽管它的目标是从根本上改变城市生活，但红色维也纳的建筑仍然相对保守，大部分由奥托·瓦格纳的学生设计。由于延续了瓦格纳在"一战"前开创的将历史悠久的维

142

图 54　卡尔·马克思庭院，卡尔·恩设计，维也纳，1927—1930 年。

也纳城市形态与新项目、新技术巧妙融合的做法，维也纳的实验性设计在国际上引起了广泛关注，如 20 世纪 30 年代，大伦敦议会在布朗克斯住房合作社中就推广和使用了红色维也纳的相关措施；它还引起了匹兹堡百货公司老板埃德加·考夫曼（Edgar Kaufmann）的关注，考夫曼后来成为弗兰克·劳埃德·赖特的赞助人；另外，圣路易斯市一个慈善住房组织也对此颇感兴趣，该协会后来在圣路易斯修建了街坊式住宅区"邻里花园"（Neighborhood Gardens，1934）。尽管红色维也纳具有广泛影响，但是它的保守主义风格在新现代建筑发展过程中逐渐边缘化，一直到 20 世纪 80 年代才被历史学家重新挖掘并加以研究。

在奥匈帝国崩溃前，奥托·瓦格纳等人的设计和实践已经开始体现出红色维也纳的住房设计理念。1911 年，历史学家和评论家沃尔特·科特·贝伦特（Walter Curt Behrendt）出版了一本专著，书中指出，城市大道和大型开放空间的新规模要求人们采用大型统一街区，就像维也纳的环城大道那样。但是，对于 20 世纪 20 年代奥地利设计理论家奥托·纽拉特（Otto Neurath, 1882—1945）来说，创造这种新城市结构的将是"有组织的自由主义者"，而不是垄断资本家。纽拉特认为无产阶级社会主义的集中化特征将在建筑学上表现出民主政治与自治的结合，因为无产阶级不需要空洞的表象，这个城市将会被全球化产业重新塑造，火车站、仓库、工厂、高速运行的高架铁路以及摩天大楼将在每个城市崛起。对部分城市理论家来说，城市的历史核心地区也可以保持其大都市区行政和商业中心的地位，尽管它可能将在某种程度上需要彻底重建。

"一战"期间所形成的各种新的政治和艺术实践在各自的道路上发展着，包括阿姆斯特丹学派、风格派、未来主义、表现主义以及城市和区域社会主义实践等，但它们在 20 世纪 20 年代早期汇聚在一起，为后来的都市主义、建筑和艺术发展奠定了重要基础。

143

都市主义和社会革命（1917—1928）

阿姆斯特丹学派的新城市发展方向以及贝尔拉赫在第一次世界大战期间保持

中立的荷兰的城市实践，与俄国十月革命同时，这是另一个具有世界性影响并推动现代建筑和都市主义发展的重要动力。"一战"期间，沙皇俄国于 1917 年被民主革命推翻。几个月后，由布尔什维克革命领袖列宁（1870—1924）领导的第二次革命暴发。列宁作为俄国参战的反对者，发动革命建立了共产主义政权（延续到 1991 年），并立即撤出战争。经过几年内战，列宁的军队控制了前俄罗斯帝国的大部分领土，并于 1922 年改名为苏维埃社会主义共和国联盟（即苏联）。作为革命领袖，列宁的主要目标不是通过大规模的劳工组织来建立工人联合会，也不是像诸如城市社会主义（municipal socialism）那样实现眼前的实际目标，他强调先锋政党的革命领导的必要性，从而以一切必要的手段，领导工人阶级在一切经济和政治领域里以暴力、有效的方式摧毁资产阶级力量。他认为只有通过这种方式才能一步步实现真正的社会主义，使私有财产消失。从理论上讲，新秩序将创造一种由工人阶级即无产阶级统治的绝对平等的社会，他们将被组织成自治的工人委员会，称为"苏维埃"，绝大部分社会活动将由苏联共产党中央委员会统一指挥。

1918 年，莫斯科取代圣彼得堡（1924 年改名为列宁格勒）成为新的国家首都，列宁和他的布尔什维克同志通过遍及全国的极其激烈的内外斗争，成功地把技术落后、保守的俄罗斯帝国改造为苏维埃联盟。而布尔什维克的"红色"也最终成功击败了某种程度上受到英法支持的专制沙皇的"白色"。苏联共产党的领导层，包括红军创始人莱昂·托洛茨基（Leon Trotsky, 1879—1940），以及曾经的东正教牧师、俄国《真理报》（Pravda）新闻编辑、格鲁吉亚人约瑟夫·斯大林（Josef Stalin, 1878—1953），他们成功地在苏联完成了电气化并进一步发展了重工业。1924 年，列宁逝世以后，党中央委员会成员间发生了一场权力斗争，最终斯大林战胜了托洛茨基。之后，他成功地获得了外国投资，实现了国家现代化，并于 1928 年启动了苏维埃第一个五年计划。

1918 年至 20 世纪 30 年代中期，许多西方工人和知识分子纷纷来到苏联，将其作为一个没有社会阶级区分的未来工业社会的典范。在这个社会中，贵族制度以及他们偏爱的古典艺术形式将不复存在，他们希望这些形式和制度将直接被服务于大众的新艺术和文化形式所取代。无论是在苏联，还是在其他地方，西方的前卫艺术运动如立体主义、未来主义、表现主义等，都在政治理念上受到苏维埃艺术运动的影响，如 1918 年，弗拉基米尔·塔特林（Vladimir Tatlin）设计的第三国际纪念塔。这是一座高 1312 英尺（400 米）的钢结构塔，类似埃菲尔铁塔，包含苏维埃政府的各个政府机构。每个机构有完全不同的基本造型（如立方形，球形，圆柱形），并根据各自的使用频率旋转不同的周期。对大多数人来说，塔特林的纪念塔被视为"钢铁、玻璃、革命"口号的化身。

为了实现新的社会目标，激进的教育模式应运而生。其中之一就是莫斯科高等艺术暨技术学院（VKhutemas），1920 年取代了俄罗斯美术学院（学院派）。它摒弃了以往文艺复兴时期的绘画、雕塑和建筑艺术训练，代之以图形、色彩、形体和空间四个领域。但学院内部出现了各种复杂的争论，包括由尼古拉·拉多夫斯基（Nikolai Ladovsky, 1881—1941）领导的一个名为"理性主义者"（Rationalists）的团体与包括建筑师亚历山大·维斯宁（Alexander Vesnin 1883—1959）和艺术家亚历山大·罗申科（Alexander Rodchenko, 1894—1956）在内的名为"建构主义者"（Constructivists）的团体之间的分歧。拉多夫斯基后来成为 ASNOVA 组织的创始人，而罗申科在莫斯科高等艺术暨技术学院讲授图形学、摄影和金属建筑。ASNOVA 组织还一度包括平面设计师李西斯基（El Lissitzky, 1890—1941），他曾师从俄罗斯抽象派画家卡斯米尔·马列维奇（Kasimir Malevich, 1878—1935），到 1920 年左右，他开创的很多平面设计技术成了现代设计的标准，其中一些技术一定程度上受到温德姆·刘易斯（Wyndham Lewis, 1882—1957）为代表的早期英国旋涡派艺术的启发。还有许多艺术家和建筑师也开始提出有关未来城市的设想，比如 1924 年李西斯基的"水平摩天大楼"（Wolkenbugel）项目（图 55），或是更加激进的伊凡·列奥尼多夫（Ivan Leonidov, 1902—1959）的设计项目。

到 20 世纪 20 年代初，这些具有不同设计理念的苏联前卫设计也开始影响包豪斯学院。包豪斯学院是 1919 年由沃尔特·格罗皮乌斯创立于魏玛德国时期的一所设计学院。1923 年，在经历了初期表现主义风格后，格罗皮乌斯聘请激进的匈牙利裔艺术家拉兹洛·莫霍利·纳吉（László Moholy Nagy, 1895—1946）来教授包豪斯的基础课程，莫霍利·纳吉引进苏联的先锋艺术理念与方法为包豪

145

图 55　水平摩天大楼，李西斯基设计，1923—1925 年。
（from ASNOVA 1,1926）

斯建立了新的教学体系，这改变了古典主义对三大"艺术"领域——建筑、绘画和雕塑的强调，而这种古典艺术准则正是建立在古希腊经典与文艺复兴的基础上。不仅如此，这种艺术准则还在数百年里被应用于天主教堂和官方政权领域，以向他们的民众、圣徒、选民等传递核心价值理念。包豪斯学院强调学生应学习光、色彩的本质以及材料的各种特性从而更好地设计工业产品，以解决日常生活中工人阶级面临的各种实际困难。

　　包豪斯的教学摒弃了传统的"艺术"观念，试图将瓦西里·康定斯基（Wassily Kandinsky）、保罗·克莱尔（Paul Klee）等画家为代表的新艺术方向与全新的大工业生产和广告技术联系起来。莫霍利·纳吉也开始强调摄影和电影在表达人类感知方面的重要作用，因而需要新的设计方法。包豪斯在这一时期发展了一种以现实为导向的设计方法，并带有强烈的社会主义倾向。这种方法在很大程度上敌视历史研究，当然也反对在新设计作品中使用任何历史形式。与此同时，莫霍利·纳吉着迷于植物形态与生长、发育以及适应等功能之间的关系，并将维也纳有机农业种植先驱拉乌尔·海因里希·弗兰茨（Raoul Heinrich Francé，1874—1943）的短篇著作《作为发明家的植物》（The Plants as Inventors，1920）作为包豪斯设计课程的重要参考资料。

包豪斯学院开始运作的时候，前德意志帝国正处于大规模的社会和经济混乱之中。1919—1933 年，德国在这段短暂的历史中首次成为一个由民选民主政府管理的统一国家——魏玛共和国。魏玛强烈的国际主义和社会民主取向在当时遭到许多左翼人士的强烈反对，其中包括工人、艺术家和知识分子，他们转而寻求暴力的"十一月革命"（November Revolution），以使德国成为像苏联那样的共产主义国家。为了防止这种情况发生，魏玛政府严重依赖右翼军国主义分子，其中许多人在 1920 年后加入了阿道夫·希特勒（1889—1945）领导的民族社会主义德国工人党（纳粹）。当时在德国日益流行这样一种观点，认为意料之外的战败和随之而来的经济危机（绝大部分原因可以说是来自法国的不合理战争赔款要求）是内部颠覆和国际阴谋的结果，这种阴谋将莫斯科的布尔什维克与伦敦、纽约金融家联系在一起，也是后来被称作的"犹太布尔什维克主义"（Judeobolshevism）。人们普遍认为这与柏林和其他城市正在兴起的魏玛艺术先锋运动有关，尽管事实并非总是如此。至 20 世纪 20 年代末，这样的怀疑和担忧助长了希特勒的崛起，这个来自巴伐利亚，经验丰富的奥地利裔老兵领导的纳粹党采用暴力反共反犹，并强调北欧的先天生理优势或雅利安人种优势，鼓吹必须驱逐国家领土内的犹太人、吉卜赛人和其他低贱种族。

魏玛时期也是国际社会对全新形式的建筑和都市主义产生兴趣的时期。1920 年，在巴黎，勒·柯布西耶（之前他的名字是查尔斯－爱德华·让内雷，后来以他祖先的姓氏柯布西耶重新取名）与艺术家阿梅德·奥占芳（Amédée Ozenfant，1886—1966）共同创办了前卫杂志《新精神》（L'espirit nouveau），它的目的是宣传被他们称为纯粹主义（Purism）的巴黎现代艺术运动，这也是巴勃罗·毕加索和乔治·布拉克（George Braque）立体主义的进一步发展，同时向读者介绍各种新的艺术、社会和技术的发展方向。第一期就发表了关于毕加索和风格派的文章，并发表了路斯的名作《装饰与犯罪》（Ornament and Crime，1908）。

之后，还首次刊载了勒·柯布西耶的创新建筑设计和城市规划（图 56），由于涉及标准化住宅单元的预制钢筋混凝土的使用，这个 1910 年左右由彼得·贝伦斯（Peter Behrens）在柏林首先提出的前卫观点，得到了当时贝伦斯的同事格罗皮乌斯的大力支持。勒·柯布西耶在社会和城市尺度上尝试这种技术时，不拘一格地从各个领域吸取灵感，从西特到加尼耶、帕克、昂温以及路斯。他还曾在巴黎钢筋混凝土建筑设计师奥古斯特·佩雷手下工作，佩雷设计了巴黎富兰克林大街上，一座在早期极有影响力的钢筋混凝土公寓楼（1903），到 20 世纪 20 年代，佩雷也曾试图改变学院派教育体系，但没有成功。

　　勒·柯布西耶支持佩雷的许多艺术和建筑实践，同时不仅生产和销售他的混凝土砖，而且极力主张用混凝土砖重建法国北部和比利时在战争中被摧毁的城市。1922 年，他发表了一系列有关未来城市的设计作品并刊登在《新精神》杂志上，他称其为"当代城市"（Ville Contemporaine），其灵感来自法国城市规划家如亨利·普斯特等的规划实践，以及意大利未来主义者富有远见的建筑设计。而意大利未来主义设计仍然是现代都市主义中最富影响力的设计项目。勒·柯布西耶的目标是为全球资本主义的摩天大楼城市提供一个改良版本，这种城市在 19 世纪 80 年代开始出现在纽约和芝加哥。然而和大多数欧洲城市一样，巴

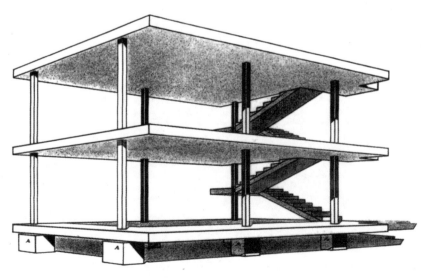

图 56　多米诺钢筋水泥结构系统，勒·柯布西耶设计，1914 年。
© F.L.C./ADAGP, Paris/ Artists Rights Society (ARS), New York 2016.

黎严格限制建筑高度不得超过 6 层。第一次世界大战后，有一种观点认为随着国际投资（主要是英国和美国）以及钢铁和混凝土等新技术的应用，巴黎可能会发展成为像曼哈顿下城那样的以高层建筑为主的城市景观，在典型的美国城市中心里，超高建筑紧挨在一起，限制了办公空间的空气流通与采光，同时在每天的高峰时段会造成大规模交通堵塞（图 57）。勒·柯布西耶的方案采用与纽约、芝加哥等美国城市那种"混乱"截然不同的模式，他的"300 万人口的当代城市"（Contemporary City for Three Million）试图创造一种秩序井然、高密度的工作环境，以减少人流和各种交通形式间的摩擦。

当代城市将会是一个井然有序的建筑集合，由彼此间隔 2259 英尺（800 米）的玻璃摩天大楼组成，它们将布局在一个上升平台上，并配套有新式高速公路、中央火车站以及飞机场。十字型的钢结构办公大楼将全部设计为玻璃幕墙，从而

图 57　300 万人口的当代城市（勒·柯布西耶，1922）与曼哈顿下城相比。
(*The City of Tomorrow* [New York: Payson and Clarke, 1929], 173) © F.L.C./ADAGP, Paris/ Artists Rights Society (ARS), New York 2016.

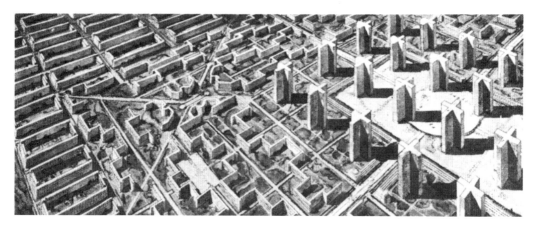

最大限度地保证每个办公空间都可以享受到采光。在这个理想城里，新的市中心

步行可达，其整体布局部分受到中世纪柬埔寨吴哥窟圣殿的启发，而新居住区则是呈直线布局的 8 层高住宅街区，并坐落在类似于奥姆斯特德和沃克斯所设计的中央公园绿地上。除了有轨电车和地铁（在当时的现代城市，地铁已越来越普及），勒·柯布西耶还提出了封闭式高速公路（当时在欧洲唯一建成的一条是位于柏林的 AVUS 高速）以及机场，作为一种建筑形式刚刚形成。

尽管并非为特定客户设计，也不是 1922 年巴黎的一个现实方案，但这种"当代城市"模式立刻吸引了全世界新一代建筑师并激发了他们的想象力。1923 年，勒·柯布西耶出版了《走向新建筑》（*Vers une architecture*）一书——该书的英文版于 1927 年出版，并汇集了他在《新精神》杂志上发展的一些文章，提出在现代技术和社会变革背景下建筑需要新思想和新方法。在这些文章中，他为"建筑"的古典理想辩护，认为它根植于古典的建筑艺术，如古希腊的帕特农神庙，同时他还认为建筑师必须采用工业模型和产品设计思想来设计建筑，并不断调整形式以适应新功能和不断变化的新技术，而不是简单地复制历史模式。《走向新建筑》一书的思想与同期在包豪斯学院执教的格罗皮乌斯和莫霍利·纳吉不谋而合，因而这本书迅速翻译成德语、捷克语、英语、日语、西班牙语、俄语以及其他语言，从而使勒·柯布西耶成为国际名人和 20 世纪 20 年代新建筑的先知者。1925 年，他将"当代城市"方案发表在他命名为《明日之城》[*urbanisme*，1927 年翻译为《明日之城及其规划》（*The City of Tomorrow and Its Planning*）] 的书中。勒·柯布西耶故意借用当时广泛使用的法语 urbanisme，而这个单词先前并非指现代主义的都市主义，而是指奥斯曼巴黎更具社会意识的版本，如法国城市发展协会成员所设计的卡萨布兰卡（亨利·普斯特，1914）、哈瓦那（J. N. C. 弗赖斯蒂尔，1925）、巴塞罗那 [里昂·豪斯利（Léon Jausselly），1903，1928]、布宜诺斯艾利斯 [约瑟夫·布瓦德（Joseph Bouvard）设计的胡里奥大街 9 号，1912]、里约热内卢（阿尔弗莱德·阿加什，1927）；还有河内、达拉、西贡（欧内斯特·埃布拉德，1924，1925）等法属越南殖民城市。

尽管有许多早期法国都市主义者的作品因其对城市生活的精妙组织和上镜的学院派建筑而广受赞誉，但在 20 世纪 20 年代，还是勒·柯布西耶的都市主义更

第四章 20 世纪二三十年代先锋都市主义的兴起   167

吸引年轻建筑师的兴趣。在柏林，路德维希·希尔贝塞默（Ludwig Hilberseimer, 1885—1967）发表了勒·科布西耶"当代城市"的"改良"版。在他的新方案中，大都市应该垂直组织，办公楼顶上为人行通道，并在办公楼上修建高耸的、开阔空间的住宅板楼，而办公楼下方则修建高速公路和铁路（图 58）。他认为这种模式解决了勒·柯布西耶方案中不可避免的交通拥堵问题。希尔贝塞默是欧洲众多响应勒·柯布西耶的城市理想的激进建筑师之一。还有许多其他建筑师，如设计布达佩斯"库里城"（KURI city, 1924）的法卡斯·莫纳（Farkas Molnar, 1897—1945），设计洛杉矶"匆忙城市改革"（Rush City Reformed, 1929）的理查德·纽佐尔（Richard Neutra, 1892—1970）等，他们为城市生活的全面重建提出了相关的未来主义建议。这些理想城市蓝图中有许多方案都试图利用高层建筑新技术来减少通勤时间，同时为每个工人提供必要的基本需求，如阳光、空气流通和开放空间。这些蓝图试图提供的城市模式即不同于奥斯曼式的集中型城市，也不同于花园城市思想影响下导致的大都市区。在苏联，许多建筑师、规划师和其他人员则根据相关铁路线来预测现代城市中建筑的未来发展可能性。

图 58 高层城市项目：南北向街道透视景观，路德维希·希尔贝塞默设计，1924 年。
(Gift of George E. Danforth 1983. 992, The Art Institute of Chicago)

设计现代城市：1850 年以来都市主义思想的演变

所有这些设计师及其设计实践都是 1931 年埃里希·门德尔松所谓的"现代建筑运动"的一部分。建筑师如荷兰的乌德以及柏林的布鲁诺·陶特等开始将早期的城市研究方法与花园城市以及包豪斯理念融合在一起,为工人阶级设计新式住宅区。乌德在鹿特丹的基弗胡克项目(Kiefhoek,1925—1930)由一组最低为两层的工人住宅组成,这里的采光充足,空气流通。而陶特在柏林设计的胡斐森大型住宅群落(Hufeisensiedlung)项目,则建在城市外围的布里茨区(Britz),由包括 1027 个住宅单元的双层或三层公寓组成。这个项目由城市建筑师马丁·瓦格纳(Martin Wagner)委托、柏林 GEHAG 公共住宅局授权。这两个项目迅速成为先锋运动的标志(图 59)。他们不是勒·柯布西耶或希尔贝塞默

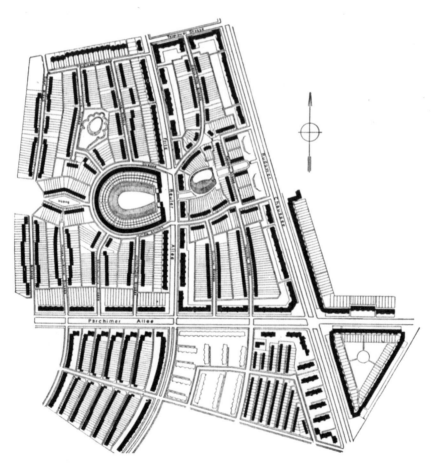

图 59 胡斐森大型住宅群落项目,布鲁诺·陶特设计,柏林布里茨,1925—1931 年。
(Henry Wright, *Rehousing Urban America* [New York: Columbia University Press, 1935], 91)

所描绘的那种庞大的、充满未来主义风格的摩天大楼城市，而是平顶、低层并带有室内管网设施如给排水和中央供暖设施的工人住宅小区，他们坐落在宽阔的绿色空间，并靠近城市外围的交通线和工厂。

布里茨的住宅单元是为家庭设计的，面积 从 850 平方英尺（79 平方米）到957 平方英尺（89 平方米）不等，正如勒·柯布西耶和希尔贝塞默一样，陶特和他的助手们也试图创造一个更好的居住空间，低矮的住宅街区坐落在树木和绿地之间，并提供丰富的娱乐休闲设施。这些住宅由住房协会工会赞助或直接由市政府建造，在德国一些城市则通过对住宅租金征税而建立的基金以及 1925 年道威斯计划中的战后美国贷款来提供资金，这些住宅迅速成为左翼的象征，并带有国际社会主义倾向。1923 年，奥托·海斯勒（Otto Haesler, 1880－1962）在汉诺威附近的塞勒设计了两个项目，它们是第一批现代行列板式（Zeilenbau）住宅区，随后又有许多相似项目跟进。魏玛的这些项目采用标准化的设计方案，并以间距很宽的平行方式布置住宅街区，从某种程度上说，它们也是包豪斯风格的延续，正如 1918 年西奥多·费舍尔在慕尼黑附近设计的传统风格的阿特海德居住区（Alte Heide Siedlung）。虽然 19 世纪的德国兵营和模范公寓设计中也有类似先例，但在建筑外观上却有所不同，新式公寓外立面粉刷灰泥代替了原来的裸砖，并且采用平顶，而在 20 世纪 20 年代的欧洲，平顶被认为是现代社会和国际主义的象征。

在德国，这种新的设计方向在政治上却遭到右翼人士的反对，他们设计的类似低层住宅项目都是尖顶和传统的砖墙，从而导致了尖顶与平顶、砖墙与白灰泥外墙的政治用途的激烈辩论。这种更传统的方向是从战前花园城市运动的本土风格 Heimatstil 中发展起来的，并以折中、浪漫的方式向日耳曼文化时期回归，强调要根植于本土居住文化、地方环境以及文化独特性。相比之下，20 世纪 20 年代的现代主义方向却反对这种理念，他们认为新建筑应该以科学的方式提出一系列解决现代工业城市居住问题的方法，并且理应具有某种普适性。这种新观念的倡导者对其他建筑师试图在新建筑中唤起传统形式的各种努力没有任何兴趣，同时他们也对资本主义城市现有的以街道为导向的城市形态持敌对态度。

20 世纪 20 年代，魏玛德国、荷兰、比利时、捷克斯洛伐克、南斯拉夫以及欧洲其他一些地方也发展出了一种较为温和的现代城市建筑，这种现代建筑主要体现在商业建筑领域，如门德尔松在德国众多城市设计的百货公司和其他零售业建筑、商业综合体等。除此之外，门德尔松还在波兰弗罗茨瓦夫设计了两座商业建筑，门德尔松为各种商业客户设计的建筑直接源于他 20 世纪 10 年代的表现主义绘画。在这些绘画作品中，建筑的形式类似于运动中的物体，并导致他创造了一个新的建筑词汇，并激发了 20 世纪中叶"摩登流线"（Streamlined moderne）的兴起（图 60）。

与此同时，并非所有的现代建筑师都提倡"立体"社会建筑或是表现主义，雨果·哈林（Hugo Häring, 1882—1958）在 20 世纪 20 年代与柏林名为"环"（Ring）的建筑师组织密切合作，提倡一种非几何的新建筑形式，称为"新建筑"（Neues Bauen），其建筑形式仅由功能和场地决定。哈林在其 1925 年的文章《方法与形式》（Wege zur Form）中提出，尽管被根植于雅利安种族身份认

图 60　肖肯百货大楼，埃里希·门德尔松设计，德国开姆尼茨，1928—1929 年。

同中的有机主义思想所吸引，但同时也拒绝将正交几何形式作为政治控制的压迫工具。这些观点使他对包豪斯和勒·柯布西耶的批判不亚于对古典传统的批判。相反，哈林主张采用一种有机的方法，这种方法充分考虑使用功能、日照方向以及材料属性，从而使得每个建筑的内在功能可以不断进化，进而形成不同形式。1928 年，哈林的追随者汉斯·夏隆（Hans Scharoun, 1893—1972）曾经在布雷斯劳（现波兰弗罗茨瓦夫）教书，后来成为一名年轻的建筑师，他一迁居到柏林就赢得了西门子施塔特设计大奖，这个项目是 20 世纪 20 年代由柏林城市建筑师马丁·瓦格纳（1885—1957）主持、柏林众多城市建筑师参与的新住宅和社会改革项目之一，除此之外还包括格罗皮乌斯、哈林及其他建筑师设计的大量住宅项目。

153

总之，1925 年，格罗皮乌斯将包豪斯的建筑风格定义为更"立体"的、平顶的"国际建筑"，并开始被认为是一种新的建筑设计方向。在苏联，新成立的名为"OSA"[当代建筑师联盟（Union of Contemporary Architects ）] 的专业组织也于 1925 年成立，由建构主义大师亚历山大·维斯宁担任主席，建筑师莫伊西·金兹伯格（Moisei Ginzburg, 1892—1946）负责管理。金兹伯格于 1924 年出版了《风格与时代》（Style and Epoch ）一书，这本书是对勒·柯布西耶思想的介绍，并在苏联引起了极大反响。此时，苏联当局已经开始赞助新式建筑，旨在表现出"社会凝聚"（social condensers ）的作用和形象，而"社会凝聚"一词正是由建构主义者提出来的。其中包括康斯坦丁·梅尔尼科夫（Konstantin Melnikov, 1890—1974）设计的位于莫斯科的 5 个多功能工人俱乐部（1927—1929 ）。此外，他还在 1925 年巴黎世博会的苏联馆中向西方介绍了苏联的前卫艺术。在这些新式的、通常是玻璃围合的城市社会空间中，理论上大众会在工作场所以外的地方相互接触，并开始自主地相互交往，从而建立一个新的平等社会。

在苏联，还有一项更为激进的试图重建社会生活的实践——"公共住宅"（Communal House ）概念——后来被证明并不受欢迎。它是基于 19 世纪夏尔·傅立叶提出的"法兰斯泰尔"概念而设计的。在法兰斯泰尔里，个人房间将被减少到最低限度，而绝大部分建筑将会用于集体餐厅、日间托管和休闲娱乐，就像一艘远洋客轮或是当代的游轮。1928 年，某个政府机构利用这一概念以一种深受勒·柯布西耶影响的方式，为莫斯科的工人建造了由金兹伯格和伊格纳季·米林斯（Ignati Milinis）设计的纳尔科芬公寓（Narkomfin apartment）。在同样的背景下，苏联国家建设委员会（Stroikom）开始研究如何将房间面积压缩到最小，以及如何按照美国城市公寓式酒店更好地整合集体服务。

勒·柯布西耶本人和他的设计团队——包括他的表弟皮埃尔·让内雷（Pierre Jeanneret, 1896—1967）以及他的合伙人室内设计师夏洛特·贝里安（Charlotte Perriand, 1903—1999），在赢得苏联消费合作社中央联盟总部大楼（Centrosoyuz）设计大赛后，于 1926 年抵达莫斯科。该建筑是现代建筑运动中最早采用大型玻璃幕墙的建筑之一，其设计初衷是为了防止外部空气污染。勒·柯布西耶所称的"精确呼吸"（respiration exacte）设计的 Centrosoyuz 总部大楼，是最早设计制冷和供热系统的建筑之一。它于 1935 年竣工，远早于住宅空调开始广泛使用的 1945 年。尽管该空调系统未能良好运行，但是预示了"二战"后由联合国纽约总部大楼（1947—1952）所开创的无处不在的玻璃幕墙模式，这种模式在某种程度上得益于勒·柯布西耶的设计理念。

在莫斯科期间，勒·柯布西耶还直接参与了关于社会主义城市应该采取何种形式的讨论。1929 年，这成为所谓的"都市主义者"和"反都市主义者"争论的焦点，前者由苏联总体规划委员会成员列昂尼德·M. 萨波维奇（Leonid M. Sabsovich）领导，萨波维奇主张解散现有城市，代之以具有共同设施的集体定居点，并将其组织成大型住宅区。这种模式并不遵循汽车主导下的美国郊区模式，因为至 20 世纪 20 年代美国中产阶级住宅已经配备了电力设施、室内管网设施、天然气（煤气）、各用家用电器以及车库，而萨波维奇的去城市化模式则是配置有公共厨房、浴室以及面包店，可容纳 40000 人至 60000 人的集体城镇模式。随着国家电力管网的推进，在斯大林格勒（现名伏尔加格勒）附近兴建了 5 座这种模式的城镇，至 1931 年这种"都市主义者"模式成为苏联城市化的官方原则。都市主义者的立场遭到社会学家米哈尔·奥克希托维奇（Mikhail Okhitovich, 1896—1937）所支持的更有远见的"反都市主义者"的反对，奥克希托维奇认为由于能源和交通工具很快将由集体提供，所以社会应该去集中化，每个人都应该拥有自己独立的居住单元。这将产生一个流动的、开放式的生活环境，沿着交通沿线组织起来，而最终将由私人交通工具组织起来，这种去中心化的城市愿景也预示了 20 世纪 60 年代及之后的激进建筑思想。总之，20 世纪 20 年代，苏联的前卫思想开始与勒·柯布西耶、包豪斯的设计理念融合，并确立了现代都市主义的许多关键性原则，在某些情景下，这些原则至今仍然发挥着作用。

"二战"前的CIAM（1928—1939）

在这些新建筑和新城市发展方向中，国际现代建筑协会（CIAM）于 1928 年 6 月在瑞士拉萨拉（La Sarraz）成立。它的成立一定程度上得益于前一年在斯图加特举办的魏森霍夫西德隆住宅展（Weissenhofsiedlung housing exhibition）。CIAM 是由欧洲各地的前卫设计团体组成的联盟，其中还包括几位新近移民美国的欧洲建筑师。CIAM 大会定期在不同的欧洲国家召开，直到 1939 年 9 月"二战"全面爆发才暂时停止活动，到 1947 年又再次恢复活动并持续到 1956 年。CIAM 大会为专门讨论和拟订建筑与都市主义的新方向提供了重要的交流平台。作为慈善住宅和花园城市规划的延伸，CIAM 可以追溯到 19 世纪 40 年代，但其重点在于工业化大都市的重新设计，并认为未来发展应该满足劳动大众的生理、心理和社会需求。为了促进城市再组织，他们提出了城市分析和重组的战略规划图，包括建筑类型的创新、预制以及景观元素与建筑元素的整合，并且正如 CIAM 成员所期望的那样，由不同政治立场的改革派或激进当局进行实验。从成立之初，CIAM 就分裂为两派，一派以德语为母语并以包豪斯为中心，包括活跃于德国、瑞士、荷兰以及东欧的激进建筑师；另一派是更巴黎化的讲法语的勒·柯布西耶追随者。CIAM 的最初动力既来自魏玛时代的社会主义国际主义，也来自勒·柯布西耶的"反抗"。1927 年，勒·柯布西耶被国际联盟设计竞赛拒之门外，因为当时国联的官员们更欣赏学院派设计。

第一次 CIAM 大会由法裔瑞士女贵族海伦·德·曼德洛（Hélène de Mandrot,

1876—1948）赞助，在她继承的位于洛桑附近的城堡里举行。1928 年，由 24 位欧洲建筑师共同签署的会议成果《拉萨拉宣言》（La Sarraz Declaration）发表，它要求将建筑从以古典传统为导向的学院派艺术体系中剥离出来，并与一般经济体系相联系。会议参与者受到美国工业理论家和管理大师弗雷德里克·温斯洛·泰勒（Frederick Winslow Taylor, 1856—1915）的启发，泰勒主张通过建筑构件的合理化和标准化将设计的工作量降到最低，从而将施工时间和成本也降到最低。泰勒的观点为欧洲社会主义者采纳，他们认为这些方法不仅可以增加利润，而且还可以提高所有人的生活水平。CIAM 还强调，建筑师应该努力影响公众舆论，使公众接纳和支持新的建筑实践。

在 CIAM 成立初期，1925 年被任命为法兰克福城市规划师的恩斯特·梅（1886—1970），以及勒·柯布西耶和其他 CIAM 成员发展出一种城市规划新理念，这种理念后来成为大都市都市主义的基础，如红色维也纳一样，CIAM 建筑师认为现代工业城市设计应该改善大多数人的生活条件，通过改善交通以提高经济效率，保护自然环境从而丰富大众娱乐休闲。对于 CIAM 来说，这种新设计理念的基本要素是个人住宅设计以及对 19 世纪经济公寓的废弃以及改革，如贝尔拉赫的阿姆斯特丹。

1929 年 10 月，小型现代住宅单元设计成为在法兰克福举行的第二届 CIAM 大会的焦点。此次会议的主题是"最低工资收入者的住房"（Die Wohnung für das Existenzminimum）。梅作为一名城市建筑师，承担了由法兰克福市政当局赞助、位于城市边缘地带的 24 个大型工人阶级住宅区的设计，他的工作源于德国的花园城市运动。1910—1912 年，他曾与帕克和昂温在伦敦的汉普斯特德花园郊区项目共事。第一次世界大战后，作为德国国土部（Heimatschutz）成员之一，他在西里西亚（Silcsia，位于波兰西南部地区，当时是德国的一部分）的一个非营利性的农村移民安置机构工作，为 1921 年因波兰独立建国而被驱逐的流离失所的德国人设计花园城市式定居点。梅与赫伯特·博姆（Herbert Boehm）在布雷斯劳（现弗罗茨瓦夫）城市扩展规划竞赛中提出了在城市边缘地区的乡村开敞地带修建一系列紧凑型花园郊区，该项目不仅为梅之后的法兰克福规划工作以及苏联的短暂工作提供了重要信息，而且成为 20 世纪 30 年代许多其他现代城市发展的新起点，通过开敞的绿色空间和高密度居住区间隔布局的方式来重新组织整个大都市区。

　　尽管梅和其他魏玛建筑师一样，很快否定了花园城市运动和国土部过时的中世纪复兴主义，尽管如此，但他还是继续着花园城市运动的重要方向，即为中等收入阶层提供一系列环境优美的住宅。在空间规划方面，梅也延续了早期花园城市运动注重为大众提供亲近自然的机会，并创造休闲娱乐和社会交往空间。1925年，他的建筑作品开始受到包豪斯的影响，并成为 CIAM 设计理念的重要组成部分。从此，CIAM 的设计从小型单元住宅设计扩展到居住区设计，如马特·斯塔姆（Mart Stam, 1899—1986）和恩斯特·梅法兰克福设计和建筑团队其他成员的实践。

　　最终，这种对理想工人住宅区的关注，导致对工业城市的总体形态的再认识。对 CIAM 来说，这种对城市设计规模极富野心的突破主要来自勒·柯布西耶的影响。这种影响可以往前追溯到 20 世纪 20 年代初，此时勒·柯布西耶第一次将 CIAM 的设计方向与莫斯科相连，1930 年，他提出 CIAM 需要一种"都市主义准则"，以便能够指导 1928 年第一个五年计划下，苏联开始的大规模城市化进程。与金兹伯格和奥克希托维奇的"反都市主义"不同，勒·柯布西耶坚持强调在靠近市中心的空地上修建高密度居住区的重要性，而反都市主义认为苏联的城市应该沿着交通要道离心化发展，因此苏联官员批评勒·柯布西耶的做法是资本主义的，是继续在经济上通过"巨型"城市扼制劳动群众的工具。大约在这一时期，苏联开始拒绝他的理念，认为其与共产主义社会理念截然相反，也因此勒·柯布西耶开始与苏联政府渐行渐远。也是在同年，勒·柯布西耶在第

三届 CIAM 大会上提出了他的想法，并于 1935 年出版了《光辉城市》（*La Ville Radieuse*）一书。

　　勒·柯布西耶的都市主义也不同于 1925—1931 年恩斯特·梅在法兰克福的建筑设计风格，当时梅采用了布鲁诺·陶特等人在柏林马丁·瓦格纳影响下发展的住宅设计理念。他们试图通过强调亲近自然的新设计理念将新技术整合进家居设备与住宅建设中，这种方法不仅让大多数住宅单元可以享有市民农园（allotment garden），而且易于开展整体空间规划，其中包括公园和绿道，如

沿着河谷开辟的公园道。梅带领包括维也纳协会的阿道夫·路斯、玛格丽特·舒特－里奥茨基（Margaret Schütte-Lihotzky, 1897—2000）以及激进的景观设计师莱贝切特·米格在内的一支建筑师队伍来到法兰克福，其中米格提倡为新开发的居住区配套市民农园，其与梅一起在西里西亚共事过，之后他受纳粹影响并为纳粹服务。1930 年，梅及其他法兰克福团队成员以及里奥茨基一道前往莫斯科，而米格则继续留在由梅规划的位于尼达河谷的聚居区工作。他设计了一种新的大都市居住模式，即住宅分散化、低层化，并配套多种公共设施（图 61）。如拥有 764 套住宅单元的普伦海姆（Praunheim, 1926—1929）和 1500 套单元的罗默斯塔特 [Römerstadt，最初叫海德海姆（Hedderheim），1927—1928]。1925 年，舒特－里奥茨基为罗默斯塔特聚居区的住宅单元设计了约 69.25 平方

图 61 罗默斯塔特，恩斯特·梅设计，法兰克福，1928 年。

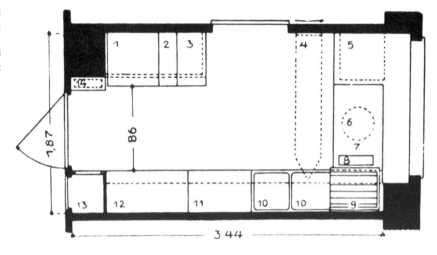

图 62 法兰克福厨房布局，玛格丽特·舒特－里奥茨基设计，1926 年，在法兰克福城市建筑师恩斯特·梅的指导下设计。

英尺（6.43 平方米）的法兰克福厨房（图 62），这一伟大设计极大地减少了女性的家务劳动，把她们从孩子们围绕的传统厨房炉灶中解放出来。法兰克福厨房成为新建聚居区的标准设施，为更多的生活在紧凑型大众住宅里的劳动人民提供更便捷的生活，这正是瑞士艺术史学家、CIAM 秘书长希格弗莱德·吉迪恩在 1929 年他的文选里所描述的"自由生活"。

在第二届 CIAM 大会上，梅为来自 14 个欧洲国家和美国的与会者安排参观这些新项目。他还阐述了关于"基本生活"（Existenzminimum）的概念，这一概念后来成为众多现代主义住宅设计的核心理念。在这届大会上，梅的理念在一定程度上得到了德国包豪斯学院首任院长（1919—1928）格罗皮乌斯的认同，格罗皮乌斯不仅是至 1930 年为止最有影响力的德国现代住宅区建筑设计师，同时也是魏玛共和国新成立的德国国家建筑研究所（Reichsforschunggesellschaft，简称 RFG）的关键人物。

1929 年，格罗皮乌斯在第二届 CIAM 大会上的演讲《小型住宅单元的社会学基础》中提出，妇女进入劳动市场需要"中央大家庭"，在这里，每个个体将拥有最小单元的住所，生活在由公共餐厅、日托、休闲娱乐设施组成的大家庭中。与梅不同的是，格罗皮乌斯在经济层面上反对高层住宅，他认为这些公共住宅应该修建成多层公寓，坐落在绿荫环绕的城市扩展区，例如他和他的同事于

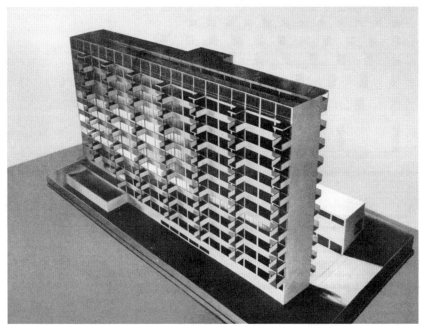

图 63　柏林 11 层高集合
住宅街区设计竞赛方案
（模型视图），沃尔特·格
罗皮乌斯设计，1931 年。
(Sigfried Giedion, *Walter
Gropius* [New York:
Reinhold, 1954], 201)
© 2016 Artists Rights
Society (ARS), New
York/VG Bild-Kunst,
Bonn.

1928 年在靠近万赛湖的柏林斯潘道区规划设计的项目，一个由 11 层高的板楼组
成、占地 100 英亩（40.46 公顷）、拥有 4000 个住宅单元的居住区（图 63）。
而每栋板楼与马塞尔·布鲁尔（Marcel Breuer）于 1924 年还在包豪斯学院学习
时的第一个作品相似。

　　格罗皮乌斯的高层住宅计划没有建成，但他们建立了一种清晰的大众高层住
宅发展模式，而这将在 1945 年后成为始于英国，然后席卷全球的重要应用方向。
1929 年，格罗皮乌斯发表了一系列剖面图用于比较各种住宅设计，包括 1 层高
的排屋到 10 层高的板楼，结果表明越高的建筑会导致越宽敞的绿色空间（图
64）。同一时期出现的还有一组 CIAM "从街区到住宅酒吧" 的规划设计示意图，
展示了城市居住空间的 "进化" 过程，从高密度的城市经济住宅到行列板式住
宅，其中还包括阿姆斯特丹的街坊式居住区或是红色维也纳式的中间过渡类型。

　　第二届 CIAM 大会还包括马特·斯塔姆所主持的第 207 分会场，会上展示了
欧洲各地建筑师设计的同设计尺度的小型住宅单元项目。大部分设计来自德国城
市的住宅项目，其中一半来自梅所负责的法兰克福项目，其他项目则大部分来自

图 64 从 1 层到 10 层
不同高度、平行排列住
宅的场地发展示意图,
沃尔特·格罗皮乌斯设
计,柏林,1929 年。
(Sigfried Giedion, *Walter
Gropius* [New York:
Reinhold, 1954], 204)
© 2016 Artists Rights
Society (ARS),New
York/VG Bild-Kunst,
Bonn.

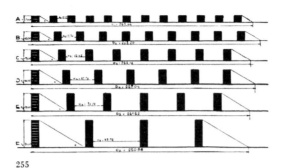

255

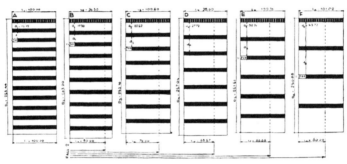

256

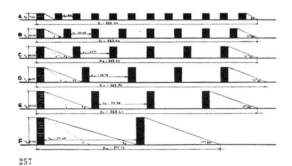

257

258

布鲁塞尔、维也纳、巴黎和米兰等城市。这些设计后来由 CIAM 发表在 1930 年出版的《满足基本生活条件的公寓》(*Die Wohnung für das Existenzminimum*)一书中,其中还包括以讲座为基础的德语与法语文本,强调了新建筑与为城市工人阶级服务的现代工业工程技术之间的联系。

第二届 CIAM 大会之后,勒·柯布西耶批评 CIAM 只关注小型平民住宅单元,而没有全面考虑到公共服务配套,正如随后 OSA 和金兹伯格在苏联所做的一样,在勒·柯布西耶的推荐下,金兹伯格也被邀请参加 CIAM 大会,但是苏联不允许他离境。勒·柯布西耶两次前往莫斯科讨论消费合作社中央联盟总部大楼项目的设计,他将梅和他的团队在法兰克福所做的"零碎"的社区努力与苏联更具全面宏观战略意义的第一个五年计划进行了对比。该计划要求修建 200 座新的工业城市和 1000 个农业定居点,因而勒·柯布西耶提议之后可以在莫斯科召开 CIAM 大会。针对城市应该像花园城市运动那样去中心化,还是在城市中心进行高密度建设同时提供更多的绿化和开放空间这一关键问题上,CIAM 不同派别有着不同的看法。恩斯特·梅支持第一种观点,即在城市边缘修建分散化居住区,而勒·柯布西耶则支持城市发展更应集中化的第二种观点。

与恩斯特·梅在法兰克福设计的分散化居住区实践相反,勒·柯布西耶坚信"现代都市主义可以减少城市的总体面积,从而缩短交通距离……但必须在居住和交通之间进行系统化的分离"。1930 年,在布鲁塞尔第三届 CIAM 大会上,勒·柯布西耶进一步发展了他的观点,即他的理想城市设计方案——"光辉城市"。相对于没有绿化,街道密集且院落到处充斥着肮脏的空气和噪音,到处是持续和危险的交通阻塞,从而不得不通过扩张或分散化来解决城市问题的城市发展模式,该方案为 CIAM 提供了另一种选择。勒·柯布西耶和梅以及 CIAM 的其他成员都认同居住是一种"生物现象",他们呼吁在人的尺度上遵循生物法则,使住宅产品标准化、工业化和科学化。格罗皮乌斯和勒·柯布西耶的方案在当时都没有变成现实,但是他们为 CIAM 开创了新的设计模式,并形成了重要的建筑流派,他们与 CIAM 的其他建筑师如梅一起,对苏联住宅建设和战后大规模集合住宅开发尤其是包括东欧、越南等"共产主义阵营"以及 20 世纪 30 年代至 60 年代美国和其他国家的公共住宅建设产生了巨大影响。

1930 年 9 月，在布鲁塞尔举办的以"理性的建筑"（Rationelle Bebauungsweisen）为主题的第三届 CIAM 大会上，从关注个人小型居住单元的设计扩展到"功能性"住宅居住区的设计，如在荷兰、德国及其他国家和地区由地方政府修建的住宅项目。第三届 CIAM 大会的主要争论集中在高层住宅和低层住宅的问题上，勒·柯布西耶和格罗皮乌斯支持前者，而梅和其他一些 CIAM 成员则支持后者。也正是在这一时期，CIAM 中激进的德语系接受了苏维埃政府的委托，设计苏联第一个五年计划中的工业城市。梅与汉斯·迈耶（1928—1930 年包豪斯学院院长）于 1930 年离开德国前往莫斯科指导他们的建筑师团队，而结果各不相同。迈耶与他之前的包豪斯学生所组成的"后备团队"一起开始在莫斯科执教，其中不少学生还是前"捷克前锋"（Czech Leva Fronta）组织的成员。1932 年，迈耶的团队还参加了莫斯科重建的设计竞赛，并签署了工业城市尼什尼-库林斯克（Nishni-Kurinsk）和苏联"犹太人自治区"比罗比詹（Birobidzhan）的规划协议。迈耶很快加入了斯大林派建筑师组织 VOPRA（无产阶级建筑师联盟），这个组织最终成为苏联建筑领域的权威组织。VOPRA 最终接受了向新古典主义风格的社会主义现实主义（Socialist Realist）的转型，其标志是 1932 年苏维埃宫设计竞赛的获奖作品。1936 年，迈耶离开苏联，并在瑞士短暂停留，最终于 1938 年定居墨西哥。

梅和其他 CIAM 成员接到委托，在苏联开展大规模城市规划，这是一个重要转折点。20 世纪 20 年代初，列宁的苏维埃政府开始提倡对前农奴制俄国进行中央主导下的快速工业化。苏联从福特汽车公司购买拖拉机，列宁的布尔什维克接班人包括斯大林在内的中央委员会决定从 1928 年开始实施第一个五年计划，以实现国家的快速工业化为目标。1929 年，亨利·福特被说服向苏联提供轿车和货车的发动机，作为斯大林领导的新成立的国家汽车制造局（Avtostroi）的重要启动项目。它还委托奥斯汀公司（Austin Company）——位于俄亥俄州克里夫兰的工业建筑承包商——修建位于下诺夫哥罗德的苏维埃汽车厂。奥斯汀公司刚完成了底特律最先进的通用汽车庞蒂克六厂，而下诺夫哥罗德的汽车厂面积是它的两倍。苏联专家被派往位于迪尔伯恩的福特总部考察美国汽车的生产流程和方法，等他们回到苏联后，便开始着手设计一座以新汽车厂为中心的工业新城。

163

与此同时，底特律工业建筑师阿尔伯特·卡恩（1869—1942）接受委托在斯大林格勒设计一座新的拖拉机工厂，至1930年，他的公司与苏联各地的其他数百家汽车和卡车工厂签订了合同。这些新工厂需要为工人提供住房和其他生活设施，而关于何为"正确"的社会主义居住区设计则是苏联当局和建筑师之间激烈争论的焦点。奥斯汀公司关于下诺夫哥罗德工厂的最初住宅规划是标准的带有车库的独立住宅，但这个方案被苏联当局否定了，反之要求他们设计包括公共宿舍、工人俱乐部、托儿所以及97平方英尺（9平方米）大小的卧室在内的"住宅联合体"。在混乱的建设条件下，直到1931年奥斯汀公司退出该项目时，12000个类似住宅联合体项目已经建成。

　　可以说正是在这一点上，克拉伦斯·佩里在纽约的第一个区域规划中所描述的"邻里单元"概念开始被系统地应用于大都市设计中。梅似乎从未使用过这个词，但他的同事尤根·卡尔·考夫曼（Eugen Carl Kaufmann，曾在1931年为梅在乌克兰多涅茨盆地设计工业城市）后来写到，梅的团队在规划马格尼托哥尔斯克（Magnitogorsk）时就是基于这一基本准则。它的基本设计单元包括6栋公寓，共享1个洗衣间、1所幼儿园及1间日托中心，一共有22个这样的基本单元被纳入考夫曼后来所说的"序列"（series）里，在这个"序列"里包含132个基本单元，而4个序列一共528个单元就可以组成一座城市。20世纪30年代，其他设计师也提出了相应的苏维埃社区单元，其最大规模可容纳1万居民，占地100英亩（40.46公顷）。但是这些城市设计方向如何在1935年后大规模影响苏联和社会主义国家的都市主义则需要进一步研究。梅和他的同事似乎是催化剂，促使这些国家将"邻里单元"作为"苏联都市主义"规划标准中的关键要素，并一直持续到20世纪80年代。

　　在马格尼托哥尔斯克和其他城市，梅的团队将"邻里单元"设计准则与尼古拉·米利乌廷（Nikolai Miliutin）在《社会主义城市》（Sotsgorod）中所提出的设计原则相结合用于线性城市设计，而《社会主义城市》在1931年6月以前曾经短暂地作为苏联城市发展的官方准则。《社会主义城市》本身是建立在1882年由阿图罗·索利亚·伊·玛塔首次提出的线性城市方案的基础上，玛塔制定了沿着交通线扩展马德里的规划，从而产生与埃比尼泽·霍华德的花园城市相似的社会效果。米利乌廷提出了一种苏联式"反都市主义"方法的变体，这种方法受到金兹伯格的倡导，通过将城市分散在交通沿线上，来实现马克思和恩格斯致力消除的城乡间的经济和社会差异。城市扩张并不是随机的，而是精心组织的，分离了生产、仓储、住房的线性区域，沿着铁路并靠近农业区。其目标在于从生物学上认识农业和工业，从而使劳动和交通成本实现最小化，并将有机废弃物用于土壤肥料。

在为苏联政府服务期间，梅仍然于 1931 年 6 月返回德国并在 CIAM 柏林特别会议上发表演讲，介绍了他在苏联的工作。此次大会还包括了宣布第四届 CIAM 大会的执行细则，计划于 1932 年在莫斯科举行，主题是"功能城市"（The Functional City）。在这一主题下，CIAM 将关注正在实践的大规模城市设计。经过充分讨论后，由勒·柯布西耶、格罗皮乌斯和吉迪恩领导的 CIAM 指导小组明确反对德国 CIAM 建筑师亚瑟·科恩（Arthur Korn, 1891—1978）的观点，也含蓄地反对了汉斯·迈耶的立场，科恩后来成为伦敦建筑联盟学院的一位重要设计教师，而迈耶则认为大规模城市设计应该明确地以创造全新的共产主义城市生活为目标。指导小组认为，应该按照"居住、工作、交通和娱乐"四大功能来组织城市，从而改善每个人的生活环境和文化机会，并适用于任何工业化城市，而无关政治立场和意识形态。

这一新的与政治无关的方向反映了这样一个现实，即他们的西方客户和其他一些当时活跃于 CIAM 的建筑师们，如 1930—1933 年担任包豪斯学院院长的路德维希·密斯·凡·德·罗（Ludwig Mies van der Rohe, 1886—1969）、芬兰的阿尔瓦·阿尔托（Alvar Aalto, 1898—1976）以及纽佐尔（他于 1925 年离开苏联，移居洛杉矶），都不曾在苏联工作。格罗皮乌斯发现了一条不同立场中的折中路线，这主要是因为他们曾经为西方资本主义社会服务，同时又受到苏联思想占上风的 CIAM 的影响。1930 年，格罗皮乌斯提名阿姆斯特丹规划师、荷兰先锋建筑师科内利斯·凡·埃斯特伦（Cornelis van Eesteren, 1897—1988）为 CIAM 主席，取代原来的瑞士建筑师卡尔·莫瑟（Karl Moser, 1860—1936）。

CIAM 关于城市"四大功能"的概念来源于凡·埃斯特伦及其团队在阿姆斯特丹的规划实践，但是它与同期苏联城市的规划理论相似度更高。1932 年 8 月，苏联中央执行委员会发表了《关于人口布局的意见》（On the Arrangement of Population Centers）一文，要求按功能划分城市，同时也要求保留城市原有的美学特质。正如花园城市运动和 CIAM 运动中的同行那样，此时苏联的规划者非常重视卫生、采光充足的住宅单元与绿色空间和娱乐设施的关系。他们认为，最好的办法是设计几个六层高的超级街区综合体，这些综合体通常位于土地充足、工作机会充分的城市边缘地区。CIAM 和苏联的规划师都关注生活条件上的男女平等，遵循已经确立起来的欧洲社会主义和美国女权主义思想，即要求减少女性的传统家务劳动和育儿劳动，并允许她们进入家庭以外的劳动力市场。

对于当时大多数 CIAM 成员来说，现有的城市是一具毫无生命的躯壳，必须被移走！ 1925 年，勒·柯布西耶就宣布"我们必须废除街道"（图 65）。CIAM 并没有考虑对原有的城市进行更新，而是试图在分析现有城市的社会、地形、气候条件的基础上，制定一种连贯性的设计方法，从而在"四大功能"的基础上，系统地设计城市要素。1932 年，在莫斯科召开的第四届 CIAM 大会以"功能城市"为主题，这一主题在 CIAM 之后的历史中始终占据中心地位。它起源于 20 世纪 30 年代初勒·柯布西耶的思想与斯大林社会主义现实主义之前的苏联都市主义的碰撞，并结合凡·埃斯特伦及其阿姆斯特丹 CIAM 团体"第 8 小组"（De 8）的实践，将为"二战"后的众多城市规划提供重要的理论基础。包括阿姆斯特丹"第 8 小组"和鹿特丹"进步组织"（Opbouw）的荷兰 CIAM 的理念与勒·柯布西耶的都市主义在某种程度上具有相似之处，但它并不特别关注高层建筑，相反，它使用详细的统计数据来规划人们认为更好的城市模式。凡·埃斯特伦曾是风格派成员特奥·凡·杜斯伯格的合伙人，在巴黎研究都市主义之后，于 1927—1929 年在德国教授城镇规划。1928 年 1 月，凡·埃斯特伦在柏林的一次题为"一小时城市生活"的演讲中摒弃了古典城市形式，认为它是徒有其表的"空壳城市"，代之，他提出了一种基于城市功能元素合理分布的都市主义概念，这些大都市单元包括工业建筑、停车场、车库、运动场和摩天大楼群，以及更传统的建筑类型包括火车站和宗教场所。凡·埃斯特伦认为只要有充分的统计数据，城市设计师就可以迅速找到城市的最佳布局，这一思想于 1928 年发表在荷兰国际主义期刊《i10》上一篇名为"城镇"（Städtebau）的文章中。从视觉上看，这座新城市将

178

与现有城市截然不同，而是以风格主义为基础——追求城市构成的"弹性平衡"。

与柏林当代建筑师希尔贝塞默不同，凡·埃斯特伦在 1929 年 5 月被任命为阿姆斯特丹公共工程部城市设计师后，得到了实践其规划理念的机会，而希尔贝

设计现代城市：1850 年以来都市主义思想的演变

塞默则应汉斯·迈耶的邀请执教于包豪斯学院。凡·埃斯特伦与他的团队包括西奥多·卡雷尔·范·洛伊森（Theodoor Karl van Lohuizen）在内承建了阿姆斯特丹西部和南部新兼并区的扩展规划。洛伊森在鹿特丹开发了一套统计方法，可以根据就业地点计算未来的城市发展，因此，他们的新扩展规划完全拒绝贝尔拉赫和阿姆斯特丹学派的设计理念，而是用魏玛行列板式住宅形式取代了西特的理念。该规划发表于 1935 年，成为 20 世纪中期阿姆斯特丹城市结构的基础，包括各种各样的城市要素，如住宅新区、公园以及荷兰 CIAM 成员设计的阿姆斯特丹大区。在制定规划过程中，凡·埃斯特伦团队用同比例尺地图展示了他们的静态研究成果，并用三种颜色编码，分别显示不同的功能如工作区、住宅区和娱乐区，而主要的交通线路规划则单独另附图纸展示。

167　　1931 年 6 月，CIAM 柏林特别会议上，凡·埃斯特伦向代表们介绍了图形显示法，他希望这一成果能够在 1932 年 CIAM 莫斯科大会上成为各代表演讲的基础。之后，来自世界各地 18 个 CIAM 分会的代表为 34 个工业城市编制了类似的同比例尺地图，他们认为这些成果可以成为苏联当时正在建造的众多工业城市的重要设计基础。许多参加过 1931 年柏林特别会议的 CIAM 代表包括芬兰的阿尔托、格罗皮乌斯以及恩斯特·梅等都表示赞同。

　　1932 年，由于没有收到预期中的苏联邀请，最终第四届 CIAM 大会没能在莫斯科举行。1931 年 6 月，苏联召开了一次苏联共产党中央委员会特别全体会议，会上斯大林和他主管莫斯科地区的副手拉扎尔·卡冈诺维奇（Lazar Kaganovich）宣布，苏联共产党拒绝包括勒·柯布西耶、弗兰克·劳埃德·赖特在内所有关于"都市主义"和"反都市主义"的外来理论和思想。取而代之的是，苏联决心将莫斯科打造成为全方位社会主义城市的典范，而卡冈诺维奇将负责这一计划。于是，举办了一场莫斯科新规划竞赛，弗拉基米尔·塞门诺夫（Vladimir Semenov,

168　1874—1960）最终获胜。"一战"前，塞门诺夫曾在西欧留学和工作，并且是一位传统都市主义方法的倡导者。塞门诺夫的莫斯科规划方案与曾经弃用的 1918—1924 年新莫斯科总体规划方案相似，由建筑师阿列克谢·休谢夫（Alexi Shchuser）负责的这个方案后来因 20 世纪 20 年代莫斯科城市人口的迅速增长而被终止。

　　到 20 世纪 30 年代初，塞门诺夫被任命为莫斯科城市建设与规划局的负责人，他的规划方案中，城市人口将控制在 500 万以内，采用环形放射状街道系统将克里姆林宫和拟建的苏维埃宫连接在一起。由在罗马接受过教育的鲍里斯·伊尔凡（Boris Iofan, 1891—1976）设计的阶梯式古典摩天大楼顶部建有巨大的列宁雕像。这个设计方案是斯大林从参加 1932 年设计竞赛的众多竞选方案中亲自挑选出来的，参赛者包括勒·柯布西耶、门德尔松、佩雷和其他现代建筑师。这一结果向全世界表明了苏联对先锋主义的拒绝。勒·柯布西耶富有创新性的方案包括一个具有结构表现力的抛物线拱顶，尽管未能实践，但在那之后却成为许多建筑师包括埃罗·沙里宁（Eero Saarinen）在内的设计灵感。莫斯科规划还在历史上第一次采取了限制城市扩张的方式，将高密度社会主义居住环境集中在 10 英里（16 公里）半径范围内，在其外围则是 6 英里（10 公里）宽的环城绿化带（图 66）。未来的城市扩张向西南列宁山方向延伸，与一条通往克里姆林宫的新建景观大道相连。

图 66　莫斯科重建规划宣传海报，海报上有约瑟夫·斯大林（左）和拉扎尔·卡冈诺维奇（20世纪 30 年代苏联共产党领导人）。
(Koos Bosma and Helma Hellinga, eds., *Mastering the City II* [Rotterdam: NAi Uitgevers, 1997], 194)

1935 年，莫斯科规划正式获批，其规划还包括为新建的六七层社会主义居住街区设计标准的古典式外立面，理论上还包括一系列公共设施如学校、日托中心和娱乐休闲设施。若干住宅街区组成人口密度不超过每英亩 200 人的"社区"（rayony），这一指标远远低于当时莫斯科其他地区每英亩 500 人的人口密度。社区与社区之间以公园带隔离，这一理念在沙里宁 1918 年赫尔辛基规划中就有体现。新的莫斯科地铁系统于 1933 年开始修建，第一条线于 1935 年竣工。其宏伟的新古典主义风格地铁站仿照凡尔赛宫画廊，成为古典与现代结合的典范，它清楚地表明政府对公共交通系统和工人日常生活体验的重视。城市两河河畔得到美化，一座全新的城市中央公园——高尔基公园也建成投入使用。连接城市和俄罗斯大部分河流的复杂运河系统也投入使用，从而使得船只可以畅行于海洋和内陆河流之间。

169　随着莫斯科规划和具有社会主义现实主义特色的新苏维埃都市主义的形成，CIAM 决定在巴塞罗那举行会议。巴塞罗那是 1931 年 4 月才宣布成立的西班牙共和国加泰罗尼亚省的政治中心。1932 年 3 月的 CIAM 会议是第一次在德语区和法语区以外的欧洲召开，由 CIAM 巴塞罗那团队（GATCPAC）承办。GATCPAC 由约瑟夫·刘易斯·泽特（1902—1983）和约瑟夫·托雷斯·克拉韦（Josep Torres Clave, 1906—1939）领导，他们于 1931 年 3 月出版了西班牙语杂志《当代建筑实践》（Actividades Contemporanea）。勒·柯布西耶开始与加泰罗尼亚 CIAM 小组合作，为巴塞罗那制定马西亚规划（Macià Plan，1931—1935），这也是 CIAM 以"四大功能"为基本原则开展的第一个城市规划。该规划只有一小部分得到了实施，尤其是泽特、托雷斯·克拉韦和琼·苏比那拉（Joan Subirana）设计的"住宅之家"（Casa Bloc，1933），这个由走廊连接的住宅项目的部分设计思路后来以不同的主题刊登在《当代建筑实践》上（图 67）。GATCPAC 的马西亚规划引起了人们的关注，由于巴塞罗那是典型的以工人阶级为主的工业城市，因此他们建议按照 CIAM 的功能分区重组空间，重点沿着海岸线规划工人阶级的休闲娱乐设施，以及综合规划新的交通设施，包括机场和高速公路等，这些项目得到了城市工业精英的支持，包括泽特自己，这位纺织制造商的儿子同时也服务于西班牙王室。

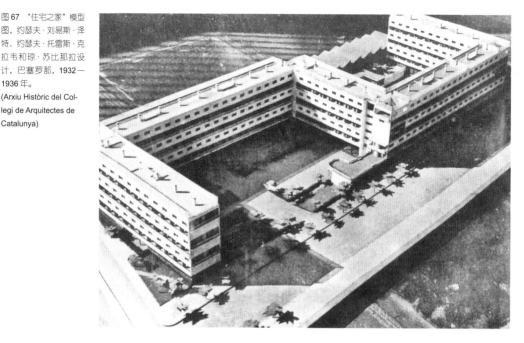

图 67 "住宅之家" 模型图，约瑟夫·刘易斯·泽特、约瑟夫·托雷斯·克拉韦和琼·苏比那拉设计，巴塞罗那，1932—1936 年。
(Arxiu Històric del Col-legi de Arquitectes de Catalunya)

1932 年 12 月，CIAM 在莫斯科召开了一次会议，再次尝试在苏联召开 CIAM 大会。但是至此为止，苏联对 CIAM 所追求的都市主义未来没有任何兴趣。1932 年，瑞士 CIAM 成员汉斯·施密特（Hans Schmidt, 1893—1972）在 170 《新城市》（*Die Neue Stadt*）上发表了一篇文章，概述了斯大林主义下的苏联对现代建筑的拒绝。《新城市》是恩斯特·梅出版的《新法兰克福》（*Das Neue Frankfort*）的延续。现代建筑基本上是当代资本主义合理化技术的外延，它摒弃了纪念性和象征性的表现形式，象征着布尔乔亚文化的衰落。勒·柯布西耶的 "理想主义乌托邦" 和政治上的 "左倾主义乌托邦" 都是 "绕过通向社会主义的自然发展阶段" 的反革命尝试；与 "瓦解当代资本主义" 相反，苏联社会主义则致力于保护传统文化价值。

在这一导向的影响下，勒·柯布西耶思想在苏联黯然失色，接着，他在 20 世纪 30 年代设计了一系列没有得到实施的规划方案，尽管如此，这些方案仍然对现代设计师如何概念化其城市设计工作产生了深远的影响。1929 年，勒·柯布西耶开启南美之旅，在那里，他用法语为布宜诺斯艾利斯、蒙德维的亚、里约热内卢和圣保罗充满激情的精英观众做了精彩的演讲。演讲中他用他富有远见的"飞行视角"的城市规划草图来解读他的理念。在圣保罗，勒·柯布西耶邀请俄罗斯移民——现代建筑师格雷戈里·沃彻维奇克（Gregori Warchavchik, 1896—1975）成为巴西第一位 CIAM 成员，也是第一位拉丁美洲成员。当时，CIAM 关于住房和都市主义的概念与苏联 20 世纪 20 年代末至 30 年代初的设计理论发展密切相关，但勒·柯布西耶本人并非共产主义者。他认为，进步的实业家是最有可能成为他和 CIAM 在都市主义实践领域的赞助人，这项工作旨在创造一个能够改革城市社会的新建筑系统。随后，他还为阿尔及尔规划（1930）提出了超级线性城市 RIO 方案，规划提出沿着抬高海岸线修建超级高速公路通向建有两座塔楼的新式商业中心，高速公路底下是密集的建筑，新商业中心旁是具有保护价值的阿拉伯旧城。旧城上方的斜坡将修建相互连接的高层弧形板式住宅，四周绿荫环绕，可以俯瞰地中海（图 68）。

图 68　阿尔及尔规划，勒·柯布西耶设计，1930年。
(Le Corbusier and Pierre Jeanneret, *Oeuvre Complète, 1929-34* [Zurich: Éditions H. Girsberger, 1935], 140-43) © F.L.C. / ADAGP, Paris/Artists Rights Society (ARS), New York 2016.

1933 年，苏联消费合作社中央联盟进一步推迟了作为东道国举办第四届 CIAM 大会的计划，与此同时，纳粹也关闭了德国包豪斯学院，从而导致此次大会不得不在马赛至雅典航行的游轮上举行。斯塔姆·帕帕达基（Stam Papadaki, 1895—1988）领导的 CIAM 希腊分会争取到了希腊技术协会（Technical Chamber of Greece）的赞助，从而有 100 位 CIAM 代表、受邀嘉宾及其配偶参加了此次传奇性的活动，德国分会的大部分成员未能出席，但最近成立的由韦尔斯·科特斯（Wells Coates, 1895—1958）领导的英国现代建筑研究小组（Modern Architecture Research，简称 MARS）第一次出席 CIAM 大会。由泽特、托雷斯、安东尼·伯内特·艾·卡斯特拉娜（Antoni Bonet i Castellana, 1913—1980）领导的西班牙代表团，赛若蒙（Syzmon Syrkus, 1893—1964）和海伦娜·塞克斯（Helena Syrkus, 1900—1982）领导的波兰代表团，还有来自加拿大、意大利以及其他 10 个欧洲国家的代表参加了此次大会，用超过 11 种语言在会议中相互交流。第四届 CIAM 大会还邀请了莫霍利·纳吉参加，他为这次大会制作了一部纪录片《建筑师大会》（*Architect's Congress*）；画家弗尔南德·莱热（Fernand Léger, 1881—1955）、夏洛特·贝里安、平面设计师奥托·纽拉特等其他人也参加了大会。 171

在第四届 CIAM 大会开幕式上，主席凡·埃斯特伦赞扬了阿尔瓦·阿尔托和阿尹努·阿尔托（Aino Aalto）设计的帕米奥疗养院（Paimio Sanitarium，图 69），吉迪恩遗憾地表示恩斯特·梅在柏林特别会议中对苏联都市主义的介绍并没有对 CIAM 带来太大的影响。第二天，在 33 个工业城市的同比例尺规划图包围下，勒·柯布西耶简洁地陈述了自己关于功能城市概念的立场，他断言这些规划图代表了"世界生物学"。为了确定如何分析它们，他认为在个人和集体这两种对立和敌对命运之间，可以找到一种平衡。以通用符号编制同比例尺规划图的目的是建立都市主义的正式制度和准则，他坚信都市主义是一门三维科学，而高度是其中一个重要的维度。这三个维度暗含了时间概念，因为人类的生活是由一天 24 小时和一年 365 天来调节的。在现实中，城市建设者必须在扩张或是收缩城市这两种倾向中做出选择。如果选择了收缩型城市，那么必须采用钢筋和混凝土来传递"最基本的快乐：天空、绿树和阳光"。勒·柯布西耶强调，CIAM 的 172

图 69　帕米奥疗养院，
阿尔瓦和阿尹努·阿尔
托设计，芬兰，1931—
1933 年。

标准必须将"居住"置于四大功能之首，然后才是工作、交通和娱乐。他还断言，自然环境必须从现有城市的"麻风式郊区"（leprous suburbs, 比喻郊区蔓延景象如麻风病症状）中拯救出来，花园城市在满足个体需求的同时，却失去了集体组织的优势。对于勒·柯布西耶来说，这种集中城市，得益于现代科技的发展，保障了个体在家庭内部的自由，同时还在休闲娱乐中构建了集体生活。他还描述了汽车和铁路如何创造新的城市规模，以及在同一时间都市主义者如何与重塑城市的巨大障碍"私有财产"进行斗争。在这次讲话中，勒·柯布西耶坚持认为，城市以及国家的土地必须被"动员"起来开展集体工作，但是这种呼声很快就终止了，因为它在没收私有土地上似乎带有法西斯主义色彩。

　　第四届 CIAM 大会还展示了其他同比例尺规划图，这些规划图在游轮返回马赛前在雅典进行了展示。每个城市的展示都使用了三个相同比例尺的地图，通常包括历史、地理和居住环境信息。接着讨论了他们的城市问题。意大利代表基诺·波里尼（Gino Pollini, 1903—1991）指出，"在历史城市罗马，大部分人口居住在老房子里，其密度高达每公顷 230—819 人"。类似的高密度居住问题以及环境卫生问题也出现在其他许多城市中。长距离的通勤和交通堵塞等问题也出现在柏林、伦敦和巴黎。与此同时，对城市"扩张"的一些早期批评也在这次大会上得到了阐述，正如韦尔斯·科特斯指出的那样，由于伦敦独立住宅单元的标准，人口必须扩展到一个巨大的区域范围，加拿大代表海森·塞斯（Hazen Sise, 1906—1974）介绍了纽佐尔对西海岸洛杉矶的研究，将其描述为"扩张型城市"；凡·埃斯特伦则以克纳·伦伯格－霍尔姆（Knud Lonberg-Holm）对底特律的描述作为总结："一层或两层的轻型建筑，结果却是对土地的大量消耗。"而塞克斯则指出，华沙地区开始呈现向小型个人住宅分散化发展的趋势。

凡·埃斯特伦和泽特当时分别参与了阿姆斯特丹和巴塞罗那的发展规划，但是这些规划还没有准备好在本次大会上展示。勒·柯布西耶也没有提出一个具体的规划方案，但是在论及巴黎时，勒·柯布西耶明确表达了此次活动的目的，他说："我们必须组建一个网络系统来承载这个有机生命体。"为了维系智识的生活，城市必须确保每个人都能够享有"阳光、空气和空间这三个最基本的生物要素"。为了创造休闲娱乐空间，现有城市的部分地区必须拆除，但与此同时，"一些传统的东西又必须得到尊重和保护"。

不久之后，第四届 CIAM 大会成果分别以几个不同版本发表出来，但是这些版本都在不同程度上遭到了质疑。大会结束时，就如何获得土地开展全面城市改革的问题展开了一场复杂的辩论。部分 CIAM 成员支持由政府直接征收土地。之后，吉迪恩向勒·柯布西耶提议，将 CIAM 定义为由"技术人士"组成的非政治组织，而非苏联都市主义所认为的"政客"。1934 年，伦敦 CIAM 理事会（CIRPAC）会议上，这一提议得到正式通过，CIAM 宣布今后"不再以其名义发表任何政治声明"。

到 1935 年，苏联内部一直努力争取召开一届 CIAM 大会，希望 CIAM 能支持新的官方社会主义现实主义城市发展方向，但并没有取得成功。第四届 CIAM 大会后，一直到"二战"之前，CIAM 经常在欧洲各国召开各种会议。在推进其城市理念方面取得了一些成就，比如在荷兰、比利时、捷克斯洛伐克、瑞士、瑞典以及南斯拉夫的城市发展，但是 CIAM 的都市主义学说却未能赢得大多数政府的支持。

　　西班牙是少数几个当权者大力支持 CIAM 理念的国家，加泰罗尼亚的 GATCPAC 团队发表了一份详细的宣言，阐述其城市规划方法以及他们在巴塞罗那的实践。1937 年，在巴黎举行的第五届 CIAM 大会上，已经成为 CIAM 副主席的泽特、格罗皮乌斯以及比利时的维克多·布儒瓦（Victor Bourgeois）认为，现代工业城市的"喧嚣混乱"威胁着社会道德以及工人阶级的身体健康。就像勒·柯布西耶在 20 世纪 30 年代撰写的有关都市主义的文章中所说的那样，它们后来收入到《光辉城市》一书中；泽特坚信城市必须被当作由社会、经济和政治组成的整体中的一部分，与各种复杂的生物活动紧密相连，正如"个体和整体"的关系那样；刘易斯·芒福德继承了帕特里克·格迪斯的思想，而这种思想在 20 世纪二三十年代的欧洲具有广泛影响。泽特认为城市学家必须重视地理与地形环境，以及经济和政治因素，从而为未来的城市发展提供重要的规划基础，这样的规划将"精确而不死板"。泽特认为这种规划应该是 CIAM 的目标，而这种规划方法也将成为重要的指导原则，为所有现代城市的重建提供重要指导。因此"这种规划将包括对区域自然禀赋的精确研究"，包括气候，地形，自然和农业要素，以及工业区位和居住区位等。

　　为了在 20 世纪 30 年代复杂而快速变化的国际政治环境背景中传播其思想，CIAM 希望通过第四届大会出版两部国际化专著，一部是广受大众欢迎的图文并茂的通识书，一部则是学术性更强的专著，介绍参会的 33 个城市规划项目。1934 年，伦敦 CIRPAC 会议上，泽特被任命为出版委员会负责人，负责通识书的出版，而马特·斯塔姆则因从苏联返回英国时被官方拘留，而无法参加这次会议，转而负责需要大量工作的专著出版，因而也促使他更深入地研究柏林和其他欧洲城市的规划。但是，第四届 CIAM 大会的各种详细规划手稿却似乎再也找不到了。最终，泽特于 1942 年在美国出版了这部规划集，但是由于原稿丢失，而选择了另外的替代版本《我们的城市能否生存下去？》（Can Our Cities Survive？）。1943 年，纳粹占领下的维希法国时期，勒·柯布西耶在巴黎发表了他自己版本的关于第四届CIAM大会争论不休的成果《雅典宪章》（The Athen Charter）。1944 年，勒·柯布西耶说服了即将取得胜利的同盟国，实际上他始终坚定支持法国人民反抗入侵者。和其他许多法国人一样，起初他对维希政府持肯定态度，因为维希政府以及早期苏联共产主义极有可能支持他有关都市主义的理念，但是，到 1943 年他开始隐藏起来。战后，《雅典宪章》以及《我们的城市能否生存下去？》成为 1945 年之后研究 CIAM 功能城市思想和方法的最受欢迎的文本之一。

在第二次世界大战之前，欧洲很少有 CIAM 倡导的大型住宅开发计划，欧洲第一栋高层板式住宅是由威廉·范·提扬（Willem Van Tijen, 1894—1974）及其他建筑师在鹿特丹设计建造的伯波德公寓（Bergpolder flats, 1932—1934），这栋九层高、钢结构、拥有 72 个住宅单元的单边走廊式公寓配置有每层可停的电梯，以及一个托儿所和公共花园，远高于它旁边低矮砖结构的邻里住宅。在巴黎附近的德朗西（Drancy），也有一个大型实验性高层城市建设项目德拉穆特公寓（la Cité de la Muette, 1934），这个由博杜安和洛兹建筑事务所（Beaudouin and Lods）设计的预制混凝土塔楼项目后来被拆除了。至 1940 年以前，勒·柯布西耶的绝大部分城市规划都未能实现，但却受到了其他建筑师的敬仰和关注。20 世纪 30 年代，处于半失业中的路易斯·I. 卡恩（Louis I. Kahn）这位费城学院派建筑师后来回忆道："我来到一座叫勒·柯布西耶的城市生活。"

1928—1939 年是 CIAM 极其复杂的第一个十年，也是形成其方法论的关键十年。在这期间，CIAM 形成了基于统计研究的城市—区域设计方法和工业厂房设计形式，除此之外，还包括充分考虑公共和自然要素的都市主义思想。当然，这一时期也有许多来自各个国家的建筑师开展了各种其他形式的规划实践，他们从国际的层面重塑了建筑文化，并与传统的学院派模式区别开来，并进一步推动了现代都市主义思想的发展，创造了全新的知识体系，并为"二战"后设计教育的重大变革创造了智力框架。

20世纪30年代美国的都市主义和现代化

1932 年，年轻的美国建筑史学家亨利－罗素·希区柯克（Henry-Russell

Hitchcock, 1903—1987）和菲利浦·约翰逊（Philip Johnson, 1906—2005）在纽约新建成的现代艺术博物馆举办了一次建筑展，展览主题命名为"国际风格：1922 年以来的建筑"（International Style: Architecture since 1922）。它将欧洲和一些美国现代建筑引入了北美大众的视野。他们刻意回避政治因素，而是强调新建筑在不同国家间的形式相似性，尤其是在"德国的格罗皮乌斯、荷兰的乌德以及法国的勒·柯布西耶等"的作品中。他们还刻意忽视政治和都市主义的"左倾"方向，将国际风格与北美早期路易斯·沙利文和弗兰克·劳埃德·赖特的设计思想联系在一起。通过这次展览，希区柯克和约翰逊不仅使现代建筑更容易被主流美国客户和民众接受，同时也紧密了它与 CIAM 以及都市主义道路中所采用的社会主义方法之间的联系。1933 年，约翰逊拒绝了吉迪恩建议在纽约现代艺术博物馆举办 CIAM 展览的提议，他认为，纽约现代艺术博物馆是为"精美的艺术"而建，而不能有任何政治立场。

　　之后尽管"国际风格"（International style）变得越来越重要，但 20 世纪 30 年代，美国建筑和城市设计的主流方向仍然是古典传统的现代化版本。1922 年，《芝加哥论坛报》（Chicago Tribune）为设计其总部大楼举行了一次大型的国际竞赛，它傲然屹立在密歇根大道北部延长线上，而这里正是伯纳姆芝加哥规划所在地。最后，胡德和豪厄尔斯（Hood and Howells）的设计方案赢得了竞赛，其设计是一个相对传统的新哥特式摩天大楼，但是获得第二名的芬兰建筑师埃利尔·沙里宁的设计作品却赢得了更多的赞誉，尤其受到了不久后去世的路易斯·沙利文的称赞。它独特的逐渐退后的金字塔型设计与开发商对收益率的关注不谋而合，而且这一形式预示了美国现代摩天大楼新时代的来临。自此以后，类似的摩天大楼开始在世界各地的城市中心拔地而起，如拉尔夫·沃克（Ralph Walker, 1889—1973）在纽约、阿尔伯特·卡恩在底特律、邬达克（Ladislav Hudec, 1893—1958）在上海的设计，都以某种方式彰显了 20 世纪 60 年代后所界定的"Art Deco"（装饰艺术）风格。

　　1929 年，石油公司继承人和慈善家小约翰·D. 洛克菲勒（1874—1960）已经开始计划将曼哈顿中城一个由六街区组成的地区重新打造成高端商务区，同时还规划了一座新的歌剧院正对广场。由于"大萧条"所带来的融资压力导致这一项目最后几乎只剩下商业综合体，不过大量的步行公共空间却得以保留。洛克菲勒中心规模庞大的建筑设计团队包括好几个设计事务所，如办公空间规划专家莱因哈德与霍夫迈斯特事务所（Reinhard and Hofmeister），科贝特、哈里森与麦克默里事务所（Corbett, Harrison, and MacMurray），胡德、戈德利与福伊尔霍克斯事务所（Hood, Godley, and Fouilhoux）等。而雷蒙德·胡德（Raymond Hood, 1881—1934）曾是 1922 年《芝加哥论坛报》总部设计竞赛的获胜者之一。该重建项目位于第六大道上，之前为经济公寓和剧院，产权属于哥伦比亚大学，后来进行了重新规划，与一家地下购物中心以及新建的地铁 IND 线相连。另外，它还包括一个两层的公共步行广场，成为寸土寸金的曼哈顿中城由私人房地产项目赠予公众的巨大"礼物"。洛克菲勒广场被众多高层建筑所包围，如地标建筑洛克菲勒中心 30 号——最初名为美国广播公司大楼（RCA Building），这座用于无线广播的大楼在之后的时间里改变了美国的政治和娱乐历史（图 70）。该建筑包括城市广播音乐厅（Radio City Music Hall），屋顶花园以及位于大楼顶层的彩虹餐厅。虽然这栋大楼的设计相对于勒·柯布西耶和包豪斯派的设计来说是保守的，包括了许多具有象征意义的壁画和古典雕塑，但是 1935 年勒·柯布西耶访问纽约时却高度赞扬了它的设计，认为这个设计意味着他所追求的都市主义又向成功迈进了一大步。

勒·柯布西耶的设计极大地影响了弗兰克·劳埃德·赖特，他于 1932 年提出了"广亩城"规划方案（图 71）来回应柯布西耶的"300 万人口的当代城市"。赖特最初对勒·柯布西耶的方案持积极态度，认为这是他自己和沙利文早期规划作品的延伸，但是到 20 世纪 30 年代初，他开始对勒·柯布西耶的都市主义理念的机械观持批判态度，因为他把个人的生存空间减小到"鸽子笼"般。另外，他还对美国当时的铁路和以步行为基础的城市模式非常不满，而这种模式已达到极为突出的水平，并且从整体来看仍然欠缺相应的合理性。弗兰克·劳埃德·赖特在 1932 年写了一本书《消失的城市》（*The Disappearing City*）来回应这种黑暗的民族情绪，同时在 1932 年 3 月 20 日的《纽约时报》上发表了相关文章。赖特反对集中型城市发展模式以及受到总统赫伯特·胡佛和其他规划师支持的郊区花园城市发展模式，相反，他认为现代城市应该完全去中心化。在城市的规模

177

图 70 洛克菲勒中心，莱因哈德与霍夫迈斯特事务所，科贝特、哈里森与麦克默里事务所以及胡德、戈德利与福伊尔霍克斯事务所设计，1931—1939年。大萧条时期修建的位于曼哈顿中城的综合开发项目，该项目拥有开阔的公共空间和交通连接。

上，他同美国区域规划协会及倡导回到杰斐逊时代的美国农业改革者一致认为其仅是经济聚集的结果，如果未来经济发展更多地表现在农业领域，每个家庭种植自己所需要的粮食，建造自己的房子，这种状态将是最理想的。他认为联邦政府的职能仅需要保留军事与外交权力，而其他政府部门应下沉到县层级，并取消州和市政府组织。取而代之的是，一个全新的美国联邦"尤松尼亚"（Usonia）[1]，它包括三个区域性首都：东北部为华盛顿特区、南部为亚特兰大，以及尤松尼亚首都丹佛。

　　赖特的广亩城计划为这种全新的城市化模式提供了总体指导方针。尤松尼

1　Usonia是United States of North America的缩写，一般认为赖特中意的这个词源于塞缪尔·巴特勒（Samuel Butler）的小说《埃瑞璜》（*Erewhon*，1917）。

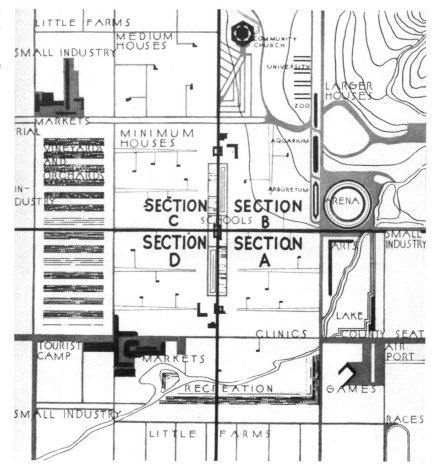

图 71 广亩城，弗兰克·劳埃德·赖特设计，1932 年。
(Frank Lloyd Wright, *When Democracy Builds* [Chicago: University of Chicago Press, 1945], 54) © 2016 Frank Lloyd Wright Foundation, Scott sdale, AZ/Artists Rights Society (ARS), New York.

亚的每一位公民都有权拥有 1 英亩土地，新的道路系统可以让机动车到达任何地点，并且可以随着发展无限延伸。该方案的基本要素来自 1785 年颁布的全美第一部 6 平方英里（1554 公顷）标准农业用地单元法令。公共服务和文化机构将远离行政中心，而是以彼此 0.5 英里（0.8 公里）的间隔沿道路体系分布。大型双层十车道县级公路系统，包括位于下层的独立卡车道路系统（道路两边是绵延分布的仓库），与双层道路中间的单轨铁路一起，与广亩城中分布的工厂、市场、文化和体育设施以及汽车旅馆等相互连接。各种市政管线布局在地下管道中，而工厂布局在邻近原材料的地方。这种城市发展新模式将使现有城市模式显得陈旧而迂腐 [克拉伦斯·斯坦因在 1925 年的《观察》（*The* ¹⁷⁹

Survey）上发表的文章《恐龙城》（Dinosaur Cities）中已经提出过这个想法]，因而 1940 年赖特预言匹兹堡将很快成为有毒的"锈城"（rusty ruin）。赖特的广亩城尽管没有得到官方支持，但是它却得到了广泛传播，后来赖特与他的塔里耶森奖学金（Taliesin Fellowship）学生一起制作了一个大型模型，于 1935年在洛克菲勒中心展出。

20 世纪 30 年代，美国举办了两次重要的世界博览会，其中包括 1933 年在芝加哥举办的"一个世纪的进步"博览会。芝加哥博览会在北岛规划了一系列流线型现代展馆，吸引了 4850 万名游客参观，而北岛正是博纳姆芝加哥规划方案中所规划的位于密歇根湖畔的人工岛。此次博览会还展出了由 R. 巴克明斯特·富勒（R. Buckminster Fuller, 1895—1983）设计的"节能住宅"（Dymaxion House）——一个在中央服务中枢上升起的预制玻璃幕墙覆盖的现代建筑，以及凯克和凯克设计事务所（Keck and Keck）设计的"明天的住宅"（House of Tomorrow），这些全玻璃封闭形式在一定程度上激发了密斯·凡·德·罗的设计理念，而凯克也于 1938 年受邀前往伊利诺伊理工学院（IIT）执教。此次博览会的场馆规划由学院派建筑师操刀，并由建筑师路易斯·斯基德莫尔（Louis Skidmore, 1897—1962）负责，纳撒尼尔·奥因斯（Nathaniel Owings, 1903—1984）负责最后的规划统筹。1936 年，他们的芝加哥设计事务所开业，这正是如今闻名全球的 SOM 建筑设计事务所[1]的起源。

芝加哥"一个世纪的进步"博览会的风头很快就被 1939 年的纽约博览会盖过，纽约博览会由时任城市公园委员会主席的罗伯特·摩西组办，他为皇后区的法拉盛梅多（Flushing Meadow）设计了传统与现代建筑风格相混合的电力场馆。尽管参展的游客并不比芝加哥博览会的人数多，但是它吸引了更多的国内与国际的关注。其中特别令人难忘的是通用汽车馆，它由工业设计师诺曼·贝尔·格迪斯（Norman Bel Geddes, 1893—1958）设计，并由年轻的埃罗·沙里宁（1910—1961）担任助手。"未来世界"展览馆包括了 1960 年美国未来城市模型，这个模型大体上以当时位居美国第八大城市的圣路易斯市

---

1 SOM建筑设计事务所（Skidmore, Owings and Merrill）成立于1936年，是世界顶级设计事务所之一。事务所由路易斯·斯基德莫尔和纳撒尼尔·奥因斯在芝加哥创立。1939年，约翰·梅里尔加入。

为原型。模型中的城市已经重建为井然有序的高层玻璃幕墙式塔楼群,与高速公路系统连接在一起,通往田园牧歌式的郊区飞地。除此之外,纽约博览会还展出了"未来的交通枢纽",这是一个由沙里宁设计的多层交通枢纽系统,其理念来自 20 世纪 20 年代希尔贝塞默的人车分流系统,并将其应用在美国城市中心区的百货商场设计中。1939 年,SOM 也积极参与了纽约博览会设计,1937 年斯基德莫尔和奥因斯在纽约成立了设计事务所,并聘请了戈登·邦夏(Gordon Bunshaft,1909—1990);1939 年,工程师约翰·O. 梅里尔(John O. Merrill,1896—1975)成为合伙人,事务所正式更名为 SOM,即斯基德莫尔、奥因斯和梅里尔事务所。

尽管在 20 世纪 30 年代,欧洲的许多先锋设计运动开始影响北美城市的发展模式,但是许多早期美国城市模式仍然持续发展着。在纽约以外的地区,坐落在理想的精心规划管理的景观环境中的单户独栋住宅通常更受欢迎。而高密度居住空间和多户住宅则被认为破坏了家庭生活。因此,正如 CIAM 成员在 1933 年第四届大会上指出的那样,底特律和洛杉矶这样的北美城市其发展模式是具有独特性的,原因有二:其一是 20 世纪 20 年代随着有轨电车和私家车的增长,单户独栋住宅向郊区蔓延,其二是城市中心区高层建筑的兴起。城市中心区的社会阶层分化也在几个方面表现出来:在高层写字楼里工作的白人男性阶层,他们每天往返郊区通勤;而以女性从业为主的百货商店和其他商业和社会活动,反映了人们普遍认为女性应该在家里照顾家庭和子女的社会心理。

尽管当时很少人提及,但城市中心区也存在严重的种族隔离,如习惯上认为非裔美国人不能从事高薪和更体面的工作,并且在许多公共场合也不受欢迎,如百货商店的便餐馆。在美国南部,非裔美国人不允许乘坐地铁和有轨电车,只能坐在公共汽车的后座上。因此,他们就像刚到达美洲大陆的欧洲移民一样,倾向于居住在靠近市中心的工业区附近,通常是旧城市中心中不符合标准的出租公寓。这些公寓缺乏基本的室内管网设施,而且密度极高,因而居住环境恶劣。20 世纪 20 年代,美国城市规划依托水利和汽车,试图将这些高密度的城市中心人口分散到花园郊区的自有住宅里,这正是 1925 年刘易斯·芒福德所定义的区域

180

发展的关键。

随着经济大萧条变得更加严重，这种城市模式也变得日益突出。1933 年 3 月就任美国总统的富兰克林·D. 罗斯福（Franklin D. Roosevelt）宣布了一项"新政"（New Deal），要让美国工人重建支离破碎的经济，并使数百万失业工人重返工作岗位。到 1934 年，联邦政府开始出资清理和重建城市中心区那些老旧的工人阶层居住区，这里通常居住着流离失所的贫困非裔美国人。1930 年，美国区域规划协会成员凯瑟琳·鲍尔 [Catherine Bauer（1905—1964），之后更名为凯瑟琳·鲍尔·伍斯特（Catherine Bauer Wurster）] 参访了法兰克福，鲍尔毕业于瓦萨学院，当时是刘易斯·芒福德的教学助理，在法兰克福期间她参加了由恩斯特·梅及其设计团队组织的为期三天的住宅设计课程学习。返回美国后，她为《财富》（1931）杂志写了一篇获奖文章，之后进一步充实完善，出版了专著《现代住宅》（*Modern Housing*，1934）。就像众多欧洲人和 CIAM 成员一样，她认为有组织的工人阶级应该要求政府修建廉价的保障性住宅，并以某种方式改变早期贫民窟拥挤和肮脏的生活状态。作为阿尔弗雷德·卡斯特纳（Alfred Kastner）和奥斯卡·斯通诺夫（Oscar Stonorov）设计的位于费城东北部的"卡尔·麦克利之家"（Carl Mackley Homes, 1931—1933）——由工会赞助、按照勒·柯布西耶住宅设计理念修建的低层住宅项目——的崇拜者，鲍尔在 1934 年成为约翰·埃德尔曼（John Edelman）成立的劳工住宅协会的一员。她与埃德尔曼一起又加入了美国区域规划协会的分支机构——住宅研究协会（Housing Study Guild），而刘易斯·芒福德、亨利·赖特以及阿尔伯特·梅耶（Albert Mayer, 1897—1981）也是该协会的成员，他们共同致力于敦促罗斯福政府新成立的联邦公共事务管理局（the federal Public Works Administration，简称 PWA）采取类似的开发方式建造公共住宅。

通过美国劳工联合会（the American Federation of Labor，简称 AFL）和新成立的国家住宅协会（National Association of Housing Officials，简称 NAHO）等工会组织的支持，美国联邦政府开始介入公共住宅的开发与建设。1935 年，联邦政府颁布了《国家公共住宅设计标准》，而像克拉伦斯·斯坦因和亨利·赖特这样的现代建筑师，则很快失去了制定政府公共住宅设计标准的控制权。取而代之的是，政府部门采用简化的设计标准，以保证公共住宅易于建设和维护，同时不会与私人住宅开发产生竞争。政府部门颁布的设计标准是过去十年无数建筑师致力推动的住宅开发计划——"超级街区"——的简化版，超级街区住宅综合体消除了众多交叉道路。交通将被限制在外围的街道上，而步行系统则布局在公园般的开放空间里，从而实现人车分流。斯坦因曾经设计过类似住宅项目——位于布朗克斯区的"山边家园"（Hillside Homes, 1933），山边家园是 5 层高的普通砖结构庭院式住宅，修建在城市北部占地 5 个街区的空地上，共提供了 1416 套住宅单元，其中绝大部分为两居室。这里的住户大多是从事销售业务的白人家庭，并且绝大部分来自周边地区。这里还配建了各种社区设施，如游乐场、幼儿园、会议室和教室等，相比纽约的住宅公寓这里创造了更浓厚的社区氛围。与住宅研究协会认为的最经济、最令人满意的方法相一致的是，公寓两翼被草坪包围，普通楼梯间配置少量照明装置，这种住宅进入系统的设计理念来自哈佛大学和耶鲁大学的学生公寓设计。

与此同时，联邦基金也批准在纽约市建立第一个公共住宅管理机构。在完成实验性改造项目——对位于 A 大道和第一大道之间的曼哈顿东 5 街上一处经济公寓进行更新改造，每三幢公寓拆除一幢，并将后院合并为公共花园，从而打造"第一住宅"（Frist Houses）——之后，纽约市住房管理局（the New York City Housing Authority，简称 NYCHA）进行了它的第一个新项目建设，即哈莱姆河之家（Harlem River Houses），该项目于 1933 年 12 月获得批准，并于 1935 年投入使用。它是一个 4 层无电梯的街坊式庭院综合体，占地 8.5 英亩（3.44 公顷），位于西 151 街和哈莱姆河之间，邓巴公寓正北面，提供了 574 套住宅单元。相对于一般的住房改革，这里的不同寻常之处在于它是专门为非裔美国人设计的。它的建筑设计团队包括社会建筑师阿奇博尔德·曼宁·布朗（Archibald Manning Brown）、霍勒斯·金斯伯恩（Harold Ginsbern）以及约翰·路易斯·威尔逊（John Lewis Wilson, 1898—1989）。其中，金斯伯恩是纽约自学成才的花园公寓设计专家，而威尔逊则是为数不多的毕业于哥伦比亚大学学院派建筑设计专业的非裔建筑师，他是在罗斯福新政时期内政部部长哈罗德·伊克斯（Harold Ickes）的坚持下加入设计团队的。哈莱姆河之家规划采用了古典轴对称形式，

182

　设计现代城市：1850 年以来都市主义思想的演变

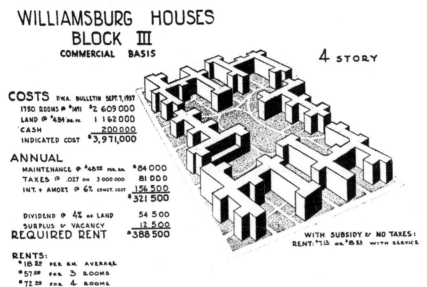

WILLIAMSBURG HOUSES
BLOCK III
COMMERCIAL BASIS

4 STORY

COSTS P.W.A. BULLETIN SEPT.7,1937
1750 ROOMS @ $1491 $2 609 000
LAND @ $4.84 SQ.FT. 1 162 000
CASH   200 000
INDICATED COST $3,971,000

ANNUAL
MAINTENANCE @ $48.00 PER R.M. $84 000
TAXES @ .027 ON 3 000 000   81 000
INT. + AMORT @ 6% CONST. COST 156 500
                              $321 500

DIVIDEND @ 4% OF LAND   54 500
SURPLUS & VACANCY   12 500
REQUIRED RENT $388 500

WITH SUBSIDY & NO TAXES:
RENT: $7.13 OR $8.00 WITH SERVICE

RENTS:
$18.80 PER R.M. AVERAGE
$57.00 FOR 3 ROOMS
$72.00 FOR 4 ROOMS

图 72 威廉斯堡居住区，里士满·H. 施里夫、威廉·勒斯卡兹、亚瑟·霍尔顿（Arthur Holden）等设计，纽约布鲁克林，1935—1938 年。(Clarence Arthur Perry, *Housing for the Machine Age* [New York: Russell Sage Foundation, 1939], 239)

中轴线两侧布局有街坊式住宅公寓，这是对早期城市规划的进一步发展。每个街区都以一个庭院为中心，庭院里有雕塑并栽种了法国梧桐。整个居住综合体还包括一所护士学校并作为整个项目的主要社会元素，由纽约私立幼儿园协会管理。

　　与哈莱姆河之家项目同一时间进行的还有纽约市住房管理局（NYCHA）负责的其他早期重要项目，如布鲁克林的威廉斯堡居住区（Williamsburg Houses）项目，该项目主要针对白人住户，1938 年投入使用（图 72）。它的种族隔离政策是内政部部长哈罗德·伊克斯颁布的《邻里构成规则》的结果，紧随其后联邦新政公共事务管理局和美国住房管理局（U. S. Housing Authority，简称 USHA）推行了这一政策。这一政策要求在新建的公共住宅项目中住户的种族构成必须与以前在这里居住的种族构成相匹配。而威廉斯堡居住区设计团队由里士满·H. 施里夫（Richmond H. Shreve, 1877—1946）负责，施里夫和瑞士裔现代建筑师威廉·勒斯卡兹（William Lescaze, 1896—1969）一起设计了纽约帝国大厦，他曾经与乔治·豪（George Howe）一起作为首席设计师设计了费城储蓄基金大厦[1]（PSFS, 1931）。威廉斯堡居住区

183

1　PSFS大厦是费城的历史性地标建筑，也是美国第一座国际主义风格的高层建筑。

是一片由四层、无电梯的钢混建筑组成的综合体，外立面由砖和玻璃钢窗（后来改为铝合金双悬窗）构成。绿色草坪和照明装置同样布置在普通楼梯间内外。威廉斯堡居住区的场地规划遵循 PWA 的指导方针以及 CIAM 的相关理念，当时由亨利·赖特与住宅研究协会提出并收入在他的《重构美国城市住宅》（*Rehousing Urban America*，1936）一书中。建筑师们再一次发现，相比过去采用的单边或双边走廊布局，如典型的美国酒店布局，这种布局形式更为经济，即一系列以公共楼梯为中心的十字形布局组合，并且每个楼梯只服务于三四个单元。在许多方面，威廉斯堡居住区与纽约早期的住房改革有许多相似之处，但是仍有两点不同，也正是这两点不同标志着它成为首个"现代"公共住宅项目。一是它的场地规划相比现有的街道网格红线退后 15%，从而使街道外观并没有保持线性整齐，从而表明了一种全新的都市主义形式，与现有的城市格局毫无关系，它受到恩斯特·梅在法兰克福布鲁克菲尔德大街上设计的锯齿形住宅的启发。二是使用长卧式钢窗，从而使外观呈现国际风格的水平状态。由于这种设计不是功能性，之后美国的公共住宅设计很少再使用这种设计。

　　1935 年，纽约市住房管理局采纳了联邦公共事务管理局制定的《国家公共住宅设计标准》，这使得哈莱姆河之家和威廉斯堡居住区都与后来修建的更为标准化的由贫民窟改造的公共住宅项目不同，该标准不允许现代规划师和建筑师在整个规划过程中参与深度设计，也不允许住户进行任何改造，这些标准并没有复制麦克利之家或是哈莱姆河之家的高设计标准，而是导致了现今众所周知的政府资助项目，这些项目在过去 40 年里要么得到了全面翻新，要么被积极地拆除掉了。而鲍尔·伍斯特本人从 20 世纪 50 年代末开始，强烈谴责这样的粗制滥造。

　　在美国，第一个有电梯的公共住宅是纽约市住房管理局在布鲁克林建造的红钩居住区（Red Hook Houses），该项目于 1939 年投入使用。一篇发表在《财富》杂志上的文章《这里是天堂，这里是极乐园》（It's Heaven, It's Paradise）中，凯瑟琳·鲍尔（即鲍尔·伍斯特）对其大加赞赏。为了符合《邻里构成规则》，最初该项目也只是白人住宅项目。到 1941 年，大约有 32 个黑人家庭和 2513 个白人家庭居住在这里。尽管，红钩居住区的整个场所规划仍然采用了学院派形式，但它仍然结合了成本较低的传统纽约公寓设计手法以及现代主义的场所规划理念，如高层建筑之间需要相对较大的间距。哈莱姆区的另一个公共住宅项目——东河居住区（East River Houses）项目也很快建成，出于成本控制，这里更多地采用了非对称式场地规划，并奠定了之后 NYCHA 绝大多数项目的基本模式。项目建筑设计师是佩里·科克·史密斯（Perry Cork Smith），他设计了不同高度的塔楼，各住宅单元以电梯间为中心，采用十字形平面布局。这种设计手法之前曾受到住宅研究协会的提倡，后来由 NYCHA 室内建筑师弗雷德里克·阿克曼进行了改进。该项目计划修建 1170 套住宅单元，分布在 6、10、11 层等不同高度的大厦中，这也是全美第一个为公共住宅修建的高层建筑项目。在接下来的几十年里，NYCHA 在整个纽约地区广泛复制了这些设计。而这个 1941 年建成的位于东哈莱姆区的东河居住区则居住了 1044 个白人家庭，而黑人家庭只有126 个。

从长远来看，这些早期公共住宅项目在都市主义发展上的意义远不及新政的分权政策。"都市主义"这一概念最早出现在美国公众视野是 1937 年联邦国家资源委员会（the Federal National Resources Committee）的报告《城市在国民经济中的作用》（*Our Cities: Their Role in the National Economy*），但是报告中关于新政应该提高城市生活水平并改善城市治理结构的建议却在很大程度上被忽视了。一年之后，报告的另一位作者芝加哥社会学家路易斯·沃思（Louis Wirth，1897—1952）发表了一篇很有影响力的文章《作为一种生活方式的都市主义》（Urbanism as a Way of Life），文中他将都市主义定义为"城乡生活差异"，城市不仅人口密集，而且包括了更多的社会异质性，并允许更大的个人主义、宽容和自由。这一立场后来在很大程度上影响了"二战"后美国的城市规划，但在 20 世纪 30 年代，正是早期花园城市规划思想和亨利·福特的反城市化思想的融合奠定了美国联邦政府大规模实体空间规划的基础，如田纳西流域管理局（Tennessee Valley Authority，简称 TVA）和绿带城镇等。延续胡佛政府的独户住宅分区规划和公路系统建设，罗斯福新政的整体规划政策是城市分散化发展，1935 年及之后的联邦住宅管理局（Federal Housing Administration，简称 FHA）的指导细则有明确体现，从而奠定了 1950 年后美国都市区扩展的重要设计基础。

像纽约的第一个区域规划和美国区域规划协会的拉德伯恩紧凑型城市发展模

式一样，由绝大部分独户住宅组成的邻里单元区域规划，与赖特所设想的完全分散化的广亩城区域规划方案相比，在 20 世纪 30 年代都以不同的方式进行了讨论和应用。为了支持郊区的继续发展，罗斯福新政进一步推进了胡佛总统于 20 世纪 20 年代开始的许多施政基础，包括增加提供长期贷款的力度，以促进房屋所有权，而购房者只需要提供 10%—20% 的首付现金就可以实现住宅私有。要做到这一点，就需要新的房地产评估标准，以更好地评估未来可能的风险，以便联邦政府能够控制房贷风险。这种风险评级办法于 1933 年由罗斯福政府成立的房主贷款公司（the Home Owners Loan Corporation，简称 HOLC）制定，并于 1934 年之后被 FHA 广泛采用。20 世纪 20 年代，芝加哥大学的罗伯特·帕克（Robert Park）和恩斯特·伯吉斯（Ernest Burgess）将标准美国房地产开发实践和社会学研究相结合，于 1925 年出版了《城市：城市环境中人类行为模式调查及建议》（*The City: Suggestions for Investigation of Human Behavior in the Urban Environment*）一书。这些芝加哥学派社会学家的研究重点是绘制城市地区不同族裔的居住空间格局，他们发现邻近城市中心区的内环过渡区通常居住着新近移民，因为这里是新移民初次抵达美国所能找到的交通相对便捷、居住成本又比较低的地方；沿着城市中心区向外扩散，在城市边缘地区分布的是新建的更宜人的中产阶级居住区（图 73）。

　　根据罗斯福新政，芝加哥大学培养的社会学家霍默·霍伊特（Homer Hoyt, 1895—1984）和其他学者将伯吉斯的大都市区"同心圆理论"（concentric zone）转换为联邦政府 HOLC 的风险评估研究。1939 年，在 FHA 出版的《美国城市住宅社区结构及增长》（*The Structure and Growth of Residential Neighborhoods in American Cities*）一书中，霍伊特公开阐述了 FHA 关于社区风险的四个因素：即低租金 [月租金低于 15 美元（相当于 2016 年的 253 美元）]、社区建筑质量结构（25% 以上需要大修或不适合使用）、建筑年龄（75% 以上建于 1904 年以前）以及社区人口结构（50% 以上为"非白人"）（图 74）。这一术语让人想起了 1930 年美国人口普查分类表中"非白人"属性，在洛杉矶"非白人"包括墨西哥裔、亚裔以及非裔，而在美国绝大多数城市地区则特指非裔美国人。《风险评估机密地图》（通常叫作 HOLC 地图）通过字母（从 A 至 D，A 表

185

186

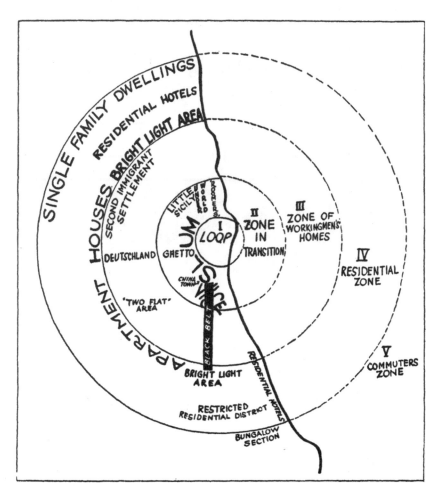

图73 芝加哥城市增长理论示意图，罗伯特·E.帕克和恩斯特·伯吉斯设计，1925年。
(Ernest Burgess, "The Growth of the City," in Robert E· Park and Ernest W. Burgess, *The City: Suggestions for Investigation of Human Behavior in the Urban Environment* [Chicago: University of Chicago Press, 1925], 55)

187 示最安全，D 表示最高风险）和颜色（A= 绿色，B= 蓝色，C= 黄色，D= 红色）表示风险级别，FHA 通常只向私人借贷者提供这份地图，从而使联邦政府能够判断哪些地区因为风险太大而不能提供贷款。标注为红色的 D 类地区，通常包括老旧的中心区，即芝加哥学派社会学家所说的邻近市中心的过渡地区，以及所有非裔美国人居住的地区，即使在较偏远的地区。

20 世纪 30 年代，美国联邦政府在贷款风险评估方面，很大程度上只是将美国早期的私人房地产贷款实践编纂成了法典，且这些实践通常将任何"黑人"（Negroes）"入侵"居住区视为对未来房产价值的严重威胁。广泛使用的购买者

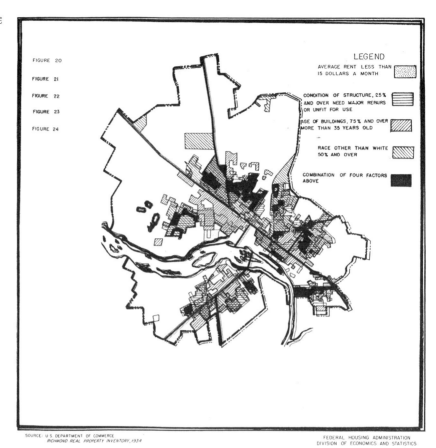

图 74 里士满贫民住宅
指标标准，1939 年。
(Federal Housing
Administration,
*The Structure and
Growth of Residential
Neighborhoods in
American Cities*
[Washington, D. C.,
1939], 47)

契约限制倾向于更多地"保护"这些地区免受潜在风险的影响，直到 1948 年最
高法院裁定雪莱诉克莱默案违宪之前，它一直在严格执行。20 世纪 30 年代，编
制的《标准房地产评估手册》表明，一个地区出现"不受欢迎群体"会降低土地
价值。霍伊特的研究也证实了，在这种情况下，非裔美国人进入城市的影响一开
始会推高房价，但随着白人居民的离开，房价会急剧下跌。为了避免这样的结
果，拒绝在城市中心区提供抵押贷款保险政策的罗斯福新政旨在加速被认为是导
致城市去中心化的"种族继承"的自然发展过程。在战后美国，它反而以一种消
极的方式"冻结"了 20 世纪 30 年代一度发生变化的向心型中心城市模式，确

保了中心城市和非裔美国人地区无法享受联邦抵押贷款的政策。没有联邦抵押贷款，大多数中心城区的房地产风险变得非常高，在此后的几十年里，几乎不可避免地走上了社会和经济衰退的道路。

由于这些 HOLC 地图是机密，因此它们的存在以及对城市社会持续而深刻的影响直到 20 世纪 80 年代才被广泛公开讨论。历史学家肯尼斯·T. 杰克逊（Kenneth T. Jackson）在他的著作《杂草边缘》（*Crabgrass Frontier*, 1985）一书中公布了 HOLC 地图。按照芝加哥社会学派的理论，老旧城市住宅与商业和工业混合的"过渡性区域"在房地产领域注定要失败，因此这些属于红色高风险地区的贫民区应该拆除重建为低收入住宅区。一个较早的案例是圣路易斯市的邻里花园项目（Neighborhood Gardens, 1934），它是由私人慈善组织赞助，霍恩、鲍姆与弗罗塞设计事务所（Hoener, Baum and Froese）设计的 252 栋低层花园公寓组成的。整个设计模型与阿姆斯特丹、维也纳的街坊式住宅项目类似，但这个仅提供给白人居住的重建项目清理了非常密集的贫民区，而这个贫民区是 1917 年圣路易斯市规划师哈兰德·巴塞洛缪所说的两个"衰败区"之一。哈莱姆河之家几乎在同时期规划设计，虽然采用了相似的设计模式，但避免了街坊式庭院组织模式，而是采用了连排式空间规划，在低层建筑之间设置草坪和停车场，从而成为之后众多公共住宅项目遵循的模式。

所有联邦政府支持的公共住宅项目都遭到美国国家房地产委员会的强烈反对，该委员会得到了共和党的支持，认为应该限制政府在住宅方面的影响，除了为白人中产阶级的独户住宅提供抵押贷款支持。然而，从某种意义上说，20 世纪 30 年代的辩论双方都实现了各自的目标，因为 FHA 能够通过联邦抵押贷款来刺激住宅建筑业，而美国住宅管理局可以帮助当地公共住宅机构清理和重建市中心的贫民区。在"关于住房建设和住房所有权总统会议"的建议下，FHA 也开始制定新的郊区住宅指导细则（图 75）。在这次总统会议上，托马斯·亚当斯和哈兰德·巴塞洛缪提交了一份草案，建议修建带有端头路的独户住宅邻里单元，邻里单元中心为小学。这种设计模式在 1936 年 FHA 的《规划小型住宅邻里》（*Planning Neighborhoods for Small Homes*）公告中被明确提出，并成为未来邻里单元规划的基础。新的规划指引坚决反对以原来的网格式规划作为新的美

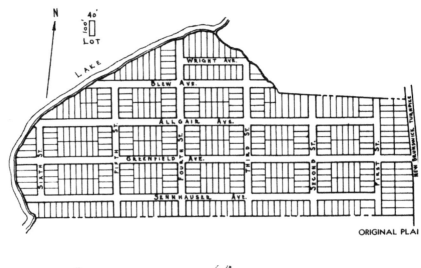

图 75　联邦住房管理局
（FHA）指导细则。
(Federal Housing
Administration,
*Planning Profitable
Neighborhoods*
[Washington, D. C., 1939])

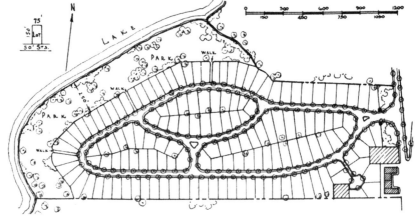

国邻里单元的规划基础，而这一立场，FHA 坚持至今。FHA 反对采用网格式规划的主要原因在于其需要更多的街道面积，而有些是非必要的，从而增加了交通危险。所以相对于网格式规划的"单调而枯燥的建筑效果"，即"缺乏对社区建设方面的作用"，使现有的住宅邻里规划得到更多的支持。至 1938 年，FHA 分区规划评审专家建议将街道弯曲布局作为规划标准并作为开发商获得 FHA 抵押贷款担保的必要条件，从而有效地将这个规定纳入美国住宅郊区规划的设计规范之中。

　　在采取这些成功的措施重振私人房地产市场的同时，罗斯福新政还以 1933

年田纳西流域管理局（TVA）的成立作为起点，实施了大量区域现代化项目。该机构在田纳西河流域的不同州修建了超过 20 座新水电站，从弗吉尼亚州西南部至田纳西州再到亚拉巴马州北部，以及肯塔基州北部田纳西河与俄亥俄河的汇合处（图 76）。当这个项目启动时，该区域 30% 的农业人口，感染了疟疾，且他们的平均收入非常低，部分原因是土地贫瘠。TVA 的目标是要实现美国区域规划协会（RPAA）提出的工业分散化愿景，通过改变能源结构，替代原来的工艺老旧的煤燃料从而提高整个区域的生活水平。交通系统将不采用铁路，因为在当时铁路被认为是一种过时的技术，而是采用汽车，因而需要修建大量公路。如蓝岭公园道（Blue Ridge Parkway, 1935）和纳奇兹公园道（Natchez Trace Parkway, 1938）是 20 世纪 30 年代在联邦政府支持下修建的诸多公路之一，它们连通了整个区域，并沿着公路系统修建了许多分散布局的新市镇，其中最知名的是以内布拉斯加州参议员乔治·W. 诺里斯（George W. Norris）的名字来命名的田纳西州诺里斯城（1934）。1925 年，诺里斯首次提出以水电为基础进行区域开发的想法。由 TVA 首席规划师厄尔·德雷伯（Earle Draper, 1893—1994）和 RPAA 成员特蕾西·奥格设计的诺里斯城顺应丘陵地形，采用分散布局方式，规划了优美的社区中心和独户住宅。德雷伯是美国花园城市运动先驱约翰·诺兰（John Nolen, 1869—1937）的前合伙人，1917 年他在北卡罗来纳州的夏洛特市创立了自己的设计事务所，20 世纪 20 年代间，他在南北卡罗来纳州和佐治亚州设计了数以百计的新企业生活区。

绿带城镇（Greenbelt Towns）是与罗斯福新政的区域发展完全不同的另一种形式，这种模式直接基于花园城市理念，提供一系列就业、商业和文化活动机会，创建紧凑、自给自足的社区。该开发计划于 1935 年 4 月启动，并且受到罗斯福总统的大力支持。这个项目由联邦紧急救济署（Federal Emergency Relief Administration）新成立的再安置科（Resettlement Administration）监管，由农业经济学家雷克斯福德·盖伊·特格韦尔（Rexford Guy Tugwell, 1891—1979）领导。特格韦尔于 1938—1940 年担任纽约市市长菲奥雷洛·拉瓜迪亚（Fiorello La Guardia）的城市规划总监。伴随区域发展，正如 TVA 所实践的那样，特格韦尔主张将失业的农民转移到大都市周边的新市镇，使他们更接近潜在的就业机会。在不可能完全控制项目设计的情况下，弗兰克·劳埃德·赖特向再安置科提出了他的广亩城规划理念。最终完成了 4 个绿带城镇的详细规划，包括位于华盛顿特区东北 13 英里（21 公里）处的马里兰州格林贝尔特镇（Greenbelt），[191] 俄亥俄州靠近辛辛那提的格林希尔镇（Greenhills），威斯康星州邻近米尔沃基的格林戴尔镇（Greendale），新泽西州靠近布伦斯维克市的格林布鲁克镇（Greenbrook）。

　　由黑尔·沃克（Hale Walker）等人规划的格林贝尔特镇，于 1937 年建成，

图 76　田纳西水域管理系统示意图，1933 年。

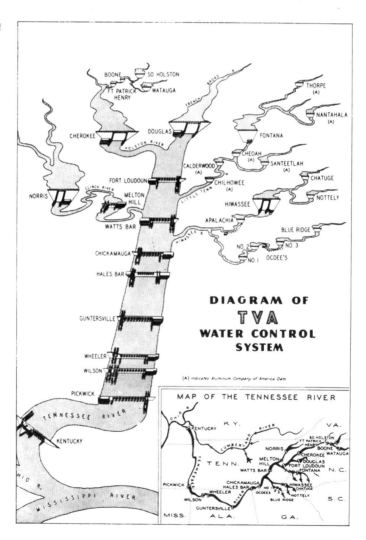

至 20 世纪 40 年代，这里已经发展到 7500 人。它是最终建成的三个绿带城镇之一，并且也是最知名的绿带城镇，它的设计融合了花园城市风格以及恩斯特·梅所设计的法兰克福风格，和拉德伯恩一样，马里兰州格林贝尔特成为其他绿带城镇的典范，不仅设计了机动车道，同时还设计了大面积的开敞绿色空间，以及包括学校在内的社区服务中心，连接社区中心的道路不仅适宜儿童步行，同时绝大部分住宅公寓距离社区中心都在 0.5 英里（0.8 公里）范围内。大部分公寓为 2 层高连排住宅，煤渣砖砌外立面，统一粉刷；另外是 4 层无电梯公寓。所有建筑都尽可能开放式布局，以保证每个住宅单元都能享受到充足阳光。最初，大约有 500 个家庭在 50×50 英尺（15.24×15.24 米）的土地上从事农业活动。另外，格林贝尔特镇还包括一个市政中心，有充足的停车场，还有一些商店、一家联合经营食品商店和一家电影院。位于新泽西州新布伦斯维克市西北的格林布鲁克镇由阿尔伯特·梅耶、亨利·S. 丘吉尔（Henry S. Churchill）和亨利·赖特共同设计，它是这 4 个绿带城镇中最富雄心的，由于受到本地区大地主的反对，该项目最终未能完成。1939 年，绿带城镇项目被起诉具有"社会主义"倾向，因此美国最高法院裁定这一计划违宪，但与公共住宅当局不同的是，再安置科并没有被正式授权建造住房。

在罗斯福新政时期，再安置科的另一项工作内容就是监督联邦农业安全局（Farm Security Administration，简称 FSA）在美国西部地区修建临时定居点，为农村移民提供临时性住房。其中许多贫穷的农民是因为恶劣的气候灾难——沙尘暴，才从俄克拉荷马州逃离而来，沙尘暴已经摧毁了数千英亩农田。在建筑师伯顿·D. 凯恩斯（Burdon D. Cairns）领导下，组建了包括弗农·德马尔斯（Vernon DeMars, 1908—2005）在内，众多建筑师、工程师和景观设计师等紧密合作的 FSA 设计团队，并于 1937—1941 年在旧金山 FSA 西海岸办公室办公。这个设计团队在亚利桑那州和西海岸地区设计了数十个由政府投资的移民安置点。FSA 的景观设计师盖瑞特·埃克博（Garrett Eckbo, 1910—2000）后来成立了 EDAW 景观设计公司，他创新地将"场所规划"理念应用于景观设计当中，并发展出将"整个场所空间作为一个整体来考虑"的新设计方法。埃克博主张"人类环境"设计必须基于"人、空间、材料和特定环境"

这四个基本要素，而不是更传统的建筑定义。埃克博、德马尔斯和其他 FSA 设计师等成为第一代将建筑、环境与规划整合在一个大尺度空间之中的设计者。与他们的设计实践如埃克博的项目并行的还有约瑟夫·赫德纳特（Joseph Hudnut）的创举，1936 年他将之前的建筑学院、景观设计学院和城市规划学院等相互独立的学院整合在一起，创建了哈佛大学设计研究生院（Graduate ¹⁹² School of Design，简称 GSD）。

为了应对包括纳粹德国、日本可能发动的世界大战，1938 年，罗斯福总统开始实施国防计划，由联邦政府和众多规划师在 20 世纪二三十年代开创的合作方向在这一计划中表现突出。数百个国防工厂开始在全国各地投入建设，底特律阿尔伯特·卡恩联合设计事务所设计了许多这样的工厂。这些工厂的选址大体上反映了 20 世纪 30 年代的一种共识，即"让人们从城市转移到乡村"是最好的方式。因此他们把工厂分散到小城镇里，正如 1934 年总统写给亨利·福特的信中所说的那样。起初，这些新建的国防工厂大多位于现有工业城镇的边缘地区，这些地区自 20 世纪 80 年代以来一直被称为"锈带"（Rustbelt），它们北至阿巴拉契亚（Appalachia），从东北走廊的西部边缘一直延伸到五大湖地区，南至圣路易斯地区。到 1941 年 4 月，按照一位联邦工业选址委员会（Plant-Site Committee）委员的建议，应进一步扩大国防工厂在全国的布局，因而许多工厂修建在大萧条时代失业率非常高的南部和西南部各州。在所有地区，工厂都建在城市边缘，从而产生了亨利·福特和罗斯福总统以及当时无论是古典主义还是现代主义规划师、建筑师都极力倡导的去中心化结果。

这是 20 年来美国以汽车为中心的发展模式的顶峰，在这之前的城市化过程中，几乎没有先例。它还结合了 FHA 鼓励的新发展实践，将洛杉矶不断增长的航空航天工业和 FHA 支持的住宅建造商结合在一起。有许多大型建造商在国防工厂附近新建独户住宅小区，如北好莱坞的托卢卡伍德（Toluca Wood），洛杉矶国际机场以北的韦斯特切斯特，以及韦斯特塞德村（Westside Village）。从技术上讲，这些城镇开发创新地使用了预制木框架和管道组件，以及装配线建造方法，而这种方法也应用在战后纽约附近的莱维敦镇（Levittowns）的开发上。

"二战"前的国防建设发生在规划行业仍具有相当威望的时期，但这种大规模的城市转型带来的实际成果在很大程度上只是权宜之计，甚至在当时也不受欢迎。在国防重点领域，快速生产和危机管理才是重点。而城镇规划吸取了 TVA 的经验，更倾向于不那么严格的花园城市建设。除了标准小型住宅开发，TVA 的建筑师和技术人员还开发了各种类型的拖车式活动板房作为临时居所，而后成为一项国际标准。TVA 拖车式活动板房模式和其他预制避难所后来被用作欧洲部分战争地区的临时住房，尤其是在英国。勒·柯布西耶也在 1946 年访问美国期间向 TVA 提交了设计方案。拖车式活动板房成为国防住房的重要组成部分，并在战后作为美国本土景观的一个基本要素而得到保留。TVA 建立在居住、农业和工业之间和谐平衡基础上的区域主义理念，成为拉丁美洲、印度、非洲在战后几十年中规划城市与区域的关键指引。

这种战时由政府主导的大规模郊区分散化过程也与大量妇女进入工业劳动大军的进程相一致。在一些案例中，比如联邦公共住房管理局（Federal Public Housing Authority）在俄勒冈州波特兰附近的万波特市（Vanport）为恺撒造船厂工人建造的国防居民点，这个居民点由规划师 J. M. 莫斯科维茨（J. M. Moscowitz）与沃尔夫和菲利浦斯建筑事务所（Wolff and Phillips）共同设计，这些居民点的规划对后来的场所规划也产生了一定影响。战争期间，万波特曾一度是俄勒冈州的第二大城市，曾努力为大量国防女性从业者提供专业的日托服务。整个战争期间，全国各地大约建造了 3000 间这样的日托中心，作为一个事先规划的社区，万波特的规划者们对女工们的日常生活方式的关注是个例外。战后，性别划分又回到从前，男性仍然被认为是主要收入来源者，而女性的职责再次回归家庭，抚养孩子。这种基于传统性别差异的规划模式后来成为退伍军人及其家庭生活的新美国郊区发展的特点，直到 20 世纪 70 年代，这种模式才开始遭到越来越多女性的挑战。

20世纪30年代意大利、德国和日本的都市主义与现代化

在墨索里尼的法西斯意大利（1922—1943），希特勒的纳粹德国（1933—

1945）和军国主义时期的日本（1895—1945），新古典主义和现代主义在许多雄心勃勃的新城市和城市地区规划中得到了应用。20 世纪 30 年代，各种各样的建筑和城市设计被灌输了民族主义和法西斯主义的思想内容，导致战后出现了许多关于特定形式和项目的政治意义的争论。1927 年，意大利一群建筑师组建了"七人小组"（Groppo 7）组织，以推广他们称之为"理性主义"（rationalism）的现代建筑思想。成员之一朱塞佩·特拉尼（Giuseppe Terragni, 1904—1943）受到苏联先锋派的影响，在科莫湖设计了一座名为诺维科姆（Novocomum，新公社）的公寓，而当时意大利建筑的另一个标志性建筑是位于都灵的菲亚特－灵格托工厂（Fiat-Lingotto，1914—1923），其部分设计思想来自工厂的工程师贾科莫·马特－特鲁科（Giacomo Matté-Trucco, 1869—1934）。而他的设计理念来自阿尔伯特·卡恩在底特律设计的钢筋混凝土工厂。

194

　　未来主义者对技术的迷恋随后与七人小组的建筑趣味整合在一起设计了"电气住宅"（Casa Elettrica），这是 1930 年由基诺·波里尼和路易吉·菲希尼（Luigi Figini, 1903—1984）在蒙扎米兰三年展（Monza Triennale）上展出的现代家用电气化住宅，菲希尼后来前往都灵附近的伊夫雷亚（Ivrea），成为奥利维蒂打字机工业城镇的首席建筑师。另一位七人小组成员阿达贝托·利伯拉（Adalberto Libera, 1903—1963）于 1928 年创立了意大利理性主义建筑运动（Italian Movement for Rational Architecture，简称 MIAR）组织，1931 年，他得到罗马画廊老板皮耶尔·玛丽亚·巴蒂（Pier Maria Bardi, 1900—1999）的赞助。1946 年，巴迪与丽娜·柏·巴蒂（Lina Bo Bardi, 1914—1992）成婚，两人后来移民巴西圣保罗，并成为巴西富有影响力的建筑师。MIAR 后来向墨索里尼政府寻求支持，但是没有成功。相反，墨索里尼政府越来越偏向马塞洛·皮亚琴蒂尼（Marcelo Piacentini, 1881—1960）的古典主义风格，他在布雷希亚市中心设计竞赛的获奖方案为法西斯意大利及其殖民城市提供了现代化古典城市中心改造模式，并进一步影响了利比亚、厄立特里亚、索马里亚部分地区以及1935—1943 年的埃塞俄比亚的城市中心改造。

　　皮亚琴蒂尼还负责设计了罗马大学的新校区，其设计采用相对简约的古典主义风格（后来被错误地称为"墨索里尼现代主义"）。1929 年《拉特兰条约》

（Lateran Pact）缓和了教皇与世俗政权之间的关系，墨索里尼也开始在罗马修建新的纪念大道。古罗马遗址得到修复，周边的建筑被拆除，并鼓励大众旅游，新的交通干线包括紧挨着古罗马广场的帝国广场大道（Via dell'impero, 1932）以及协和大道（Via della Conciliazione, 1936）将梵蒂冈和圣彼得大教堂与台伯河以东的上古和文艺复兴时期的城市区域连接在一起。该政权还支持社会家庭研究中心（Instituto Casa Populare，简称 ICP）修建或更新现有建筑为廉租房。到1930 年，廉租房容纳了 7% 的罗马人口，这一比例在当时的欧洲城市中仅次于其政治对手红色维也纳。

墨索里尼政府还在罗马南部新近排干的沼泽农业区蓬蒂（Pontine）修建了一系列新城镇。第一个计划修建的新城是可容纳 6000 居民的利托里亚 [Littoria，1931，现名拉蒂纳（Latina）]。新城规划在第四届 CIAM 大会上展出，却遭到皮耶罗·波托尼（Piero Bottoni, 1903—1973）的批评，认为它的规划仍然采用已经"过时"的花园城市设计理念。而更知名的新城是蓬蒂地区的行政中心萨巴蒂亚（Sabaudia, 1933），它由路易吉·皮奇纳托（Luigi Piccinato, 1899—1983）等 MIAR 的前成员设计，其简约古典主义设计风格相对于位于科莫地区的法西奥大楼（Casa del Fascio，即法西斯党大楼，1932—1937）更受墨索里尼喜爱。法西奥大楼是特拉尼受到勒·柯布西耶影响而设计的。

195   1938 年，墨索里尼政府计划在罗马以南 6 英里（10 公里）的地方举办 1942 年世界博览会（E42），尽管它未能召开，但却是这一时期意大利建筑设计的顶峰。由皮亚琴蒂尼领导的设计团队设计了一座气势恢宏的古典校园式场馆，其目的是建成一座卫星城，通过铁路和城市的第一条高速公路——帝国大道（Viale Imperiale，现名为克里斯托夫·哥伦布大道，1937）与罗马主城相连。这条高速公路也是 E42 的中轴大道，沿着这条中轴大道，在两侧修建永久性建筑，直抵意大利文明宫（Palace of Italian Civilization, 1937—1942），文明宫高 6 层，钢筋混凝土结构，外观为一系列由简洁而相同的石灰华覆盖的拱门（图 77），石灰华是古罗马时期广泛使用的类似于大理石的建筑材料。阿达贝托·利伯拉也设计了一座铝质抛物线拱门，正如埃罗·沙里宁于 1947—1948 年在圣路易斯市设计修建的不锈钢混凝土大拱门（圣路易斯大拱门）一样，计划修建在通往博览会的

图 77 意大利文明宫，埃内斯托·布鲁诺·拉·帕杜拉（Ernesto Bruno La Padula）、乔瓦尼·格雷尼（Giovanni Guerrini）、马里奥·罗马诺（Mario Romano）设计，罗马世界博览会（E42），1938—1943 年。

高速公路门户上。正因为某种相似性，吉尔摩·克拉克批评沙里宁的设计带有法西斯主义狂热。沙里宁极力否认他的拱门设计受到利伯拉的任何影响，而是强调他的灵感来自勒·柯布西耶 1931 年为苏维埃宫设计竞赛设计的未实践的抛物线拱门方案，以及已建成的尤金·弗雷赛纳特（Eugène Freyssinet, 1879—1962）采用预应力钢筋混凝土抛物面可分割吊架技术建造的巴黎奥利机场（1921—1923），可惜的是设计原型在 1944 年被盟军的炸弹炸毁。

纳粹德国（1933—1945）则完全摒弃了 CIAM 以及艺术与建筑领域的现代先锋运动，但是它延续了魏玛时代在交通和军事技术上的发展，并成为当时最先进的国家。欧洲第一条高速公路是由柏林格伦德瓦尔德公司（Grunewald）修建的 AVUS 高速公路（1913—1921）。私人出资修建国家公路系统的提议

196

是 20 世纪 20 年代提出来的，但是在 1933 年以前仅仅只有连接波恩到科隆的一小段高速公路建成。纳粹声称，建立全国性的高速公路网络将为失业者提供就业机会，并有利于增强国防能力。为了修建公路系统，国家高速公路公司（Reichsautobahnen Gesellschaft）随后成立，该系统由 1922 年加入纳粹的工程师弗里茨·托特（Fritz Todt, 1891—1942）设计。第一期工程从法兰克福至达姆施塔特，1935 年完工。到 1940 年，约 2486 英里（4000 公里）的高速公路建成，连接几乎所有的德国主要城市，包括标志性的纪念元素如装饰有鹰和万字符的古典式立柱。同时还修建了两种类型的高速公路服务中心，一种是传统的德意志本土形式，另一种则是更为现代的流线型设计，表明了德国纳粹政权并不特别支持哪种风格的折中主义立场。随着高速公路系统的建设，希特勒决定为德国民众提供一种小巧而经济的"人民汽车"，随后，德国"大众汽车"于 1940 年即"二战"开始后在纳粹规划兴建的 KdF 汽车城（后来的沃尔夫斯堡）开始量产。

希特勒政府还致力于将柏林打造成为更辉煌更有魅力的帝国首都，作为希特勒最欣赏的建筑师阿尔伯特·斯皮尔（Albert Speer, 1905—1981）受命重新规划柏林的交通系统，将滕珀尔霍夫机场（Tempelhof Airport，图 78）与斯皮尔设计的规模宏大的人民大会堂（Volkshalle）连接在一起。滕珀尔霍夫机场是由门德尔松的前合伙人恩斯特·扎格比尔（Ernst Sagebiel）设计，而人民大会堂则紧邻前德国国会大厦。德国国会大厦刻意保留其残败的景象，以提醒德国民众，20 世纪 20 年代魏玛时期民主在创造一个稳定的社会和经济秩序上的失败。斯皮尔夸张的新古典主义规划（偶尔也会不太确切地叫作"日耳曼尼亚规划"）尽管只有部分得到实施，但是为了规划兴建新的大道，老城区的拆迁直至 1940 年盟军开始大规模轰炸柏林之前，一直在大规模进行。

与此同时，1936 年罗马 – 柏林"轴心国"公开发表反对共产主义的立场，而日本帝国也于 1932 年在中国北方建立了伪满洲国，暗示其试图扩大在亚洲地区的影响以抵制西方。日本规划师也开始在伪满洲国地区为建设新日本农业定居点制定规划理论，规划提出建立以 150 个家庭为单位的集体制度，其中每个家庭的耕地面积为 24.7 英亩（10 公顷），大约为日本贫农平均耕地面积的 10 倍。在这一点上，东京社会住宅机构同润会也将重点转移到农村生活上，并发布了一

图 78 滕珀尔霍夫机场,恩斯特·扎格比尔设计,柏林,1936 年。

份长达 500 页的关于日本农村生活的报告,提出了一个与其他地区分散主义理念平行的新的发展方向。随着沃尔特·克里斯塔勒(Walter Christaller, 1893—1969)的"中心地理论"(Central place theory)被内田祥三应用于伪满洲国农业定居点规划,日本和德国的都市主义学者之间开展了广泛的知识和技术交流。1933 年,克里斯塔勒发表了关于德国南部地区农业市场城镇的研究,他假定每个城镇都与至少一个或两个其他城镇相连,从而形成彼此互为"中心地"的大致六边形的流通网络,正如生物细胞那样。中心地理论类似于生物系统,是关于人类居住系统认知的进一步发展,与奥地利生物学家、系统论奠基人之一路德维希·冯·贝塔朗菲(Ludwig von Bertalanffy, 1901—1972)的早期研究相似。在《现代发展理论》(*Kritische theorie der Formbildung*, 1928)一书,冯·贝塔朗菲基于循环模式以及自我调节研究发展出一种理论生物学,并在 1931 年维也纳大学讲座中对相关研究成果进行了阐述。

1937 年,日本全面入侵中国,野蛮占领了北京(1949 年以前名北平)、上海、南京和其他中国城市。日本帝国城市学家开始开展日据中国城市的规划项目。1938 年,规划师高山英华(1910—1999)等组建的规划团队为日本新占领的山西北部地区大同进行了总体规划，而高山英华正是丹下健三后来的导师。这次规划要求对曾经是北魏时期（386—534）佛教中心的古代城市中心进行全面保护。高山提出在城市中心外围规划一个可容纳 18 万人的新城区，沿着一条平缓弯曲中轴组织起来，以及两个 3 万人的卫星城镇。其基本规划单元为"邻里单元"，每个单元大约可容纳 5000 人，以拉德伯恩和佩里的实践为基础，但也反映了许多德国应用的住宅建设理念，如同润会于 1936 年发表的德国住宅相关案例。大同的基本住宅类型是一种混合了其他形式的传统中式庭院，部分采用了日式榻榻米建筑形式，并且还采用了花园城市关于前院退后的设计理念。该规划还对 20 世纪 30 年代最先进的规划思想进行广泛分析，如 CIAM 主席科内利斯·凡·埃斯特伦的阿姆斯特丹规划，该规划包括一个大型中央公园，绿带和公共广场。此外，因 CIAM 号召制定相关城市规划的法定条例，日本修改了 1919 年的规划法。

直到 1939 年，CIAM 会议都在欧洲，但是在德国和苏联是非法组织。尽管如此，两国关于城市规划的相关理念仍然在不断发展。德国对广大的东部地区进行了广泛规划，并计划在纳粹征服和种族灭绝行动之后开辟成德国定居点。1940 年，德国城市与区域规划学院（始建于 1922 年魏玛时期）被赋予一项新的任务，"科学研究德国的居住空间秩序"，其研究成果于 1944 年公开发表，并在 1957 年修订了部分专业术语后以《分散的城市及其秩序》（*Die gegliederte und aufgelockerte Stadt*）一书出版。这套概念后来成为 1960 年联邦德国城市规划立法的基础，其中包括了克里斯塔勒中心地理论的部分内容。这本书的作者是约翰尼斯·格德里兹（Johannes Göderitz）、休伯特·霍夫曼（Hubert Hoffmann, 1904—1999）和罗兰·雷纳（Roland Rainer, 1910—1999），其中格德里兹是包豪斯学院的左翼毕业生，也是 CIAM 成员之一，和其他德国现代主义建筑师一样，他也曾为纳粹政权服务过。奥地利建筑师霍夫曼也曾为纳粹服务过，1945 年后，他长期担任维也纳的城市建筑师，并且担任奥地利低层高密度住宅公寓设计师。尽管这本 1957 年出版的专著改变了报告中最初所使用的纳粹术语（如 Volkshygiene 已被删除），但它的规划理念仍然与战前的 CIAM 的相近，而且与当时在英国和其他地方广泛应用的现代规划理念也有许多相似之处。

20世纪30年代巴西的都市主义和现代化

20 世纪 30 年代，在欧洲和美国以外的其他国家和地区，建筑师和设计师也曾试图沿着相似的发展路线塑造现代化的发展模式。1930 年 3 月，热图利奥·瓦加斯（Getúlio Vargas, 1882—1954）在巴西发动了一场军事政变，导致这个难以控制的国家走上了中央集权化和现代化的道路。巴西曾经被分为两个区域，一个是贫穷的北方农业地区，这里的人民绝大多数是非洲奴隶的后代，另一个则是萨尔瓦多南部地区，这里主要是欧洲移民的后代，并且相当部分是 19 世纪时才抵达的。瓦加斯时代的众多改革包括镇压共产主义和法西斯主义及其影响，并在人类学家弗朗茨·博厄斯（Franz Boas, 1858—1942）的学生、历史学家吉尔伯托·弗雷尔（Gilberto Freyre, 1900—1987）的思想影响下，最终建立了全新的以葡萄牙语为主的多民族国家认同。这一政权还注重建筑现代化。此前以学院派为指导的里约热内卢国家美术学院（Escola Naciaonal de Belas Artes，简称 ENBA）由新近毕业生卢西奥·科斯塔（Lúcio Costa, 1902—1998）负责，他声称建筑学教育需要一种与学生意见相结合的"激进变革"。他邀请 CIAM 成员、圣保罗建筑师格雷戈里·沃彻维奇克及其他新锐建筑师前来执教，并邀请弗兰克·劳埃德·赖特和埃罗·沙里宁为客座教授。1931 年 9 月，迫于政治压力，科斯塔辞职，但他作为一位建筑师仍活跃在巴西。1936 年，瓦加斯时代的教育部长古斯塔夫·卡帕内马（Gustavo Capanema）聘请科斯塔领导一个包括奥斯卡·尼迈耶（Oscar Niemeyer, 1907—2012）在内的年轻建筑师设计团队在首都里约热内卢设计巴西教育和公共卫生部大楼（Brazilian Ministry of Education and Public Health Building，简称 BMESP），1960 年之前，里约热内卢是巴西的首都。科斯塔成功地邀请勒·柯布西耶成为设计团队中的一员，1936 年，勒·柯布西耶成功举办了一系列关于"光辉城市"设计理念的讲座。

16 层高的巴西教育和公共卫生部大楼是世界上最早的现代主义高层建筑之一。它以勒·柯布西耶的"新建筑五要素"为设计基础（图 79）。自由的外立面、水平条形窗、自由规划，这些都是基于独立柱的钢筋混凝土结构的灵活性所实现的；还有屋顶花园——勒·柯布西耶解释说，屋顶花园是建筑返还其所占用

图 79 巴西教育和公共
卫生部大楼，卢西奥·科
斯塔，阿方索·爱德华
多·雷迪、卡洛斯·里奥
（Carlos Leão）、埃纳
尼·瓦斯卡塞洛（Ernani
Vasconcellos）、豪
尔赫·莫雷拉（Jorge
Moreira）、奥斯卡·尼
迈耶、勒·柯布西耶、罗
伯托·布雷－马克斯等
设计，巴西里约热内卢，
1936—1943 年。

空间并作为可利用的室外空间的重要方式。为了适应热带气候，南侧立面（相当于北半球的北面）是一面透明的玻璃幕墙，可以斜视大海，而北侧立面是水平式的混凝土百叶窗（遮阳板），以固定的垂直混凝土面板为轴。这种固定式遮阳系统在 20 世纪 60 年代的热带地区已经成为乏善可陈的建筑设计，更早之前已经由巴西建筑师路易斯·努内斯（Luis Nunes）应用于累西腓、罗伯托兄弟应用于距 BMESP 大楼仅几个街区之遥的 ABI 大厦（1936—1938），以及勒·柯布西耶早期为阿尔及利亚城市设计的未建项目中。

尼迈耶在设计团队中具有一定的影响力，他说服团队采用可移动的而非固定的遮阳板，并提升景观街道层级的广场底层架空层高度，由勒·柯布西耶提出的 9 英尺 10 英寸（3 米）提升到在建筑设计上更为有效的 33 英尺（10 米）。这个项目的景观设计师是罗伯托·布雷－马克斯（Roberto Burle-Marx, 1909— 1994），他详细设计了街道层级花园和屋顶花园，其中包括由雅克·里普希茨（Jacques Lipchitz）等创作的现代雕塑作品，某些角度的办公室可以看到花园景观，并且通过不同的花卉植物创造了具有艺术美感的曲线形式和图案。正是通过这个项目，布雷－马克斯成为现代国际景观设计界的标志性人物。1943 年，纽约现代艺术博物馆举办了由菲利浦·古德温（Philip Goodwin）和美国建筑摄影家 G. E. 基德－史密斯（G. E. Kidder-Smith, 1913—1997）策划的"巴西建筑展"，其中展出了这个项目和后来被称为卡里奥卡（carioca，指代里约热内卢市民）的巴西现代主义的其他项目。尼迈耶作为卡里奥卡学派的主要建筑师参加了此次展览。1939 年，他为贝洛奥里藏特附近的潘普拉度假村（Pampulha）设计的系列建筑迅速产生了国际影响。20 世纪 30 年代，由于政府支持的贷款政策以及勒·柯布西耶思想的影响，巴西主要城市出现了向中产阶级高层住宅公寓转型的趋势，里约热内卢和圣保罗等城市已经被阿尔弗莱德·阿加什等规划师重新规划为拥有景观大道的具有学院派艺术传统风格的城市，但是到了 20 世纪 40 年代初，现代主义在钢筋混凝土的武装下开始取代古典主义风格，成为住宅设计的首选，也使巴西城市成为第一批在城市规模上具有现代主义风格的城市。

拓展阅读

Richard Cartwright Austin, *Building Utopia: Erecting Russia's First Modern City, 1930* (Kent, Ohio: Kent State University Press, 2004).

Eve Blau, *The Architecture of Red Vienna* (Cambridge, Mass.: MIT Press, 1999).

Eve Blau and Ivan Rupnik, *Project Zagreb* (Barcelona: Actar, 2007).

Mardges Bacon, "Le Corbusier and Postwar America: The TVA and Béton Brut," *Journal of the Society of Architectural Historians* 74:1 (March 2015): 13–40.

Luis E. Carranza and Fernando Luiz Lara, eds., *Modern Architecture in Latin America* (Austin: University of Texas, 2014).

James Dahir, *The Neighborhood Unit: Its Spread and Acceptance* (New York: Russell Sage Foundation, 1947).

Kenneth Frampton, *Modern Architecture* (New York: Th ames and Hudson, 1992).

Sigfried Giedion, *Walter Gropius: Work and Teamwork* (New York: Reinhold, 1954).

Paul L. Knox, *Palimpsests: Biographies of 50 City Districts* (Basel: Birkhäuser, 2012).

Le Corbusier, *The Radiant City* (New York: Orion, 1967).

Neil Levine, *The Urbanism of Frank Lloyd Wright* (Princeton: Princeton University Press, 2016).

Eric Mumford, *The CIAM Discourse on Urbanism* (Cambridge, Mass.: MIT Press, 2000).

Planning Amsterdam: Scenarios for Urban Development, 1928–2003 (Rotterdam: Netherlands Architecture Institute, 2003).

Maurice Frank Parkins, *City Planning in Soviet Russia* (Chicago: University of Chicago Press, 1953).

Gail Radford, *Modern Housing for America: Policy Struggles in the New Deal Era* (Chicago: University of Chicago Press, 1996).

Hugo Segawa, *Architecture of Brazil: 1900–1990* (New York: Springer, 2013).

Nasrine Seraji, *Housing, Substance of Our Cities: European Chronicle 1900–2007* (Paris: l'Arsenal, 2007).

Evelien van Es et al. eds., *Atlas of the Functional City: CIAM 4 and Comparative Analysis* (Zurich: gat Verlag /Thoth, 2014).

第五章
20世纪中叶的现代都市主义

"二战"期间的都市主义转型

20世纪30年代末，世界格局分为轴心国阵营和同盟国阵营，其中轴心国最初是以墨索里尼的法西斯意大利、希特勒的纳粹德国和日本帝国为首组成的反共联盟，而同盟国则由英法帝国和美国领导。在法国，相互敌对却又快速更迭的民选政府集中精力在法德边境修建最先进的防御工事，即马其诺防线，但是法国政府却并未将这一复杂的多层防御结构延伸到比利时边境。1939年8月，德国和苏联签署了一项互不侵犯条约，允许希特勒入侵波兰并开始征服东欧地区，以作为未来德国新的定居点。随后，希特勒迅速升级了对这一地区犹太人和其他族群的种族清洗。英法对德宣战后，纳粹运用高度发达的军事技术——包括由无线电通信连接的坦克营、飞机、战略轰炸等1911年后发展起来的各种技术，在1940年春天以"闪电战"战术迅速征服西欧，震惊世界。

后来，巴黎和法国北部地区被直接占领，但纳粹允许在法国南部建立一个名义上独立的法国政府，并将首都定在温泉小镇"维希"（Vichy）。这个由法国"一战"英雄菲利普·贝当（Marshal Phillippe Pétain）元帅领导的独裁新政府虽然严格上说来是独立的，但它却实施了许多纳粹政策，包括将犹太人和维希政权反对者驱逐到纳粹的死亡集中营。其他方面，维希政权延续了20世纪30年代以来法国的许多现代化道路，包括依靠技术专家来确定有关建筑环境发展的高度集中的国家政策，维希政权的工程师也保证了亨利·普斯特1936年巴黎区域规划中所制定的大型基础设施项目建设的延续，如修建环城大道以及在巴黎郊区修建大型居住区等。

维希时期成立了专门从事预制和工程建设管理的大型公共工程公司，以进行从 1940 年开始的战后重建工作，并通过了规划法案，使新政府机构对重建享有广泛控制权。维希政府任命的国家重建专业委员会包括奥古斯特·佩雷、剧作家兼外交官让·季洛杜（Jean Giraudoux，1882—1944）。与当时许多法国技术官僚一样，季洛杜是赫伯特·利奥泰将军的崇拜者，后者在 20 世纪 10 年代摩洛哥城市现代化进程中为法国现代都市主义发展奠定了基础。1941 年，维希政府财产重建委员会签署了《重建建筑师宪章》（*Charte de l'architecte reconstructeur*），为建筑师在重建项目中确立了一系列保守风格的设计准则。同年，维希政府财产重建委员会曾短暂聘请勒·柯布西耶任住宅与重建研究委员会主任，勒·柯布西耶当时给苏黎世 CIAM 秘书长希格弗莱德·吉迪恩的信中写道，他认为维希为 CIAM 的欧洲重建计划提供了"非常好"的氛围。但勒·柯布西耶和 CIAM 对现代集合住宅的推崇被维希重建委员会否决了，因为重建委员会更青睐传统的、区域一体化的建筑风格。勒·柯布西耶在委员会任职被认为是一个"丑闻"，于是他不得不躲起来直至 1944 年盟军解放了法国。

1942 年，勒·柯布西耶创立了新的 CIAM 法国小组，他称其为重建建筑师协会（Assemblée de constructeurs pour la rénovation architecturale，简称 ASCORAL），这个新组织与由罗杰·奥加姆（Roger Aujame，1922—2010）、尤金·克劳迪斯－佩蒂（Eugène Claudius-Petit，1907—1989）等组建的法国－阿尔及利亚的反维希政权组织有联系，其中佩蒂是法国抵抗运动的成员之一。ASCORAL 的目标是以法国北非殖民地发展起来的都市主义专业知识为基础，为法国战后重建确定新的建筑和城市发展方向。1943 年，勒·柯布西耶和 ASCORAL 在第四届 CIAM 大会成果的基础上，于巴黎发表了《雅典宪章》，对维希政权的都市主义发展理念进行了一定程度的反击。第四届 CIAM 大会上确立了现代都市主义的"四大功能"，即"居住、工作、交通和娱乐"，1945 年盟军胜利后，《雅典宪章》成为现代主义城市重建的核心要点。

1940 年夏天，希特勒转向攻打英国，发动"闪电战"，空袭伦敦和考文垂等英国主要城市。之后，希特勒又撕毁了 1939 年与斯大林签订的互不侵犯条约，于 1941 年 6 月入侵苏联，企图攻占列宁格勒和莫斯科，并将苏联疆域中的欧洲部分开辟为德国种族殖民新地区，从而使战争进一步升级。1940 年，日本加入轴心国阵营，1941 年 12 月，日本在没有任何预警的情况下突袭了位于夏威夷珍珠港的美国海军基地，从而使美国全面卷入战争。由于日本与德国、意大利结盟，美国加入了英国和苏联在欧洲及太平洋地区对抗轴心国的战争。

到 1942 年，日本已经占领了欧洲和美国在东亚的多数殖民地，包括由英国控制的中国香港、新加坡、缅甸以及现在的马来西亚、荷属东印度群岛、法属印度支那半岛（包括越南、老挝和柬埔寨）和自 1898 年以来一直是美国殖民地的菲律宾。为庆祝这个全新的"大东亚共荣圈"的诞生（共荣圈内也包括泰国，战时日本的盟国），1941 年，日本举办了一场设计竞赛，在日本圣山富士山脚下设计纪念性建筑群。当时还是高山英华学生、CIAM 日本分会成员前川国男（1905—1986）的前雇员丹下健三（1913—2005）参加了此次竞赛，他将日本传统建筑元素和米开朗基罗设计的罗马坎皮多里奥广场的风格相结合，战后丹下健三的众多日本城市中心设计以及区域规划的风格此时已可见一斑。

1943 年，德军挺进俄罗斯和乌克兰的行动被苏联红军阻挡在斯大林格勒附近，第二次世界大战形势开始向同盟国倾斜。同盟国进入意大利后，意大利民众发动起义推翻了墨索里尼政权。在德国和仍然被轴心国占领的其他欧洲地区，英国和美国盟军开始有计划地对主要工业和城市中心进行轰炸。除了工厂、铁路、仓库和军事基地，工人阶级居住的大型城市聚居区也成为轰炸目标。1944 年，德国历史文化城镇如德累斯顿在盟军的轰炸行动中遭到巨大破坏，以报复德国对英国城镇的毁灭性空袭。而美国对日本所有主要城市都投放了燃烧弹，造成数百万平民伤亡，许多城市被摧毁。最终于 1945 年 8 月，美国在日本广岛和长崎两座主要工业城市投放了原子弹，随后日本宣布投降。期间，总计约有 115 座日本城市沦为废墟，超 200 万栋住宅被摧毁。对于使用原子弹，盟军认为这是避免更大伤亡的正义之举，因为如果按照原登陆作战计划，伤亡将更加惨重。战后，1945—1952 年，日本被美军直接占领。

1940 年，美国成立了名为曼哈顿计划的秘密研究小组，运用欧洲科学家所发现的技术快速研发原子弹，并于 1945 年 7 月于新墨西哥州三位一体（Trinity）

试验场首次试爆成功。在此之前，美国陆军在犹他州达格威试验场（Dugway Proving Ground）修建了代表日本及德国城市房屋和其他建筑的典型空袭目标，过程得到了建筑师安东尼·雷蒙德（Antonin Raymond，1888—1976）、埃里希·门德尔松和康拉德·瓦克斯曼（Konrad Wachsmann）的协助。雷蒙德是捷克移民且曾在日本和印度作为弗兰克·劳埃德·赖特的助手工作过，埃里希·门德尔松于1941年从英国管辖的巴勒斯坦搬到美国，而德国建筑工程师康拉德·瓦克斯曼则与沃尔特·格罗皮乌斯合作开发了通用面板预制住宅系统。

同盟国对战争的投入也带来了许多技术上的进步，包括雷达和数字技术的雏形，这些技术最初的开发是为了破解德国的"恩尼格玛密码机"。如塑料、丙烯酸酯、玻璃纤维、泡沫喷涂技术和聚苯乙烯泡沫塑料等新材料开始广泛使用，最终成为战后全球消费文化的一部分。而已经开发出来的建筑材料，如胶合板、层压板和石膏内墙也开始大规模量产。1941年，美国海军建筑师开发出一种波纹钢材质的半圆拱形活动房屋［也称为孔塞特屋（Quonset hut）］，这种易于移动的金属结构可以灵活地应用于医院、飞机机库、仓储单元以及住宅建造中。R. 巴克明斯特·富勒参与了戴马克松部署单元（Dymaxion Deployment Unit，1941—1942）的设计，这种单元是直径20英尺（6米）的圆形钢屋，其设计灵感来自中西部的金属粮仓，并计划以每天1000个的速度进行生产。这些单元被用于美国的雷达基站以及美国海外地区如伊朗和东非的战略掩体。富勒还曾为美国政府的战时经济委员会（BEW）工作，1942年，他在《生活》杂志上首次发表了《戴马克松世界地图》，并提出将世界人类职业和能源流动概念化的新方法。1934年，拉兹洛·莫霍利·纳吉离开德国前往伦敦，随后于1938年在芝加哥开办了新包豪斯学院，他还开发了一种伪装技术——将城市目标掩藏起来。战争期间，有2000万美国人参军，许多现代建筑师、景观设计师、规划师，包括埃罗·沙里宁、丹·凯利（Dan Kiley）、保罗·鲁道夫（Paul Rudolph）、贝聿铭、布鲁斯·戈夫（Bruce Goff）、凯文·林奇（Kevin Lynch）、威洛·冯·莫尔特克（Willo von Moltke）等在战争期间和战后为美国军方服务过。

正是在这个时候，美国官方赞助在建筑和设计方面开始转向现代主义。SOM的现代主义设计团队给美国政府和企业的领导者留下了深刻印象，并于1943

年，受托与曾任田纳西流域管理局（TVA）城镇规划师的特蕾西·奥格一起秘密设计可纳75000人的位于田纳西州橡树岭（Oak Ridge）的"核弹小镇"（Atom City）项目，此时奥格已经是联邦国防动员办公室的城市战略部负责人，出于军事原因，她大力推动城市分散化，认为现有的密集工业型城市是敌人轰炸的脆弱目标。但是SOM和奥格为橡树岭修建宽阔干线公路网及其保护风景如画的自然区域的努力并没有成为战后美国城市转型的规划模式。 206

战争期间，受德国高速公路系统的启发，美国第一条长距离高速公路开始修建。最先竣工的是1941年开通的宾夕法尼亚收费高速公路。它重新启用了19世纪80年代穿越阿勒格尼山脉的铁路隧道，连接匹兹堡以东的偏远地区与哈里斯堡周边，并首次通过高速公路将东北走廊和中西部地区连接起来。宾夕法尼亚高速公路的修建与罗斯福总统授权全国跨区域高速公路委员会（National Interregional Highway Committee，简称NIHC）建立全国高速公路系统大约同一时期。NIHC包括几位州公路委员会官员、弗雷德里克·迪纳诺以及两位规划师；其中迪纳诺是罗斯福总统的叔叔，时任国家资源规划委员会主席，并且是芝加哥规划和纽约区域规划的赞助人；另两位规划师分别是纽约的雷克斯福德·盖伊·特格韦尔和圣路易斯的哈兰德·巴塞洛缪。

但是NIHC内部的州公路委员会官员和规划师在关于"交通优先"规划问题上出现了分歧，即是应该在两个城市中心之间选择距离最短路线，还是根据土地可获性和价格来选择路线，又或者是根据地形条件、历史遗迹或其他发展计划来选择路线。由工程师支持的"交通优先"方案占据了上风，而规划师偏爱的方案只得到部分实施。该方案于1939年在纽约世博会上，通用汽车公司的未来世界展馆中展出，将高速公路作为现代主义大都市的基本结构，建在邻里居住单元外围与机场、火车站以及其他交通设施紧密衔接。尽管规划师反对在公园区域或是需要拆除个别历史建筑的地区修建新公路，但在州际公路系统建设过程中这种情况却时有发生。到1956年，绝大部分美国国家州际公路系统已经按照NIHC的报告建成，该报告于1944年1月发表，后得到罗斯福总统的批准（图80）。

在高速公路的城内部分规划方面，圣路易斯规划师哈兰德·巴塞洛缪赞成NIHC的规划，他认为新公路修建可以振兴城市中心区的活力，通过清除贫民窟

图 80　全国跨区域高速公路委员会报告中拟议的高速公路规划图，1944 年。
(NIHC, *International Highways* [Washington. D.C., 1944])

和使汽车更易往返于城市中心区和郊区，这样中心区既可以保留核心商务功能和高密度居住功能，同时还可以创造分散化的城市区域。这样，城市中心区可以被布满新住宅和社会服务场所的公园式区域所包围。这种想法在一定程度上为州际公路的路线设计提供了依据。州际公路经常被用作贫民窟清理工具，其中最臭名昭著的是纽约市建设协调员罗伯特·摩西在纽约兴建的跨布朗克斯高速公路（Cross-Bronx Expressway，1948—1972）。高速公路系统规划同时也是巴塞洛缪关于圣路易斯市总体规划（1947）的重要组成部分，该规划将所有临近市中心的地区定义为"废弃区"，他预期，一旦清理完毕，这些地区将以更高密度的新式住宅进行重建，后来的普鲁伊特‐艾戈住宅项目（Pruitt-Igoe）就建造在这样的地区。这种利用高速公路建设来拆除被认为是贫民窟的密集居住区的做法在当时得到了众多规划师的支持，他们一般倾向于拆除今天通常被认为是具有历史价值的街区。

　　由于许多新的以汽车为基础的建筑类型和居民点规划作为备战成果的一部分得以修建，新的国防高速公路系统得到批准。1942 年，联邦公共住房管理局颁布了购物中心设计指南，SOM 为马里兰州临近中河（Middle River）的格伦马丁国防工厂航空城（Aero Acres）设计的现代化露天购物中心或许是世界上首批现代单排型购物中心，在这里还为国防工人修建了 600 栋新型预制住宅。

　　第二次世界大战以极度痛苦的创伤为代价改变了城市的社会和物质模式，在欧洲，纳粹暴行以及战争的破坏在许多国家留下巨大阴影，导致城市地区发生了巨大改变，甚至大大偏离了 CIAM 和其他现代规划者的要求。在美国，国防建设不幸地与"进一步扩大城市分散化"的罗斯福新政同时进行，旨在重组城市结构，以方便车辆通行。因此它破坏了许多宝贵的城市历史中心区，并为战后沿新公路系统的大规模扩张埋下了伏笔。

分散化，美国战后都市主义的趋势

　　1945 年后，随着世界军事力量优势转移到美国和苏联，世界金融和文化中心也从伦敦、巴黎转移到了纽约，这是 20 世纪 20 年代到 1960 年世界上最大的城市。这种局部转变正好赶上世界范围内大众郊区消费模式日趋流行，后者常以可口可乐为象征。冷战期间（1949—1991），都市主义相继出现多个新方向，以应对因战争而造成的巨大破坏。也因此许多地区创造了在所谓"白纸一张"的环境下从物质和社会层面塑造城市生活的新方法。

　　1949 年至 70 年代初期，美国为整理和重建许多城市中心区耗费了数百万美元的联邦基金。关注贫民区公共住宅清理的罗斯福新政进一步扩大到商业和制度层面的扶持，比如成立于 1946 年的芝加哥南区规划委员会（South Side Planning Board，简称 SSPB）所推动的以伊利诺伊理工学院和迈克尔·里斯医院为中心，由哈佛大学设计研究生院培养的规划师雷金纳德·R. 艾萨克斯（Reginald R. Isaacs，1911—1986）负责的一系列项目。但是只有少数项目获得了成功，并且除了由建筑师和规划师推动的分散化的总体规划，这一时期城市转型的大致轮廓如今在美国的各个城市中都很常见。从 20 世纪 20 年代开始，随着工业岗位迅速转移到新发展并不断扩张的大都市区的国防工厂，以有轨电车系统为载体的功能混合型城市向以独户住宅为主、以汽车交通为基础的郊区社区的转变开始加剧。在芝加哥、费城、底特律和圣路易斯等老工业中心，返乡的退伍军人曾在短期内增加了城市人口，其中还包括许多当时受到《标准房地产评估手册》影响、被限制搬入新型郊区的非裔美国人。1948 年，最高法院否决了这类种族限制法令之后，许多城市社区快速变化的人口结构导致大量白人迁徙到郊区，此时正值 20 世纪 50 年代城市重建时期，许多非裔美国人流离失所，不得不迁入之前的全白人社区。然而，直到 20 世纪 60 年代中期，尽管许多城市拆除了旧式电车系统，但大多数的专业岗位和办公室工作仍然集中在以老旧铁路系统为交通载体的旧城中心。

这些趋势对各个中心城市的影响各不相同。纽约仍然是美国最重要的城市。1947 年新成立的联合国接受了小约翰·洛克菲勒的建议，改变在费城或是温彻斯特郡选址的初衷，而是在曼哈顿东区一个主要滨水区修建总部大楼（1947—1952）。设计团队由纽约建筑师华莱士·K. 哈里森（Wallace K. Harrison, 1895—1981）组建，哈里森通过联姻成为洛克菲勒家族一员，并且参与了洛克菲勒中心的设计工作。新大楼的设计包括一幢高层办公楼即秘书处大楼以及一幢会议厅大楼即大会堂。哈里森聘请勒·柯布西耶（法国）、奥斯卡·尼迈耶（巴西）、斯文·马基利乌斯（Sven Markelius, 瑞典）、马修·诺维奇（Matthew Nowicki, 波兰）、梁思成（中国）等作为设计团队成员。勒·柯布西耶反对哈里森所确定的最终方案——采用绿色隔热玻璃代替勒·柯布西耶所建议的混凝土遮阳板作为东西立面的大型幕墙。哈里森认为这个最终方案可以在雪天更好地保温。尽管如此，联合国总部大楼迅速为市中心高层建筑的设计和建造提供了样板，同一时期修建的类似玻璃幕墙建筑还有皮耶特罗·贝鲁斯基（Pietro Belluschi）为俄勒冈州波特兰市设计的公正大楼（Equitable Building, 1946），路德维希·密斯·凡·德·罗为芝加哥设计的湖畔大道公寓（Lakeshore Drive Apartment, 1948—1951）。此后不久，利弗豪斯大楼（Lever House, 1950）拔地而起，成为纽约第一座全玻璃的商业办公大楼，它由 SOM 的戈登·邦夏设计，位于公园大道的格里居住区。随后纽约中央火车站以北的曼哈顿中城办公区迅速崛起。

很快，其他各式各样的张扬而炫目的商业大楼开始在世界各地拔地而起，如斯文·马基利乌斯设计、位于斯德哥尔摩市中心的霍托格斯城（Hötorgscity，1952）——由五座多功能塔楼组成。还有一些新建筑因在视觉上对新技术的惊人运用而将街道层面上的复杂城市功能隐藏其中，其中最有代表性的如 SOM 设计的芝加哥内陆钢铁城（Inland Steel, 1956）和旧金山泽尔巴赫皇冠城（Crown Zellerbach, 1959）。而密斯和菲利浦·约翰逊设计的纽约西格拉姆大厦（Seagram Building, 1954—1958）则成为最广为人知的中心城区办公大楼（图 81）。选择密斯作为西格拉姆项目的建筑设计师主要是因为委托方的女儿菲利斯·兰博特（Phyllis Lambert）的大力推荐，她在伊利诺伊理工学院学习期间曾经是密斯的学生。

当时的建筑师并不认为这些现代办公大楼是孤立存在或是傲慢自大的"纪念碑"式建筑，尽管这后来成了它们的标签。他们旨在创造城市组织的新形式、新标杆，而西格拉姆大厦正是 1961 年《纽约市分区条例》修订的重要参考。新法令鼓励开发商像西格拉姆大厦那样预留一定的公共空间，以换取更高的容积率。"分区"通过容积率（FAR）来切分，而容积率与建筑密度和层数有关，因此，理论上将宗地地块全部建满，且仅有一层高的话，那么它的容积率为 1。从 20 世纪 60—80 年代，许多城市也开展了类似的分区管理，尤其是休斯敦和多伦多，也在城市中心区宽敞的广场上建设类似的高层办公大楼，它们通透的视野、简约的设计以及现代的情景艺术（Plop art）常常招致后现代主义者的批判。

与此同时，在开始被称为中央商务区（CBD）的地方，人们进行了更深 210 入的实践，即创建步行网络系统。1947 年，伦敦金融城公司（City of London Corporation）批准建造了一个长达 30 英里（48 公里）的高架步行系统，威廉·霍尔福德的伦敦重建计划里也包括部分多层高架步行系统。到 20 世纪 50 年代，伦敦市中心综合发展区——巴比肯、泰晤士河南岸——及其他一些地方开始修建多层高架步行系统，1962 年明尼阿波利斯开始修建"空中步道"系统。到 60 年代后期，许多类似的步行系统开始出现在世界各地。在多伦多，建于 20 世纪 20 年代的皇家约克酒店地下步行系统开始扩建，并最终连接密斯设计的多米尼恩中心（Dominion Centre complex, 1964—1969）。在蒙特利尔，由威廉·泽肯多夫（William Zeckendorf）开发、贝聿铭设计的玛丽城广场（Place

图81 西格拉姆大厦，路
德维希·密斯·凡·德·罗
设计，纽约，1954—1958
年。
(Ezra Stoller © ESTO)

Ville Marie）也修建了地下步行系统，直通文森特·庞特（Vincent Ponte）设计
的地下城（La Ville Souterraine，1960）。类似的设计理念也启发了底特律的
日裔美国建筑师山崎实（1912—1986），他将这种理念应用在纽约前世贸中心
（1962—1975）的步行交通设计上，这个后来被摧毁的标志性双子塔综合体包括
步行广场、地下购物中心和地铁站。

在北美其他城市，这类雄心勃勃的新项目与纽约或是芝加哥截然不同。在亚

特兰大，建筑师兼开发商约翰·波特曼（John Portman, 1924—2017）设计并建造了桃树中心（Peachtree Center, 1967）。作为城市中心的商业项目，它因封闭、多层、面向内部的中庭设计而广受赞誉，它的成功使波特曼接到了更多的设计委托订单，如洛杉矶博纳旺蒂尔广场（Place Bonaventure, 1974），以及底特律市中心的文艺复兴中心（Renaissance Center, 1977）。这些项目开创了室内建筑设计的新天地，包括购物、办公、酒店、餐饮以及其他公共娱乐设施等，有些项目甚至与市中心的人行通道相连。然而，这些设计的成功在当时被认为是因为其大部分与相邻的城市中心街道相分隔。它所服务的公众仅仅指那些拥有私人汽车、可以将车停在大型车库，然后自由地穿过室内多层空间的顾客，而这些空间通常有天窗、布置有绿植、艺术品和各种其他休闲设施。这种建筑形式所承载的生活与现实世界的日常生活完全隔离——20世纪60年代各种社会冲突不断，先是民权运动，接着是街头暴力——导致许多建筑师和评论家在70年代后期对这类项目持非常消极的态度。

20世纪50年代，大众运输系统也成为北美规划师关注的焦点。德裔建筑师汉斯·布卢门菲尔德（Hans Blumenfeld, 1892—1988）曾于1930—1937年在苏联工作，1945—1953年在费城的埃德蒙·培根（Edmound Bacon）手下工作，1955年加入多伦多大都市区规划委员会后，成功地规划了多伦多的大众交通系统，该规划是他1959年提出的多伦多区域总体规划的一部分。在芝加哥，理查德·J. 戴利爵士（Richard J. Dayley, Sr.）任市长期间（1955—1976），SOM为连接城市新州际公路枢纽的地铁延长线设计车站。同一时期，还修建了大量带有激进种族隔离色彩的高层公众住宅大厦。虽然这些建筑在90年代大部分都被拆除，但是它们却在相当一段时间内为通过新州际公路而来的旅行者营造了芝加哥的城市形象：卢普商业中心大量的高层办公楼与那些突兀的高层贫民住宅并肩而立，形成鲜明对比。这一时期，芝加哥其他著名的摩天大楼还包括SOM设计的位于北密歇根大道的高达100层的约翰·汉考克中心（John Hancock Center, 1967）——它将50余层的奢华公寓置于44层的写字楼之上，以及西尔斯大厦（Sears Tower, 1968—1974）。西尔斯大厦［后更名为韦莱集团大厦（Willis Tower）］建成后成为当时世界最高建筑，其结构使用了由布鲁斯·格雷厄姆（Bruce Gramham, 1925—2010）和结构工程师法兹勒·汗（Fazlur Khan, 1929—1982）领导的 SOM 团队开发的一种新型结构管网系统。其中法兹勒·汗也执教于伊利诺伊理工学院。

　　尽管战后若干年的北美城镇设计成就在全球都产生了影响，但是它仍然经常受到批判，而始于 20 世纪三四十年代的分散化城市发展趋势却愈演愈烈。它们导致了郊区产业中心和大学园的出现，到 80 年代，这种趋势极大地削弱了旧城中心作为商务和商业中心的重要作用。1944 年，埃利尔·沙里宁和埃罗·沙里宁父子创办的沙里宁、斯旺森与沙里宁（Saarinen, Swanson & Saarinen）建筑事务所接受通用汽车公司的委托，设计美国最大的战时项目之———位于底特律北部 12 英里（19.3 公里）外的密歇根华伦的郊区技术研发园区。尽管通用汽车的高管们一致认为埃利尔·沙里宁设计的克兰布鲁克艺术学院传统校园是通用汽车技术中心的参考样板，但是沙里宁建筑事务所最终提供了一种更能表现通用公司关注现代精密制造理念的设计方案。到 1948 年，以埃罗为首的建筑师团队已在占地 320 英亩（129.5 公顷）的平地上设计建造出一组三层高、由玻璃和钢架结构围合的矩形建筑，这些新办公楼的设计灵感来自建筑师密斯·凡·德·罗的芝加哥伊利诺伊理工学院校园设计，并建有风景优美的停车场。这种设计随后成为以汽车为导向的郊区产业园设计的典范。研发中心的不同功能区分布在以 22 英亩（8.9 公顷）的矩形池塘为中心修建的 25 座不同建筑中，周围则是一片种植有 13000 棵树木的森林。克兰布鲁克艺术学院的雕塑家哈里·贝尔托亚（Harry Bertoia, 1915—1978）、移居国外的建构主义艺术家安托万·佩夫斯纳（Antoine Pevsner, 1886—1962）等人的艺术作品阵列在园区中，还有一些艺术家的作品则在时尚中心展出，如哈利·厄尔（Harley Earl, 1893—1969）设计的许多经典美式汽车，每年它们都在这个穹顶造型的通用汽车时尚中心展出。

　　大约在同一时期，埃罗·沙里宁赢得了圣路易斯杰斐逊国家纪念碑（Jefferson National Expansion Memorial，简称 JNEM）设计竞赛，项目要求设计一座新的大型纪念碑及一座滨河公园以纪念 1803 年美国购买了路易斯安那州。1947—1948 年，竞赛组委收到了 171 件作品，由威廉·伍斯特（William Wurster）担任评审团主席，评审团还包括理查德·纽佐尔、乔治·豪、罗兰·旺克（Roland Wank）以及赫伯特·黑尔（Herbert Hare）。沙里宁的获胜作品是由他与他的克兰布鲁克艺术学院设计团队以及景观设计师丹·凯利（1912—2004）共同完成的，他们设计了一座 630 英尺（192 米）高的不锈钢拱门（图 82），将坐落在密西西比河沿岸的商业区旧址上，该商业区在 1939 年被清理出来，用于建造一座新古典主义风格的杰斐逊纪念碑。早在 1936 年这个项目就确定了下来，但一直没有实施，而沙里宁的大胆设计，连同凯利设计的大型景观公园，以及拟建的河岸餐厅和博物馆，标志着战后改变了传统的步行城市和战前的现代功能主义。这也表明了一种新的趋势，即吉迪恩、泽特以及画家弗尔南德·莱热从 1943 年开始称之为"新纪念形式"（the New Monumentality）的新趋势。

　　1944 年，一篇关于这一主题的文章中，吉迪恩提出所有源于新学院派的古典艺术"伪纪念"形式都与 19 世纪的艺术理念密不可分。他认为美国近来的古典主义倾向与纳粹和苏联在 20 世纪 30 年代所青睐的纪念性建筑没有什么区别。相反，吉迪恩呼吁艺术家和建筑师应在现代化过程中密切合作，如科斯塔、尼迈耶、布雷－马克斯，以及勒·柯布西耶和设计团队在战前与巴西教育和公共卫生

213

图 82　杰斐逊国家纪念碑（JNEM），埃罗·沙里宁设计，圣路易斯市，1948－1965 年。

部的合作。这种方向将更好地表达战后的文化愿景，并将导向更符合当代人需求的新建筑与设计方法。这种理念在杰斐逊国家纪念碑（JNEM）设计竞赛之外产生了相当大的影响，如1952年哈佛大学聘请了奥斯卡·尼迈耶担任设计研究生院院长，1954年SOM的合伙人沃尔特·纳什（Walter Netsch, 1920—2008）在科罗拉多州的春泉市设计的空军学院（Air Force Academy）。

沙里宁所设计的可通行汽车的圣路易斯大拱门和通用汽车公司技术中心园区都清晰地表明了一个新的方向，这个方向在当时广受美国政府和企业精英的支持。大拱门拟建在原圣路易斯滨水区的旧址之上，而通用汽车公司技术园将高薪服务岗位从底特律市中心转移到快速发展的郊区，那里只能通过汽车到达。这两者都表明，现有的市中心将不再是传统古典纪念性建筑的所在地，如位于华盛顿特区由约翰·罗素·波普（John Russell Pope）设计的最后一批学院派风格的大型公共建筑杰斐逊纪念堂（Jefferson Memorial, 1936—1943）和国家美术馆（National Gallery, 1936—1943）。1939年，沙里宁父子在史密森尼现代艺术画廊（Smithsonian Gallery of Modern Art）设计竞赛中获胜，他们的设计拟建于国会大厦附近，正对国家美术馆，却由于当时主流社会对其现代风格的反对而未能建成。但是到1945年，主流设计风格发生了转变。随着1941年美国宣布参战，位于阿灵顿郊区的古典式"五角大楼"竣工，这是当时世界上最大的办公大楼，这些高度引人注目的官方学院派建筑标志着"城市美化运动"对美国城市直接影响的彻底终结。

当时，弗兰克·劳埃德·赖特的分散化"广亩城"思想仍然是广受欢迎的都市主义发展的主流模式，但是它也没有在战后的城市化过程中取得成功。赖特在战前激进的孤立主义使他的公众声誉受损，但战后他仍然经常接到私人建筑设计委托。其中包括约60栋美国风住宅（Usonian house），其建筑原型是1936年赖特在威斯康星州的麦迪逊首次建造的紧凑型现代郊区住宅，其理念是至少有一部分建筑可以由业主自己来完成。赖特设计的美国风住宅开创了单层住宅的设计方向——两间或多间卧室可以从客厅沿着走廊进入，并配置有紧凑型如实验室般的厨房，另外用辐射板式采暖代替地下室采暖。1939年，赖特受托为密歇根州的首府兰辛一个合作社区尤松尼亚一号（Usonial）规划设计一组类似住宅，但由于遭到联邦住宅管理局（FHA）的反对而没有建成。联邦住宅管理局声称，"这种与众不同的设计会影响销售"。1947年，赖特在密歇根州卡拉马祖（Kalamazoo）附近设计了两个美国风住宅小区——帕金村（Parkwyn）和盖尔斯堡村（Galesburg），每个小区占地1英亩，上面兴建美国风住宅并围绕集体公共空间布局。另外，在纽约市以北30英里（48公里）的普莱森特维尔（Pleasantville）附近，赖特在占地90英亩（39.3公顷）的丘陵地带设计了一个由50栋住宅组成的社区。赖特建成的美国风住宅小区仅有上述三个，其美国风住宅设计并没有被广泛应用。

洛杉矶地区因以汽车为主导最终取代了芝加哥和费城，于1990年成为美国第二大城市。《加州艺术和建筑》（*California Arts and Architecture*）的编辑约翰·恩坦察（John Entenza, 1905—1984）赞助了一系列实验性现代住宅项目，以展示高效钢结构现代设计在为广大归国军人寻求新的郊区家园过程中的巨大作用。其中最知名的是查尔斯·凯泽·埃姆斯（Charles Kaiser Eames）和雷·凯泽·埃姆斯（Ray Kaiser Eames）的实验住宅八号［Case Study House#8,1945，现为太平洋帕利塞德埃姆斯基金会所在地（Eames Foundation in Pacific Palisades）］，这是两栋设计简洁的钢结构盒式房屋，坐落在俯瞰太平洋的山坡上。作为20世纪40年代发展起来的现代主义规划议题的一部分，通常要求在地形和日照基础上进行邻里单元式郊区分区，但是实验性项目以及相关的现代主义方向，如在加州南北的大都市地区的艾克勒家庭发展计划并没有成为战后美国住宅开发的主流形式。

正是位于纽约长岛的莱维敦（1949），而不是这些广受好评、但很少被模仿的现代郊区住宅设计模式，迅速成为美国战后郊区开发的主要模式。莱维敦 215的开发商亚莱维特父子公司（Levitt & Sons）应用了他们在弗吉尼亚州诺福克（Norfolk）建造半预制战时住宅的经验，为广大归国白人军人和他们的家庭开发了这个项目。1944年，退伍军人管理局（Veterans' Administration，简称VA）的抵押贷款计划（简称为G.I.Bill）进一步增加了联邦援助，为退伍军人提供更优厚的贷款政策。因此，银行可以为那些没有能力购房者提供贷款。联邦住宅管理局和退伍军人管理局都倾向于为郊区新建住宅提供贷款，而不是赖特或是加州实验住宅项目所设计的现代主义住宅，因为这两个机构认为这些现代主义住宅并不是好的投资。因此，就像战后大部分住宅开发一样，莱维敦的住宅布局和设计遵循了联邦住宅管理局20世纪30年代及以后的设计准则。该机构对郊区的重视来自它坚持使用芝加哥社会学派的环形都市发展模式，该模型预测，靠近城市中心区的内部区位将继续衰落并成为废弃地区。

1947年，莱维特父子公司在距曼哈顿约半小时车程的长岛亨普斯特德（Hempstead）买下了4000英亩（1619公顷）的马铃薯农场用地。一开始他们修建了2000套租赁住宅，但经济公寓的市场需求是如此之高，因此不久他们就开始修建两居室大小的房屋以供出售（图83），并获得了联邦住宅管理局和退伍军人管理局的贷款担保，以战前没有能力购买住宅的白人租户为目标市场，于1948年进行了广泛宣传和销售，到1951年已经售出17500套。退伍老兵不需要付首期款，直接可以获得贷款资助。由于通过贷款在莱维敦购买住宅相比继续在纽约租房要更便宜，因此出现了大规模的白人外迁。1965年中期之前，联邦贷款政策拒绝贷款给非裔美国人、女性户主以及其他被认为是非理想郊区住户的申请人，形成了公开的种族歧视。莱维敦最初的基本住宅单元为紧凑型一层半两居室的现代版和改良版农舍式住宅［又名科德角小屋（Cape Cod）］，这是在联邦政府和更青睐于传统斜屋顶的地方政府间妥协的结果。

20世纪30年代，建筑师罗伊尔·巴里·威尔斯（Royal Barry Wills, 1895—1962）设计了许多融合殖民时期建筑风格并配套以现代化室内设施的小型住宅，这一方向后来被阿尔弗雷德·莱维特进一步应用于战后住宅市场的开发中。1949年，莱维特父子又引进了牧场模式，其中包括一个可以燃烧木材的壁炉，尽管在随后的几十年间住宅单位和土地的面积不断扩大，但他们在郊区住宅开发模式上的成功为后来的美国郊区发展确立了基本方向。莱维特父子在长岛项目的成功很快在费城附近得到复制，即宾夕法尼亚的莱维敦（1950）和新泽西州威林伯勒横跨特拉华河的莱维敦（1952）。宾夕法尼亚大学社会学家赫伯特·甘斯（Herbert Gans, 1927— ）对新泽西的莱维敦开展了研究，研究成果见其《莱维敦居民》（*The Levittowners*，1967）一书。

联邦住宅管理局更青睐这种带有曲线街道的独户住宅小区，但是在1946年，

图 83 莱维敦住宅，宾夕法尼亚州，在建住宅，1950 年。
(Rassegna 14 52/4 [12, 1992] :13)

它也开始实施"608"计划，为开发商提供抵押贷款担保，用于在城市地区建造花园式公寓，偶尔也会用于城市地区其他类型的公寓建筑。由于 608 计划存在大量贪腐现象，因此于 1950 年被迫终止。不过在这一计划之下，约 7000 个公寓项目得以建成，其中包括战后芝加哥沿湖滨大道修建的部分公寓。大约在同一时期，纽约大型保险公司也在努力为中产阶级退伍军人修建公寓住宅，其中最著名的是史岱文森小镇（Stuyvesant），该项目占地 75 英亩（30.35 公顷），是1943—1948 年罗伯特·摩西担任城市建设协调官期间清理出的建设用地，总共建造了 8800 套公寓住宅。史岱文森小镇的建筑设计师是埃尔文·克莱文（Irwin Clavan, 1900—1982），1938 年他曾经为大都会人寿保险公司在布朗克斯设计了大型的帕克切斯特（Parkchester）公寓建筑群。在这个项目中，他设计了一种简单有效的复制方法，即建造一幢接一幢 12—13 层高的红砖立面大楼，从而使住宅单元可以有效地围绕电梯间布局。另外，每栋公寓都被公园般的开放空间包围，并建有儿童游乐空间以及停车场。为了解决种族歧视问题，一个相对更小一些的相似项目——里佛敦镇（Riverton）也同时在纽约哈莱姆区修建。

这两个综合住宅项目使用的设计方法比较尴尬，因为它们是传统纽约公寓式住宅设计与早期 CIAM 场地规划理念的杂交体，同时它与纽约市住房管理局的规划师所设计的布鲁克林红钩居住区（1938）风格非常相似。在史岱文森小镇项目设计上，吉尔摩·克拉克加入了克莱文的设计团队，克拉克曾经是韦斯切斯特公园道的景观设计师之一。克拉克的克拉克与拉普阿诺建筑设计事务所（Clarke & Rapuano）当时在纽约地区承接了大量的设计项目，包括 1939 年和 1964 年纽约世博会的景观设计，在摩西提议下选址在皇后区法拉盛梅多的新联合国总部大楼，以及在新泽西规划修建的花园州立公园道。克拉克还曾于 1939—1950 年担任康奈尔大学系主任，并且为联邦州际公路系统制定了景观设计标准。

所有这些北美项目都强调设计和施工中的视觉简洁和效率，避免过多的装饰，但很少采用国际风格的视觉设计。光滑的白色外立面、开敞的阳台、屋顶花园、底层架空以及现代艺术装置等都很少采用。而北美的景观设计也通常使用标准的公园植被，大型绿色草坪四周被铁栅栏围合，另外设有沥青铺设的大型停车区和汽车服务区，偶尔也会以半正式的古典设计模式而非根据地形特征来规划一些娱乐场所，这种设计模式后来被现代景观设计师如托马斯·D. 彻奇（Thomas D. Church, 1902—1978）、盖瑞特·埃克博、詹姆斯·罗斯（James Rose, 1913—1991）和丹·凯利等积极倡导。

与城市和郊区这种单调、高效的主流设计趋势相比——1100 万美国人依靠联邦住宅管理局和退伍军人管理局的贷款能够购买自己的第一套住宅——建筑师和规划师开始提出相反的设计理念，旨在产生更平等以及今天称之为可持续发展的社会。这种新的设计方向不同于当时出现的以公路系统为基础、按种族和经济来划分美国大都市区的城市结构。这种结构下城市旧中心不再是富有活力的文化中心，而是为不愿意或是不允许迁入郊区的市民提供最后的居住地。为了解决这些问题，国会在杜鲁门总统的支持下，通过了《1949 年住宅法案》（1949 Housing Act）。杜鲁门总统不仅关注城市房地产的价值，同时还关注"新近涌现的城市少数族裔"，并在联邦基金的支持，使城市中心区再开发为拥有高密度住宅公寓的新中心。

专业设计人士就如何进行重建，意见不一。许多现代建筑师倾向于在清除市中心贫民窟的基础上建造 CIAM 式高层建筑，比如山崎实设计的圣路易斯市普鲁伊特－艾戈之家（Pruitt-Igoe Homes）——赫尔穆特、山崎实与莱茵伯尔设计事务所（Hellmuth, Yamasaki & Leinweber）于1950—1955年设计建造，1972—1976年被拆除。而克拉伦斯·斯坦因、特蕾西·奥格和凯瑟琳·鲍尔·伍斯特等则继续推广RPAA的分散主义思想，他们建议以斯坦因设计的位于洛杉矶附近的鲍德温山村庄（Baldwin Hills Village, 1941）公寓建筑群为模型，这个项目是斯坦因与雷金纳德·D. 约翰逊（Reginald D. Johnson）与威尔逊、梅里尔与亚历山大设计联合体（Wilson, Merrill & Alexander Associates）合作设计，景观设计由小弗默雷德·巴罗（Fred Barlow, Jr.）负责。鲍德温山村庄占地80英亩（32.4公顷），共627套住宅单元，呈方形布局。全部建筑只占用15%的项目面积，由1100×750英尺（335×838米）大小的双层双拼单元围绕着宽100英尺（30米）的中央公共绿地，组合成适宜步行的超级住宅区。整个项目有三种类型的住宅单元：55套单层平房住宅，216套双层双拼住宅，以及356套公寓，其中有40套为三居室公寓。每套住宅单元的停车位都设在临街铺有成排车位的庭院，整个设计类似于洛杉矶早期的公寓建筑群，但规模更大，非常受欢迎，但此后却很少再出现类似设计。²¹⁸

还有其他设计师，比如伊利诺伊理工学院的路德维希·希尔贝塞默在《新城市》（The New City, 1947）上发表了一种改良版的CIAM方案，该方案延续了战前的现代主义思想，主张完全拆除现有城市，采用间隔充分的建筑布局形式，交替布局玻璃幕墙式板式住宅与低层联排住宅，以供不同收入水平的居民选择。这种设计趋势在接下来许多年塑造了伊利诺伊理工学院的设计教育体系，并且在SOM设计的梅多湖（Lake Meadow，湖畔湿地，1949—1963）项目中取得了成功。这个致力于种族融合的中产阶级高层板式公寓建筑群由纽约人寿保险公司投资，位于芝加哥近南区。另一个成功项目是由密斯和希尔贝塞默负责建筑设计，阿尔弗雷德·考德威尔（Alfred Caldwell）负责景观设计，位于底特律的拉法耶公园住宅建筑群项目（Lafayette Park, 1958—1965）。这两个项目都是种族融合的成功案例，成为保留至今的中产阶级城市住宅区。

到20世纪50年代初，另一种新式郊区建筑类型——美国郊区购物中心也开始出现。它由克拉伦斯·斯坦因、沙里宁父子、莫里斯·凯彻姆（Morris

Ketchum）、约翰·格雷厄姆等众多建筑师首创，随后迅速被维也纳流亡建筑师维克托·格伦（Victor Gruen, 1903—1980）的设计所定型。格伦在 1938 年逃离奥地利前往纽约之前，曾经以维克托·格伦鲍姆（Victor Gruenbaum）之名从事商店设计师的工作。战后，他开始在洛杉矶设计郊区百货商场，1950年，他的建筑设计事务所接到底特律哈德逊连锁百货公司的委托，在绍斯菲尔德（Southfield）郊区设计购物中心，即后来的诺斯兰购物中心（Northland，1950—1954）。像当时众多的现代建筑师一样，格伦将这个购物中心视为一种新型的步行社区中心，他委托包括洛雅·沙里宁（Loja Saarinen）在内的艺术家为这里设计艺术作品。同时，他还设计了高效的停车和步行系统，其目的是通过繁忙的停车场来展现美国战后的繁荣景象和工业实力。每个购物中心都以几家大型百货公司旗舰店为主，旗舰店之间是面向步行街的小商铺。这种商业设计模式取得了巨大成功，使得购物者（其中很多是带小孩的妇女）不必去市中心购物，也不必乘坐有轨电车或是其他形式的公共交通工具前往市中心，随之而来的是这些公共交通工具的使用率开始下降。1956 年，格伦建筑设计事务所在明尼阿波利斯市郊区伊代纳（Edina）设计了世界上第一家封闭式购物中心"南谷购物中心"（Southdale），一直到 20 世纪 80 年代，世界各地都在复制这种模式。

分散化规划，"二战"期间及之后的英国规划

在战后的英国，工党政府取代了战时首相温斯顿·丘吉尔在 1940—1945 年领导的保守党政府，从而为勒·柯布西耶和 CIAM 的思想创造了短暂的实践环境。早在 1937 年战前，由蒙塔古·巴洛（Montague Barlow）爵士领导的产业人口布局皇家委员会（Royal Commission on the Distribution of the Industrial Population）就曾发布过一份报告，建议将工作从城市中心向外分散布局，并成立一个中央权力机构来重新开发城市地区。1935 年，大伦敦区域规划委员会提议在伦敦周边修建绿化带，相关土地迅速被私人慈善家征得。到 1941 年 5 月，纳粹的闪电空袭摧毁了包括伦敦在内的约 16 个英国城市的部分地区，因而重

建问题成为社会焦点，同时也推动了《1943 年城镇和乡村规划法》(Town and Country Planning Act of 1943) 的颁布，该法令赋予地方规划重建权。由于成功地在地方各个政治主体间取得了规划共识，因此，相比美国，英国取得了完全不同的规划结果。为了公共利益，英国通过选举产生的地方管理机构被赋予广泛权力，以调控城市的发展。

　　而在当时的美国，围绕土地使用控制权产生了众多政治分歧。在现有大城市中，由劳工组织支持的清除贫民窟和公共住房种族隔离政策获得了主流政治支持。在当时几乎全是白人居住的郊区则达成共识，赞成继续发展大部分由私人开发的郊区独户住宅。在这些郊区，土地价值通常受到限制性契约、分区条例和当地习俗的保护，而非受联邦政府直接影响。至 20 世纪 30 年代中期，这种私人开发模式不仅因联邦政府大力支持新公路系统开发而得以延续，同时还受到联邦住宅管理局的法定标准和贷款政策的支持，后者划拨贷款的方式直到 1948 年一直存在公开的种族歧视。

　　战争期间，英国主流政治支持由政府直接规划，而英国 CIAM 分会 MARS 在亚瑟·科恩的主持下开展了一项新规划，科恩是来自布雷斯劳的德国犹太人，后来于 1945—1966 年任教于伦敦建筑联盟学院。1942 年，MARS 提议按线性城市模式重建伦敦，类似于 20 世纪 30 年代初恩斯特·梅极具争议的苏联规划（图 84）。这一方案的主要特点是平行于泰晤士河规划修建东西向的交通轴，并 ₂₂₀

图 84　伦敦规划，现代建筑研究小组设计，1942 年。
(Arthur B.Gallion, *The Urban Pattern* [New York: Van Nostrand, 1950], 387)

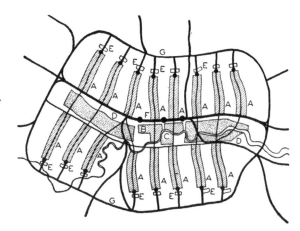

PLAN FOR LONDON
by the M.A.R.S. Group

A　Residential Units
B　Main Shopping Center
C　Administrative and Cultural Center
D　Heavy Industry
E　Local Industry
F　Main Railway and Passenger Stations
G　Belt Rail Line

沿交通轴布局产业集群和大都市设施。与交通轴连接的是 16 个线性城市，每个城市宽 2 英里（3.2 公里）、长 8 英里（12.9 公里），布局有若干邻里单元，可容纳 60 万人。邻里单元的详细设计遵循了 MARS 成员 E. 麦克斯韦·福莱（E. Maxwell Fry, 1899—1987）提出的设计模式，并于 1944 年刊登在福莱的专著《精美建筑》（*Fine Building*）中。

　　MARS 的伦敦规划迅速遭到各方批评，被认为过于激进，不过它却推动了一项更现实的伦敦地区总体规划的制定。成立于 1940 年 9 月的英国工程和建设部委托英国杰出的规划师帕特里克·阿伯克隆比爵士和伦敦郡议会总建筑师 J. H. 福肖（J. H. Forshaw, 1895—1973）制定了《伦敦郡规划》（County of London Plan，1943），随后又颁布了《1944 年大伦敦规划》（Greater London Plan 1944）。《伦敦郡规划》既是重建的迫切需求，同时也是花园城市和城镇规划协会几十年来为重塑英国大都市环境而积极行动的结果。它还展现了应对规划挑战所付出的相应努力，即如何规划勒·柯布西耶之后所定义的"人类三大聚居地"：放射状同心圆城市、线性工业城市、现代化乡村环境，它们都将通过现有的和规划中的交通系统连接起来（图 85）。《伦敦郡规划》在许多层面上影响了放射状同心圆城市的建设，这种城市通常设置在工业分散的交通便利区域内。但是紧跟《伦敦郡规划》的《1944 年大伦敦规划》并未依据勒·柯布西耶所提议的、MARS 的伦敦规划方案中所假设的"线性工业城市"模式，而是提出了同心圆式的环形道路系统以及新市镇式花园城市规划，并且在每个新市镇现有的绿带之外布局工业。

　　战争期间为了推动规划的实施，法律保障必不可少。《1944 年城乡规划法》（Town and County Planning Act of 1944）在英国各政治派系间都得到了支持，并且将规划控制权扩展到整个英国国土。《1944 年城乡规划法》将广泛的规划权赋予新成立的城乡规划部，并将土地征用权赋予地方政府，由其决定哪些是战争破坏的土地，哪些是单纯衰退的土地，并根据已颁布的总体规划购买这些土地以进行重新开发。授予这种对城市环境进行重新规划的广泛权力的目的是协调各种土地使用功能间的冲突，如居住、工业、农业、公园、道路以及机场等，使其整合成前所未有的政府职能，从国家层面引导新的发展。

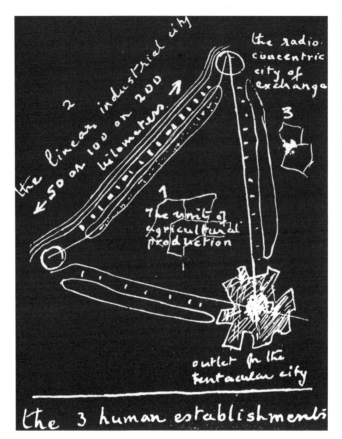

图 85　人类三大聚居地模型，勒·柯布西设计。(Le Corbusier, *The Three Human Establishments*, translated by Eulie Chowdhury [Chandigarh, 1976], 79) © F.L.C./ ADAGP, Paris / Artists Rights Society (ARS), New York, 2016.

　　其关键措施是为了减少伦敦中心区的交通拥堵，参照《纽约及其周边地区的区域规划》（1929—1931），制定相应的交通规划。该规划设计了高速公路系统，作为以曼哈顿为中心的大都市交通环线的一部分，其规划的绝大部分都在 20 世纪五六十年代陆续建成。而《伦敦郡规划》覆盖了整个郡议会管辖的行政区域，建议扩展已经开建的两条外环公路，并再兴建两条内环公路，其中伦敦中心区边缘的最内环公路连接绝大部分通勤火车站（图 86）。针对居住区重建，规划建议采用邻里单元概念来组织大都市区，其中每个邻里单元规模为 6000—10000 人，且配置有自己的小学（图 87）。

　　由阿伯克隆比为城乡规划部制定的《1944 年大伦敦规划》覆盖了更大范围的区域。延续巴洛报告的思想，该规划的基本理念是产业及工人应该迁出 19 世

222

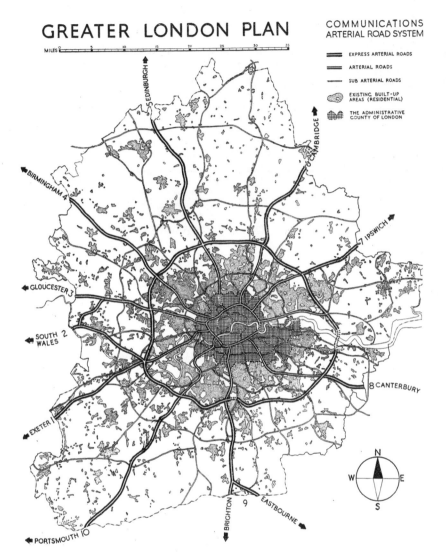

COMMUNICATIONS
ARTERIAL ROAD SYSTEM

EXPRESS ARTERIAL ROADS

ARTERIAL ROADS

SUB ARTERIAL ROADS

EXISTING BUILT-UP
AREAS (RESIDENTIAL)

THE ADMINISTRATIVE
COUNTY OF LONDON

图86 伦敦环形高速公
路系统。
(Sir Patrick
Abercrombie, *Greater
London Plan 1944*
[London, 1945], 78)

223 纪兴建的拥挤居住区，迁入城市边缘环境更为优美和健康的邻里社区。在这一方面，《1944 年大伦敦规划》与两次世界大战之间的北美规划相似，都认为以步行为主、功能混合的老旧城市中心住宅区没有任何价值。但是，与同时期美国的规划现状不同，20 世纪 30 年代重塑美国的大规模罗斯福新政干预开始向私有化方向转型，而英国却在国家主导重建理念方面达成了广泛的政治共识，即需要对整个环境采取谨慎的中央规划，以为绝大多数公民提供更好的现代都市生活。"重

第五章 20 世纪中叶的现代都市主义 251

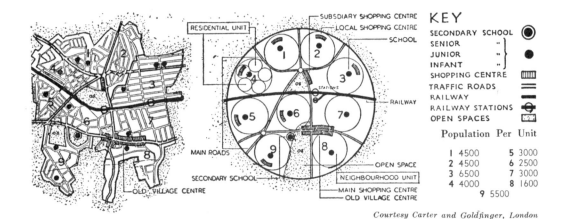

KEY
SECONDARY SCHOOL ◉
SENIOR   "
JUNIOR   " }
INFANT   " ●
SHOPPING CENTRE ▥
TRAFFIC ROADS ═
RAILWAY ━
RAILWAY STATIONS ⊕
OPEN SPACES

Population Per Unit

1	4500	5	3000
2	4500	6	2500
3	6500	7	3000
4	4000	8	1600
		9	5500

Courtesy Carter and Goldfinger, London

图 87 伦敦某街区的邻里单元重构图。
(from the *County of London Plan Explained* by *E. J. Carter and Ernö Goldfinger* [London, 1945], 26)

建"这一概念于 30 年代首次在英国国家政治层面被提出，但是战争带来的巨大破坏改变了它最初的内涵。将产业和工人迁入城市边缘地区的做法以及《1944年大伦敦规划》中的许多特定条款为战后世界各地颁布的区域总体规划奠定了通用模式，尽管并非所有规划都得到了实施。

此次规划的特别贡献还包括将绿化带作为永久禁止开发区域以法律形式确定下来，并且成为之后区域规划的基本准则。伦敦地区的绿化带呈环形，是宽度不一的农业或其他性质用地，距伦敦市中心查令十字街大约 12 英里（19.3公里）。绿化带之外，《1944 年大伦敦规划》还包括 8 座新市镇，其产业和居民转移自城市中心工人阶级居住区，它以现代化方式实践了花园城市理想。自 19 世纪 90 年代起，人们就开始讨论花园城市理念，但是到 20 世纪 40 年代初，只在伦敦附近建成了两座花园城市，即莱奇沃斯和韦林（Welwyn，1920），而英国绝大部分的都市区都修建成了高密度的、以双拼别墅和低层经济住宅为主的地区，这些经济住宅由郡议会建造，提供给工人阶级居住，都市区通常仅部分遵循花园城市的规划理念，并沿着交通线规划布局。

战后第一批 8 座新市镇被称为"第一代新市镇"（Mark I New Towns），它们通过成功安置来自伦敦中心区的 38 万人口而挑战了传统的城市结构。为了与新的大都市城市结构相配套，新的交通系统也应运而生，它以多层环形道路系统

224

为基础，并新增了 10 条放射状快速干线。但是与新市镇本身不同的是，《1944年大伦敦规划》下的高速公路修建十分缓慢，直到《1949 年特殊道路法》通过后才得到财政支持。而英国高速公路系统第一期工程 M1 和 M6 高速公路直到 50年代后期才开始修建。与此同时，只有部分新市镇建有快速铁路与伦敦中心区连接，从而束缚了这些新市镇的发展，也限制了它们的商业潜力。

随着 1946 年由戈登·史蒂文森（Gordon Stephenson, 1908—1997）设计的第一座新市镇史蒂夫尼奇（Stevenage）建成，其他新市镇也迅速开始建设。之后，由弗雷德里克·吉伯德（Frederick Gibberd, 1908—1984）设计的哈罗新城（Harlow）也于 1947 年开始修建。这两座新市镇都采用了邻里单元概念，并且每个邻里单元以公园道相互隔离，以此作为其主要的设计原则。而设计理念的另一个来源是美国罗斯福新政时期的绿带城镇。绿带城镇是拉德伯恩的现代化版本，从其整体设计来看，若干邻里单元沿着曲线道路布局，城镇中心配套以商业和公共服务中心。战后美国也开发了一些这样的新市镇项目，如位于芝加哥南部郊区的帕克弗雷斯特镇（Park Forest, 1946），该镇通过一条郊区铁路与市区相连，并修建了各种类型的低层郊区住宅以及城镇中心——由洛布、施洛曼与本尼特事务所（Loebl, Schlossman & Bennett）设计，是战后第一批郊区购物中心之一，现已拆除。

在英国，《1944 年大伦敦规划》包括的新建道路、将贫民窟重建为高层和低层住宅混合的新式社区、工业分散化以及新市镇建设等举措，在 20 世纪 60 年代中期前得到大规模推进。而意料之外的"婴儿潮"的到来以及英国最富裕地区英格兰东南部的经济增长，促使政府在距离伦敦更远的地方规划修建更多的新市镇，这一规划发表在 1964 出版的《英国东南部研究》（The South East Study）中。"第二代新市镇"中的米尔顿凯恩斯（Milton Keynes），距离伦敦 50 英里（80 公里），由卢埃林－戴维斯（Llewellyn-Davies, 1912—1981）和德瑞克·沃克（Derek Walker）设计，旨在将发源于战后美国的系统理论应用于英国的新市镇设计中。该规划以弯曲的网格街道系统为基础，试图复制洛杉矶城市发展中的"汽车"元素，英国建筑历史学家雷纳·班纳姆（Reyner Banham, 1922—1988）曾在其著作《洛杉矶：四种生态的建筑》（Los Angeles: The Architecture of Four Ecologies，1970）一书中对这种"汽车"元素大加赞赏。米尔顿凯恩斯也反映了战后系统论对模式、网络和自我调节系统的关注，其规划拒绝用邻里单元作为其基本组织结构，而是尝试应用加州大学伯克利分校社会学家梅尔文·韦伯（Melvin Webber, 1920—2006）在 1964 年提出的极具影响力的观点，建设以汽车为基础，而非以城市实体空间为载体的大都市。

20 世纪 40 年代，伦敦规划的另一个重要实践是关注城市重建和贫民窟清理。《伦敦郡规划》（1943）划分了三种居住密度区，其中外区的居住密度为每英亩 100 人，在实际建设过程中则低至每英亩 70 人，这里主要修建独户住宅；中间区每英亩容纳 136 人，其中 45% 的居民居住在大多不超过 3 层楼高的公寓里；而内区的居住密度为每英亩 200 人，这一区域的住宅均为 7—10 层高的公寓楼。即使在伦敦地区，高层、高密度住宅重建项目也存在各种争议，仅有三个位于内城的自治辖区投票允许建设 10 层楼高的住宅区。以花园城市理想为导向的城乡规划协会（Town and Country Planning Association）反对任何形式的公寓建设，但是更多的工党人士和左翼政治团体，包括共产党伦敦支部则支持这种想法。尽管如此，20 世纪 40 年代，在曼彻斯特、考文垂及其他一些英国城市，高层住宅仍然是被禁止开发的。

由鲍威尔与莫亚事务所（Powell & Moya）设计的丘吉尔花园项目（Churchill Gardens, 1946—1962）是第一个建成的 CIAM 风格的高层城市重建项目。该项目位于伦敦中心区威斯敏斯特自治辖区的皮姆利科（Pimlico），紧邻泰晤士河，正对巴特西发电站（Battersea Power Station）。它占地 30 英亩（12 公顷），是一片 9—10 层高的板式住宅楼建筑群。起初这里是工人阶级居住区，但在纳粹德国的闪电空袭中被摧毁（图 88）。除了稍早些的纽约市住房管理局的项目和大都会人寿保险公司的史岱文森小镇，可以说丘吉尔花园是第一个大型现代主义城市住宅楼建筑群。美国的这些住宅项目开发模式主要由政府部门根据早期纽约经济公寓改革做出的决策，而丘吉尔花园则是由 1946 年国际设计竞赛获胜者菲利浦·鲍威尔（Philip Powell, 1921—2003）和 J. 伊达尔戈·莫亚（J. Hidalgo Moya, 1920—1994）设计。他们都是建筑联盟学院毕业生，其中鲍威尔参观过鹿特丹的范·提扬与马萨康德建筑事务所（Van

Tijen & Maaskant）设计的普拉兰公寓（Plaslaan apartment, 1937—1938），随后他将其具有格罗皮乌斯风格的板式住宅设计应用到丘吉尔花园设计之中。项目第一期工程包括 4 栋 9 层高的公寓楼，可提供 370 套住宅单元，于 1948 年开始建设。整个项目为钢筋混凝土框架结构，最终建成了 1661 套住宅单元，其中许多单元都有户外阳台。除此之外，它还建有英国第一个区域供暖系统，居住区里的所有建筑都与更高效的中央供暖系统相连。项目的主要设计元素是高 136 英尺（41 米）的中央蓄热塔，用来储存从附近发电站排出的热水。丘吉尔花园还在鲁珀斯街（Lupus Street）修建了一系列沿街商店，设置在一个个混凝土拱门下，不过这种设计迅速成为战后平庸无奇的现代设计。

图 88　丘吉尔花园，鲍威尔与莫亚事务所设计，伦敦皮姆利科，1946—1962 年。
(Kenneth Powell, *Powell & Moya* [London: RIBA, 2009], 8)

关于丘吉尔花园的设计褒贬不一，其中亨利－罗素·希区柯克，科林·圣约翰·威尔逊（Colin St. John Wilson）和 G. E. 基德·史密斯等对其大加赞赏，而毕生倡导花园城市理想的刘易斯·芒福德则谴责其太过"严肃"。雷纳·班纳姆曾经在这里当过工人，他对此设计似乎并未发表过意见。当丘吉尔花园建成时，其他高层板式公寓也已经由 J. 莱斯利·马丁爵士（J. Leslie Martin, 1908—2000）领导的伦敦郡议会建设局开始建设。如今，其中相当多的项目比丘吉尔花园更为知名，如贝特洛·莱伯金（Berthold Lubetkin）的公司泰克顿建筑设计事务所（Tecton）设计的芬斯伯里（Finsbury）住宅区，以及丹尼斯·拉斯顿（Denys Lasdun）设计的帕丁顿（Paddington）住宅重建项目，这两个项目都在 1949 年于意大利贝加莫举办的第七届 CIAM 大会中展出。另外，还有一些现代板式住宅，如伦敦郡议会投资的边沁路（Bentham Road）项目和罗汉普顿的阿尔顿（Alton）住宅区项目，后者于 1953 年在法国普罗旺斯地区艾克斯举行的第九届 CIAM 大会上展出。这些项目都是勒·柯布西耶在圣迪耶项目（Saint-Dié, 1945）中所提出的城市理念的应用，后来该项目得以在马赛公寓（Unité d'Habitation）中实现。

在西阿尔顿区，新板式混凝土公寓的修建使大部分现有的 18 世纪景观公园得以保留下来。在伦敦郡议会的项目里，新板式混凝土公寓设计遭到了同样是伦敦郡议会建筑师设计的另一种现代住宅模式的挑战，该设计是具有瑞典风格的"点式"塔楼，其外立面由砖砌而成，而非混凝土浇筑。这部分住宅区还包括两层砖结构连排住宅，旨在弱化现代建筑的严肃感，通过采用传统建材包括砖和木材，以"人性化细节"体现传统的英式建筑风格。在"瑞典式"和柯布西耶式建筑风格的冲突和争论中，英国建筑界兴起了"新实证主义"风格，这一名字来自《建筑评论》（*Architectural Review*）编辑 J. M. 理查兹（J.M. Richards, 1907—1992），他更青睐瑞典式设计，与他立场相反的柯布西耶派则包括后来极具影响力的莱斯利·马丁、阿兰·科洪（Alan Colquhoun, 1921—2012）、科林·圣约翰·威尔逊（1922—2007）等。

不过这两派伦敦现代建筑设计师在政治立场上大多是社会主义者，都坚信其设计是重建城市的重要方法。新实证主义者清楚社会主义现实主义风格仍然是莫斯科的主流风格，而且认为，他们以传统材料来适应战后大众住宅审美需求的努力可以成为战后几年英国向瑞典式社会主义政治转型的一部分。而柯布西耶派则反对这种观点，认为新实证主义派过于矫揉造作，同时他们也反对在两次世界大战之间流行的英式郊区模式，而 J. M. 理查兹在 1946 年发表的《地上的城堡》（*The Castles on the Ground*）一书中对这种英式郊区风格大加赞赏，并试图在瑞典式基础上提供一种现代建筑设计方法。与此相反，柯布西耶派认为需要让英国公众欣赏更为严苛的现代建筑，这种建筑基于人类的真实需求，且最终更令人满意。这种思想常常同之后被称为生态与社会的"可持续"的大环境的全面思考理念类似。柯布西耶派坚定的现代主义立场在战后的建筑学教育中通常以制度化的方式（同时也结合了地方特色）确立下来，如在剑桥大学，1955 年起莱斯利·马丁担任建筑学院院长（他的立场极大地影响了之后的建筑学教育体系）。到 20 世纪 80 年代，即玛格丽特·撒切尔（Margaret Thatcher）执政的新自由主义时代（1979—1990），这种现代主义立场成为后现代主义历史学家抨击的目标，从而使现代派建筑师的专业知识在某些领域遭到彻底质疑。

　　1944 年《教育法》（Education Act）颁布后，战后英国现代主义设计模式也扩展到了中小学的设计中。《教育法》将学生的最低受教育年限提高到 15 年，从而带来了对学校的更多需求。1945—1955 年，英国大约新建了 2500 所学校，可容纳 180 万名学生。学校的设计通常由郡议会技术办公室负责。由查尔斯·H.阿斯金（Charles H. Askin, 1893—1959）领导的赫特福德郡议会开发了一种钢筋混凝土天花板和墙板的预制钢结构建筑系统，这种系统成为战后学校设计的国际典范。新建的学校中最知名的是由艾莉森和彼得·史密森夫妇设计的位于东安格利亚的亨斯坦顿现代中学（Hunstanto Secondary Modern School, 1949—1954）。这所学校采用了当时正成为美国现代主义设计标杆的密斯·凡·德·罗的极简主义风格，同时结合了工业时代将建筑材料暴露在外的粗犷风格。后一种风格后来不断发展，50 年代中期史密森夫妇及其伦敦独立艺术家小组（Independent Group，简称 IG）的同事雷纳·班纳姆将该风格定义为"新粗野主义"（the new Brutalism）[1]。

---

1 又称蛮横主义或粗犷主义。

战后欧洲大陆都市主义的发展：德国、法国、瑞典、芬兰

1947 年后，苏联将其对纳粹德国的胜利成果扩大到对东欧国家集团的控制，并一直持续到 1991 年。1946 年，反纳粹者、CIAM 民主德国分会成员汉斯·夏隆与其他成员一起提出了柏林重建规划。德国人称这个几乎全部被战争摧毁的首都为"零时"（Stunde Null），其人口从 1939 年的 430 万急剧下降到 1945 年的 230 万。夏隆的规划提议清理掉绝大部分残留的建筑结构，并根据最基本的自然景观，以一系列高速交通系统重新规划城市。这些交通系统将位于城市边缘的现代郊区连接起来，并延续 20 世纪 20 年代魏玛时期由马丁·瓦格纳等所倡导的城市发展方向，即城市分散化和增加绿色空间。

夏隆的柏林规划因不切实际而被否决，取而代之的是 1948 年卡尔·博纳茨（Karl Bonatz）的规划方案，该规划可以说是环形大伦敦规划的柏林版本，而此时正值冷战开始之前，冷战开始后柏林被一分为二，一边由美英法三国控制，另一边由苏联控制。其中被摧毁的原柏林城市中心被划在了东柏林，而 1948 年由于美国持续不断地向西柏林地区空投食物和各种生活物资，西柏林地区被牢牢控制在美英法三国手中。与此同时，1947—1952 年，美国政府启动了马歇尔计划，投入数十亿美元支持西欧 18 个国家的经济和社会重建，使联邦德国等国家和地区取得了显著的经济增长。为了降低苏联的影响以及防止法西斯主义复燃，美国致力于减少国家之间的制度壁垒，并鼓励在美国主导的资本主义框架之下建立同盟组织，以进一步刺激经济增长。

冷战对柏林的划分使柏林成为各设计流派都积极参与展示其城市设计成果的重要舞台。从 1951 年开始，苏联支持的东柏林政府沿着新建的斯大林大街（后更名为卡尔·马克思大街）兴建了拥有 5000 套住宅单元的公寓，这些新古典风格的沿街公寓高 7—10 层，表面上是为工人阶级设计，而实际上只有支持东柏林政权的人才能入住。与此形成鲜明对比的是西柏林在 1953—1957 年将战争摧毁的汉莎区（Hansaviertel）重建为塔式公寓区，公寓四周为大面积绿色开阔空间，这种设计在"Interbau'57"国际建筑展览会上展出。一大批德国本土和国际现代建筑师包括格罗皮乌斯、尼迈耶、阿尔托、贝克马等在一个重建的地铁站

229

附近设计了一系列开创性的现代住宅区。到 20 世纪 50 年代末，东柏林也开始采取相似的开发方式。尽管没有太多建筑师关注东柏林地区，但是东柏林也采用预制混凝土结构兴建了大量现代高层住宅建筑群，并称之为 Plattenbau（混凝土板式装配建筑）。类似项目也在苏联本土及其他东欧国家流行。

在战后的最初几年里，塑造城市中不同政权引发的政治冲突也十分激烈，并具体表现在规划战略和建筑风格的不同选择上。在法国，20 世纪初发展起来的佩雷式古典主义混凝土风格是战后城市重建的首选方向，勒哈弗尔港口城市重建（Le Havre, 1947）就是这一风格的直接体现。不过这种风格却遭到以勒·柯布西耶为代表的 CIAM 现代主义派的反对，1945 年，勒·柯布西耶为法国边境城镇孚日圣迪耶设计的重建项目—— 一系列位于开阔空间的板式高层混凝土建筑——并未付诸实施，而是于同年 CIAM 在纽约洛克菲勒中心举办的展览中作为战后世界都市主义建设模型展出。但是除了少数项目如著名的 17 层高的马赛公寓项目（1946—1952），勒·柯布西耶的都市主义风格近十年之后才在法国流行起来，其中最流行的是被称为 les grandes ensembles 的建于城市郊区的高层住宅项目。

佩雷的勒哈弗尔市和勒·柯布西耶的马赛公寓项目都是法国重建部（French Ministry of Reconstruction，简称 MRU）在戴高乐将军（Charles de Gaulle, 1890—1970）领导的临时政府时期（1944—1946）委托修建的。1944 年，盟军诺曼底登陆后，戴高乐将军领导的自由法国抵抗军推翻了维希政权，很快法兰西第五共和国成立，戴高乐将军担任总统（1958—1969）。1945 年，在戴高乐的领导下，拉乌尔·多特里（Raoul Dautry, 1880—1951）出任新成立的重建与都市发展部部长，他曾是前国家铁路建设部负责人，也是负责监督亨利·普斯特 1936 年巴黎地区规划的政府委员会成员。1939 年，就在德国入侵前，他还曾出任军备部部长，虽然多特里本人拒绝为维希政府工作，但是他曾经的许多下属却没有拒绝，并且在战后继续从事相关规划工作。

230　　法国重建部的组织结构和工作实践大部分都采用了与战前以及维希时期相似的相对专制、高度集中的行政规划办法，佩雷的以街道为导向的现代古典主义仍然是其首选的建筑设计方法。1945 年，多特里委托佩雷负责勒哈弗尔的重建工作——这个具有战略意义的港口城市在 1944 年部分被盟军炸毁。佩雷设计了全新的市政厅和标志性的高耸的圣约瑟夫大教堂（高 351 英尺 /107 米），并负责监督重建工作。他采用预制混凝土结构，以大约 20 英尺（6.24 米）的模块框架为基础，创造了以街道为中心的欧洲城市形象新版本，它包括步行拱廊、地下通道、新型公路、铁路以及港口基础设施。

对于重建方式——通常被称为从 MRU 风格，多特里极少遭到政治上的反对，因为法国社会主义者和共产主义者（其中许多人曾参与过法国抵抗运动）也认为有必要按照与多特里风格相近的方法迅速开展法国城市重建工作。多特里及其政治同盟认为勒·柯布西耶和重建建筑师协会（ASCORAL）的《雅典宪章》过于激进，但其中的部分理论和方法可以采用。他任命勒·柯布西耶为港口城市拉罗谢尔重建（La Rochelle，1945—11947）的首席建筑师，一位出生于拉脱维亚，当过兵，后来在勒·柯布西耶工作室工作的年轻波兰建筑师杰西·苏尔坦（Jerzy Soltan, 1913—2005）担任他的助手。勒·柯布西耶提议修建一系列板式高层住宅的方案被否决了，与此同时，他的半正式孚日圣迪耶规划方案也遭遇了同样的命运。孚日圣迪耶规划方案是由当地竞争团队提出的三个方案中的一个，从而也导致 MRU 最后采用了自己建筑师的设计方案，而非任何一个本土团队的设计方案。

与当时大多数法国决策者一样，多特里对勒·柯布西耶的作品并不太感兴趣，1945 年 MRU 公布了自己的《城市规划宪章》（Charte d'urbanisme），它大致基于《雅典宪章》，但更强调以花园城市为导向的发展方向。法国重建部部长多特里的继任者，从 1948 年至 1952 年任职的尤金·克劳迪斯-佩蒂是勒·柯布西耶的坚定支持者，他曾是自由法国抵抗军成员和战后新成立的法国社会民主党创始人。此时，勒·柯布西耶已经创建了一个名为 ATBAT（Atelier des Bâtisseurs）的团队，其成员包括安德烈·沃根斯基（André Wogenscky, 1916—2004），弗拉基米尔·博迪安斯基（Vladimir Bodiansky, 1894—1966），布兰奇·莱姆科 [Blanche Lemco, 后更名为布兰奇·凡·金克尔（Blanche van Ginkel），1923—] 等。建筑工程师博迪安斯基曾于 1933 年参与德拉穆特公寓的建设，这是世界上最早一批大型预制高层住宅项目之一。和勒·柯布西耶一样，博迪安斯基也受到田纳西流域管理局（TVA）规划组织的启发，TVA 旨在通过基础设施和建筑设计使地区获得现代化发展，这与 ATBAT 的战后宏伟目标不谋而合。

勒·柯布西耶、克劳迪斯－佩蒂、博迪安斯基、安德烈·西维（Andre Sivé）以及活跃于摩洛哥的法国城市规划专家米歇尔·艾柯查德（Michel Ecochard, 1905—1985）于 1945—1946 年被法国政府派往美国学习"建筑和都市主义"。他们先后参观了田纳西州的诺克斯维尔、诺里斯、丰塔纳大坝（Fontana Dam），对 TVA"设计委员会"的基本理念印象深刻，这种设计理念结合了基础设施系统开发，如公路、大坝、运河、新住宅区和政府大楼。ATBAT 对这一"综合方式"的首次实践成果是马赛公寓项目。这个项目开发了 337 套住宅单元，可容纳 1500 名居民，另外还设计了商店、学校、日托中心、医疗诊所、娱乐、洗衣房等设施（图 89）。住宅单元总共有 23 种类型，从单人公寓到可容纳最多 8 个小孩的家庭住宅单元。每户单元都有双层高客厅（15 英尺 /4.8 米），并且配置有 12×15 英尺（3.66×4.8 米）、厚 9 英寸的巨大玻璃窗，单元内部通过一条从一层通向二层的走廊连接起来，这种建筑结构是莫伊西·金兹伯格于 20 世纪 20 年代设计出来的。克劳迪斯－佩蒂免除了马赛公寓通常需要的施工许可程序，并安排政府采购了多数住宅单元，这一行为引起了一定的争议，因为想在那里居住的战争受害者发现他们被排除在外。

马赛公寓的外立面没有额外装饰，仍然保持原始的混凝土外观，勒·柯布西耶形容它为"混凝土原型"（béton brut）。这样设计的部分原因是这里很难找到专业建筑工人，但是勒·柯布西耶在马赛公寓以及后来的昌迪加尔（Chandigarh）项目中都采用了混凝土原型，从而使粗野主义（这一概念起源于

图 89　马赛公寓剖面图，勒·柯布西耶、皮埃尔·让内雷及 ATBAT 设计，1945—1952 年。(Le Corbusier, *Oeuvre Complète, 1946-1952* [Zurich: Éditions Girsberger, 1953],194) © F.L.C./ADAGP, Paris/ Artists Rights Society (ARS), New York 2016

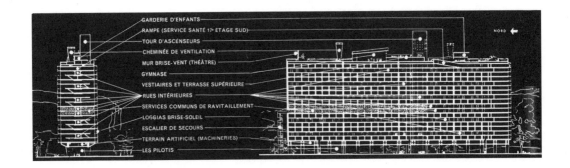

瑞典，后于 50 年代在英国流行起来）成为战后的主流建筑设计。勒·柯布西耶在马赛公寓设计中还提出了一种新比例系统，他称之为"模度"（Modulor）。它以两组斐波那契数列为基础，这些数字来源于手臂上举高 6 英尺（1.83 米）的理想男性形象，其比例由黄金分割决定，即 1：1.618，自文艺复兴以来，按这一比例构成的矩形被认为是最赏心悦目的。"模度"概念是勒·柯布西耶对恩斯特·诺伊费特（Ernst Neufert, 1900—1986）于 1939 年出版的《建筑设计手册》[232]（Bauentwurfslehre）的回应，诺伊费特曾是格罗皮乌斯的助手，1936—1945 年曾深入参与了纳粹建筑标准化工作。这些标准仍然是战后欧洲乃至今天在全世界范围内使用的建筑构建和空间尺度标准。勒·柯布西耶认为，"模度"相对而言少了一些机械主义，因为它基于的是人体比例而非生产和建设的便捷化，不过"模度"概念并没有得到广泛应用。

20 世纪 30 年代已经出现"福利国家"倾向，国家开始提供全民医疗保险、学校免除学费以及其他不论收入水平如何而为所有民众平等拥有的社会福利。这一趋势在 20 世纪早期以各种不同形式表现出来，如 20 世纪 10 年代的荷兰城市以及 1919—1934 年的红色维也纳，这种趋势一直影响着政治上日益两极分化的欧洲和苏联的不同城市和地区。在瑞典，这一发展方向始于 1932 年社会民主党赢得选举，随后开始重塑瑞典社会。福利国家思想的影响在 20 世纪 40 年代扩展到英国之后，又扩展到战后的意大利、以色列、日本以及其他国家和地区。瑞典的建筑和规划方式最早于 1930 年斯德哥尔摩博览会中体现出来，这次展览由历史学家格雷戈尔·保尔松（Gregor Paulsson, 1889—1977）组织，瑞典现代古典主义建筑师贡纳·阿斯普兰德（Gunnar Asplund, 1885—1940）设计。

斯德哥尔摩博览会体现了 CIAM 和魏玛德国强烈影响下的社会和建筑新方向，受到了广泛欢迎和好评，但它也接受了现代城市中商业生活的中心地位，其中现代广告正逐渐取代传统装饰。瑞典 CIAM 分会成员保尔松与乌诺·阿赫伦（Uno Ährén, 1897—1977）等人发表了 CIAM《接受宣言》（acceptera），呼吁瑞典民众接受工业化大规模生产、广大妇女进入劳动阵营、工人阶级被压抑的需求、新的生产方式和生活方式等新的社会变化和社会现实。

在《接受宣言》中瑞典 CIAM 成员引用了法国哲学家亨利·柏格森"本质上生命本身就是运动"的观点，认为城市是一个展现运动和生命的有机体。宣言还区分了 A-欧洲和 B-欧洲，前者是由基础设施连接起来的相互依存的现代环境，而后者是孤立的、农业的、经济停滞的，这种划分影响深远。在大多数北欧国家（斯堪的纳维亚和芬兰），这种理念很快被阿尔托等建筑师同意大利北部的浪漫主义理念结合起来，在那里人与自然环境和谐相处，并发展出丰富的文化生活。

1932 年，社会民主党领袖佩尔·阿尔宾·汉森（Per Albin Hansson, 1885—1946）当选瑞典首相后，瑞典政府开始大规模修建公共住宅，包括为居民提供一系列公共服务。汉森自己也搬到了一处由保罗·赫德奎斯特（Paul Hedquist）设计的朴素的新式工人阶级排屋中居住，以展现他对开展新社会运动的决心。社会学家纲纳·缪达尔（Gunnar Myrdal, 1898—1987）和阿尔瓦·缪达尔（Alva Myrdal, 1902—1986）夫妇作为社会民主党的坚定支持者，开始与瑞典 CIAM 建筑师阿赫伦以及斯文·马基利乌斯（1889—1972）在社会公共住宅委员会中合作，为新的住宅项目制定规划，这一规划成为 20 世纪 40 年代瑞典主流住宅建设的基础。不同于 30 年代绝大部分 CIAM 的项目，这些瑞典现代住宅项目通过为所有人提供相似的住宅来明确表达社会平等，并通过使用更传统的建筑材料，如木材和砖，来强调大众民主。此外，这些项目通常采用相对温和的现代设计形式，如略有倾斜的屋顶等。

建筑师个体的设计影响开始淡化，而瑞典 CIAM 成员也并不十分欣赏勒·柯布西耶以及其追随者的作品。相反，新一届政府根据瑞典和丹麦在 20 世纪 20 年代末发展起来的设计方向，确定了新公共住宅的室内设计和家居设施，阿尔瓦和阿尹努·阿尔托进一步细化了具体设计内容，尤其是木质家具和家居用品等，并通过成立于 1935 年的阿泰克公司（Artek）销售这些家居产品。马基利乌斯和其他瑞典建筑师还专门为双职工家庭设计了集体住宅，以及国家财政支持的孤儿院、老年公寓和单身女子公寓。另外，众多建筑师还在斯德哥尔摩做出很多努力，如 1922—1923 年间在北京工作过的阿尔宾·斯塔克（Albin Stark, 1885—1960），他们致力于保护斯德哥尔摩一些建于中世纪的城市中心建筑，并通过清理过度加建的建筑内部，使住宅单元能够享受充足的阳光和空气。

到 20 世纪 30 年代末，区域规划也开始成为瑞典关注的重点，花园城市运动在当地早已广为人知，刘易斯·芒福德 1938 年出版的《城市文化》(*Culture of Cites*) 也产生了一定影响。1941 年，一条新的斯德哥尔摩城区地铁线得到批准建设，这条新建地铁线成为马基利乌斯《斯德哥尔摩总体规划》(1945—1952) 的关键要素。1948 年通过了一项新的城镇规划法，允许斯德哥尔摩新增 73 平方英里 (19000 公顷) 的建设用地。新增用地位于城市边缘地带，从 1904 年起就开始征收，用于兴建住宅，为那些因城市中心区不断上涨的房价而难以购房的人提供更多选择。马基利乌斯沿着通往市中心的新交通线将这些城市边缘住宅规划成了新市镇，其中第一个建成的是阿斯塔 (Ärsta, 1943—1954)，"二战"期间就开始修建，当时瑞典是中立国。紧接着修建的是可容纳 23000 人的魏林比镇 (Vällingby)，政府于 1930 年买下建设用地，除此之外还有法斯塔 (Farsta) 等新市镇。由瑞典 CIAM 成员巴克斯托姆与雷尼斯建筑事务所 (Bäckstrom & Reinius) 设计的魏林比镇中心 (1945—1957) 成为最著名的瑞典新市镇中心。

另外，瑞典还建造了大量公共住宅，一些位于新市镇，一些位于斯德哥尔摩或是其他城市。其中最值得关注的是由巴克斯托姆与雷尼斯建筑事务所设计的格隆达尔公寓 (Grondal, 1944) 和罗斯塔－奥雷布罗公寓 (Rosta-Örebro, 1949)，格隆达尔公寓包含 216 套中层廉租公寓，呈六边形布局，正对斯德哥尔摩港，而奥雷布罗公寓呈三翼布局。这一时期城市商业空间也受到关注，如拉尔夫·厄斯金 (Ralph Erskine) 的吕娅购物中心 (Luleå 1955)。瑞典宜家家居也于这一时期成立，它把瑞典价廉物美的斯堪的纳维亚设计带给了全球广大消费者。

在芬兰，1931 年通过了一项新的城镇规划法，阿尔托开始以相似设计方式为致力于兴建更好的工业定居点的私有企业工作。其中他设计了位于科特卡 (Kotka) 附近赫尔辛基以东 84 英里 (135 公里) 的苏尼拉 (Sunila) 硫酸厂工业定居点 (1936)。这是芬兰第一批大型现代公共住宅项目之一，由一家森林木材公司在乡村投资兴建。它确立了芬兰城市化的发展模式，阿尔托从中迅速发现了与田纳西流域管理局所采取的分散化发展方式的相似性。住宅设计参照了瑞士 CIAM 在苏黎世的纽布尔项目（Neubühl，1930—1932），但阿尔托还设计了与风景如画的滨海景观相连的纸浆厂，他坚持保留而非炸掉大型岩层。其分散化的场所规划考虑了地形特征和视觉效果，旨在使住宅拥有森林般的景观，而非一般的城市景象。阿尔托为苏尼拉设计的几种住宅类型中有一种不带电梯的阶梯式平房，后来他又将这种设计应用于小型工业定居点考图阿（Kauttua，1938—1939）的建设中。

　　阿尔托早在 1932 年就开始倡导利用最新技术将工人阶级住宅集群分散化布局的理念，与 20 世纪 30 年代其他 CIAM 设计的住宅项目相比，阿尔托的规划彻底摒弃了传统城市的布局模式，要求更广泛地使用汽车，而当时大多数现代规划师也都支持这一观点。1937 年，美国加利福尼亚州湾区的建筑师威廉·伍斯特（1895—1973）、景观设计师托马斯·D. 彻奇、麻省理工学院助理教授劳伦斯·B. 安德森（Lawrence B. Anderson，1906—1994）以及耶鲁大学建筑专业学生哈里·维斯（Harry Weese，1915—1998）都曾拜访过阿尔托，维斯后来成为芝加哥的杰出建筑师。阿尔托对美国的兴趣与日俱增，认为那里对他的作品接受度更高，CIAM 的其他成员也持同样观点，如格罗皮乌斯在 1937 年接受了哈佛大学设计研究生院建筑系主任职位。1938 年和 1939 年，阿尔托首次去到美国，参加了在现代艺术博物馆举办的他的个展开幕式，其间会见了馆长和纳尔逊·洛克菲勒（Nelson Rockefeller，1908—1979），并举办了"人性化建筑"主题讲座，还到克兰布鲁克艺术学院拜访了埃利尔·沙里宁。

　　在第二次访美期间，阿尔托负责督造了 1939 年纽约世博会广受赞誉的芬兰馆，随后他继续前往洛杉矶拜访纽佐尔。他又参观了旧金山，在那里拜访了伍斯特和刘易斯·芒福德，并向伍斯特展示了他提议建造的建筑研究所初步方案。这个方案计划由一个跨国"智囊团"制定，其中包括建筑师、生态学家、心理学家、生理学家和经济学家等，由他们共同创造一个新建筑综合体，综合体与预制构件技术和受田纳西流域管理局启发的区域都市主义思想有关。在瑞典，阿尔托还试图与瑞典历史学家兼 CIAM 成员格雷戈尔·保尔松合作创办一份名为《人性的一面》（*The Human Side*）的杂志，并计划在第一期刊登刘易斯·芒福德和瑞典社会学家兼 CIAM 成员纲纳·缪达尔的文章。

所有这些关于新建筑的尝试都因 1939 年 9 月第二次世界大战的爆发而被迫终止。在麻省理工学院短暂执教期间，阿尔托提出了半预制木结构的"芬兰美国小镇"理念。战争爆发后他归国参军，并于 1941 年 4 月受 CIAM 创始赞助人海伦·曼德洛夫人的邀请访问瑞士，做了关于芬兰重建和"弹性标准化"（flexible standardization）的讲座。此时，欧洲大部地区都在纳粹控制之下，而德国大力支持芬兰对抗苏联。阿尔托向阿尔弗雷德·罗斯（Alfred Roth, 1903—1998）领导的瑞士 CIAM 成员详细介绍了他的重建方案，而罗斯正是阿尔托此次访问的具体安排者。阿尔托的"欧洲重建是我们这个时代建筑的关键问题"的主题演讲产生了极大的反响〔后来，阿尔托的传记作者戈兰·斯维特（Göran Schildt）称这次演讲是"瑞士山峰上的布道"〕，他提出了"生长的住宅"理念，这种住宅基于具有基本服务功能和服务范围的"核心细胞"，可以在环境允许下不断扩展，从而构成更大的居住区。阿尔托同时向柏林的恩斯特·诺伊费特递交了其方案的德文版本，诺伊费特当时正负责德国的建筑标准化制定工作。

1941 末，由于芬兰与纳粹德国在"二战"期间建立了反苏同盟（1941—1944），阿尔托与美国和其他国家的合作与联系陷入困境。但是，1942 年，芬兰重建办公室采纳了他关于建筑弹性标准化的建议，之后这些建议成为芬兰战后重建规划的基础。阿尔托在一系列区域规划中表达了他的观点，包括为波里镇（Pori）及其区域制定的颇具影响力的但未建成的科伊曼佐基河流域规划（Kokemäenjoki River Valley Regional Plan, 1940），以及珊纳特赛罗城镇规划（Säynätsalo, 1942—1946），其中只有珊纳特赛罗市政厅于 1949—1952 年建成。这些项目都是芬兰和纳粹德国结盟对抗苏联期间开始的，之后同盟国终止了多数项目，同时约瑟夫·路易斯·泽特的《我们的城市能否生存下去？》一书在美国出版（1942），书中包括了阿尔托的部分设计作品，这也是第一本介绍 CIAM 设计理念的重要英文出版物。

1942 年，阿尔托与他的合伙人瑞典建筑师阿尔宾·斯塔克一起在当时中立的瑞典为一家国际航运公司工作，这个团队在当时设计了诸多未建成的项目，包 236 括阿尔托和斯塔克为瑞典阿维斯塔（Avesta）设计的围合式市中心（1944）。这个以步行为主的社区中心后来启发了阿尔托战后的珊纳特赛罗城镇中心设计，同时也启发了瑞典和英国新市镇围合式步行中心的设计。与此同时，泽特和维纳也为巴西汽车城设计了极有影响力的市政中心，虽然这个项目也未能建成，但是它同样标志着与早期 CIAM 功能城市规划的分离。

战后，尽管（或许也因为）芬兰的国际地位仍然没有解决，1944 年与苏联的和平条约使其再次处于苏联控制之下，但阿尔托在美国再次受到欢迎。1945—1948 年，阿尔托 7 次访问美国，埃利尔和埃罗·沙里宁父子邀请他成为底特律郊区工作室的合伙人，哈佛大学邀请他为设计研究生院高级教授，麻省理工学院建筑系主任伍斯特邀请他为客座教授，与此同时，阿尔托还接到麻省理工学院贝克学生公寓的设计委托。另外，他还就芬兰重建主题进行了巡回演讲，并展示了关于纳粹撤退中被摧毁的拉普兰德首府——罗瓦尼米（Rovaniemi）重建的"驯鹿角规划"（reindeer horn plan）。在他返回芬兰后，阿尔托继续将他职业生涯中的思想理念应用于总体规划及建设当中，如伊马特拉总体规划（Imatra Master Plan，1947），塞伊奈约基市政中心（Seinajoki Civic Center，1960—1968）等项目，还有相当多的设计项目直到今天仍是众多建筑师和城市规划师的重要参考（图 90）。

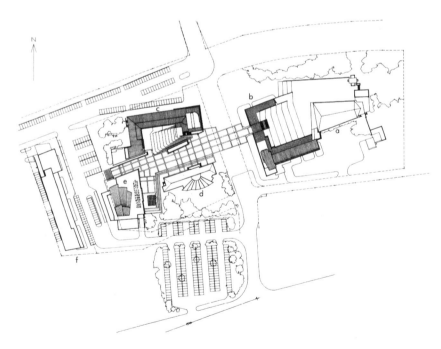

图 90　塞伊奈约基市政中心，阿尔瓦·阿尔托设计，芬兰，1960—1968年。
(Timo Koho, *Alvar Aalto: Urban Finland* [Helsinki: Finnish Building Centre, 1995], 65)

战后拉丁美洲都市主义的发展：墨西哥、巴西和巴西利亚

　　在战争和随之而来的战后时期，拉美国家也发生了转型。巴西于 1942 年 8 月加入同盟国阵营。此前 1940 年美国政府开始为巴西提供财政贷款，以鼓励重工业领域的投资。可以说这一步延续了 30 年代美国为进一步扩大势力范围，抵御轴心国影响所制定的一系列经济和文化层面的"好邻居政策"。1940 年，纽约慈善家兼纽约现代艺术博物馆赞助者纳尔逊·洛克菲勒被任命为美国国务院美洲事务协调员，与此同时，1923 年成立于洛杉矶的华特迪士尼影音公司也开始针对巴西和墨西哥观众制作动画片。1939 年纽约世博会上，由科斯塔与尼迈耶事务所担任建筑设计、德裔纽约设计师保罗·莱斯特·维纳（Paul Lester Wiener, 1895—1967）担任室内设计的巴西展览馆吸引了数百万观众前来欣赏具有巴西风情的卡里奥卡现代主义，该场馆将对材料的感性运用和对巴西巴洛克建筑的空间效果运用，巧妙地与勒·柯布西耶于 20 世纪 20 年代开创的简约主义风格融合在了一起。紧随其后，在纽约现代艺术博物馆举办的"巴西建筑展"（1943）是第一批全色彩建筑展览之一，它们的展出使巴西现代主义一度风靡整个美国。

　　与此同时，在美国国务院的赞助下，维纳开始在里约热内卢宣传他的现代城市规划理念，并于 1941 年与约瑟夫·路易斯·泽特在纽约创办了建筑事务所——城市规划协会（Town Planning Associates，简称 TPA）。1939 年西班牙第二共和国垮台后，泽特移民到美国，并于 1941 年与从勒·柯布西耶工作室认识的萨格勒布建筑师恩斯特·威斯曼（Ernst Weissmann, 1903—1985）建立了短暂的合作关系，随后泽特与维纳一起加入城市规划协会。1943 年，城市规划协会接到委托，在里约热内卢附近的一座飞机发动机工厂周边设计一个全新的汽车城，该飞机发动机工厂此前得到了美国政府的大笔贷款支持，从而使先前保持战争中立的巴西加入同盟国阵营（图 91）。城市规划协会设计的汽车城非常清晰地展现了 CIAM 战前所倡导的功能城市理念，即居住、工作、交通和娱乐功能，但是与勒·柯布西耶的"光辉城市"方案不同，汽车城包括了一个步行导向的市民中心，这是该项目最重要也最具创新性的地方，它表现了战后初期 CIAM 的努力方向，即"弥合现代的社会性功能城市与传统的作为公民或国家身份及权力象征的

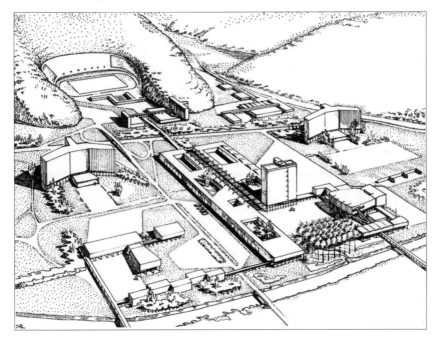

图 91 里约热内卢附
近的巴西汽车城，城市
规划协会（保罗·莱斯
特·维纳与约瑟夫·路易
斯·泽特）设计，1944
年。
(Paul Lester Wiener
papers, University of
Oregon Library)

城市之间的鸿沟"，英国建筑师阿兰·科洪后来所说的。

在城市规划协会的汽车城中，城市中心的设计灵感受到巴西教育和公共卫生部大楼以及刘易斯·芒福德思想的影响，其中巴西教育和公共卫生部大楼融合了现代建筑、景观设计和公共艺术，而芒福德于 1940 年向泽特建议，CIAM 应该更关注市民中心以及《我们的城市能否生存下去？》一书中所强调的都市主义中的文化要素，这本书的部分章节以西班牙语在阿根廷和秘鲁出版。

汽车城设计还表明，CIAM 越来越注重按照不同的交通类型和速度来精确组织交通系统，且注重停车场的定位和设计。它还表明 CIAM 接受了功能混合的以步行为中心的邻里单元设计理念，这一设计理念当时在英国和北欧规划中有着广泛的影响。不过城市规划协会在巴西并没有得到其他设计委托，反而是尼迈耶和其他卡里奥卡学派建筑师如阿方索·雷迪（Affonso Reidy，1909—1964）等以特有的巴西风格在巴西全国范围内开展了广泛的设计和实践。

在拉丁美洲其他国家和地区，现代建筑和都市主义产生了许多复杂的影响。1898 年，美国占领了前西班牙加勒比殖民地波多黎各，雷克斯福德·盖伊·特格韦尔被罗斯福总统任命为总督，任期从 1941 年至 1946 年。特格韦尔在担任纽约市规划委员会专员期间（1938—1940），因遭到罗伯特·摩西的强烈反对而被迫辞职。摩西当时担任纽约公园委员会专员兼纽约市市长菲奥雷洛·拉瓜迪亚的智库，他坚决反对特格韦尔激进的分散化的纽约总体规划，。在波多黎各，特格韦尔致力于推广罗斯福新政，大力兴建学校、经济住宅，医疗保健中心、基础设施等以推动劳工阶级和乡村社区的发展。特格韦尔任命纽佐尔为规划和建筑顾问（1943—1945），纽佐尔后来将他在热带地区的工作方法发表在《气候温和地区的具有社会关怀的建筑》（*An Architecture of Social Concern in Regions of Mild Climate*）一书中（1948），他认为露天学校、诊所和医院设计可以应用在类似地理区域。

特格韦尔还支持亨利·克隆布（Henry Klumb, 1905—1984）在波多黎各的 ²³⁹ 工作，克隆布是一位深受弗兰克·劳埃德·赖特影响的德裔建筑师，之前他设计了马里兰州格林贝尔特住宅项目，并且在费城与路易斯·卡恩共事过，后来还设计了许多乡村学校和政府建筑。1946 年，克隆布承担了波多黎各大学里约·彼得拉斯校区和马亚圭斯校区的许多建筑的设计（1948—1959）。相较于欧洲绝大部分地区和美国东海岸，现代建筑在波罗黎各更早受到不同寻常的欢迎，这或许也在一定程度上成就了两位年轻的建筑师，即 1937 年毕业于哥伦比亚大学的奥斯瓦尔多·托罗（Osvaldo Toro）和 1938 年毕业于康奈尔大学的米格尔·费雷尔（Miguel Ferrer）。1945 年，费雷尔与路易斯·托雷格罗萨（Luis Torregrosa）赢得了位于圣胡安黄金地带（Golden Strip）的卡里波希尔顿酒店设计竞赛，它是第一家现代高层板式希尔顿酒店，也是第一家建在美国本土之外的希尔顿酒店。这座酒店的兴建意在推动旅游业发展，而托罗、费雷尔和托雷格罗萨设计的十层高建筑设有开放式大堂，每间客房都设置了宽敞的阳台，并安装了空调设施，成为之后几十年世界各地度假酒店的新典范。

在墨西哥，20 世纪 30 年代之前就开始出现的现代建筑和都市主义发展有着复杂的历史。1931 年，胡安·奥戈曼（Juan O'Gorman, 1905—1982）为艺术家迭戈·里维拉（Diego Rivera）和弗里达·卡罗（Frida Kahlo）设计了具有勒·柯布西耶风格的位于墨西哥城的艺术工作室，他呼吁通过理性和功能性建筑来满足墨西哥大众的迫切需求。20 世纪 30 年代，墨西哥与苏联的相对密切关系使得现代建筑师的 CIAM 会员资格并不具合法性，但是这一时期奥戈曼和其他墨西哥建筑师的设计和社会实践活动仍然与其他国家和地区的 CIAM 成员的作品非常相似。1932 年，奥戈曼被委托设计墨西哥城的 53 所公立学校，其中有 25 所得以建成。它们采用简洁的混凝土框架建在近 10 英尺（3 米）宽的网格上，呈现出大规模生产装置和建筑元素，并涂上了奥戈曼所说的"浓艳色彩"。奥戈曼与美国建筑师克拉伦斯·佩里的观点相似，认为学校在非教学时间可以对外开放，成为社区活动中心，学校是社会生活的重要组成部分。和早期 CIAM 曾有过的争论相似，奥戈曼的设计工作在墨西哥建筑界也引发了激烈的关于功能主义和美学主义的争论，当 1936 年汉斯·迈耶离开苏联来到墨西哥之后，这一争论变得更加复杂。1939 年，建筑师菲利克斯·坎德拉（Félix Candela, 1910—1997）从西班牙来到墨西哥，开始使用薄混凝土外壳进行创新型建筑设计，如 1951 年设计建造的墨西哥国立自治大学（UNAM）太空馆以及若干墨西哥城地铁站。

从 1938 年开始，魏玛德国建筑师恩斯特·梅的法兰克福设计团队成员麦克斯·塞托（Max Cetto, 1903—1980）成为著名的墨西哥城佩德雷加尔圣天使花园住宅设计的关键人物，花园坐落于 865 英亩（350 公顷）的石漠地上，由建筑师兼开发商路易斯·巴拉干（Luis Barragán, 1902—1988）于 1945 年投资兴建。20 世纪 20 年代，巴拉干游历了欧洲许多地方，并于 1927 开始在墨西哥城从事建筑设计。他受到迭戈·里维拉呼吁开发佩德雷加尔火山景观——带有强烈的前哥伦布时代特色——的启发，与塞托一起设计了许多现代住宅，后经阿曼多·萨拉斯·波图加尔（Armando Salas Portugal）拍摄并出版，战后拉美建筑受到越来越多的社会关注。

紧邻佩德雷加尔火山的是一所新建的公立大学——墨西哥国立自治大学，它于 1946 年米盖尔·阿勒曼（Miguel Aleman）总统执政期间开始兴建。这所致力于科学和技术发展的现代大学成为通向国家现代化发展的重要工具，也成为科教兴国的早期实践之一（图 92）。它在一定程度上受到 1936 年里约热内卢未建成的城市大学项目的启发，该项目由勒·柯布西耶和巴西建筑师科斯塔、雷迪、尼迈耶等设计。而墨西哥国立自治大学的设计虽然从未在 CIAM 会议上展出，但这个位于起义者大道上的大学校园设计却清晰展现了战后 CIAM 将艺术与

图 92 墨西哥国立自治大学（UNAM），胡安·奥戈曼、古斯塔夫·萨维德拉（Gustavo Saavedra）、胡安·马丁内斯·德·韦拉斯科（Juan Martinez de Velasco）设计，1950年。（Compania Méxicana Aerofoto /ICA Foundation）

现代都市主义相结合的发展理念。它的最终设计是由马里奥·帕尼（Mario Pani, 1911—1993）根据建筑系学生恩里克·莫里纳（Enrique Molinar）、阿曼多·弗兰科（Armando Franco）、特奥多罗·冈萨雷斯·德·利昂（Teodoro González de León）1946 年设计竞赛获奖方案发展而成。校园沿着中轴组织设计，包括一个大型体育场和一个行政中心，其中行政中心由帕尼和恩里克·德尔·莫若尔（Enrique del Moral）设计，为 15 层高的围合式建筑群（1952）。校园中心是一座雄伟的高层图书馆，馆中布局有一幅巨大的由奥戈曼创作的前哥伦布时代风格的马赛克壁画。之后，帕尼等建筑师在墨西哥开展了长期的设计实践，在快速城市化过程中设计了许多大型城市综合体以及大型住宅项目（multifamilares），在这一时期墨西哥城人口从 1950 年的 300 万增长到 2016 年的近 900 万，而墨西哥大都市区人口则超过了 2000 万。

　　和墨西哥一样，在战后的巴西，认为巴西需要成为一个主要工业国的理念继续流行。战后许多巴西建筑师采用了 20 世纪 30 年代瓦加斯时代兴起于里约的卡里奥卡现代主义风格，奥斯卡·尼迈耶名义上直到 1956 年仍然是 CIAM 成员，在巴西范围内得到了众多重要的设计委托（图 93）。1941 年，他受市长塞利诺·库比切克（Juscelino Kubitschek, 1902—1976）委托，在位于贝洛哈里桑塔北部的人工湖附近设计一座精英度假村，即潘普尔哈（Pampulha），1950 年库比切克当选为米纳斯吉拉斯州州长，1956 年当选为总统，他承诺将在遥远的巴西内陆高原上修建一座公众期待已久的新首都巴西利亚。

241　　自 1789 年以来，巴西人民一直在讨论为国家建立一个中心首都的概念。自 1500 年葡萄牙开始其殖民统治后，巴西主要城市都沿着大西洋海岸线发展起来，1822 年巴西独立后，建立新的内陆首都被写进巴西帝国（1822—1889）的第一部宪法中。1889 年巴西第一共和国废除奴隶制之后，1891 年开始了新首都选址和相关规划工作，1922 年和 1946 年分别开展了初步考察。库比切克认为，新首都将成为经济发展的"增长极"，同时也是稳定岌岌可危的中央集权政府的一种

图 93　库班大厦（Copan），奥斯卡·尼迈耶，巴西圣保罗，1951—1957 年。

重要方式。新成立的政府机构巴西新首都城市化公司（Novacap）负责督造新首都建设，而尼迈耶被任命为设计顾问。勒·柯布西耶写信给库比切克总统，表示愿意提供无偿设计服务，但是尼迈耶决定举办一场专门针对巴西建筑师的设计竞赛，并于 1957 年 3 月截止提交方案。整个竞赛共收到 21 份设计方案，其中绝大部分设计方案受到印度昌迪加尔的影响，除了圣保罗建筑师里诺·列维（Rino Levi）提出的沿未开发的邻近自然区域修建线性摩天大楼的创新设计方案。包括尼迈耶在内的国际评审团将这份大奖授予了卢西奥·科斯塔，其特别之处在于科斯塔将几幅草图画在便签纸上，并附上一封说明，就提交给了评审团。

科斯塔的"试点方案"（plano piloto）呈十字形布局，旨在表现古罗马时代的网格规划和葡萄牙殖民者宣示主权的十字架标志，这些地方通常被欧洲早期殖民者画为"无主土地"（terra nullius）——无基督徒认领的土地。科斯塔规划了一条东西向的纪念轴线，其两边布局有主要政府大楼，而另一条 10 英里（16 公里）长的曲线型轴线则主要承担居住功能，沿着这条景观大道整齐排列 128 个 6 层高的正方形住宅区——超级街区，周围是一排排树木（图 94）。纪念性轴线东端是三权广场（Three Powers Squerre），广场周边是由尼迈耶设计的国会大厦、最高法院和总统府。三权广场明确体现了 CIAM 的理念，即宜于步行的城市中心。三权广场最初的目的是成为民主集会的场所，并最终于 1986 年实现了这一功能。这一年巴西人民聚集在这里，成功地实现了直接选举，从而结束了长达 22 年的军事独裁。

图 94 巴西利亚——巴西新首都主体规划，卢西奥·科斯塔，1956—1960 年。

设计现代城市：1850 年以来都市主义思想的演变

巴西利亚规划是勒·柯布西耶于 20 世纪 30 年代构想的高楼林立、绿树成荫的光辉城市的翻版，它的交通以汽车和公交为主。然而到 50 年代，它的汽车导向型城市结构遭到了吉迪恩的批评。吉迪恩曾致信哈佛大学设计研究生院任教的尼迈耶，建议他修改规划，使其更适合行人通行。但是库比切克政府致力于发展巴西的汽车工业，正如 50 年代的其他客户一样，巴西政府并没有认识到以步行为主的交通基础设施的重要性。巴西利亚相对空旷的开敞空间和步行空间的缺乏使其一直无法特别吸引大多数巴西人，他们更愿意留在生活丰富多样的其他城市。然而，巴西利亚仍然成为战后时期现代主义规划的世界性象征。它的"白板"（tabula rasa）设计启发了世界其他地区的新首都规划，包括希腊规划师康斯坦丁诺斯·道萨迪亚斯（Stantinos Doxiadis）的巴基斯坦新首都伊斯兰堡规划（1959），CIAM 成员日本建筑师丹下健三的尼日利亚新首都阿布贾规划，以及20 世纪 80 年代中国新工业中心深圳特区规划。

巴西利亚设计的其他许多方面也立即产生了影响，如尼迈耶试图在阿尔瓦拉达总统府（1957）、巴西外交部伊塔马拉提宫以及司法部大楼（1962）的设计上将巴洛克风格和勒·柯布西耶的设计风格进行整合。菲利浦·约翰逊 20 世纪 50年代后期的作品，包括林肯中心的纽约州剧院和沃斯堡的阿蒙·卡特美国艺术博物馆等也受到这种风格的强烈影响。巴西利亚的超级街区大小为 984 平方英尺（300 平方米），远大于占地约 328 平方英尺（100 平方米）的典型巴西居住区。这些超级街区四个一组，沿着公园道两侧布局，成为现代城市住宅项目广为模仿的设计模式。每组超级街区规划有开放式步行街，街上有商店、电影院、教堂，无论从居住区还是从公园道都可进入。尽管科斯塔和尼迈耶设计了一个具有完全平等主义色彩的城市模型，所有的阶层都按照家庭需求在超级街区内安排了相应的居住空间，但是这些精心设计且布局在城市中心的居住区却让众多相对贫困的居民不得不搬到巴西利亚外围的卫星城镇，有一些则是自建棚户区，每天长途通勤，往返于首都中心工作区和郊区"贫民窟"。

库比切克和布雷－马克斯曾在潘普拉哈共事过，但是他们合作得并不愉快。1952 年，库比切克的政治对手、曾担任里约热内卢市长的保守派记者卡洛斯·拉克尔达（Carlos Lacerda）委托布雷－马克斯为该市设计滨海新区，新区从桑托斯杜蒙特机场（1937）一直延伸至科帕卡巴纳（Copacabana），并于 1970 年全部完工。布雷 - 马克斯曾在市中心南面、由被夷平的山丘改建而成的垃圾填埋场工作，这里的贫民窟也被清理掉，并改建为全新的滨海公园道。他巧妙地在 300 英亩（121 公顷）大小的公园用地上布局了公园道和各种植被，从而在雷迪现代艺术博物馆（1954）内外建造了新的公共娱乐休闲空间。在科帕卡巴纳高楼林立的奢华滨海度假区，布雷 - 马克斯还沿着海岸线设计了混凝土和石材铺装的小径，其抽象设计带有传统的葡萄牙式马赛克装饰以及现代绘画的特征。

"二战"之后东亚地区的转型

从全球来看，第二次世界大战及其结果在欧洲和美洲之外的其他地区也产生了巨大的影响。在中国，国民党与共产党于 20 世纪 30 年代达成第二次国共合作，搁置分歧，共同对抗日本的侵略，而两党的分歧在 1945 年盟军对日取得胜利后几乎立刻重新浮出水面。1931—1934 年，中国共产党在江西短暂建立了苏维埃政权，后来因遭到国民党政府清剿而开始长征，从而撤退到遥远的西北地区。在抵抗日本侵略期间，共产党获得了中国大部分农村地区的信任和支持。国民党政府在 1945—1949 年被西方视为重要盟友，并在新成立的联合国安理会上获得了席位，而梁思成也被邀请担任联合国总部大楼设计团队的中国代表。至此，梁思成对中国传统建筑的研究开始对中国的新建筑产生影响，这种影响一直持续到 1949 年之后。

作为北京城市规划委员会副主任，梁思成试图保护老北京的旧城中心，当时北京仍然有明城墙，以及许多精致的四合院，分布在各个胡同小巷中。为了更好地保护这些旧建筑，梁主张将新中国的行政中心设在北京西郊，但这一观点被当时的苏联专家驳回。1950 年，中国邀请苏联专家指导现代化建设。从 1951 年起约 1.1 万名苏联专家前往中国，同时也有大量中国学生留学苏联，这种状况一直持续至 20 世纪 60 年代初。也因这一背景，中国的建筑和城市设计教育体系变得更以技术为导向。 ²⁴⁵

20 世纪 50 年代，更为保守的都市主义建筑方向被引入中国，这与斯大林推崇具有欧洲古典主义特征的社会主义现实主义风格有关，但是到 50 年代后期苏联开始摒弃这种风格。1932 年，斯大林下令，以"国家的形式，社会主义的实质"指导城市建设，在中国，这种指导方针开始与传统的中式"大屋顶、翘屋檐"的建筑形式相结合，而梁思成早期在推动这种形式的流行上起到了重要作用。在城市规划上，苏联专家反对梁思成提出的保护老北京的观点，而是坚持以新的行政中心取代传统老北京中心的方案，对老北京的历史遗迹保护十分有限。这种规划方式实际上是《莫斯科 1935 年规划》提出的"单中心"城市行政结构学说的再应用，这种观点在 1953—1954 年以及 1957—1958 年的北京首都规划中得到了强有力的体现。

为了修建北京二环公路，原有的北京旧城墙被拆除，并沿着城墙遗址修建了地铁线，仅保留了原有的两个城门。这条环线大致遵循了 1938 年日本占领北京期间制定的总体规划方案，该方案还在北京东西郊规划了新市镇，新市镇与市区间以宽 1 公里到 3 公里的绿带相隔离。位于西郊的卫星城原计划作为日本人居住区，而东郊卫星城则规划为大型工业区。后来国民党政府以这个规划方案为基础进行了修订，但是直到 1945 年都没有完全实施。不过 1947 年国民党政府的北平首都总规划延续了这一方案，总体规划在许多领域和发展路径上都与《莫斯科 1935 年规划》和《1944 年大伦敦规划》相似，并在 1949 年后继续发挥指导作用。

20 世纪 50 年代，北京兴建了约 800 家工厂，大部分位于郊区，并且相当一部分属于工作居住混合型"工作单位"，这些工作单位包括国有企业以及毗邻的工人住宅，并且这些工人住宅往往为高密度中层公寓，沿轴向排列，与斯大林时期的苏联住宅模式相似。每个"工作单位"可以容纳 1—2 万居民，同时还配置有学校和其他公共服务设施。也是这一时期，北京老城的许多四合院被拆除重建为新式建筑，或被改造成廉租公屋，并在院内空地加建住宅。除此之外，政府也允许在空地上修建廉租房，这些廉租房通常较低，3—4 层高，没有供暖系统，共用厨厕，建筑面积也不大，每户不得超过 339 平方英尺（31.5 平方米）。

²⁴⁶ 1958 年，中国政府建立了户口制度，限制农村居民迁入城市。到 1960 年，北京

图 95　人民英雄纪念碑，
梁思成、林徽因设计，
1951—1958 年。

居民的人均居住面积为 35 平方英尺（3.24 平方米）。

在紫禁城南北中轴线的北京城中心天安门广场上，梁思成和他的妻子兼合作
伙伴林徽因（1904—1955）设计了人民英雄纪念碑（图 95），它采用中国传统
石碑形式，十层楼高的方尖碑碑座上有 8 幅浮雕，展示了中国历史上的重要事
件，从 1839 年虎门销烟至抗日战争（1931—1945），再到人民解放战争等。在
深受苏联影响的这一时期，中国也在 1958 年推出"十大建筑"规划，包括由张
镈设计的人民大会堂，张开济设计的中国历史博物馆，杨廷宝设计的新北京火车
站以及其他行政和官方建筑。东西轴向的长安街也在此时进一步向两端延伸。尽

247

管有着完全不同的背景，但是在许多领域这些建筑和城市空间所表达的 20 世纪中国都市主义都延续了早期美国城市美化运动和苏联社会主义现实主义的发展方向。

印度昌迪加尔（1950—1960）

20 世纪中叶，英国出现的规划方向具有广泛的国际影响。战后，包括 1956 年的东京以及印度、巴基斯坦、斯里兰卡等地的许多城市都开展了相似的总体规划。在 1947 年以前的英属印度，与英国类似的现代建筑思想在 20 世纪 30 年代就已经产生了广泛影响，如工程师 R. S. 德斯潘德（R. S. Despande）出版了关于现代住宅平面设计的书籍，并预言印度独立后向现代主义建筑的"必然转变"。德斯潘德还反对城市的过度拥挤，他认为这对传统深闺家庭妇女来说尤其危险，因为深闺制度禁止女性离开孩子出门。孟买是重要的现代主义住宅实践舞台，那里的绝大部分住宅沿着海岸线修建，精英云集，这些建筑的装修艺术风格堪比同一时期的里约热内卢和南迈阿密海滩。孟买的飞地如马拉巴尔山和海滨大道也成为新兴的全球大都市的标志性符号，正如里约热内卢的科帕卡巴纳一样。

在战后全球冷战的局势下，苏联共产主义的传播引发了一系列社会问题，而英国和法国开始考虑将现代都市主义作为解决这些社会问题的方法之一，因为那些前殖民地虽然名义上取得了独立，但在经济上仍然严重依赖原宗主国。在西非，英国 CIAM 建筑师 E. 麦克斯韦·福莱和简·德鲁（Jane Drew, 1911—1996）设计了许多大学校园和住宅，他们试图将 20 世纪 30 年代关注气候问题的南美现代建筑设计元素扩展到西非和南亚的后殖民国家和地区。像纽佐尔和巴西建筑师一样，福莱和德鲁试图将现代主义设计与地方气候、文化相融合。后来，他们将这种设计思想发表在《热带潮湿地区建筑》（*Tropical Architecture in the Humid Zone*，1956）一书中，并提及了奥托·科尼格斯伯格的教学，科尼格斯伯格后来参与了塔塔集团开发的詹谢普尔钢铁工业模范花园城镇（1944）的设计。1953 年，科尼格斯伯格追随福莱，在建筑联盟学院教授"热带研究"

248

（Tropical Studies），之后加入 UCL（伦敦大学学院）发展规划组。

福莱、德鲁和科尼格斯伯格将早期 CIAM 的思想以及帕特里克·格迪斯的思想进行了再发展，强调"生物必要性"是规划的要素之一，提倡在实地规划中充分考虑气候和地形的影响因素，他们还谴责盲目地应用平面街道模式。福莱和德鲁在尼日利亚伊巴丹大学学院和尼日利亚的许多其他大学校园，以及 1957 年在加纳 [当时称为黄金海岸（Gold Coast）]，冈比亚、科威特等地的规划和设计实践都表达了他们这一设计思想。他们还设计商业综合体，如福莱、德鲁、德雷克与拉斯顿设计联合体（Fry, Drew, Drake & Lasdun）设计的西尼日利亚合作银行大厦于 1960 年在拉各斯和伊巴丹修建，也是在这一年尼日利亚宣布独立。

1947 年，印度取得独立后，印度与巴基斯坦（1947—1971 年还包括孟加拉国）实行分治，此后南亚（也包括许多英语系非洲国家）建筑学专业的英美取向持续发展了几十年。印度建筑师协会是英国伦敦皇家建筑师协会的分支，英国模式——如利物浦大学城市设计学院所创立的新城镇规划模式——为 1949 年孟加拉工程学院新成立的城市规划专业设定了典范，后来也成为 20 世纪 50 年代中期坎普尔的印度理工学院以及德里大学规划与建筑学院的典范。印度城镇规划研究中心成立于 1951 年，隶属于伦敦城镇规划学会。

1948 年，英属巴勒斯坦部分地区划分给新成立的以色列国，CIAM 成员阿里耶·沙龙（Arieh Sharon, 1900—1984）领导包括规划师、建筑师和其他专家在内的 180 人团队制定了《国家规划纲要》，为新国家确立了区域和国家水资源规划。沙龙曾经在包豪斯学院学习，1931 年他在特拉维夫成立自己的事务所之前曾与汉斯·迈耶共事。他设计过许多住宅区和集体农场，不过国家规划在许多领域都遵循了当时在国际上得到广泛应用的英国规划原则。

1950 年，福莱和德鲁受印度总理贾瓦哈拉尔·尼赫鲁（Jawaharlal Nehru）领导的新国大党印度社会主义政府的委托，设计昌迪加尔，用来作为 1947 年因印巴分治而独立出来的隶属于印度的一个邦的首府。作为一个伊斯兰国家，巴基斯坦的成立意味着旁遮普邦（首府拉合尔）和孟加拉邦（首府加尔各答）这两个前英属印度地区都应按照宗教划分为东部和西部，当地居民也需要在这一划分过程中相互迁移，从而导致暴力冲突不断。至 1948 年，东旁遮普邦挤满了难民，在尼赫鲁的支持下， 249

邦政府决定兴建一个新的首府，以弥补拉合尔划归巴基斯坦所造成的"心理落差"。

1949 年，昌迪加尔被选址为新首府，为此需要重新安置 9000 名分散居住的当地村民。昌迪加尔的名字正源自其中的一个村庄，该村里有一座供奉印度教女神昌迪（Chandi）的寺庙，昌迪被认为是印度教女性准则的吉祥象征。然而，在尼赫鲁总理的现代化愿景中，并不关注这种宗教特征，而是呼吁建立一个"不受过去传统束缚、象征国家未来信念"的新城市。印度独立的政治与精神领袖莫罕达斯·甘地（1869—1948）则受到罗斯金（约翰·罗斯金）的启发，拒绝工业化和城市化，主张回到南亚传统的村庄经济和社会生活时代。而尼赫鲁所构想的印度将是一个根植于先进工业经济的现代化福利国家。1948 年，甘地遇刺，尼赫鲁的现代化国家发展愿景占了上风。

昌迪加尔是尼赫鲁执政纲领中的重要组成部分。尼赫鲁将苏联式国家五年发展计划用于指导公共采矿与制造体系发展，同时结合美国罗斯福新政大力发展民主参与、增加教育机会、创建科学与文化机构。田纳西流域管理局模式也是印度新水电项目的重要参考，包括昌迪加尔附近的巴克拉纳加尔大坝（Bhakra Nagal Dam），尼赫鲁将其视为"现代印度的寺庙"。昌迪加尔的第一个建筑设计团队由美国建筑师兼规划师阿尔伯特·梅耶领导，1949 年受旁遮普邦政府委托成立。梅耶曾在"二战"期间服役于美国印度驻军，并且参与了罗斯福新政时期的绿带城镇项目。梅耶从 1947 年起就在印度担任规划顾问，并提出了一种颇具影响力的观点："村级工人"应该在政府和村民之间发挥"联络人"的作用。他还参与了旨在修建新南北高速公路的孟买总体规划，以及后来成为跨海湾的新区域（后来成为新孟买）规划的早期版本。

在昌迪加尔，邦政府委托梅耶规划设计以平房为主的低密度英式花园城市。梅耶为"东旁遮普首府城市"设计的方案是由顺应地形、由弯曲的网格状公路系统组成的扇形规划，每个网格为一个"超级街区"，占地约 4429×2953 英尺（1350×900 米），四周由林荫道环绕。每个超级街区内都配置有学校、市场、保健服务和娱乐服务设施。梅耶还聘请波兰裔建筑师马修·诺维奇（1910—1950）制作了建筑效果模型，诺维奇将现代建筑与抽象的印度传统元素相结合，对建筑效果进行了初步呈现。非常遗憾的是他在 1950 年死于埃及飞机事故。于

250

是，旁遮普邦省政府聘请了伦敦的福莱和德鲁，随后福莱和德鲁又邀请勒·柯布西耶和他的侄子、合伙人皮埃尔·让内雷一起组成了设计团队。至此，邦首府应该设计为何种模式的争论也有了定论，国家公共事务部首席工程师 P. L. 韦尔马（P. L. Verma）倡议可容纳 50 万居民的城市应该是统一的，而不是最初提议修建的三个分散的分管行政、教育和工业功能的花园城市，他的观点得到了推行。

勒·柯布西耶、福莱、德鲁、让内雷的总体规划决定了昌迪加尔的基本建设轮廓，这个方案建立在梅耶超级街区规划方案的基础上，梅耶方案所采用的设计准则与勒·柯布西耶 1950 年与城市规划协会（维纳和泽特）联合规划的波哥大方案相似。他们将城市划为 35 个"分区"（sector，用来代替邻里单位），每个分区包含 5 个"conjunto"，也叫作建筑群，每个建筑群包含 250 套住宅单元，每个分区总共包含 1250 套住宅单元，且住宅高度可多样化，周围是组成城市新型高速道路系统的快速干道。另外，每个分区配置有学校、社会服务设施、娱乐设施和开放空间，都可从住宅步行到达。这个关注居住分区的规划方案是 1943年《伦敦郡规划》分区规划的再发展，伦敦分区规划试图将步行空间和伦敦重要的空间场所整合在一起，如伦敦布鲁姆斯伯里的威斯敏斯特教堂、国会大厦和伦敦大学、贝德福德广场等通过步行系统形成了有机统一，这种规划模式成为发展中国家和地区快速增长城市的规划范本。

在昌迪加尔，正如波哥大规划一样，公路系统按照勒·柯布西耶的"7V"原则[1]进行了分类，即根据不同的通行速度，将道路分为高速 V1、快速 V2，再到V4 商业大道，最后是 V7 步行绿道。《伦敦郡规划》中也有这种道路系统的体现，即将道路系统根据通行速度进行分级，从而实现人车分流。勒·柯布西耶规划所应用的"分区"概念中，实际建成的 39 个分区都建有南北向的绿色廊道和东西向的商业街（图 96），他还缩小了分区规模，从最初设计的 6908 英亩缩小到 5380 英亩（2117 公顷），减少了道路和开放空间用地，同时居住密度提高了

1　勒·柯布西耶制定的首都规划遵循7V原则。V1为国道。V2为城市主干道，道路沿线分布着商业机构、文化教育场所、体育场等。V3起到分区的作用，是高速机动交通专用道路，总长可达4千米，沿途将没有一扇开启的门户。V2和V3吸纳主要的机动交通。V4是横向的商业街，汇集了居民生活所需的一切手艺与贸易活动。V5由V4导出，以清晰的路线将缓行的车辆引入各区内部。V6极为纤细，是循环网络的毛细末端，它通往住宅的门前。余下V7，则是由草木构成的宽阔绿化带中间展开的道路。

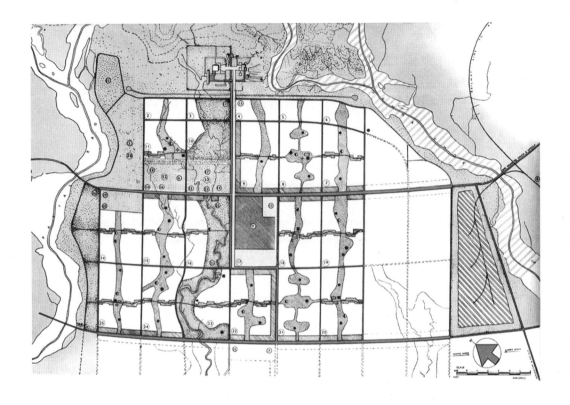

图96 昌迪加尔，勒·柯
布西耶、福莱、德鲁、
皮埃尔·让内雷设计，印
度，1950—1960 年。
(Le Corbusier, *Oeuvre
Complète, 1946-52*
[Zurich: Éditions
Girsberger,1953], 146)
© F.L.C./ADAGP, Paris/
Artists Rights Society
(ARS), New York 2016.

20%。但是勒·柯布西耶的影响力是有限的，印度邦政府仍然在某种程度上倾向
于花园城市方案。他试图建造一系列高层住宅的愿望没有成功，取而代之的是

251 14 幢几乎都由让内雷、福莱、德鲁设计的低层住宅公寓，因而勒·柯布西耶决定
他唯一真正感兴趣的是国会大厦以及纪念中心项目。

　　这座建于 1950—1960 年的新城市很快成为现代都市主义的象征。昌迪加尔
的规划和建筑标志着现代主义运动进入新的阶段。它最著名的元素是由勒·柯布
西耶设计的高等法院和其他政府大楼组成的纪念中区，后来在 MARS 主办的第
八届 CIAM 大会上展出了相关作品。这次大会于 1951 年在伦敦附近举行，主题
是"城市的心脏"。对于 CIAM 来说，这个新的方向反映了勒·柯布西耶和他的
巴塞罗那追随者泽特的思想，泽特于 1947—1956 年担任 CIAM 主席，他认为随
着现代城市机动车数量的快速增长，建筑设计也应考虑新的市民中心设计要素，
这种新式设计需要充分整合建筑、景观和城市规划，创造适宜集会和民主讨论的

步行空间。与此同时，在泽特和维纳绝大部分的未建项目中，如巴西利亚汽车城、钦博特城（Chimbote，1947）和麦德林（Medellin，1948），其市民中心都是紧凑型适宜步行的空间，但是勒·柯布西耶所设计的昌迪加尔纪念中区则是适宜汽车通行的巨大开阔空间，在之后的几十年里，这种差异将变得越来越显著。

拓展阅读

Luis E. Carranza and Fernando Luiz Lara, eds., *Modern Architecture in Latin America: Art, Technology, and Utopia* (Austin: University of Texas Press, 2014).

Peter Hall, *Cities of Tomorrow: An Intellectual History of Urban Planning and Design Since 1880* (London: Blackwell, 1988).

Seng Kuan, *Tange Kenzō's Architecture in Three Keys: As Building, as Art, and as the City* (Cambridge, Mass.: Harvard University dissertation, 2011).

Eldridge Lovelace, *Harland Bartholomew: His Contributions to American Planning* (Urbana: University of Illinois Press, 1993).

Pierre Merlin, *New Towns: Regional Planning and Development* (London: Methuen, 1969).

Eric Mumford, "Alvar Aalto's Urban Planning and CIAM Urbanism," in Mateo Kries and Jochen Eisenbrand, eds., *Alvar Aalto— Second Nature* (Weil-am-Rhein, Germany: Vitra Design Museum, 2014), 278- 309.

W. Brian Newsome, *French Urban Planning, 1940–1968* (New York: Peter Lang, 2009).

Peter G. Rowe and Seng Kuan, *Architectural Encounters with Essence and Form in Modern China* (Cambridge, Mass.: MIT Press, 2002).

Mark Swenarton, Tom Avermaete, and Dirk van den Heuvel, eds., *Architecture and the Welfare State* (London: Routledge, 2015).

Hasan Uddin- Khan, Julian Beinart, and Charles Correa, *Le Corbusier: Chandigarh and the Modern City* (London: Mapin, 2010).

Lawrence Vale, *Architecture, Power, and National Identity* (London: Routledge, 2008).

Yi Wang, *A Century of Change: Beijing's Urban Structure in the 20th Century* (Hong Kong: Pace, 2013).

Jennifer Yoos, Vincent James, and Andrew Blauvelt, *Parallel Cities: The Multilevel Metropolis* (Minneapolis: Walker Art Center, 2016).

第六章
1953年之后的城市设计、十次小组和有机发展观

到 20 世纪 50 年代中期，尽管城市中心的建设与开发在纽约、芝加哥、费城、旧金山等城市仍然非常活跃，并且数百万美元的联邦城市重建基金被用于因 1949 年《联邦住宅法案》而拆除的居住区重建，但北美大部分城市已经表现出去中心化趋势。1947—1956 年担任 CIAM 主席的约瑟夫·路易斯·泽特于 1953 年被任命为哈佛大学设计研究生院院长，针对这种发展趋势，他提出建筑师应在新领域中开展城市设计。底特律附近的克兰布鲁克艺术学院的埃利尔·沙里宁曾于 20 世纪三四十年代使用过"城市设计"（Urban design）这一表达。费城规划师埃德蒙·N. 培根（1910—2005）和贺克建筑师事务所（HOK）[1]的创始合伙人吉奥·奥巴塔（Gyo Obata, 1923—　）都曾就读于克兰布鲁克艺术学院。沙里宁在其著作《城市》（*The City*, 1943）一书中，为美国城市提出了一种新的"有机分散化"模式。在这种模式下，密集的商业、教育、行政活动都将分散在当时刚刚兴起的以汽车为导向的大都市区中。而受到威尼斯圣马可广场启发的中心步行广场内将修建各种类型的步行可达的住宅，这些密集的、分散化布局的城市单元将被绿带所包围，同时与主要交通干线相连，正如沙里宁的赫尔辛基规划（1917—1918）那样。

泽特在 1944 年的一篇文章《城市规划中人的尺度》（The Human Scale in City Planniug）中倡导了近似理念，并将其与现代建筑研究小组（MARS）的伦敦规划中所包含的设计要素结合在一起。在哈佛大学设计研究生院工作期间，他

---

1 HOK（Hellmuth Obtat Kassabaum）是全球最具影响力的建筑设计事务所之一，是一家全球化的建筑设计、室内设计、工程设计公司，为楼宇与社区提供高效、绿色的设计解决方案。

进一步发展了这种思想，并超越了沙里宁在克兰布鲁克艺术学院所提出的观点，将重点重新放在了现有的步行城市中，试图为所有阶层市民提供新的住宅，同时提供新的功能设施。泽特试图通过基于这种理念的城市设计，来保留 CIAM 的核心价值观。泽特并没有像 20 世纪 30 年代的 CIAM 那样否定超高密度的旧城中心，而是于 1953 年呼应刘易斯·芒福德所定义的当代文化，认为它是"一种城市文化，一种市民文化"。延续第八届 CIAM 大会以及勒·柯布西耶战后关于"不可言喻的空间"（Ineffable Space，1945）的概念——建筑空间的知性和感性效果是难以用语言表达的，泽特复兴了城市美化运动对城市中心的建筑设计的关注。泽特认为城市中心不仅仅是正式的场所，而且还是人们可以面对面交流的步行空间，唯有在这样的空间里市民文化才可以延续下去，也只有在这样的空间中，人们才可能对抗开始出现的以大众传媒为基础的政治集权和专制。尽管泽特城市理念的核心带有含蓄批判的成分，但他仍然为 20 世纪 50 年代的美国城市设计提出了去政治化的设计精神，正如其他战后现代主义形式那样，也试图远离战前欧洲和苏联高度政治化的社会主义运动。

泽特的城市设计并没有排除当时已经规划和正在兴建的美国公共住宅和公路系统，但是他并没有过多关注贫民窟的清理，而是更侧重于加强市民文化在物质空间上的表达，侧重于步行导向的城市中心建设。泽特充分认识到以步行为主的城市生活的优越性，并将这种思想贯穿于哈佛大学城市设计课程中，这种思想远早于阿尔多·罗西的《城市建筑》（L'architettura della città，1966）或是培根的《城市设计》（Design of Cites，1967）。同时，泽特继续提倡许多与勒·柯布西耶相同的建筑手段，不仅在建筑设计方法上，而且在"以人为本的模度设计上"不断地开发和应用。他们一致认为"人的自然框架"在当代大城市中已经被破坏，而且这些城市在"促进人类交往，从而提高人们的文化水平"方面所做的努力远远不够。1953—1969 年，他担任哈佛大学设计研究生院院长，以及 1963 年之前同时担任哈佛大学建筑系主任期间，泽特一直将这种思想应用于设计教育当中。在这一过程中，他既延续了 CIAM 的传统，又与战后意大利 CIAM 分会相辅相成，为现代建筑增加了以步行为中心的"城市意识"新元素。

1953 年，由保罗·莱斯特·维纳和泽特共同撰写的文章《露台能创造城市吗？》（Can Patios Make Cities?）发表在《建筑论坛》（*Architecture Forum*）上，他们提出拉美城镇规划背后的核心设计理念可以应用于北美的城市设计中。维纳和泽特强调，在不同规模上使用围合式庭院（天井）可以给每个城市规划带来"潜在的连续性"，这些庭院的规模可以从一幢住宅到一个社区，从独立的公共建筑到纪念性的城市中心，而城市中心可以包含一系列巨大广场（或是庭院），从而构成所有市民集会的户外公共空间。他们将"典型的美式居住区街道"——个别土地单元上的一系列独户住宅——与他们的设计进行了对比，发现新的设计能节约空间，从而提供更多的私人户外空间，缩短市政设施管线，创造出更加连贯的城市设计。不同于郊区的开放空间，泽特和维纳用他们为委内瑞拉奥尔达斯港（1951）所设计的步行中心模型进行说明的社区庭院是一个封闭的空间，他们称之为"室外房间"（outdoor rooms）。延续第八届 CIAM 大会的争论，他们认为相对于没有围墙的公园，在拉德伯恩的中心绿地这种相对封闭的空间中人们的交往将更自由。他们还将这种庭院与克拉伦斯·斯坦因的鲍德温山村庄内不太正式的乡村绿地进行了对比。他们用他们设计的庭院式排屋模型照片和为哈瓦那的一个分区昆塔帕拉蒂诺（Quinta Palatino）设计的天井式庭院方案来说明他们的设计方法（图 97）。虽然这种庭院方案在经济上完全可行，但是这种设计理念在美国始终未能流行起来。但在 20 世纪 50 年代，它在许多其他国家的现代住宅建设中被广泛采用，尤其是秘鲁和中东地区。

尽管泽特的设计事务所还没有得到任何来自北美城市的设计项目委托，但是他所主张的现代主义市民中心已经成为北美较成熟的发展模式。1935 年，华裔建筑师贝聿铭（1917—2019）来到美国，就读于麻省理工学院，然后前往哈佛大学设计研究生院学习，之后他为纽约房地产商威廉·泽肯多夫（1905—1976）在丹佛的里高中心（Mile High Center，1952—1956）设计了功能混合型步行城市中心项目。此后，贝聿铭负责了泽肯多夫投资的许多项目的设计，如蒙特利尔市中心的商业综合体项目玛丽城广场［1956—1966，与亨利·科布（Henry Cobb) 合作］。贝聿铭还设计了一些非常知名，但是建筑本身不太成功的项目，如纽约林肯中心（1955—1969），这是他与菲利普·约翰逊、哈里森与阿布拉

图 97 昆塔帕拉蒂诺分区规划，城市规划协会（克拉伦斯·斯坦因和约瑟夫·路易斯·泽特）设计，哈瓦那，1954 年。(Maxwell Fry and Jane Drew, *Tropical Architecture in the Humid Zone* [New York: Reinhold, 1956], Fig. 168, 149)

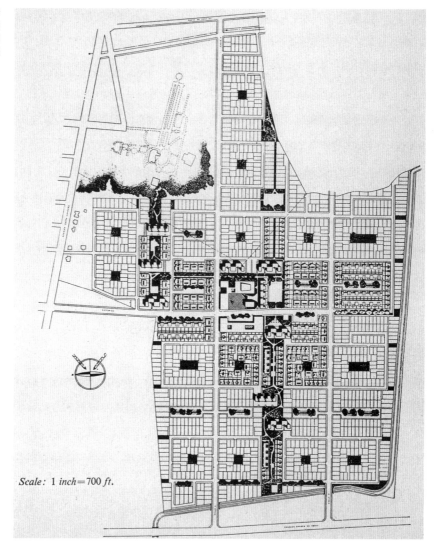

Scale: 1 *inch* = 700 *ft.*

莫维茨事务所（Harrison & Abramowitz）、皮耶特罗·贝鲁斯基以及埃罗·沙里宁，在一片清理后的贫民窟上开展的联合设计，这里被拆除之前是电影版《西区故事》（*Middle East*，1961）的拍摄地。

　　1955 年，泽特还聘请了哈佛大学设计研究生院的第一位女性全职教职，她正是英国规划师兼 CIAM 组织者杰克琳·蒂威特（Jaqueline Tyrwhitt, 1905—1983）。作为 20 世纪 20 年代第一批加入伦敦建筑联盟学院的女性成员，蒂威特（Tyrwhitt 这个单词的韵脚与 spirit 相同）从 30 年代初起就以格迪斯思想为出发点，参与英国的规划工作。20 世纪 30 年代，蒂威特成为乔治·佩普勒（George Pepler, 1882—1959）圈子里的一员，佩普勒时为英国卫生部的一名官员，负责监督德国规划。1937 年春，蒂威特在柏林与格迪斯主义纳粹规划思想家戈特弗里德·费德（Gottfried Feder, 1883—1941）一起学习。回到英国后，蒂威特加入了由 E. A. A. 罗斯（E. A. A. Rowse，1896—1982）创办的"国家发展规划与研究建筑联盟学院"（Architectural Association School for Planning and Research for National Development），这个学院存立短暂，1938 年罗斯不得不将这所致力于创新的新学校与仍然以古典主义为导向的建筑联盟学院（AA）分立。

后来，蒂威特加入了英国政府组织的人口调查项目并为之后的相关规划绘制了人口分布图，其部分成果被纳入《1944 年大伦敦规划》。1942 年，她加入了由英国 CIAM 成员麦克斯韦·福莱担任主席的现代建筑研究小组的城镇规划委员会。1943 年，英国战争办公室邀请她为"二战"期间的盟军士兵开设"规划背景函授课程"，这门课程中她采用了格迪斯区域主义思想，将地理区域作为规划的关键要素。战争结束后，在英国信息部的支持下，蒂威特开始在加拿大和美国讲授"城镇规划"课程。

作为现代建筑研究小组的成员之一，蒂威特参与了第六届 CIAM 大会的主办。这次大会于 1947 年在英国布里斯托附近的住宅铝预制件工厂举办。1948 年，她在伦敦组织了第一届 CIAM 夏令营，在这期间，她继续在伦敦讲授规划课程，同时指导约翰·F. C. 特纳（John F. C. Turner, 1927—　）的研究工作。特纳是一位英国退伍军人，他曾为蒂威特写过一篇关于格迪斯生命图解法的论文，成为路德维希·冯·贝塔朗菲一般系统论的先驱。这或许与凯瑟琳·鲍尔·伍斯特资助蒂威特用数据分析方法负责瓦萨学院城市研究中心却以失败告终有关。另外，蒂威特还参与了国际住宅与城镇规划联合会（International Federation for Housing and Town Planning，简称 IFHTP）的工作，并编辑出版了颇具影响力的《英国城乡规划指南》（*Town and Country Planning Textbook*, 1950）一书，当时佩普勒任该联合会主席。这本书是对 20 世纪 40 年代英国通过立法确立的格迪斯规划实践的整理。

1947 年，蒂威特筛选了部分格迪斯印度规划报告并整理成文集出版了《帕特里克·格迪斯在印度》（*Patrick Geddes in India*）一书，这本书重新点燃了人们对格迪斯作品的兴趣，并指出他的思想在欧洲去殖民化的新时代仍然具有借鉴意义。大约同一时期，蒂威特开始与讲德语的 CIAM 秘书长、历史学家希格弗莱德·吉迪恩秘密交往，她第一次见到吉迪恩是在第六届 CIAM 大会上。随着《空间、时间与建筑》（*Space, Time and Architecture*, 1941）这本现代建筑历史教科书取得巨大成功，吉迪恩又出版了《机械化的决定作用》（*Mechanization Takes Command*, 1948），这部著作则是关于 1850 年以来戏剧性地改变人们生存方式的技术革命史。蒂威特扮演了当时文学作品中普遍存在的男主角身边的女性助手角色，在 1949 年以后帮助吉迪恩完成了其所有著作的翻译和资料收集整理工作。和泽特以及意大利 CIAM 建筑师埃内斯托·罗杰斯（Ernesto Gogers, 1909—1969）一样，蒂威特也是 1951 年在北伦敦霍兹登某个会议中心举办的第八届 CIAM 大会的主要组织者之一。她在多伦多大学教授了四年规划课程，并与杰出的媒体社会学家马歇尔·麦克卢汉（Marshall McLuhan, 1911—1980）合作，试图将他的研究与吉迪恩的思想联系起来。1952 年，她通过恩斯特·威斯曼参与了联合国规划项目，而威斯曼曾是勒·柯布西耶的合伙人，并于 1941 年短暂担任过纽约泽特设计事务所的设计合伙人。20 世纪 40 年代，威斯曼加入了联合国社会事务部住房和城镇规划署。

此时威斯曼与蒂威特接洽，讨论联合国致力于"为更多人提供居住地"问题，由于在欧洲和北美以外的地区贫困人口向城市迁移的数量日益增加。这一研究由弗拉基米尔·博迪安斯基和让-雅克·霍纳格（Jean-Jacques Honegger, 1903—1985）开创，这两位法国和瑞士 CIAM 成员曾于 1950 年左右在摩洛哥艾柯查德领导的 ATBAT 非洲项目组工作。正是在战后摩洛哥的背景下，法国规划师们开始围绕大量增加的"棚户区"（bidonvilles）研究规划和社会问题。因为新兴工业化城市增加的就业机会吸引了乡村农民，从而使其迁移到城市，搭建铁皮棚屋以容身。

也正是在这一时期，联合国开始派遣技术专家团队，如美国规划师雅各

设计现代城市：1850 年以来都市主义思想的演变

布·莱斯利·克兰（Jacob Leslie Crane, 1892—1988）和纽约房地产律师、开发商和公共住宅支持者查尔斯·艾布拉姆斯（Charles Abrams, 1901—1970）等研究许多热带地区的新兴国家的居住条件，如加纳、土耳其、巴基斯坦、泰国、马来西亚、菲律宾以及新加坡等。1953 年，蒂威特参与的联合国在摩洛哥的一个项目却被无限期推迟了，威斯曼建议她担任联合国技术援助署的项目负责人，为印度政府计划在新德里举行的国际低成本住宅展提供技术支持。蒂威特为了配合印度独立，特别出版了她所整理的《帕特里克·格迪斯在印度》一书，力图强调格迪斯的生态现实主义（bio-realism），即关注区域水系的聚居点对世界范围内的战后重建的重要性。她还强调格迪斯关于规划中公众参与的理念，并针对高密度的城市地区如贫民窟建议采用"保守外科手术"而不是大规模拆除重建，除此之外，还强调基于生态规划原则的"生态经济学"，所有这些理念都与当时主流的现代主义城市理念背道而驰。1951 年，她在《城镇规划研究学报》（*Journal of the Town Plannning Institute*）上发文进一步阐释了格迪斯的思想，文中她强调了格迪斯关于河谷流域生态区及其规划的思想，并将其与 CIAM 的思想联系起来。

蒂威特接受了联合国的工作，在泽特的积极支持下，她计划在新德里论坛上介绍第 9 届 CIAM 大会（1953 年在法国普罗旺斯的艾克斯举行）所展示的部分预制网格，试图把它作为未来全球住宅的典范。蒂威特把这次活动的重点放在了示范村庄中心的设计上，其设计理念来自尼赫鲁总理领导下的印度现代化。印度村庄的中心是甘地理想中的基础学校，它本身正是泰戈尔受到罗斯金思想启发而提出的通过手工艺学习来开展教育的实践成果，也是格迪斯所赞赏的观点。由阿尔伯特·梅耶设计的试点项目已经建成。在联合国研讨会上，蒂威特见到了希腊规划师康斯坦丁诺斯·道萨迪亚斯（1914—1975），并于 1955 年开始为他收集整理有关发展中国家住宅和规划的阅读资料，同时继续在哈佛大学设计研究生院执教，并在 1957—1972 年担任道萨迪亚斯的编辑，最终促成《人类聚居学》（*Ekistics*）杂志的出版。

20 世纪 30 年代，道萨迪亚斯在柏林接受了城市规划教育，第二次世界大战期间他参与了希腊抵抗纳粹占领的斗争。希腊内战期间（1946—1949），他担任重建部部长，并且是马歇尔计划的希腊协调员。他认为在战后世界，个体建筑不应该是建筑师的关注焦点。相反，他提出建筑师应该承担一种新角色，通过建成环境的塑造来满足人的需求，从而实现社区建设。他还和克兰、艾布拉姆斯、以色列规划师阿里耶·沙龙、弗里德里克·亚当斯（Friedrick Adams）等一起参加了新德里论坛，亚当斯时任麻省理工学院规划系主任。

就在蒂威特被任命为哈佛大学设计研究生院助理教授前，院长泽特基于她近 259期在印度的经历，邀请她就"印度住宅和规划问题"发表一次演讲。在设计研究生院期间（1955—1966/69），她的主要职责是在泽特负责的城市设计硕士专业课程中协调建筑学、景观设计学、城市与区域规划之间的联系，这个专业项目于1960 年正式启动。与泽特和 20 世纪中期大多数规划师不同，蒂威特质疑了"邻里单元"概念的有效性，她与雷金纳德·R. 艾萨克斯分享了这一观点，艾萨克斯此时是设计研究生院规划硕士专业负责人。艾萨克斯是格罗皮乌斯的拥护者，后者与马丁·梅尔森（Martin Meyerson, 1922—2007）一起深入参与了芝加哥近南区重建项目，这一种族融合区聚集了大量本土机构，如伊利诺伊理工学院、迈克尔·里斯医院（Michael Reese hospital）以及各种新式住宅综合体。20 世纪40 年代后期，艾萨克斯与格罗皮乌斯、芝加哥住宅管理局局长伊丽莎白·伍德（Elizabeth Wood, 1899—1993）一起致力于这个项目，但由于受到当地政治团体的极力反对，这个项目于 1954 年终止。

艾萨克斯和蒂威特都认为，在美国城市中应用可步行的邻里单元将几乎不可避免地会成为种族和社会隔离的工具。1949 年，蒂威特建议，也许可以将大都市区组织成可容纳 1.5 万人的大型混合邻里单元，这些邻里单元可以以一所高中为社区中心，而不是以理想化的服务半径为 0.5 英里（0.8 公里）的小学为中心。同年，在与芝加哥设计学院的 R. 巴克明斯特·富勒交流后，蒂威特也开始认为克里斯塔勒的中心地理论所提出的城市结构比杂乱无章拓展的城市模式和严格种族隔离的郊区模式更为理想，因为这种松散的六边形循环网络可以将开放空间所包围的城市节点与大都市中心区连接起来。

1953—1966 年，泽特、吉迪恩以及蒂威特等在哈佛大学时期，致力于将建筑设计、艺术以及城市和建筑史等整合在一起，成为步行城市的新焦点，而当时由佐佐木秀夫（1919—2000）担任系主任的景观设计专业则处于相对次要的辅助角色。泽特还邀请了意大利 CIAM 成员、米兰班贝佩罗小组（BBPR）[1]创始合伙人埃内斯托·罗杰斯担任设计研究生院客座教授（1954—1955），将意大利 CIAM 对城市"格调"（ambience）和历史语境的重视融入现代城市设计教育。对于罗杰斯而言，城市中新建筑的引入应该努力保持与过去的连续性，同时也并不意味着对过去的简单模仿，比如由罗杰斯的 BBPR 小组设计的位于米兰的维拉斯加塔楼（Torre Velasca，图 98，1958）就是非常生动的案例。

260 　　大约在这一时期，哈佛大学设计研究生院的泽特和罗杰斯开始将现代主义和文化保守主义风格结合起来，并重新定义和强调欧洲历史城市结构的可持续性价值，其中一个重点是以步行为导向的城市中心或许会成为现代建筑的主要价值所在。吉迪恩在这个方向上也起到了关键性作用。1956 年，泽特聘请了爱德华·塞克勒（Edward Sekler, 1920—2017），塞克勒曾在伦敦考陶德艺术学院接受教育，是蒂威特的学生，后来成为一位维也纳艺术历史学家。在哈佛大学期间，他和吉迪恩一起开设了为期四学期的建筑史调查课程，作为设计研究生院的新课程，强化了泽特的城市设计方法。学生们对历史悠久的城市空间和结构进行详细分析绘制，并将其与勒·柯布西耶、科斯塔、尼迈耶和城市规划协会的最新城市设计项目进行对比研究。

　　在蒂威特的协助下，泽特开始着手准备首届哈佛城市设计大会，这是他在担任 CIAM 主席时就已开始的一项工作。1956 年，在杜布罗夫尼克举办的第十
261 届 CIAM 大会上，CIAM 通过投票后解体。哈佛城市设计大会在 1956 年 4 月举行，会议主题是泽特所提出的"快速增长和郊区蔓延之后的城市未来"理念，并提出中心化城市仍然应该成为美国文化的关键要素。大会上众多发言者以不同方式挑战了当时被认为是理所当然的"去中心化"城市规划知识，这些理念将在之后的几十年里对城市发展产生深远影响。匹兹堡市市长大卫·劳伦斯（David Lawrence）坚信从技术上说城市并没有过时，但是纽约住宅专家、律师兼开发商查尔斯·艾布拉姆斯率先提出在美国正在出现城市与郊区的对立，因为"有

1　班贝佩罗小组（BBPR）是由G. 班菲（Gianluigi Banfi）、L. 贝尔焦约索（Lodovico Belgiojoso）、E. 佩雷苏蒂和E. N. 罗杰斯于1932年在米兰建立的研究小组。

图 98　维拉斯加塔楼，BBPR 设计，
米兰，.1958 年。
(Oscar Newman, ed., *CIAM '59
in Otterlo* [Stuttgart: Karl Krämer,
1961], 94)

色移民"正在向日益拥挤的城市中心聚集，而白人中产阶级却在向外迁移。凯
瑟琳·鲍尔·伍斯特的学生、规划师劳埃德·罗德温（Lloyd Rodwin, 1919—
1999）号召采取制度性措施来拯救城市，一年后他与马丁·梅尔森共同创立了麻
省 – 哈佛城市研究联合中心。《建筑论坛》的年轻副主编简（布茨纳）·雅各布

斯、[Jane（Butzner）Jacobs, 1916—2006] 在最后关头代替总编道格拉斯·哈斯克尔（Douglas Haskell）参会，并在这次大会上首次提出了自己的观点，即小企业、机构以及当地"街道眼"对社区街道生活的重要性。麻省理工学院教授乔治·凯普斯（Gyorgy Kepes, 1906—2001）在会上讨论了在洛克菲勒基金会资助下他和同事麻省理工学院规划教授凯文·林奇（1918—1984）共同参与的研究"城市的感性形态"的一些成果，后来这项研究成果被林奇汇编为《城市意象》（The Image of the City，1960）一书出版。凯普斯强调了人的价值尺度必定是"由我们创造的与自身有关的意象以及我们与周遭世界的联系"所决定的。

在首届哈佛城市设计大会上展示的研究案例包括匹兹堡金三角再开发、费城城市规划主管埃德蒙·N. 培根所负责的社会山地区以及路易斯·卡恩（1901—1974）负责的西费城米尔克里克地区的公共住宅项目；另外，还有维克托·格伦的"更伟大的明日沃斯堡"提案。当时匹兹堡是美国城市重建的典范，不仅修建了公共住宅，而且还与私人部门合作开发了盖特威中心（Gateway Center），这座占地 23 英亩（9.3 公顷）的商务建筑综合体由公正人寿保险协会开发，大部分建筑于 1943—1949 年由纽约史岱文森小镇的建筑师埃尔文·克莱文设计。盖特威中心靠近新开发的州立汇点公园（Point State Park），即莫农加希拉河（Monongahela）与阿勒格尼河（Allegheny）交汇处，之前这一地区是城市早期移民聚集地。1947 年，弗兰克·劳埃德·赖特也曾将这里规划为一个建筑独特、引人注目的市民中心，但这个方案未被采用。

1949—1970 年，培根担任费城城市规划委员会执行主任，他提出了一种截然不同的城市改造方式，强调建筑空间要反映人们的体验。这种方式同努力营造"空间体验的连续性，从而使人们获得一种更丰富和连续的体验，而非某种单一认知"同时进行。尽管此时培根不再委托路易斯·卡恩承担相关城市规划工作，但是他以卡恩的费城米尔克里克项目为例，高度赞赏卡恩"对恢复地区各项目间的协调起到的指导作用"。根据培根的观点，卡恩引入了"绿道原则"（Greenway Prineiple），即基于教堂、学校和俱乐部等标志性场所进行直线状步行线路规划，并应用于费城规划中。培根建议将下一笔数百万美元的联邦城市重建基金用于创建"一系列开放空间、聚点和绿道，并根据公平和统一

图99 沃斯堡城市中心
步行系统，维克托·格伦
设计事务所设计，得克
萨斯州。
(Greater Fort Worth
Planning Committee,
*A Greater Fort Worth
Tomorrow* [Fort Worth,
1956])

的准则均匀分布在衰退社区"，不过他也承认这种观点"完全违背了联邦政府的既定程序"。

在1956年的哈佛大会上，最有影响力的演讲是格伦提出的沃斯堡步行城市中心方案（图99），这一方案将中央商务区与周边新建成的州际公路连接起来，并在其周围修建了6个大型停车场，每个停车场可以容纳6000辆汽车，购物者和上班族都可以通过自动人行道进入市中心。这个方案几乎不需要拆除现有的商业建筑，而货车将通过新建的地下货运隧道系统进出市中心。格伦指出，这样的规划设计将使市中心的步行街成为"一系列不同类型的开放式房间"。尽管这个方案并没有实施，但是它对之后长达几十年的城市中心步行系统规划产生了重大影响，包括部分已建成的1960年圣路易斯市中心规划，以及同样由格伦具有国际影响力的为密歇根州卡拉马祖设计的建筑规划（1958）和纽约州罗切斯特的中城广场（Midtoun Plaza，1958—1962）。

263

泽特提议将"中心"步行空间的社会和政治价值作为战后 CIAM 议程的核心内容。而培根在费城所倡导的理念以及格伦在首届哈佛城市设计大会上所提出的方案则强调步行城市体验的美学价值，而不是为民主政治活动塑造空间。培根的思想因受埃利尔·沙里宁启发而与有机社会观相关，同时它还在某种程度上与城市核心理念有关，尽管培根从未发表过类似观点。而格伦的设计几乎完全是商业导向的，这是他关于购物中心可以成为中世纪城镇中心的现代等价物观点的进一步延伸，他在 1953 年"明日的购物中心"（*Shopping Centers of Tomorrow*）全国巡展中提出的这一想法。

1954 年，格伦所设计的底特律附近绍斯菲尔德的北部中心（Northland Center）建成，这个项目被认为具有"乡村共同理念"（tincture of the village common idea），但不同于早期郊区市民中心规划，如沙里宁曾规划（未建）的国防工人镇威楼峦（Willow Run）以及雷和查尔斯·埃姆斯的"194X 市民中心"项目，格伦规划的北部中心的核心是一座旗舰百货公司，且极少涉及非商业用途功能。在首届哈佛城市设计大会上，培根和格伦的演讲略微地调整了泽特关于城市核心的 CIAM 主张，他们不再聚焦于规划政治集会空间，而是以美学为设计基础，关注城市中心的步行空间，并提出了各自的方案，这种设计理念如今被认为是最基本的价值取向，因为它可以提供一系列与历史的、象征的、知性的特征相联系的感性体验，并预见了一个后来被称为"现象学"的新方向。

同一时期英国也出现了相似的方向，如戈登·卡伦（Gordon Cullen）的"城镇景观"（townscape）理念。1953 年，卡伦称英国新市镇规划是单调乏味的"牧场规划"。1949 年，他首次提出"城镇景观"概念，最初这一概念被用作一种使新居住环境更具吸引力的设计方法，同时作为一种将现代建筑融入历史环境中的方式（图 100）。卡伦的思想在某些方面与泽特和罗杰斯的一致，也与英国尼古拉斯·佩夫斯纳爵士（Sir Nikolaus Pevsner, 1902—1983）所倡导的历史保护相关，佩夫斯纳在他的"英国建筑"系列丛书（*Buildings of England, 1951—1974*）中收集整理了大量历史建筑和景观的资料。这些新方向还与丹麦建筑师斯坦·埃勒·拉斯穆森（Steen Eiler Rasmussen, 1898—1990）的作品相关。拉斯穆森的《城镇与建筑》（*Towns and Building*，1949）一书通过详细的

264

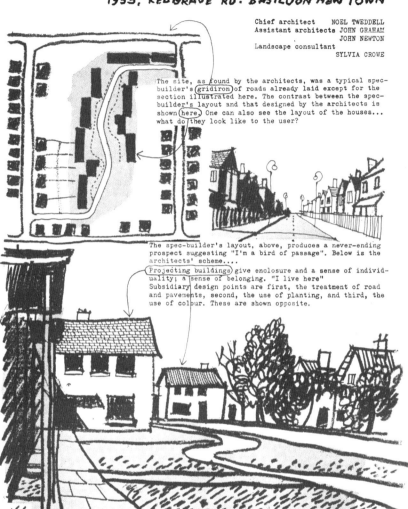

建筑图纸介绍了历史悠久的北京以及众多欧洲城镇、皇宫，而他的《建筑体验》
（*Experiencing Architecture*，1959）一书则显示出他的关注点已经转移到建筑的个人体验上。

格伦和培根在 1956 年首届哈佛城市设计大会上的提案都基于这样一种理念，即设计师应该把营造丰富的步行空间体验作为核心要素。在这方面，他们延续了西特于 1889 开创、埃利尔·沙里宁以及后来的泽特等人以不同方式进行了扩展的方法。与这些前辈不同的是，培根、卡恩和格伦强调了现有城市建成模式的价值，并将其作为新感知体验的框架，与现代化以及汽车发展相适应，这种设计理念与泽特和维纳在拉美城市规划中提出的设计模式有着极大的相似度。这种理念也开创了一种新的价值观，即基于感官体验和历史联系，为当时正被清理和重建的"废弃"城市中心和老旧社区赋予新的价值。他们的努力可以说为美国都市主义发展奠定了基础，并且确立了一种基于现有城市格局设计城市的新方向，这种新方向正是我们今天所流行的。

265

与此同时，许多其他专家也积极参与了许多地区的城市重建。从 1940 年起，法国城市学家、耶鲁大学教授莫里斯·罗蒂沃（Maurice Rotival, 1892—1980）为纽黑文市设计了以自动停车场为基础的城市规划，其中包括 1953 年修订的规划，规划包括修建一处高速公路路标以明确橡树街社区（Oak Street，1959）的位置。这个方案后来成为城市重建时代重要的警示案例。当时纽黑文市的城市重建由爱德华·J. 罗格（Edward J. Logue, 1921—2000）负责，1954—1960 年他担任城市发展部部长，之后从 1961 年至 1967 年担任波士顿重建局局长，负责监督行政中心的重建工作，该项目由贝聿铭负责总体规划。后来，罗格被州长纳尔逊·洛克菲勒招募到纽约州城市开发公司领导工作（1968—1975），在此期间，他设计的主要项目包括"城中新城"罗斯福岛（1970—1975），这个项目采用了由泽特、杰克逊等人提出的多种族、多阶层融合的高密度住宅设计方案。

这一时期的许多城市设计也与城市分散化有关，即使在今天，城市分散化仍然是美国大都市发展的主流。1957 年，泽特提出建筑师应注意到"分散化和低密度往往导致郊区无序扩张"。他认为规划当局应该"以再城市化为目标，而不是郊区化，否则将导致既不是城市也不是乡村的发展模式"。1961 年，法国社会学家让·戈特曼（Jean Gottman）发表了一项极有影响力的研究——《城市连绵带：美国东北部沿海地区的城市化》（*Megalopolis: The Urbanized Northeastern Seaboard of the United States*）。或许正因为这项研究，泽特注意到近期新闻报道了正在兴起的东北走廊，该走廊从华盛顿一直到波士顿，是一条"600 英里（966 公里）长、有 2700 万人口的超级大都市带"，他称其"或许是迄今为止世界上最大的城市地区"，并建议城市设计师应"努力以新思想设计新城市模式"。

　　建筑教育中的城市设计实验与现实中北美城市发展模式的差异也反映在
CIAM 成员塞吉·希玛耶夫（Serge Chermayeff, 1900—1996）的作品中，他于
1954—1962 年任教于哈佛大学设计研究生院。希玛耶夫与当时哈佛大学艺术和
科学专业博士生克里斯托夫·亚历山大（Christopher Alexander, 1936—　）一起
出版了他们有关于低层高密度住宅模型的研究《社区与隐私》（*Community and
Privacy*，1963），这项研究由麻省－哈佛城市研究联合中心资助，由罗德温和
梅尔森领导，完成于 1962 年希玛耶夫离开哈佛大学前往耶鲁大学建筑学院之前。
这项研究是从希玛耶夫学生的研究"城市家庭住宅"发展出来的，以庭院式高
密度住宅代替了郊区独户住宅模式。希玛耶夫曾多次尝试在美国剑桥建立这样的
住宅，但都以失败告终。1959 年，他获得联合中心资助，进一步研究这个课题，
并与亚历山大一起开发了早期计算机程序，以研究影响住宅形式的各种变量。

　　在这本希玛耶夫和亚历山大的研究著作中，他们延续了 CIAM 对独户住宅郊
区发展模式的批评，认为它"既没有优秀房地产项目的自然秩序，也没有历史城
市所拥有的人为秩序"，"郊区相对于乡村而言太过拥挤，但它又不是城市，因为
它欠缺基本的人口密度和完善的组织"。他们还批评了"头号敌人"汽车，认为
它是交通拥堵和事故的罪魁祸首。他们的研究目标是识别出理想居住模式的 33
个核心要素，并利用麻省理工学院开发的 IBM704 大型计算机对这 33 个要素进
行交叉分析，从而生成了一组设计模型。计算模型可以说是泽特和维纳的钦博特
项目中庭院住宅模式的衍生品。这些项目大多是中庭住宅群落，位于受管制的交
通要道附近，配置有小型共享停车场，并通过广泛覆盖的步行网络系统与更大的
适宜步行的自然环境相连。这本著作至今仍然广受赞誉，不过在美国却几乎没有
任何建成成果。

　　20 世纪 50 年代，泽特为哈佛大学引入了城市设计专业，当时全球都在进行
大规模城市开发，世界人口从 1950 年的 25.2 亿增长到 1970 年的 36.8 亿。而
这一时期，许多前欧洲殖民地也相继成为独立国家，早期的"白人至上"观念开
始受到质疑，而为应对住房问题和都市主义问题的各种挑战，人们开始做出与之
前欧洲或美国所用方式截然不同的努力。例如在巴格达，这个当时保守王国的

266

首都由大英帝国和伊拉克石油公司控制，1954 年，巴格达市长委托伦敦的米诺普与斯宾塞设计事务所（Minoprio and Spencely）以及 P. W. 麦克法兰（P. W. McFarlane）制定新的总体规划，这一时期世界各国城市都纷纷选择这种方式来推进城市发展。

道萨迪亚斯也开始在他的雅典事务所为中东、南亚、非洲的城市制定总体规划，其中 1955 年西巴格达总体规划成为他的起点。这些规划项目都规避了高层建筑方案，而是将重点放在交通基础设施上，并为全部或部分自建城市地区提供发展平台。1958 年，道萨迪亚斯事务所开始设计贝鲁特总体规划，1959 年，又赢得了巴基斯坦新首都伊斯兰堡规划设计竞赛。1955—1975 年，他的事务所在许多国家承接了一系列项目，包括新区规划、城镇规划，以及建筑设计等。这些项目通常根据现状并结合未来城市发展区域，沿着交通廊道组织邻里单元，并且这些邻里单元往往由一至两层高的住宅所组成。每个邻里单元的公共空间都设计了适宜步行的邻里中心，在许多伊斯兰国家还设计了一座或多座清真寺。与此同时，道萨迪亚斯认识到现代城市倾向于沿着交通要道迅速向外延伸，他认为这种现象可以通过他提出的新概念"Dynapolis"[1]来解决。在这种都市里，市中心将沿着交通干线从最初的城市中心和居住区向外不断延伸、不断兴建。由于受到让·戈特曼"城市连绵带"（Megalopolis）概念的影响，再加上对战后北美东北廊道发展模式的详细研究，1968 年，道萨迪亚斯提出了更具有影响力的概念"世界城"（Ecumenopolis, 1974），他预言，到 2100 年，未来世界主要城市地区将沿着高速公路系统彼此连接起来。

当道萨迪亚斯开始在全球范围内开展工作时，城市规划协会（TPA）也开始在前卡斯特罗时代的古巴开展工作。1955 年，在美国支持下，腐败古巴军政府的富尔亨西奥·巴蒂斯塔（Fulgencio Batista）总统委托 TPA 设计可容纳 80 万人口的哈瓦那总体规划。1953 年，泽特和维纳已经开始制定古巴国家发展计划，正如他们之前为哥伦比亚制定的国家发展计划那样。巴蒂斯塔似乎力图通过全新的国家建设形象来吸引北美投资。古巴建筑师、哈瓦那城市规划局负责人马里

---

1 沿着交通干线有计划发展起来的城市。

奥·罗曼奇（Mario Romañach, 1917—1984）参与了泽特的哈瓦那规划，1955年夏天，他们和维纳一起提出了关于城市交通、娱乐、公共空间结构的综合重建方案，其中包括了后来饱受批评的旧城重建规划，该规划提出要控制以步行为导向的高层建筑发展，同时该规划的一大关键特征是以民主集会为导向的市民中心网络（尽管颇具讽刺意味），市民中心邻近居住区，提供基本公共服务，从而形成覆盖全市的网络系统。

　　1959 年古巴革命后，TPA 试图在菲德尔·卡斯特罗（Fidel Castro）执政初期继续规划工作，但这一要求被拒绝了，此后事务所也被迫解散。泽特此时已在波士顿成立了新事务所——泽特与杰克逊联合事务所，在 20 世纪 50 年代后期和 60 年代的哈佛大学、波士顿大学、圭尔夫大学（加拿大）以及其他地区设计了大量高评价的城市设计项目（图 101）。与此同时，维纳也在纽约大学附近的华盛顿广场独立设计了板式结构超级街区（1959）。而 TPA 于 1944—1958 年在拉丁美洲的创新城市设计也很快消失在历史的阴影之中，永远被笼罩在冷战的阴影之中。

图 101　皮博迪露台已婚学生公寓，泽特与杰克逊联合事务所设计，哈佛大学,1963—1965年。

　　设计现代城市：1850 年以来都市主义思想的演变

十次小组及其发展背景（1954—1981）

到 20 世纪 50 年代末，CIAM 所倡导的现代主义规划已成为世界级现象，不仅包括昌迪加尔、巴西利亚这样的新城市规划，同时也包括五六十年代无数大型城市高层住宅和大学校园规划项目。在这些项目设计过程中，CIAM 的都市主义思想也在随之发生变化，从而催生了泽特在哈佛大学城市设计专业和同期在道萨迪亚斯设计事务所的工作中所提供的方法。也正是在这一时期，现代都市主义也开始受到各种各样的批评。这些批判方向包括来自 CIAM 内部由泽特、罗杰斯和蒂威特引领的对 CIAM 理论的细微修改——他们开始关注现存城市环境并更青睐以步行为中心的街道生活——以及情景主义者简·雅各布斯等和后现代都市主义对现代都市主义更为激烈的拒绝，对此本书将在第七章详细介绍。

对现代都市主义的第一次批判确立了对 CIAM 现代主义思想的反思，这种反思至今仍然具有广泛影响。其中莱提斯特国际（Lettrist International）和十次小组都对此表达了自己的意见。莱提斯特国际是具有巴黎背景的设计组织，由一群激进先锋派艺术家成立于 1946 年。而十次小组则于 1954 年由一群 CIAM 青年成员所组成，他们包括青年英国建筑师艾莉森（1928—1993）和彼得·史密森（1923—2003）夫妇，荷兰建筑师雅各布·贝克马（Jacob Bakema, 1914—1981）和阿尔多·凡·艾克（Aldo Van Eyck, 1918—1999），出生于阿塞拜疆巴库的希腊裔法国建筑师乔治·坎迪利斯（Georges Candilis, 1913—1995）以及爱尔兰裔美国建筑师沙德拉克·伍兹（Shadrach Woods, 1923—1973）。坎迪利斯和伍兹两位建筑师都曾在 1948 年加入 ATBAT 团队，参与勒·柯布西耶的马赛公寓项目，随后他们在法国规划师米歇尔·艾柯查德手下工作，参与摩洛哥的 ATBAT 非洲项目组工作，直到 1952 年。上述 CIAM 成员中有些同蒂威特一起（尽管史密森夫妇没有参加）代表现代建筑研究小组参加了 1952 年在瑞典西格图纳举办的 CIAM 大会，这次大会开始关注战后"人类居住"的共通问题，并把它作为 CIAM 的未来发展方向。

年轻的 CIAM 成员发现他们都对该组织存在不满情绪，而英国现代建筑研究小组的年轻成员威廉和吉利安·豪威尔（William and Gillian Howell）、约翰·沃克尔（John Voelcker）与史密森夫妇也一样，而史密森夫妇在最后一刻才被比尔·豪威尔（Bill Howell）邀请参加第9届 CIAM 大会，而豪威尔正是蒂威特整理出版第8届 CIAM 大会成果《第八届国际现代建筑协会大会：城市的核心》（CIAM 8: The Heart of the City）的助手。在第9届 CIAM 大会上，这些年轻的成员发现他们与凡·艾克有着相同的观点，凡·艾克强烈反对沃尔特·格罗皮乌斯以预制建材为中心的技术官僚主义、企业化、美国背景的战后建筑设计理念。相反，他们呼吁 CIAM 应该关注"非西方"的建筑文化价值，同时应该关注欧洲城市工人阶级对住房的需求和价值。

坎迪利斯和伍兹的摩洛哥住宅作品在第9届 CIAM 大会上展出，他们试图展现出后来被称为"场地和服务"的自建房屋方法。他们采用了 8×8 米（26 英尺3英寸）的住宅网格，通过这一网格系统可以设置排水管网以及其他市政管网，通过基础管网，居民可以在其上自建住宅。这种规划方式在殖民地区包括法属摩洛哥城市等已有先例，而坎迪利斯和伍兹在 CIAM 大会上再次呈现了这种规划，其目的是呼吁 CIAM 关注 ATBAT 非洲项目组成员弗拉基米尔·博迪安斯基所说的时代背景下的"la plus grande nombre"（大多数人）。会上泽特和蒂威特也对这种观点非常感兴趣，但是这次大会却在如何实现这种设计方面未能达成任何共识，更不要说在勒·柯布西耶战后呼吁 CIAM 制定更宽泛的《居住宪章》（Charter of Habitat）上达成一致。

十次小组原本由泽特和 CIAM 发起，以重塑组织为目的，而就在这个时候，这个由青年成员组成的组织开始挑战以格罗皮乌斯、泽特、吉迪恩和蒂威特为代表、以哈佛大学设计研究生院为核心的权威。这些年轻人被委以重任，组办第10届 CIAM 大会，起初泽特和蒂威特计划于 1955 年在阿尔及尔举办会议，但是十次小组认为 CIAM 的领导层与战后欧洲和北非的文化与城市现状脱节，因此必须将这些因素整合起来从而回归 CIAM 最初的都市主义观，即关注城市"四大功能"：居住、工作、交通和娱乐。十次小组也反对泽特的庭院式住宅设计和城市核心概念，但仍然保留泽特关注城市步行体验的观点。在第8届 CIAM 大会上，荷兰成员贝克马展示了他为"进步组织"设计的位于鹿特丹的一个社区内核项目，并问道："什么时候我们才能真正讨论这种'内核'（CORE），我们在建筑和城镇规划中营造出的内核？"他随之解答道，内核或许并非是实体空间，而是"我们意识到通过合作行动可以丰盈生活的时刻"，因此内核可以被理解为并非一个具有纪念意义的市民中心，而是通过建筑来增强（并非制造）集体意识的时刻。随后，贝克马回忆起他参观的由阿斯普兰德设计的斯德哥尔摩殡仪馆，他认为这就是其中一种内核，并指出另外一个芬兰桑拿浴室也完全可以成为这样的内核。

　　大约在同一时期，1951 年贝克马写给凡·艾克的一封信中，他不恰当地嘲笑了勒·柯布西耶在哥伦比亚首都波哥大设计的市中心项目，这个项目由选举上任的波哥大市长亲自委托，贝克马称这是一座为"在最近军事政变中掌权的独裁者"设计的纪念碑。凡·艾克认为内核应该是人们自发表达情感的地方，他质疑泽特无法真正使这个理念与 CIAM 的框架相整合，他称："1951 年，在霍兹登举办的另一次会议上老套的分析模式已越来越无法适应时代的需求，很明显，正因为这四大功能的刚性网格避开了分类，因而'内核'的内涵远比市民中心的内涵更丰富。换句话说，使城市成为真正意义上的城市的正是透过四大功能外延出来的东西，它们已超出了理性和分析型思维所固有的狭窄领域。"

　　在 1954 年的《多恩宣言》（Doom Manifesto）中，十次小组成员公开反对 CIAM 倡导的基于四大功能的都市主义，提出要与哈佛大学设计研究生院为代表的"美国教授们"保持距离，史密森夫妇在 1956 年将 CIAM 理事会成员格罗皮乌斯、泽特、吉迪恩和蒂威特形容为"美国教授"。在第 9 届 CIAM 大会期间及之后，由于受到对 CIAM 普遍不满的情绪影响，这些青年成员开始组建"十次小组"。尽管十次小组反对蒂威特对 CIAM 的影响，但是《多恩宣言》仍然延续了蒂威特的努力方向，将 CIAM 的发展方向与格迪斯的区域主义和生态规划理念结合起来。与蒂威特不同的是，十次小组还反对 CIAM 的分类原则，主张城市研究与设计应该按照格迪斯的山谷断面方法来开展。彼得·史密森以"横断面"方法重绘了格迪斯的山谷断面图，并指出城市环境可以用"横断面"来分析，虽然"横断面"这一概念并没有被十次小组所采用，但是它却在 20 世纪 90 年代被新城市主义大会所采纳。"横断面"可以包括乡村地带的独栋住宅，再经过郊区一直延伸至密集的城市中心。

十次小组摒弃了 CIAM 强调的四大功能，而是提出"人际交往"可以在格迪斯式的"领域"中以"关联度"加以检验，并且这种方法应该成为第 10 届 CIAM 大会参展项目的分析基础。十次小组建议 CIAM 基于一系列分类的功能性术语应该被"人际交往层次"概念所取代，因为功能性术语来自战前工人阶级政治运动的需求，而人际交往层次概念直接来自大都市环境中的现象学体验，而这种体验更为重要。史密森夫妇提出将"住房、街道、社区和城市"四大元素纳入 CIAM 项目的比较分析体系中。

虽然十次小组过度简化了 CIAM 的思想，并且当时泽特、罗杰斯和蒂威特也正在重新定位 CIAM 的思想，但是十次小组的观点仍然影响了几代人对战后 CIAM 的看法。十次小组的观点并非完全激进地抛弃战后 CIAM 的思想，尽管他们通常使用完全不同的修辞和表达风格。CIAM 和十次小组在关于都市主义是全球性实践以及在建筑设计和城市规划中没有界限的观点上持相同的态度，他们也都坚信吉迪恩所说的具有"空间想象力"的设计可以塑造建成环境，吉迪恩将这种"空间想象力"界定为"可以在空间中形成不同的空间尺度，从而使不同结构、不同建筑物之间产生新的关系，构成一个全新的整体"。

十次小组对"居住环境"的关注也是战后 CIAM 努力方向的直接延续，CIAM 发表了《居住宪章》替代《雅典宪章》。完成这一宪章是第 9、10 届 CIAM 大会的共同目标，但是十次小组对 CIAM 的挑战导致其无法实现。与十次小组观念非常相似的主张，也可以在 20 世纪 50 年代其他 CIAM 成员负责的项目中发现，如挪威的阿尔内·克尔斯莫（Arne Korsmo）及其奥斯陆进步建筑师小组（PAGON）；法国和阿尔及利亚的罗兰·西穆内（Roland Simounet）、罗杰和伊迪斯·施赖伯－奥加姆（Roger and Edith Schreiber-Aujame），以及蒙鲁日工作室（Atelier de Montrouge）——包括皮埃尔·里布雷（Pierre Riboulet）、让·路易斯·维雷特（Jean-Luis Véret）、杰拉德·瑟瑙尔（Gerard Thurnauer）以及让·雷诺蒂（Jean Renaudie）；以及日内瓦的乔治·布雷拉（Georges Brera）和保罗·沃尔顿斯波尔（Paul Waltenspühl）等。但这些建筑师的设计作品以及著作绝大部分都来自现代建筑史中凡·艾克和艾莉森·史密森对十次小组的描述，其中许多建筑师至今仍然籍籍无名。

1954 年，绝大部分规划和城市设计成果都在后来产生了相当的影响，而最迅速的成果是十次小组在第 9 届 CIAM 大会上提出的关于建筑对塑造城市生活方面的潜力的新感知方向。这次大会上史密森夫妇的发言最能清楚地表达这一观点，他们展示了黄金巷设计竞赛参赛方案（该方案并未获奖），项目场地为受到战争破坏的伦敦金融城。设计方案包括一系列由"空中连廊"连接起来的 16 层高板式建筑群，由于史密森设计联合体包括了 IG（伦敦独立艺术家小组）的艺术家成员摄影师奈杰尔·亨德森（Nigel Henderson）以及艺术家艾德·帕洛齐（Ed Paolozzi），因此他们的设计方案用照片和图纸清晰地展示了出来。这个项目也启发了后来荷兰艺术家康斯坦特（Constant）、情景主义组织、新陈代谢派、建筑电讯派的发展，与此同时，进一步探索当时关于住宅模型和城市流动性的主要理念。史密森夫妇的设计和展示方式可以说是蓄意挑衅，反映了他们英格兰北部工人阶级的家庭背景。受 IG 成员的启发，他们试图以伦敦为基础创建建筑、都市主义以及展览和平面设计等领域的概念性项目，既延续战前现代主义的创新风格，同时又挑战他们战后的制度主义。史密森夫妇坚称他们的工作和实践能够推翻战后现代主义教条的乏味的设计法则，从而引领年轻建筑师找回丢失的 20 世纪 20 年代先锋派的活力和对社会的共鸣。

史密森夫妇的黄金巷项目清楚地反映了这样一个场景：1953 年他们为第 9 届 CIAM 大会所设计的"城市再识别"网格系统颠覆了网格的理性主义特征，并激发了都市主义的新思维。他们没有遵循由勒·柯布西耶和他的法国团队创建的四大功能系统模式，而是建议 CIAM 按照新的分类体系重新组织网格系统。他们利用亨德森的照片含蓄地质疑了标准化、理性化的网格系统，照片上是伦敦东区贝斯纳格林地区街道上玩耍的孩子。自 20 世纪 30 年代以来，现代建筑研究小组、社会学家露丝·格拉斯（Ruth Glass, 1912—1990）以及蒂威特都对这一地区展开过调研。

与老一辈 CIAM 成员希望通过立法、教育以及示范项目展示等方式系统塑造战后城市发展的愿望相比，史密森夫妇和十次小组以新的年轻一代为主导的感性认知更难以捉摸。它在艺术展览、社交活动、出版物以及魅力十足的设计工作室教学中得到广泛传播，其中大部分是通过建筑联盟学院（AA）传播的，在那里彼得·史密森的思想启发了肯尼斯·弗兰姆普敦和丹尼斯·斯科特·布朗（Denis Scott Brown）等不同风格的学生。他们作品中的非理性、超现实主义风格在20世纪50年代末和60年代初的建筑界引起了广泛共鸣，在那个年代，好莱坞电影、摇滚乐、可口可乐、香烟以及其他美国消费资本主义产品在全球大受欢迎。艾莉森·史密森在伦敦先锋派杂志上高度赞扬了美国的广告，尤其是1954年凯迪拉克汽车的广告宣传活动。法国电影明星杰拉德·菲利普（Gerard Philippe）的海报出现在黄金巷的照片集锦中，而此处本应展示的是战前的工人。从另一个角度看，玛丽莲·梦露等电影明星的杂志海报也频频出现在史密森夫妇设计的柯布西耶式架空步行通道两侧。

尽管直到1966年他们的设计才得到实践，但是史密森夫妇的理念在谢菲尔德大学设计竞赛（1953）和柏林首都设计竞赛（1957—1958）的参赛方案中得到进一步发展。柏林竞赛中他们和德国设计师彼得·西格蒙德（Peter Sigmond，图102）合作，虽然只获得了第三名，但是史密森夫妇的设计却广受好评，他们

图 102 柏林首都设计竞赛第三名作品，史密森夫妇、彼得·西格蒙德设计，1957—1958年。(Alison Smithson, *Team 10 Primer* [Cambridge, Mass.: MIT Press, 1968], 56)

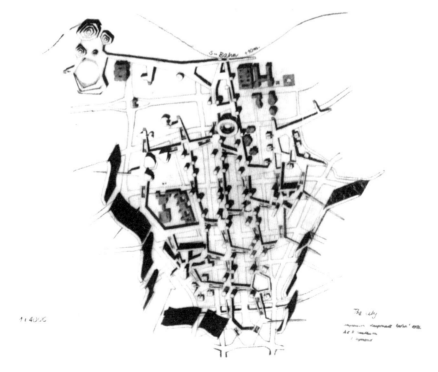

提出了一种全新的城市结构——"赋予汽车和行人平等的行动自由权"。这或许回应了战后西柏林重建"公平对待汽车"城市的需求。柏林首都设计项目详细阐述了史密森夫妇关于连续人行道的理念，并建议将这样的人行道建在历经战火后城市中心街道网格的废墟之上。他们的项目表明，这些街道应该划分成行车道和临时停车道，而各种新建和现有的文化设施将通过持续运行的电动扶梯与98英尺（30米）高的二层行人平台相连。

该项目之后不久，史密森夫妇、坎迪利斯－若西克－伍兹设计事务所（Candilis-Josic-Woods）、丹下健三以及其他人的城市设计项目中也采用了这一设计理念，从而发展和扩大了十次小组对20世纪中期CIAM城市设计理念的挑战，他们在现有建成环境基础上，在建筑、行人和交通中设置尽可能宽敞的空间。贝克马的鹿特丹市中心林班街项目（Lijnbaan，1948—1953），虽然没有在CIAM大会上展示，但却具有广泛影响，项目中高层住宅和写字楼通过步行商业街整合在一起，以一种朴素的方式重建城市，并同时容纳了步行空间和公共交通（图103）。这个项目正好是在荷兰CIAM成员范·提扬和马萨康德所设计的多功能商业综合体古塔德斯格布乌（Goothandelsgebouw, 1947—1952）附近，并在其之后竣工，虽然这座大楼名气不大，但是它复杂的多功能内部设计却激发了后来雷姆·库哈斯（Rem Koolhaas）的设计灵感。史密森夫妇在伦敦设计的前经济学人大厦（1962）也强调了城市空间中步行系统的重要性，并且采用了一种新的非密斯风格的石材覆盖系统，这种方式迅速在世界各地的城市中心流行起来。

在第8届CIAM大会上，吉迪恩列举了历史城市案例来阐述CIAM的"内核"概念，如雅典和普里尼的广场，庞贝、罗马的竞技场，米开朗基罗的坎皮多里奥广场等。所有这些场所都承载着欧洲历史城市的政治意义，从某种程度上讲，它们似乎与战后去殖民化时代的务实主义环境有所脱节。但是，吉迪恩也注意到阿尔多·凡·艾克在第8届CIAM大会上展示的阿姆斯特丹小型游乐场，其年轻的荷兰弟子已经开始为阿姆斯特丹工务署城镇规划部设计数百个这样的小型游乐场。小型游乐场包括一个简单的几何形状沙坑，通常由1英尺（30厘米）高的预制混凝土墙包围起来，除此之外还有高8—20英寸（20—50厘米）、直径26

图 103 林班街项目,
范·登·布罗克与贝克
马建筑事务所（Vanden
Broek & Bakema） 设
计, 鹿特丹, 1948—
1953 年。
(Frits Monshouwer, from
Hans Ibelings, ed., *Van
den Broek and Bekema,
1948-1988* [Rotterdam:
NAi Uitgevers, 2000],
105)

英寸（65 厘米）水泥圆柱呈环状或直线排列，从而使人联想到古代城市以及罗马尼亚艺术家康斯坦丁·布朗库西（Constantin Brâncuşi）在罗马尼亚特尔古日乌设计的公园座椅（1935）。另外，还有许多精致的用金属管材建造的攀爬活动设施和拱门，整个娱乐场地四周被树篱、灌丛、树木等包围。凡·艾克还在现代艺术家如蒙德里安、汉斯·阿尔普（Hans Arp）等启发下，针对这些简单元素设计了多层次布局模式。随着这类小型游乐场陆续建成，他们也开始在整个城市中心居住区规划连续的公共空间系统。

这种游乐场简单、耐用、多用途的元素让孩子们可以在这里以各种创造性的方式玩耍，因而这种设计非常流行，从而使 20 世纪 60 年代在美国以及其他国家和地区修建了许多类似的"冒险乐园"。凡·艾克在 1956 年的文章《当大雪飘落城市》（When Snow Falls on Cities）中写道，游乐场通过各种自发的活动使城市变得生机勃勃，并在杜布罗夫尼克举办的第 10 届 CIAM 大会上展示了其中一些游乐场。到 20 世纪 60 年代，这些设计已成为十次小组强有力的标志，并激励了许多城市设计师，包括哥本哈根的扬·盖尔（Jan Gehl, 1936— ），他致力于在城市中心创造非正式的公共行人空间，这种设计理念继续在世界各地发酵并得到实践。

还有一个与此相关的设计是 1954 年凡·艾克设计的阿姆斯特丹市立孤儿院（图 104）项目，虽然该项目在某些方面并不太开放。为了避免在类似公共建筑中常用的冷酷元素，即沿着双层走廊两翼布局的典型模式，凡·艾克设计了八个小院落组合，每个庭院配备有相对独立的生活设施，居住着相同年龄段的儿童，"他们可经蜿蜒的院内街道和院内广场，从一个单元到另一个单元，互相交往"。在主楼的入口处，凡·艾克设计了"入口广场"，与两层楼高的员工办公室相连。该项目位于一个不起眼的繁忙的交通要道上，附近有一个体育场，正好在阿姆斯特丹老旧的中央公园边上。另外，八个小院落都有自己的圆顶式聚会场所，其灵感来自北非的清真寺。凡·艾克将孤儿院复杂、环环相扣的组织描述为"迷宫般的清晰"，就像北非的阿拉伯古城。

他们对北非城市的兴趣与后来从中东向欧洲的多次移民潮并没有关系，相反，这是早期欧洲精英对这个地区正式且具有异国情调特质的兴趣的延续。凡·艾克的伙伴、十次小组成员坎迪利斯和伍兹，于 1954 年在巴黎成立了坎迪利斯－若西克－伍兹建筑设计事务所。他们与史密森夫妇一样，在这一时期都非常关注新城市秩序对建筑的作用，其弹性的、开放的、潜在的使用价值可满足大众进入城市的需求。CIAM 的设计理念关注集体住宅的场地结构，尽可能使建筑与建筑之间保持较大的间距，从而增强采光、通风和视野，但十次小组的设计则更强调"簇群"（cluster），正如史密森夫妇所强调的，相对于现在到处兴建的分散化郊区和公共住宅，"簇群"是为了营造一种相对密集、以步行为导向的居

图 104　阿姆斯特丹市立孤儿院，阿尔多·凡·艾克设计，1954—1958年。

住环境，从而具有前现代城市的空间与社会品质。

　　在德国流亡艺术史学家鲁道夫·维特科尔（Rudolf Wittkower, 1901—1971）的影响下，建筑对庄重的秩序系统的兴趣在 20 世纪 40 年代末又重新回到人们的视野，他在《人文主义时代的建筑原理》（Architectural Principels in the Age of Humanism, 1949）一书中对文艺复兴时期建筑的比例和组织系统提出了新的诠释。维特科尔指导的伦敦瓦尔堡学院的博士生柯林·罗（Colin Rowe, 1920—1999）开始用类似的方法来研究现代建筑的秩序系统。罗在其颇具影响力的论文《理想别墅的数学关系》（The Mathematics of the Ideal Villa, 1947）中提出，16 世纪安德烈·帕拉蒂奥（Andrea Palladio）建造的古典别墅与 20 世纪 20 年代勒·柯布西耶设计的看似迥然不同的标准现代住宅其实有着某些共同的基本规划和组织模式。

　　罗曾在利物浦大学学习建筑学，后来于"二战"期间在英国军队服役。在利物浦短暂任教后，1953 年他开始在得克萨斯大学奥斯汀分校教授设计和历史。

在这里，罗启发了一群年轻师生，包括瑞士建筑师伯恩哈德·赫斯利（Bernhard Hoesli, 1923—1984）和画家罗伯特·斯卢茨基（Robert Slutzky, 1929—2005），他们后来被称为"得州游侠"（Texas Rangers）。他们质疑在现代建筑中盛行的"建筑设计主要是个人才能原创的结果"这一观点，相反，得州游侠专注于建筑思想表达，通常采用视觉隐喻的形式，谨慎地对现有建筑的平面图、剖面图以及立面图，尤其是帕拉蒂奥、勒·柯布西耶、密斯的作品进行分析研究。

得州游侠还重新引入了格式塔心理学[1]概念，这种理念早在20世纪20年代就已经成为德国现代设计的一部分，新的关注点是如何更好地理解视觉层次、主导形式、图形与背景关系以及透明性等。罗和斯卢茨基在1955年写的一篇论文（尽管直到1963年才正式发表）《透明性：文字的和现象的》（Transparency: Literal and Phenomenal）中对这一概念进行了界定，文字透明可以在包豪斯校舍中发现，现象透明则可以指穿过重叠平面的空间体验，正如嘎尔什的勒·柯布西耶斯坦因别墅（Villa Stein）分层立面。

这种新的"形式主义"后来在现代建筑中带来了一系列影响。其中之一就是路易斯·卡恩在20世纪50年代中期的作品发生了迅速转型。早在1955年12月，与罗就这些问题进行长时间交谈之前，卡恩的转型就已经开始了。特伦顿浴室（Trenton Bath House, 1955）是卡恩与哈佛大学设计研究生院毕业的合伙人安·泰格（Anne Tyng, 1920—2011）共同设计的，摒弃了密斯风格的"通用空间"（universal space），取而代之的是，在一个阳光充足的中央开放式空间周围，将一组用简单的混凝土砖建造的带有木瓦金字塔屋顶的封闭泳池更衣室组合在一起。该结构将"永恒"的古代建筑空间抽象地引入到一个现代郊区项目中。这个项目，以及卡恩也是与泰格合作设计的费城中心设计图，使史密森夫妇邀请卡恩在第一次十次小组大会上进行演讲，即1959年于奥特洛举行的CIAM大会。费城中心项目虽然没有建成，但是它所倡导的步行式城市中心概念比维克托·格伦的"更伟大的明日沃斯堡"项目要早好几年。

卡恩在奥特洛大会上的总结发言中介绍了他颇具影响力的观点，即"建筑是

1　格式塔心理学（Gestalt psychology），又称完形心理学，是西方现代心理学的主要流派之一。主张研究直接经验和行为，强调经验和行为的整体性，认为整体不等于并且大于部分之和，主张以整体的动力结构观来研究心理现象。

对空间的精心打造"，并强调了自然光线的感性效果。卡恩认为，既然每个建筑项目都有其存在的意志（这是卡恩从 19 世纪哲学家亚瑟·叔本华那里借用的概念），那么设计师就应该总是追问："该建筑或是物体希望成为什么样？"他认为在任何一个大城市，"市中心的街道都希望成为一栋建筑物"，通过设计，街道既可以在建筑之上，也可以在建筑之下打造一个行走的空间："它是一个等高线，也是一个平面。"谈及史密森夫妇的作品，卡恩指出街道可以是"空间的一种形式"，同时他也强调"每一个城市都是由各种机构组织所构成"，不仅包括礼堂、大学、小学和住宅，甚至还包括汽车停留的车库。卡恩在他的费城中心项目中提出，这些车库是进入步行城市的雕塑纪念碑式的"大门"，他强调"一个城市要有一个基于移动的框架"。在广场这样的空间中，行人可以在此驻足，但现代城市中广场已经遗失了曾经的社会聚集性，而这正是欧洲传统城市广场所拥有的特质。不同于泽特和蒂威特，卡恩质疑美式购物中心成为真正公共空间的潜在可能，因为这些购物中心仅仅是"购物的工具"。

278

相反，卡恩试图寻找一种新的现代主义纪念物，它以某种新形式延续传统经典的愿景（图 105）。这种设计理念在卡恩的南亚项目中得到清晰呈现，如印度管理学院艾哈迈达巴德校区（1962—1974）和当时东巴基斯坦新首都 Shar-e-Bangla-Nagar（1962—1983）的规划，新首都规划由美国支持的巴基斯坦独裁者阿尤布·汗（Ayub Khan）委托，当新首都建成时［由大卫·维斯登（David Wisdow）主持］，它成为备受推崇的孟加拉国首都建筑群，孟加拉国是 1971 年内战后独立的新国家。

图 105 印度管理学院艾哈迈达巴德校区，路易斯·卡恩设计，印度，1962—1974 年。

1959 年奥特洛 CIAM 大会上，十次小组决定不再使用 CIAM 这一名字，这个决定让很多人表示遗憾，其中包括日本 CIAM 代表丹下健三。然而，1960 年左右，正是十次小组而非 CIAM 成为现代建筑的主流方向。法兰克福罗马广场（1963）设计竞赛中坎迪利斯 - 若西克 - 伍兹团队的入选方案提出了"毯式建筑"（mat Building）概念，即用一层或多层封闭和开放空间网格，按开放式模式组织，通过这种模式重建被战争摧毁的城市中心。类似的设计理念也被他们用于西柏林自由大学项目（1963—1965，图 106）。

至此，坎迪利斯-若西克-伍兹已成为 20 世纪 50 年代法国郊区新城和社会住宅大规模开发建设中的主要人物。与史密森夫妇一样，他们关注商业开发的密度和流动性，并于 1961 年设计了两个新城项目，分别是卡恩 - 赫鲁维尔城（Caen-Hérouville）和图卢兹 - 米雷尔城（Toulouse-le-Mirail），并于 1962 年在华幽梦修道院举办的十次小组大会上展示了后一个项目。这两个项目和坎迪利斯 - 若西克 - 伍兹团队设计的其他项目都倡导使用循环"杆"（stems）连接成"网络"（webs），以此来创建新的城市结构，十层高的大型板式住宅通过低层行人"杆"（步行通道）与各种公共设施相连。他们的设计目的是提供一种连续的以步行为导向的城市发展模式，以区别战后大众住宅开发中流行的开放空间中的孤立塔楼形式，后者正是十次小组对早期 CIAM 都市主义的界定。伍兹认为，"城市结构

279

图 106　西柏林自由大学，坎迪利斯－若西克－伍兹设计，1963—1965年。

不在于其几何形状，而在于城市的内部活动"，这些活动"通过建筑和空间，方式和地点，公共和私人空间的连接来表达或具体化"。在这种表达方式中，一个关键问题是汽车和行人之间的"速度协调"。坎迪利斯 - 若西克 - 伍兹团队的设计项目使得私家车点到点运行，以连接到塔楼内的停车场、停车位为终点，而"杆"元素中的行人运动可以更加直接和开放。伍兹认为，他们的规划与其说是总体规划最终版本，不如说是"规划方式"的表达，这种表达方式会随时间的推移而改变。

在 20 世纪 60 年代初，十次小组举行了多次会议，但都没有提及 CIAM，包括 1960 年在马赛附近的塞兹河畔巴尔尼奥尔（Bagnols-sur-Cèze）举行、由槙文彦（1928— ）主持的会议。在 1962 年华幽梦会议中，大约有 20 位年轻建筑师就建筑群和基础设施之间的相互关系进行了讨论，这也是当时人们非常关注的一个话题，因为新住宅计划和新高速公路系统正在大规模改变着从伦敦到东京的主要工业城市。在这次会议上展示的不仅包括坎迪利斯 - 若西克 - 伍兹的作品，还包括贝克马，十次小组意大利成员乔吉卡洛·德·卡洛（Giancarlo de Carlo, 1919—2005），来自巴塞罗那的约瑟·科德奇（Josep Coderch, 1913—1984），十次小组波兰成员史蒂芬·韦韦尔卡（Stefan Wewerka, 1934—2007）以及日本新陈代谢派代表黑川纪章（1934—2007）等设计的超级建筑，黑川纪章曾提出关于胶囊塔的设计理念，并于 1970 年按照这一理念建成了东京中银胶囊大厦（Nakagin Capsule Tower）。会上，詹姆斯·斯特林（James Stirling）还介绍了他设计的莱塞斯特大学工程楼（1959—1963）方案，不过后来艾莉森·史密森将其从出版的会议记录中删除了。

华幽梦会议还涉及十次小组核心成员间关于都市主义本身性质的争论。凡·艾克提交了他在阿姆斯特丹艺术学院任教时所指导的两位学生的方案，其中 ²⁸⁰ 一个是彼埃·布洛姆（Piet Blom, 1934—1999）设计的"诺亚方舟"（Noah's Ark）项目，该项目是可容纳 100 万人口的巨型城市设计项目，它将阿姆斯特丹周围 60 个村庄连接在一起，从而形成 70 个村庄规模的城际都市实体。每个村庄占地 148 英亩（60 公顷），可容纳 1—1.5 万人，他们通过相互交错、具有各种城市功能的建筑群组织在一起。村庄间进一步通过 4 层道路系统而彼此连接。通过确定最基本的框架，即交通基础设施，布洛姆进一步将所有基础设施和建筑群整合起来。华幽梦会议特邀嘉宾吉列尔莫·朱利安·德·拉·富恩特（Guillermo Jullian de la Fuente，勒·柯布西耶当时的主要设计合伙人）、黑川纪章、韦韦尔卡以及莫桑比克的十次小组成员阿摩西奥·古埃德（Amancio Guedes，1925—2015）都对这个方案大加赞赏，不过史密森夫妇和沃克尔却并不赞同。

在凡·艾克的演讲中，他引用了文艺复兴思想家阿尔伯蒂著名的比喻，即城市应该像一座大房子，其中每部分都兼具围合的空间与开敞的空间。这一观点启发凡·艾克进一步发展了他所提出的都市主义"构型原则"（configuratine discipline），他质疑当时广为认同的观点即建筑师应该为政府住宅开发公司设计不带个性特征的建筑，反而认为建筑师应该建造个性化建筑以加强群体认同，正如世界各地的村庄和城镇中既有马里多贡人居住的村庄，也有新墨西哥州祖尼普韦布洛印第安人的村庄。凡·艾克认为布洛姆的设计很好地表达了这种观点，也即"城市是由多元重叠构型系统组成的层次结构"。

但是史密森夫妇强烈反对布洛姆项目的重复性，艾莉森认为它试图控制未来城市发展的所有领域，因而是"彻底的法西斯主义"。因此，史密森夫妇终止了凡·艾克试图在十次小组框架内发展他的新城市主义原则的努力。尽管如此，布洛姆的作品却激励了勒·柯布西耶和吉列尔莫·朱利安·德·拉·富恩特，他们将这种理念应用在（未建的）威尼斯医院（1963—1966）项目上。在关于布洛姆项目的争论中，凡·艾克用树和叶子来比喻城市和住宅间的关系，叶子具体的组织结构反映了更大尺度的树的特征，正如他著名的"树—叶"图解法所展示的，"树即叶，叶即树；房屋即城市，城市即房屋"。

对此，当时在印度乡村发展部门工作的克里斯托夫·亚历山大指出，"一棵树不是一片大叶子"。这反映出他越来越质疑，他在尊重印度教文化和习俗基础上为印度新型村庄设计所做的指引，其中包括基于 141 个功能性需求而绘制的等级图。后来这些设计图成为亚历山大哈佛大学毕业论文的一部分，并在《形式综合论》（*Notes on the Synthesis of Form*，1964）一书中发表。在华幽梦会议上，亚历山大还介绍了这些经过量化的功能需求是如何成为一种设计方法的，并将这些需求模式组织成一系列相互关联的类别，进一步用于早期计算机程序开发。后来，他把这种方法和思想发表在著名的《建筑模式语言》（*A Pattern Language*，1968）一书中。通过使用这种数学方法（虽然没有统计依据），亚历山大最终反对凡·艾克的"树—叶"论并发表了文章《城市不是一棵树》（*A City Is Not a Tree*，1965）予以驳斥，他指出城市并没有像树那样的等级层次结构，但是考虑到重叠性、连续性和偶然性，城市可以呈现为功能重叠、文化相互联系的半点阵图。

　　1962 年召开的华幽梦会议也许标志着十次小组如 CIAM 那样在未来建筑与都市主义之间寻找最佳途径的最高成就，但是后来的发展却表明达成普遍一致不再可能。凡·艾克和布洛姆将继续影响荷兰结构主义，而赫尔曼·赫茨伯格（Hermann Hertzberger, 1932— ）和其他建筑师的发展方向虽然与坎迪利斯－若西克－伍兹的终极目标几乎没有共同点，但却以各种新型巨型建筑重构城市产业社会，而德·卡洛则致力于在意大利历史城市中进行敏感的情境干预。与此同时，麦吉尔大学建筑系学生摩西·萨夫迪（Moshe Safdie）1961 年的建筑设计论文《三维模块化建筑系统》（A Three-Dimensional Modular Building System）也开创了新的研究方向。萨夫迪用三维系统作为居住环境基础，并将其应用于 1967 年蒙特利尔世博会的圣劳伦斯河岛大型住宅项目，此后几十年，该项目成为世界各地流行的住宅模式（图 107）。

图 107　圣劳伦斯何岛住宅项目，摩西·萨夫迪设计，1967 年蒙特利尔世博会,1965—1967 年。

设计现代城市：1850 年以来都市主义思想的演变

尽管十次小组内部分歧不断，但是他们的工作却极大地影响了 20 世纪 60 年代的建筑设计。许多英国城市和大学设计项目都遵循了十次小组的设计路线，如史密森夫妇参与的 1953 年谢菲尔德大学扩展设计竞赛的入选方案，虽然没有最终实现，但它启发了后来的许多类似设计，包括谢菲尔德公园山公共住宅项目（1957—1961），这是谢菲尔德城市建设署 [包括 J. 路易斯·沃默斯利（J. Lewis Womersley）、杰克·林恩（Jack Lynn）、艾弗·史密斯（Ivor Smith）] 对史密森夫妇黄金巷概念成功的直接应用。丹尼斯·拉斯顿设计的位于诺里奇的东安格利亚大学（1963—1966）则是受到史密森夫妇粗野主义巨型校园建筑理念启发的经典案例，后来这种设计理念进一步在 60 年代的北美流行起来，直到 90 年代才开始受到越来越多大学管理部门的强烈反对。拉斯顿的作品已经远离他早期受 CIAM 启发的公共设施独立配置的板式住宅设计风格，这不仅受到史密森夫妇的高度赞扬，同时也表明了首次在黄金巷项目中表现出的新设计理念对仍然受到老一代现代建筑研究小组成员青睐的早期 CIAM 规划思想的彻底胜利。

1960年前后日本新陈代谢派的兴起

"二战"结束后，日本开始发展成为连接美国和东亚的桥梁。出口到日本的制造业商品迅速增加，东京、大阪和日本其他城市快速恢复重建，再次开始迅速发展。到 1960 年，日本开始将"国际工业和设计中心"作为国家发展的定位和目标，而这一声誉一直延续至今。1949 年，丹下健三赢得了广岛纪念公园设计竞赛，而这个方案正是这座被战争摧毁的城市的总体规划的一部分。丹下健三的设计于 1951 年在第 8 届 CIAM 大会上展出，这也是 CIAM 展出的第一个非西方项目。20 世纪 50 年代，丹下在日本设计了许多公共项目，包括东京市政厅的早期版本 [因召开拉斐尔·维诺利（Rafael Viñoly）的东京国际会议中心而被拆除]，并参加了于奥特洛举办的 1959 年 CIAM 大会十次小组会议。

为了筹备 1960 年东京世界设计大会，丹下还组织一批年轻日本建筑师出版了双语手册《1960 年的新陈代谢主义：新城市主义发展趋势》(*Metabolism/1960: The Proposals for New Urbanism*)。这群年轻建筑师都认为城市是有生命的有机体，它能够在快速增长或衰退时期适应并进化，并不断改变以适应人们的生活方式。与此同时，丹下健三还设计了后来广受赞誉的东京扩展区东京湾项目，这个项目是丹下与他的学生于 1959 年参加的麻省理工学院关于滨水区多功能巨型建筑设计工作坊设计方案的进一步发展，丹下的东京湾设计要点则是区分长期固定的基础设施元素如高速公路和市政管网系统，以及多元化的高层商业和住宅元素，而这些元素可以随时间的推移而改变（图 108）。以丹下健三为代表的新陈代谢派成员还包括黑川纪章、槇文彦、菊竹清训（1928—2011）等，他们以各自的方式探索了相关思想，并提出利用新技术为城市生活创造新模式。菊竹清训受到当代近海石油平台和伯兰·戈德堡的芝加哥马利纳城（Marina City）设计的启发，提出了飘浮结构的"海上城市"设计方案，并将其刊登在 1959 年的 CIAM 会议集中。黑川纪章则设计了独立的最小规模居住单元集合框架，就如他设计的东京中银胶囊大厦那样（图 109）。

在《1960 年的新陈代谢主义》手册中，槇文彦与大高正人（1923—2010）共同撰写了一篇文章《面向群体形式》（Toward Group Form），并用他们负责的东京新宿区重建项目来举例说明。该项目是日本众多大型城市复兴项目中的一个，探索了 20 世纪 50 年代日本人造陆地和市民中心问题，这些项目与世界其他城市的重建项目相似，它们也成为修订日本建筑法规的重要因素，而当时日本建筑法

图 108　东京湾项目，丹下健三设计，1960 年。(Kawasumi Kobayashi Kenji Photograph Office Co., Ltd)

图 109　中银胶囊大厦，黑川纪章设计，东京，1970—1972 年。

规定建筑高度不能超过 100 英尺（30.48 米）。到目前为止，新宿是东京最重要的通勤铁路枢纽，新建筑法将其划定为"特别城市区"，并于 1961 年正式生效。

槙文彦出生于东京，曾于 1953—1954 年在哈佛大学设计研究生院学习，1955 年获得圣路易斯华盛顿大学建筑设计工作室教职，任职期间，他设计了第一个作品斯坦伯格会堂（Steinberg Hall，1960）。而大高正人则是前川国男（1905—1986）设计事务所最重要的设计师之一，前川国男是 20 世纪 50 年代日本 CIAM 成员之一。大高正人主要从事城市规模项目设计，如横滨红叶丘市民中心项目（1954），在这个项目中他采用了 CIAM 战后的设计理念，以城市内核为设计导向，将神奈川县立图书馆、音乐厅、青年中心、妇女中心组合在一起。在前川国男事务所期间，大高正人还设计了晴美公寓（Harumi Apartments，1958），它被认为是勒·柯布西耶马赛公寓的日本版。槙文彦与大高正人对人工土地的关注引导日本 284 建筑学会于 1962—1963 年对此展开研究，并推动了坂出市人工土地项目的建设，这块人造陆地是在坂出乡镇开发的一个居民区，整个项目从 1966 年至 1986 年分四期完成。

在约瑟夫·帕松努（Joe Passonneau, 1921—2011）院长的支持下，槙文彦于 1962 年在圣路易斯华盛顿大学创办了建筑与城市设计硕士课程，他的国际影响力也因此进一步增强。帕松努院长 1949 年毕业于哈佛大学设计研究生院，并师从格罗皮乌斯和约瑟夫·赫德纳特院长。1958 年，槙文彦获得芝加哥格雷厄姆基金会旅行奖学金，在返回日本参加世界设计大会之前，他去了雅典和亚洲各地。1962 年，在他回到圣路易斯后不久，槙文彦与杰瑞·戈德堡（Jerry Goldberg）共同出版了《集合形态的调查研究》（Investigations in Collective Form，1964）一书，他在书中提出将"集合形态"（Group Form）作为城市设计方法之一，从而适应城市环境的变化与城市的发展。随着时间的推移，这些环境不可避免地会受许多不同建设者的共同作用，槙文彦建议采用建筑元素重复系统来保持城市形象的统一，并列举了一些历史经典案例，如希腊岛屿城镇或非洲 285 村庄各种具有重复形式的传统民居。在这些案例中，即使建成环境的特定方面不断发生改变，但城市整体形象仍然保持稳定（希腊岛屿上的白色灰泥石立方结构，或是非洲村舍的圆形茅草屋）。

"集合形态"提出了一种在基本元素既定的基础上不断发展的系统模式，通过建筑设计，城市地区能够在没有视觉干扰的情况下处理战后高速公路系统发展的新规模，同时在永恒发展和不断变化的情况下激发社会活力和社会交流。它融合了凯文·林奇和乔治·凯普斯提出的城市易读性思想，并以生成"主程序"为目标，从而平衡城市中的各种力量，槙文彦认为这种平衡不仅由静态的建成元素所组成，同时也由动态事件系统模式所构成。通过这种方式，"集合形态"回应了情景主义者提出的城市"问题"，但是并没有接受他们具有明确颠覆性和革命性的政治主张。槙文彦也认为"集合形态"可以避免静态的"构成形态"

设计现代城市：1850 年以来都市主义思想的演变

（Compositional Form），如纪念性建筑那样（从凡尔赛到昌迪加尔的纪念中心），也可以避免新的"巨型结构"（megastructure，槙文彦在《集合形态的调查研究》中提出的概念）过度强调技术性，如丹下健三的东京湾项目。

应泽特的邀请，槙文彦加入了哈佛大学设计研究生院，并在 1962—1965 年开设了一系列城市设计工作坊讲授"城市运动系统"，他的学生包括阿根廷建筑师马里奥·科里亚（Mario Corea, 1939—　），科里亚在阿根廷罗萨里奥和巴塞罗那众多城市项目中应用了这一思想。这一时期，槙文彦对城市运动系统的设计理念部分来自波士顿重建局（BRA）及其规划总监艾德·洛格（Ed Logue）提出的"新波士顿"多式联运规划。波士顿老旧的交通系统由剑桥斯文设计联盟（Cambridge Seven Associates）等负责线路图形与车站设计，包括美国第一条地铁线（1896）——1964 年被重命名为"T"线——以及受到伦敦地铁系统启发的新的彩色编码线路图。在重新设计的交通系统中，槙文彦和他的学生调查了新型步行城市空间的潜力，他们称这种新型步行空间为"城市客厅"和"城市走廊"。很快这些概念在全球范围内迅速流行起来，并被部分应用于槙文彦设计的东京立正大学（1967 年建成，后被拆除）和森里区中心（1970 年建成，后被拆除），森里区中心是通过铁路与大阪相连的新城镇中心，规划人口为 15 万。而槙文彦最著名的早期作品中既包括他的"集合形态"，又有泽特的都市主义设计思想的项目之一是东京代官山集合住宅（Hillside Terrace Complex，1968—1992，图 110）。

₂₈₆ 新陈代谢派的影响随后扩大到整个东亚地区，1956—1957 年就读于哈佛大学设计研究生院的林少伟（William Lim, 1932—　）在他的家乡新加坡沿着新城市中心的滨海路修建了阶梯式巨构建筑——黄金地带购物中心（1974）。很快类似项目相继建成，其中包括由保罗·鲁道夫（Paul Rudolph, 1918—1997）设计的多功能项目新加坡鸿福中心（The Concourse，1979—1994），它是有四层办公区的多功能用途塔楼，其中每三层都有一个独立的中庭；这个项目与鲁道夫设计的另一个项目雅加达威斯玛·达摩拉大厦（Dharmala Tower，1983—1988）都启发了之后杨经文在马来西亚雪兰莪州设计的米纳拉·梅西尼亚加（Menara Mesiniaga，1990—1992）"热带摩天大厦"，越来越多的类似建筑作品也在东南亚快速发展的城市中落成。

图 110　代官山集合住宅，槙文彦设计，东京，1968—1992 年。

拓展阅读

Nicolas Adams, *Skidmore, Owings and Merrill: SOM Since 1936* (Milan: Electa, 2006).

Tom Avermaete, Serhat Karakayali, and Marion von Osten, *Colonial Modern* (London: Black Dog, 2010).

Edmund N. Bacon, *Design of Cities* (New York: Viking, 1967).

Paul L. Knox, *Palimpsests: Biographies of 50 City Districts* (Basel: Birkhäuser, 2012).

Seng Kuan, *Kenzō Tange: Architecture for the World* (Zurich: Lars Müller, 2012).

Alexandros- Andreas Kyrtsis, *Constantinos A. Doxiadis* (Athens: Ikaros, 2006).

Phyllis Lambert, *Building Seagram* (New Haven: Yale University Press, 2009).

Mori Art Museum, *Metabolism: The City of the Future* (Tokyo, 2011).

287

Eric Mumford, *Defining Urban Design: CIAM Architects and the Formation of a Discipline, 1937–69* (New Haven: Yale University Press, 2009).

Max Risselada and Dirk van den Heuvel, *Team 10: In Search of a Utopia of the Present,*

1953–1981 (Rotterdam: NAi, 2005).

Timothy M. Rohan, *The Architecture of Paul Rudolph* (New Haven: Yale University Press, 2014).

Peter G. Rowe and Hashim Sarkis, *Projecting Beirut* (Munich: Prestel, 1998).

Josep Lluís Sert, "The Human Scale," in Eric Mumford, ed., *The Writings of Josep Lluís Sert* (New Haven: Yale University Press, 2015), 79–90.

Arieh Sharon, *Kibbutz + Bauhaus* (Stutt gart: Karl Krämer, 1976).

Ellen Shoshkes, *Jaqueline Tyrwhitt* (Burlington, Vt.: Ashgate, 2013).

Frances Strauven, *Aldo Van Eyck* (Amsterdam: Architectura and Natura, 1998).

Jennifer Taylor, *The Architecture of Fumihiko Maki* (Basel: Birkhäuser, 1999).

Alex Wall, *Victor Gruen* (Barcelona: Actar, 2005).

第七章
乌托邦危机：
城市规划思想的反叛与重塑

欧洲城市对CIAM和十次小组的批判：
情境主义、康斯坦特、尤纳·弗莱德曼和建筑电讯派

　　1959 年，十次小组与 CIAM 决裂，同时，其他批判都市主义的思想也开始兴起。法国情境艺术家居伊·德波（Guy Debord，1931—1994）首先对勒·柯布西耶的都市主义思想进行了批判，并发表在字母主义国际[1]（Letteist International）的期刊《冬宴》（*Potlatch*，1952—1957）上。在一篇后来被译为《摩天大楼的根源》（Skyscraper by the Roots，1954 年第 5 期）的文章中，德波指出现代城市规划"总是从警察的指示那里找灵感"，从根本讲它是一种"处于永久监视下的社会"中、"封闭的孤立单元"式的建筑和都市主义，"不再有更多的变革或思想碰撞的机会"。这一观察与当时法国政局动荡，全国弥漫着的紧张气氛有关。警察、军队都走上街头，民众不满情绪高涨。法国失去在法属印度支那（包括越南和柬埔寨）的殖民地，阿尔及利亚的起义一触即发。同一时期，法兰西第四共和国重建部启动了"万亿行动"（Operation Million），旨在通过预制建筑将标准公寓的成本降低一半。法国重建部为巴黎郊区的四个大规模住宅项

1　字母主义国际（Letterist International, LI）是一个巴黎激进艺术家和理论家团体，活动于1952—1957年。由盖伊·德波创建，从伊西多尔·伊索（Isidore Isou）的字母主义小组脱离出来。该小组后来与其他团体一起组成了情境主义国际，并提出了一些重要的技术和思想。

目举办了设计竞赛，总计有 4000 套住宅单元。这些雄心勃勃的举措很快使法国核心城市周围兴建了许多与 CIAM "grands ensembles" 类似的住宅，其中许多都是由坎迪里斯－若西克－伍兹设计事务所设计的。

与此同时，丹麦艺术家阿斯格·约恩（Asger Jorn，1914—1973）认为包豪斯学派并没有像瑞士教育家马克斯·比尔（Max Bill，1908—1994）在战后的乌尔姆设计学院倡导的那样，推动建立现代设计"清晰的设计准则"。约恩曾于 1937 年至 1938 年在柯布西耶工作室工作，并于第五届 CIAM 大会时期为新时代（Temps Nouveau）展馆绘制壁画，也曾在乌尔姆设计学院短期执教。对于约恩来说，包豪斯学派的真正意义在于无拘无束的艺术灵感。他创立了"包豪斯意象主义"（Imaginist Bauhaus）艺术家团体，并与德波合作在《冬宴》杂志上联合发表了一篇题为《巴黎心理地理学指南》的文章，之后这篇文章以更为著名的名字《裸城》（*The Naked City*，1957）出版。其书名与一部颇受欢迎的美国侦探电影的片名相同，这部电影于 1950 年上映，也是首部大范围拍摄曼哈顿街区的好莱坞电影。

德波和约恩认为，字母主义国际所要求的"整体都市主义"（unitary urbanism）可以通过一系列"文化内行动"来实现，这些行动将克服城市异化及其导致人们通过对象而不是通过生活中的共同体验来调解社会关系的倾向。其中包括构建临时的城市"情境"（situations），以期与资本主义积累的"景观"（spectacle）相抗衡。最能体现这一"景观"的是受到严格控制的电视节目，这在 20 世纪 50 年代非常普遍。在 1956 年出版的《冬宴》杂志上，他们还提出了"整体都市主义"的其他策略来理解当代城市生活，包括：共情（dérives），对城市不同地区以心理地理学研究方式进行长期的、可能是非理性的随机探索；劫持（détournement），为实现革命理想对主导叙事和表现方法的"劫持"（hijacking）；抵制（recuperating），抵制主流文化对颠覆性创新的"复原"（recuperating）。情境主义者的目标是一场马克思主义式的革命，它将抵制苏联式的威权主义，同时将资本主义社会从对消费品和媒体景观的疏远中解放出来。

1957 年，德波的字母主义国际与约恩的包豪斯意象主义合并组建了情境主义国际（Situationist International，简称 SI），该组织一直存在到 1972 年。这对 20 世纪 60 年代及以后的都市主义思想产生了巨大影响。1961 年，艺术家康斯坦特·纽文华（Constant Nieuwenhuys，1920—2005）也加入了情境主义国际。1948 年至 1951 年，他与阿尔多·凡·艾克曾在叫作眼镜蛇画派（Copenhagen-Brussels-Amsterdam，简称"CoBrA"）的艺术家团体进行过合作。1953 年，他们在阿姆斯特丹共同举办了一场名为"人与家"（Man and Home）的展览，并提出了用色彩来表现城市空间的想法。从 1956 年开始，一直持续到 1974 年，康斯坦特借鉴史密森的黄金巷和柏林首都项目为"新巴比伦"（New Babylon）项目创作了大量富有远见的模型和绘画，这是一个不断变化的、可持续的巨构建筑。但像其他规划一样，它也未能建成。由于康斯坦特的具体城市愿景不够激进，不符合情境主义国际的章程，他与大多数早期情境主义国际的成员一起被德波逐出了组织。20 世纪 60 年代后期，情境主义国际深度参与了发生在巴黎以及美国城市和校园的大规模公众抗议和示威活动。

　　同一时期的人物还有前 CIAM 成员尤纳·弗莱德曼（Yona Friedman，²⁹⁰1923—　），他是匈牙利裔以色列建筑师。弗莱德曼曾作为规划师阿里耶·沙龙领导的以色列 CIAM 小组成员参加过第十届 CIAM 大会，但他对史密森夫妇和十次小组含糊的城市主题持批判态度，如"移动"（mobility）和"成长与变化"（growth and change）。作为回应，1958 年，弗莱德曼在鹿特丹成立了一个国际组织（包括以色列、巴黎、荷兰和波兰）——移动建筑研究小组（Groupe études d'architecture mobile，简称 GEAM）。移动建筑研究小组认为，所有组织都应该定期更新。受到德国建筑工程师弗雷·奥托（Frei Otto，1925—2015）轻型骨架帐篷结构的启发，弗莱德曼提出了"移动建筑"（mobile architecture，同名书籍于 1959 年出版）和"空间都市主义"（spatial urbanism）思想。移动建筑将建立在一个可以无限扩展、多层居住的空间结构之上。这将把地面空间留给机械化运输、农业、自然和历史古迹（图 111）。

　　一群年轻的伦敦建筑师对十次小组和相关思想进行了又一个方向的与政治相关度较低的发展，他们在 1961—1970 年出版了一系列具有远见卓识的建筑项目漫画书，名为《神奇的建筑电讯派》（*Amazing Archigram*）。建筑电讯派

图 111 《城市空间》，
尤纳·弗莱德曼设计，
1960—1962 年。
(L'urbanisme spatiale,
1960-62) © 2016 Artists
Rights Society (ARS),
New York/ADAGP,
Paris.

（Archigram）[1]的成员包括彼得·库克（Peter Cook，1936—　）、迈克尔·韦伯（Michael Webb，1937—　）、丹尼斯·克朗普敦（Dennis Crompton，1935—　）、沃伦·查克（Warren Chalk，1927—1988）、大卫·格林（David Greene，1937—　）和罗纳德·赫伦（Ron Herron，1930—1994）。十次小组成员史密森夫妇是建筑电讯派某些成员的导师，如克朗普敦，他后来成为建筑联盟学院乃至全球著名的建筑教育家。建筑电讯派对十次小组的批判就如同后者对英国现代建筑研究的批判。与新陈代谢派一样，他们提出以灵活、非永久性的现代技术来不断建设给人启迪的步行城市环境。在这种环境下，随机且随时可用的服务将带来不断变化的体验。他们反对 CIAM 所提倡的秩序严谨的城市环境。建

291

1　建筑电讯派亦译作"阿基格拉姆小组"。

筑电讯派成员还强烈支持战后城市中的英国工人阶级，并达到了政治权力的最高点。他们追求像海边游乐园一样自由的环境，而不是对他们来说带有愚蠢管制、阶级意识的传统欧洲城市广场空间和无聊的无序蔓延的美国郊区。

与此同时，建筑电讯派还崇拜 R. 巴克明斯特·富勒这样有远见的美国建筑师以及后来被称为"高科技"的环境，如大西洋沿岸的卡纳维拉尔角（Cape Canaveral，位于佛罗里达州，1964 年更名为 Cape Kennedy，即肯尼迪角）。该地是 1969 年阿波罗 11 号进行太空登月任务的所在地。富勒对能量流动性十分迷恋，他认为这才是真正的财富源泉，由此他提出了逻辑结构系统（logical structural systems），即通过三角形和四面体图形，用最少的材料来建造最大的空间。后来，这些想法被建筑电讯派采纳并进一步发展。富勒还提出了网格状球顶（geodesic dome，最初被用作预制房屋的解决方案）的概念，即使用球形三角形空间框架，以最小的结构快速覆盖最大面积的区域。这个想法作为解决集体住宅的方案并不可行，但它成为一种非常流行的温室、音乐厅和展览馆外形。这个概念还被美国军方用于建设位于加拿大北部沿着北极圈的可移动穹顶 ["雷达罩"（radomes）]，以防御苏联的攻击。1965 年，富勒还与 Shoji Sadao（1927—2019）一起设计蒙特利尔世界博览会（1967）的美国馆。他们设计了一个大型的网格状球顶建筑，使其与一条富有未来主义色彩的单轨铁路相连，以此作为未来都市主义的可能模式。

建筑电讯派的成员发现，在 20 世纪 60 年代，这些试图满足流行想法、技术导向的未来主义方向比建筑驱动的想法更加重要。建筑驱动更多地体现在十次小组和约瑟夫·路易斯·泽特的城市设计中。克朗普敦、查克和赫伦都曾在伦敦郡议会建筑事务所特别工程部工作。其所处的南岸艺术中心（South Bank Arts Centre，1960—1967）是一座非常显眼的粗野派混凝土景观建筑，位于泰晤士河沿岸的显著位置，拥有多层行人通道和车辆通道。建筑电讯派的其他成员曾在泰勒·伍德罗建筑公司（Taylor Woodrow Construction）担任室内建筑师，并设计了多个多功能大型商业综合体。该公司由西奥·克罗斯比（Theo Crosby，1925—1994）负责管理，他还策划了 1956 年在伦敦举行的"此即明日"（This Is Tomorrow）展览。彼得·库克曾与彼得·史密森和詹姆斯·斯特林（1926—

292

1992）一起在建筑联盟学院学习，并于 1960 年毕业。克罗斯比非常熟悉他们的作品，他也意识到独立艺术家小组在努力吸收新兴的战后商业广告文化，这种文化不久便催生了波普艺术（Pop Art）。

1963 年，独立艺术家小组的发起者——当代艺术学院（the Institute of Contemporary Art，简称 ICA）举办了建筑电讯派"生动城市"（Living City）展览，紧随其后又举办了一系列相关项目展，如迈克尔·韦伯为伦敦莱斯特广场（Leicester Square）设计的"罪恶中心"（Sin Centre，1959—1962）项目和剑桥大学毕业的非建筑电讯派成员塞德里克·普莱斯（Cedric Price, 1934—2003）设计的"游乐宫"（Fun Palace，1961—1964）项目，后者是受戏剧企业家琼·利特尔伍德（Joan Littlewood）委托，在伦敦东部莱亚河（River Lea）建造的娱乐中心，但并未建成。这些项目表明，专注于大众休闲的高科技、多功能环境将是一个易于被接受的突破，是摆脱了战后新纪念碑式庄严、反商业的文化、社区和健康中心项目。1963 年至 1966 年，普莱斯还在他的家乡斯塔福德郡设计了一个广受好评的"陶艺思考带"（Potteries Thinkbelt）项目。他建议利用废弃的铁路线作为基础，建设一个流动高等教育设施，配备移动教室、实验室和住宅区，以帮助推动萧条地区的经济重建。

1962 年，建筑电讯派成员库克和格林设计诺丁汉购物中心（Nottingham Shopping Centre）时提出了"插入式都市主义"（plug-in urbanism）的概念，即将 U 形预制混凝土构件安装在适当的位置，之后用大型起重机搬运。该项目利用了码头运输集装箱的原理，20 世纪 50 年代中期码头运输集装箱开始发展，并开始使用如今标准尺寸的船运集装箱（通常为 $8^1/_2 \times 20 \times 40$ 英尺 / $2.6 \times 6 \times 12$ 米）。不久，这些创意便催生了著名的建筑电讯派"插入式城市"设计图（由库克在 1964 年提出）以及许多其他前瞻性的建筑电讯派城市概念，如 1964 年克朗普顿的"计算机城市"（Computer City）和 1965 年赫伦的"行走城市"（Walking City）。就在披头士乐队和其他英国摇滚乐队获得国际知名度之际，这些图纸方案完成并被公之于众。英国入侵[1]的"摇摆伦敦"（Swinging London）文化最初兴

---

1 英国入侵（British Invasion）是指20世纪60年代中期几支英国摇滚乐队纷纷登陆美国的狂潮，并且彻底改变流行乐和摇滚乐历史的事件。

起于苏豪区的卡纳比街（Carnaby Street），后来成为全球时尚和新生活方式的中心。1964 年，社会学家露丝·格拉斯创造了"绅士化"（gentrification）一词，用来描绘伊斯灵顿的社会转变。

建筑电讯派成员具备相当丰富的技术知识，他们希望这些前瞻性的项目能够真正完成。所有必要的要素如结构、运输、线路、管道系统和网络连接等，都在其绘制的错综复杂的图纸中得到了详细的展示。在政治上，建筑电讯派在一些方面相比情境主义者（或 CIAM 或十次小组的某些方面）并没有那么激进，他们使用系统论方法来引导行人、交通和车辆流通网络，为新一代相对富裕的城市工人设计项目。这些趋势与英国的官方规划和干预有关，并得到当时由哈罗德·威尔逊首相（任期 1964—1970、1974—1976）领导的以技术为导向的工党政府的大力支持，特别是在英国国家高速公路系统第一阶段竣工和科林·布坎南（Colin Buchanan）的《城镇中的交通》（*Traffic in Towns*，1963）一书出版后。

建筑电讯派对全世界的建筑思想都产生了广泛的影响，而其部分是通过历史学家和评论家雷纳·班纳姆的著作得以传播的。1966 年，在佛罗伦萨举办的"超级建筑"（Superarchitecture）展览的灵感就来源于建筑电讯派。那次展览以后，阿道夫·纳塔利尼（Adolfo Natalini，1941—2020）和克里斯蒂亚诺·托拉尔多·迪弗兰恰（Cristiano Toraldo di Francia，1941— ）成立了超级工作室（Superstudio）。他们的设计得到广泛赞誉。这些设计表现了一种可能，即以"非理性的方法"作为起点来设计与实际建筑无关的概念性建筑。最著名的是超级工作室在 1969 年进行的"连续纪念碑"（Continuous Monument）项目，该项目批判技术和媒体正将世界趋同化，并认为其是"帝国主义的必然形式"。

在建筑实践中，建筑电讯派的影响更加广泛。但到 20 世纪 70 年代末，人们对其作品的兴趣急剧减弱，批判其天真，过度关注技术和主题公园启发的愿景。然而，建筑电讯派两个最热情的追随者——现为"河畔的罗杰斯男爵"的理查德·罗杰斯（Richard Rogers，1933— ）和现为"泰晤士河岸福斯特男爵"的诺曼·福斯特（Norman Foster，1935— ）都成为 20 世纪 90 年代世界上最成功的建筑师，他们将富勒和建筑电讯派的设计理念融入全球的城市和环境中。1963 年，福斯特和罗杰斯以及他们的妻子苏珊·布伦威尔（Su Brumwell）、

293

294

温迪·奇斯曼（Wendy Cheesman）在伦敦共同创立了四人组事务所（Team 4，1963—1967）。1968 年，福斯特创立了福斯特及合伙人建筑事务所（Foster & Partners），并于 1968—1983 年与巴克明斯特·富勒合作。罗杰斯与热那亚建筑师伦佐·皮亚诺（Renzo Piano, 1937—　）一起赢得了巴黎蓬皮杜中心（1971—1976）设计竞赛。蓬皮杜中心是法国政府为了应对 1968 年 5 月发生的大规模学生和工人城市骚乱而修建的，它将华丽设计、高科技元素融入了这座古典的石材外立面城市。24 小时的文化活动在某种程度上实现了早期的后 CIAM 的城市愿景（图 112）。

凯文·林奇、简·雅各布斯、保罗·鲁道夫
与20世纪六七十年代的美国城市

在美国，泽特和杰克琳·蒂威特基于哈佛大学设计研究生院的城市设计理念（1953—1969）很快被麻省理工学院的凯文·林奇基于用户的城市理论所取代。

图 112　蓬皮杜中心，皮亚诺与罗杰斯设计，巴黎，1971—1976 年。

1957 年，在第二届哈佛城市设计大会上，乔治·凯普斯和林奇首次提出这一概念，并展示了他们基于麻省理工学院的有关"城市的感知形式"（The Perceptual Form of the City）的研究，该研究始于 1954 年。在 1955 年 6 月拟定的一份报告中，林奇指出他们的研究前提是"良好的城市环境至少有两个基本品质：一是关联性或连续性；二是不断增长的便捷性"。他们将关联性定义为一种"物理模式"，即在"物质环境"上"保持知觉、情感和概念上的一致性"。他们的目标是帮助创造一个"鼓励人类成长和发展的世界"。在洛克菲勒基金会资助的研究中，凯普斯和林奇将城市的基本特征判定为"人与商品的流动"，因此，他们提议进行"流通系统感知效果"（perceptual consequences of circulation systems）研究。凯普斯曾对林奇说，最基本的问题是"在不断变化的流通中保持连续性"，凯普斯试图从 1919—1923 年魏玛先锋派电影制作人维金·艾格林（Viking Eggeling）和汉斯·里希特（Hans Richter）提出的"零散的早期思想"（scattered early ideas）中发展出这些原则。凯普斯和林奇通过借鉴麻省理工学院教授诺伯特·维纳（Norbert Wiener, 1894—1964）的"用户反馈"概念拓展了之前的研究，并提出了后来被称作"用户需求"的概念，以便更好地理解普通人如何在城市环境中找寻属于自己的道路。

20 世纪 50 年代中期，凯普斯和林奇的研究合作团队调查了波士顿、泽西城和洛杉矶市中心的一部分居民，并对结果进行了分析。他们发现，人们通常用五个抽象的空间导向要素来理解他们的城市环境，即道路（paths）、边界（edges）、节点（nodes）、区域（districts）和标志物（landmarks）。林奇由此得出结论：最好的城市环境是这些要素能相互关联且被感知的环境。最典型的是波士顿市中心，它有被命名的"道路"如联邦大道，清晰的"边界"如查尔斯河（the Charles River）河岸，"节点"哈佛大学或肯德尔广场（Kendall Squares），紧凑可步行的"区域"如灯塔山（Beacon Hill）以及从远处就能看到"标志物"——州议会大厦圆顶。新泽西虽然人口密集，交通基础设施也很发达，但却缺少这种空间导向元素，居民们觉得导航起来很混乱，而洛杉矶市中心虽然有一些这样的要素，但作为步行城市，相关受访者认为这些要素没有完全关联起来。

林奇"抛弃"凯普斯独立出版了《城市意象》（1960）一书，这一行为令人费解。这部作品使 1960 年之后的城市设计进入了一个新时代。泽特在哈佛大学城市设计课程中提出建筑导向、设计驱动、形式引导的设计方法，与当时其他所谓更好的规划方向相比，该方法开始被认为是一种永久消极的选择。这些方案通常被理解为更具社会参与性、数据驱动性和更少的形式主义，并最终往往与各种涉及社会和经济权力的项目联系在一起。20 世纪 60 年代，许多城市设计师开始认为林奇的作品比泽特的解决方案更有意义。泽特以建筑为中心的设计理念是建立以步行为导向的城市空间和大众住宅的解决方案。而林奇的思想本身并不是一种设计方法，相反，它与如何组织用户反馈来了解他们的城市环境有关，林奇认为这对规划者很有帮助。城市居民利用这五种物理要素通过"认知地图"（cognitive mapping，林奇提出的概念）来描绘他们的环境，规划师可以使用这些要素赋予城市环境以"意象"，如设计一些具有独特特点的道路，使市民容易记住，如在波士顿联邦大道中间种植一排树。道路的"动觉质量"（kinesthetic quality）也非常重要，它是反映"跑、上升、下降"等运动感的概念，就像飞机在到达目的地前必须经过一条长长的下降曲线一样，从而提升了它的意象性。

与此同时，简·雅各布斯在《美国大城市的死与生》（*The Death and Life of Great American Cities*，1961）中对建筑驱动的都市主义进行了更为激进的批判。雅各布斯曾在哥伦比亚大学学习，在"二战"期间和战后从事新闻工作，并为美国政府机构工作。她嫁给了纽约建筑师罗伯特·海德·雅各布斯（Robert Hyde Jacobs）。冷战早期，她曾为美国国务院编辑了一本流行杂志，准备在苏联发行，但 1952 年麦卡锡时期美国反共产主义极端情绪高涨，于是她辞职了。之后，雅各布斯在《建筑论坛》上发表了大量关于 20 世纪 50 年代美国城市重建成果的文章，经常称赞贝聿铭、维克托·格伦和哈里·维斯等建筑师的城市重建作品。1956 年，她在首届哈佛城市设计大会上做了简短发言。

在洛克菲勒基金会人文科学部的资助下，雅各布斯于 1959 年至 1960 年完成了《美国大城市的死与生》，并获得了巨大成功。雅各布斯有力地批判了整个现代规划传统——从城市美化和花园城市运动到 CIAM 以及城市重建。她的批判包含两方面：一方面，规划者试图简单地以物理形式使现有的社会秩序停滞；另一方面，现代都市主义的具体规划实践正在破坏以步行为导向的城市生活。在雅各布斯看来，埃比尼泽·霍华德的观点是"私人垄断"和"近乎封建"的。他们希望，当工人阶级被重新安置在农场和休闲绿地环绕的外围定居点时他们会保持自己的阶级位置。在她看来，霍华德的目标是"禁锢权力、人员及其用途"，形成一个"易于管理的静止状态"。雅各布斯还批判了格迪斯和美国区域规划协会（RPAA）成员，包括刘易斯·芒福德、斯坦因、赖特和凯瑟琳·鲍尔·伍斯特，认为他们都是彻底的"去中心化主义者"，像斯坦因和赖特的模范住宅计划，如拉德伯恩新城，只对郊区住房产生了有效影响。她还谴责他们提出的观点，即"街道对于人类生活的环境是很糟糕的，（而且）房屋应该远离街道，并且内外都应有遮蔽的绿色植物"。美国区域规划协会的基本设计单元是有边界的超级街区，而不是街道。雅各布斯认为，对他们来说，"很多人的存在更多的是一种必要的罪恶"。

　　雅各布斯的最主要批判对象是勒·柯布西耶，她认为勒·柯布西耶是将这种"反城市"（anti-city）规划引入城市的关键人物。她批判的范围很广泛，且往往不是只针对某一个人；她把勒·柯布西耶 1922 年的"当代城市"项目误解为一个高楼林立、人口密度为 1200 人 / 英亩，而仅覆盖 5% 土地的城市；事实上，这是一个城市规划提议，即加大办公大楼间距，使办公大楼被公园式的开放空间环绕，八层高的住宅区位于办公大楼的步行距离内。奇怪的是，与 1954 年居伊·德波批判勒·柯布西耶倾向于警察国家的观点相比，雅各布斯认为，柯布西耶的乌托邦愿景是一种"从一般责任中解放的自由"，在那里没有人"必须为自己的计划而奋斗"。她承认，美国区域规划协会的正统派"对勒·柯布西耶设计的公园中的塔之城（city of towers）感到震惊"，但她坚信勒·柯布西耶的"光辉城市直接来自花园城市思想"。她认为勒·柯布西耶使 20 世纪中叶的规划达成共识成为可能，即超级街区、"邻里社区"和"草、草、草"应该是规划者的主要目标。虽然没有提及任何名字，但雅各布斯承认"如今几乎所有成熟的城市设计师"都试图见证"有多少老建筑能够屹立不倒，而该地区仍能被改造成一个还过得去的光明花园城市"。用她对城市土地利用总体规划极具影响力的主张来总结她对城市规划的广泛批判就是"从霍华德、伯纳姆到最新的城市更新法修正案，整个炮制过程与城市的运作无关"。相反，雅各布斯认为，现有城市"成了这些误导性规划理念的牺牲品"。

雅各布斯随后提出了一份详细的更好的城市规划宣言，基于她对城市的观察，尤其是她在格林尼治村哈德逊街一栋 19 世纪联排别墅的日常生活中所观察到的情况。她主要的规划价值观是城市的"多样性"，这种"多样性"并不是指种族本身的多样性，而是指各类人都可以在城市街道上安全行走。为了安全起见，这些街道必须有当地居民的监督。她将这一原则扩展到公园和操场。雅各布斯还支持设置小街区，以方便行人活动，并反对将汽车与行人隔离。她没有像罗伯特·摩西那样，为了清除西村（West Village）的部分区域而建造那种千篇一律、阴森凄凉的高楼大厦，而是完全反对这种做法。雅各布斯主张将不同年代和用途的建筑组合起来，沿着密集的街道排列，并设计多条步行道。她认为郊区"单调乏味"，质疑那些花园城市规划者建造的"半郊区"地区是否能够产生"城市活力或公共生活"。"半郊区"的密度为每英亩 10 套到 20 套单元。雅各布斯还尖锐地批判城市"对黑人的歧视"，这种歧视"在今天看来是最激烈的"，她指出"贫民区是人们，尤其是年轻人，不愿意待的地方"。雅各布斯认为，只有当"有色人种留在市中心不再意味着接受贫民区公民身份和地位"的时候，这种情况才会改变。

尽管作为对现代建筑思想史的准确记录存在一些瑕疵，但雅各布斯的《美国大城市的死与生》对美国都市主义产生了革命性的影响。该书得到的评论总体上是正面的。20 世纪 60 年代，哈佛大学城市设计专业新主任威洛·冯·莫尔特克（1911—1987）认为该书的出版是 1961 年都市主义领域最重要的事件之一。20 世纪 50 年代，莫尔特克曾与埃德蒙·培根在费城规划委员会共事。在全国各地，反对拆除城市重建和修建新公路计划的抗议活动愈演愈烈。到 1959 年，旧金山已经驳回了 1955 年交通规划中计划建设的 10 条高速公路中的 7 条，只留下了几条像内河码头和中央高速公路这种已建成的公路，但后来也被拆除了。在纽约，保罗·大卫杜夫（Paul Davidoff）和 C. 理查德·哈奇（C. Richard Hatch）等"倡导规划者"成为受高速公路规划直接影响群体的领导者，如 1963 年，摩西提议修建一条穿越哈莱姆区的高速公路，同时，雅各布斯对总体规划的基础提出了有力质疑。

298

1967 年，雅各布斯因阻止摩西修建横跨曼哈顿下城地区、连接荷兰隧道和曼哈顿大桥的高速公路而广为人知。这是北美城市拒绝现代都市主义的转折点之一。这样的高速公路早在 20 世纪 20 年代就曾提出，而沿着布鲁姆大街修建的这条公路是摩西在 1956 年开始的联邦州际公路计划后主张修建的四条穿越曼哈顿的高速公路之一。纽约改革派市长约翰·V. 林赛（John V. Lindsay，1966—1973 年任职）试图实施乐观的"伟大社会"（Great Society）理念，并热情地支持建设曼哈顿下城高速公路（LOMEX）。1967 年，福特基金会委托建筑师保罗·鲁道夫（1918—1997）为其设计了一个被他称为"城市走廊"（city corridor）的项目，即建设一个巨大的多层线性城市，由不同速度的分层交通线路与停车场相连，各种住宅和多功能建筑创造性地组合成一个巨大的、相互联结的超级建筑。鲁道夫的方案通过调整高速公路的高度来适应不同的建筑环境。公路在布鲁姆街和斯普林街之间穿行，这样就不需要拆除具有历史意义的铸铁外墙式空置工业区。而这个区域随后被被称为苏豪区（"South of Houston Street"，简称"SoHo"，图 113）。

雅各布斯和大约 200 个纽约社区团体，包括种族平等大会（Congress on Racial Equality，简称 CORE）以及几个新苏豪区的艺术家阁楼居民组织，强烈反对"鲁道夫"计划，后来该计划被取消。这是导致罗伯特·摩西名誉扫地的事件之一，再加上早些时候违反城市重建进程第一条款的贪污指控。20 世纪 60 年代，林登·约翰逊总统的"伟大社会"（1964 — 1968）时期，雅各布斯的影响力进一步增强，当时强大的联邦、州和当地资源开始同时被用于解决美国城市中的种族歧视和不平等问题。而在 1965 年，美国在越南的军事干预不断升级，并最终遭遇了失败。

1965 年，约翰逊总统签署《民权法案》（Civil Rights Act）后不久，洛杉矶中南部发生了华特暴动（the Watts riot）[1]。自此，美国城市一直受到种族冲突的

---

[1] 1965年8月11日至16日，美国华特暴动（有时也被称为华特叛乱）发生在洛杉矶华特社区。1965年8月11日，因抢劫获假释的非裔美国人马奎特·福莱（Marquette Frye）因鲁莽驾驶被警察拦下。在路边发生了一场小争执，后来升级为与警方的打斗。社区成员报告说，警察伤害了一名孕妇，随后发生了6天的暴动。近4000名加州陆军国民警卫队队员参与镇压骚乱，造成34人死亡，超过4000万美元的财产损失。这是1992年罗德尼·金（Rodney King）骚乱之前该市最严重的骚乱。

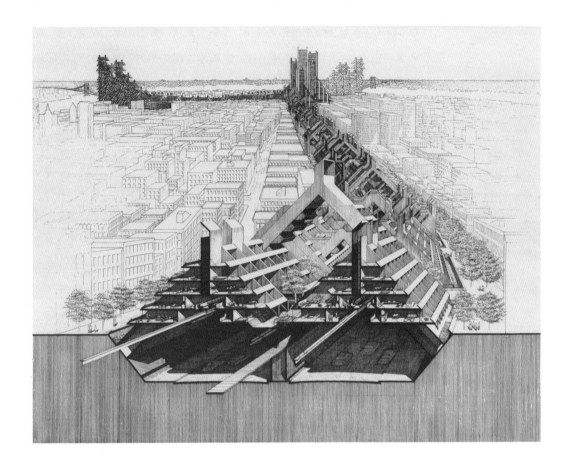

冲击，其中很大一部分是由具有种族主义观念的治安管理引发的。1967 年，底特律市部署了美国陆军部队和密歇根州国民警卫队。1968 年，美国黑人领袖马丁·路德·金博士遇刺身亡，从而在美国数百个城市引发了更多的骚乱，并导致城市的"灰色地带"（gray areas）变成了贫民区。1961 年，许多这类地区已成为福特基金会的灰色地带重点项目。"灰色地带"一词来自《都市剖析》（*Anatomy of a Metropolis*）一书，该书于 1959 年由纽约区域规划协会和哈佛大学公共管理研究生院共同出版，书中提供了有关纽约地区战后郊区化和工业衰退的详细数据。它的编辑之一——雷蒙德·弗农（Raymond Vernon）曾建议使用"灰色地带"一词来描述市中心和郊区之间日益衰落的内环地区，这是芝加哥社会学院城市空间模型的一种应用。

299

图 113　曼哈顿下城高速公路提案，保罗·鲁道夫设计，布鲁姆街扩建，1967 年。
（Library of Congress）

为了解决美国城市发生的暴力冲突，消解愤怒情绪，纽约州州长纳尔逊·洛克菲勒像自由派共和党市长林赛一样，宣布建立纽约州城市发展公司（Urban Development Corporation，简称 UDC），并拨款 20 亿美元，用于增加新住房和干预社会服务从而"拯救"这些有问题的城市。爱德华·J. 罗格被聘请为城市发展公司的负责人，他委托许多著名的建筑师，包括鲁道夫·泽特·杰克逊（Sert Jackson）、邦德－赖德（Bond-Ryder）、理查德·迈耶（Richard Meier）、帕萨尼拉＋克莱因（Pasanella +Klein）、霍伯曼与沃瑟曼（Hoberman & Wasserman）、沃纳·塞利格曼（Werner Seligmann）等，在全州的城市中建造大型实验复合式住宅。城市发展公司的成果中最具代表性的是在罗斯福岛修建的新型多功能住宅，这是一个非常显眼的"城中新城"（new town in town）项目，位于曼哈顿精英云集的上东区对面的福利岛[1]，由菲利普·约翰逊负责总体规划。1978 年，在城市发展公司的努力下，洛克菲勒州长监督、位于首府奥尔巴尼的纽约帝国广场（Empire State Plaza，1965—1978）竣工，该建筑由哈里森与阿拉维茨事务所设计。1973 年中东石油危机之后，美国经济陷入严重衰退，而在此之前几十年雄心勃勃规划的城市项目很快就开始像远古时期的恐龙遗迹一样成为历史。

300

向拉斯维加斯学习：文丘里、斯科特·布朗、查尔斯·摩尔和"晚期资本主义"的文化逻辑

20 世纪 60 年代初，尽管种族隔离仍在继续，但美国已成为历史上最富有的大众消费社会。数以百万计的白人退伍军人能够买得起房子，新的郊区生活方式很快开始让人质疑现代主义建筑的初衷，即在公共交通服务密集的大众住宅区建设一个新社会。大众的批判质疑不同于简·雅各布斯和情景主义者，人们很少把现有的城市环境视为抵制规划者设计的社会和文化的宝贵空间，而更多地视为潜在的休闲和娱乐场所，其价值在于其独特的历史形式，以及它们可能承载的特定

1　福利岛（Welfare Island），最初名为布莱克韦尔岛（Blaekwell's Islanel），1921年改名为福利岛，1973年为纪念富兰克林·罗斯福改名为罗斯福岛。

社会观念。在城市重新发现和保存的旧街区中可以明显体会到新的感受，如旧金山、芝加哥的旧城区，以及布鲁克林的上流社会地区和新的娱乐购物中心，比如旧金山的哥拉德利广场（Ghiradelli Square，1964）。该广场是伍斯特－贝尔纳迪－埃蒙斯建筑设计事务所（Wurster, Bernardi & Emmons）在一个建有商店和停车场的旧巧克力工厂基础上重新改造而成（图114）。它的成功很快就被约瑟夫·埃西里科（Joseph Esherick）效仿，在紧邻拉金街（Larkin Street）的地方设计了一个综合体项目——"罐头厂"（1968）。后来，本杰明·汤普森事务所（Benjamin Thompson Associates）将19世纪早期叫作"昆西市场"（Quincy

图114　哥拉德利广场，伍斯特－贝尔纳迪－埃蒙斯建筑设计事务所设计，旧金山，1964年。

Market）的海滨市场建筑改造成一个高收益的"节日市场"，即波士顿法尼尔厅市场（Fanueil Hall Marketplace，1974）。很快，其他的效仿者也纷纷出现，其中包括丽娜·柏·巴蒂将圣保罗一家20世纪30年代的冰箱工厂翻修为社会服务和文化活动中心，即圣保罗庞皮亚艺术中心（SESC Pompeia，1977—1986）。

在这种努力之下，以密斯·凡·德·罗作品为代表的现代建筑开始自我批判。令人失望的是，现代建筑师减少了对装饰的反对和创造平等高效环境的关注。1966年，费城建筑师罗伯特·文丘里（Robert Venturi，1925—2018）出版了《建筑的复杂性与矛盾性》（*Complexity and Contradiction in Architecture*）一书。文丘里毕业于普林斯顿大学，曾为埃罗·萨里宁和路易斯·卡恩工作。他的工作尽管最终被边缘化，但仍然是CASE组织[1]的重要组成部分，而CASE正是1964年彼得·埃森曼（Peter Eisenman，1932—   ）创建的，组织成员以常青藤盟校的建筑师和历史学家为主。文丘里反对当时在美国建筑实践中占主导地位的密斯现代主义（Miesian modernism），因为它要求清晰和最小化的综合空间、结构 和社会目标。文丘里反而唤起了人们对过去各种复杂而又相互矛盾的建筑形式的关注，通过他不多的建筑作品，如1962年在费城栗树山（Chestnut Hill）为其母亲万纳·文丘里（Vanna Venturi）建造的房子。文丘里试图讽刺地批判各种建筑理念，以及它们在形式逻辑、社会需求与技术手段方面往往不完美的结合。他也是最早宣称"主要街道几乎没有问题"的现代建筑师之一，这支持了雅各布斯的观察的重要性。与此同时，他对都市主义的看法引起了人们对城市管理日益复杂的担忧，这在同时期槙文彦、克里斯托夫·亚历山大和简·雅各布斯的著作中也有所指出。

文丘里的方法很快被查尔斯·W.摩尔（Charles W. Moore，1925—1993）所发展。摩尔同样毕业于普林斯顿大学，与恩里科·佩雷苏蒂（Enrico Peressutti，1908—1976）同届。后者是20世纪50年代BBPR小组的成员之一。摩尔试图在他的作品中引入一种环境意识，并于1962年在伯克利创立了MLTW事务所[2]。

1　即环境研究建筑家会议，是Conference of Architects for the Study of the Environment的简称。

2　即Moore-Lyndon-Turnbull-Whitaker建筑事务所，简写为MLTW，建筑师包括查尔斯·摩尔、东林·林顿、威廉·特恩布尔（William Turnbull）和理查德·惠特克（Richard Whitaker）。

图 115　海洋牧场，MLTW 事务所与劳伦斯·哈普林设计，加利福尼亚州，1963 年。

1963 年，海洋牧场由 MLTW 事务所以及约瑟夫·埃西里科等建筑师设计，夏威夷一家房地产开发商的子公司进行开发。海洋牧场位于旧金山以北 122 英里（196 公里）处，是一处独立产权的综合型度假公寓。作为一系列本来旨在保护自然景观的住宅群，其沿着加州海岸的密集开发却成为一个严重的问题。海洋牧场的总设计图是由景观设计师劳伦斯·哈普林（Lawrence Halprin, 1916—2009）绘制，他把这个社区想象成他在以色列工作过的一个集体农场。哈普林认为海洋牧场是一个人类居住与自然生态系统和谐共存的地方。他与 MLTW 事务所及其他一些专家密切合作，对现代规划概念进行了新的整合，并对当地谷仓的风化木质结构进行了再利用，其中一些谷仓是 19 世纪俄国移民建造的（图 115）。

　　具有讽刺意味的是，在加州大学圣塔芭芭拉分校的教授俱乐部（1968），MLTW 事务所以一种不同的方式对西海岸地区的多样化区域主义的敏感特征进行了利用。他们对 20 世纪 20 年代广受欢迎的西班牙殖民复兴风格，以及流行文化元素进行抽象化并加以参考，如霓虹灯式的"广告牌"。这些建筑融合了早期现代主义的抽象、浅白色平面设计以及英国中世纪庄园的双层高度空间，后来被认为是必要的设计规范。同时，摩尔开始呼吁像迪士尼乐园一样关注人造步行商业环境的活力。1955 年，迪士尼乐园于加利福尼亚州阿纳海姆市开业，毗邻新的 5 号州际公路。这表明随着未来去中心化和以汽车为基础的大都市不断兴起，只有这些地方才会有步行活动。

1962 年，摩尔在文章中批判现代主义者的都市主义，并激进地提出美国汽车商业街会影响设计实践。参与撰写的还有东林·林顿（Donlyn Lyndon，1936— ）、西姆·范·德·莱恩（Sim van der Ryn，1935— ）以及帕特里克·J. 奎因（Patrick J. Quinn）。该文章发表在《景观》（*Landscape*，第12 卷第 1 期）杂志上。1951—1968 年，约翰·布林克霍夫·杰克逊（John Brinkerhoff Jackson，1909—1996）创办了该杂志并担任编辑。杰克逊是一位有个性的欧洲学者，毕业于哈佛大学，也是美国本土景观的倡导者。早在 20 世纪 50 年代初，他就质疑现代主义规划。他在《景观》（第 6 卷第 2 期）上发表了《住宅的其他意义》（Other directed Houses）一文，称赞美国商业街的社会福利、生命力和美丽的夜景。1962 年，他开始在加州大学伯克利分校担任客座教授，之后在全国拥有了大批学术追随者。他还批判了美国现代建筑师过分注重欧洲影响的设计，并在许多论文和演讲中赞美了美国西部日常的乡土环境和景观。

杰克逊作品的一个新关注点是所谓的"文化景观"，它颠覆了早期更注重纪念意义和居住环境的设计。1983 年，林顿和麻省理工学院建筑系前主任威廉·波特（William Porter）创办了《地方》（*Places*）杂志，并陆续发表了杰克逊的大部分思想成果。在吉卡洛·德·卡洛举办的建筑与都市主义国际实验室（International Laboratory of Architecture and Urbanism，简称 ILAUD）夏季研讨会上，他的一些思想与十次小组不谋而合。ILAUD 成立于 1974 年，在乌尔比诺和意大利其他具有历史意义的城市举行。林顿、史密森夫妇、斯维勒·费恩（Sverre Fehn）、伦佐·皮亚诺、巴克里希纳·多西（Balkrishna Doshi）等建筑师都参与其中。

丹尼斯·斯科特·布朗（1931— ）是一名规划师，深受史密森夫妇的影响。她出生于现在的赞比亚地区，并在英国接受教育。1965 年，她以访问学者身份在伯克利授课时成了 J. B. 杰克逊的追随者。1966 年，她前往新墨西哥州圣达菲附近的黏土风格（adobe-style）农场拜访了杰克逊。她与文丘里在 1960 年开始一同工作，并于 1967 年结婚。之后，1968 年，他们在耶鲁大学建筑学院教授设计课。他们用精确的图形技术分析了拉斯维加斯大道。这种技术是建筑师经常使用的方法，用于记录罗马等具有历史意义的城市。1972 年，他们和同事史蒂文·艾泽努尔（Steven Izenour）一起出版了著作《向拉斯维加斯学习：建筑形式中被遗忘的象征》（*The Forgotten Symbolism of Architectural Form*），阐述了建筑和都市主义在战后美国新环境中的作用。

他们强调，随着越来越多的商业活力转移到以汽车为基础的商业"带"（strips），早期限制和控制标识以及"美化"景观区域的规划工作已严重不合时宜。相反，他们认为广告牌是一种重要的"徽章"，能够体现和表明各种企业的身份愿景，并承载着大多数传统上被赋予建筑立面的建筑学意义。相对来说，广告牌中"信息"部分的视觉外观和娱乐场所建筑本身的外部设计细节都不重要，他们称后者为"装饰棚顶"。1966 年，文丘里在《建筑的复杂性与矛盾性》一书中批判了现代建筑的乏味、简单以及与美国当代审美的脱离。后来，文丘里和斯科特·布朗提出了直到 20 世纪 80 年代仍然非常有影响力的建筑理念，即建筑带给不同公众的意义比现代建筑师对社会和材料问题的关注更重要。

1972 年出版的《向拉斯维加斯学习》一书转变了当时对美国以汽车为基础的商业街环境的一致谴责。现代主义评论家曾将这种环境描述为丑陋的眼中钉。如彼得·布莱克（Peter Blake, 1920—2006）在《上帝的垃圾场》（*God's Own Junkyard*，1964）中尖锐地批判了战后美国大都市的无序蔓延。随着州际高速公路系统的完工，郊区和阳光地带式环境正在占领美国各地的主要街道。文丘里和斯科特·布朗的研究为建筑融入这种无处不在的商业都市主义提供了有力证据。在该领域的许多人看来，他们的研究成果似乎与符号学中出现的建筑观点颇为相似，即由法国评论家罗兰·巴特（Roland Barthes, 1915—1980）普及的符号学。和其他法国结构主义文学家一样，巴特对相对随意的语言符号与其象征意义之间的相互作用很感兴趣，他的研究将这种分析从语言的读写功能扩展到更多文化领域，其中也包括建筑环境方面的意义。1967 年，巴特在《符号学与都市主义》（Semiology and Urbanism）一文中指出，城市环境的符号元素是隐喻性的，实际上是对固定意义关系的颠覆，但它们却又是集体无意识的一种具体空间印记。它们可以被精确地分析，而不是被推理判断。

安伯托·艾柯（Umberto Eco，1932—2016）是一位意大利作家，也是公共广播电台的编辑。1966 年，艾柯成为佛罗伦萨大学的建筑系教授。他吸纳了巴特关于建筑符号学的观点，并将其与自己在 1962 年提出的"开放作品"（open work）概念相结合。艾柯认为文学语言充分地将个人思想、社会和生活联系在一起。随后，艾柯的思想被扩展到城市分析，允许城市被记录为许多参与者正在进行的、开放的项目，而这些项目可能在内部具有正式的社会关联性。

1972 年，随着《向拉斯维加斯学习》出版，这些新颖的观点开始传播，现代建筑学也因此陷入了一场危机，甚至可以说它再也没有从这场危机中恢复过来。约翰逊总统领导的联邦政府在推行现代建筑和规划重建美国城市的措施时遭遇了许多挫折，这引发了对现代都市主义以及美国其他主流生活和文化方面的强烈批判。到 20 世纪 70 年代中期，简·雅各布斯的都市主义思想影响了一部分建筑师，但她对具体的建筑设计几乎没有什么阐述，只提到建筑以步行生活为导向，从而不会产生邻里矛盾。这种不确定性为以欧洲建筑师为主的新一代提供了机会，他们开始对都市主义的各种理念进行传播，但这些理念在 10 年后才开始对美国城市规划产生强烈影响。

其中的一个关键人物是阿尔多·罗西（1931—1997），他也反对现代主义者的都市主义。1966 年，《城市建筑》一书以意大利语在米兰出版，1982 年英语版出版。罗西提出了另一种思想，即集中对现代化之前的城市历史形态进行抽象复制。他的大部分观点来自意大利 CIAM 成员埃内斯托·罗杰斯早期提出的城市文脉（urban context）思想。1955 年至 1964 年，他曾与罗杰斯在《Casabella-Continuità》杂志担任编辑。1954 年之后，罗马大学建筑构图学教授赛维奥·穆拉特尼（Saverio Muratori，1910—1973）采纳了这种一般方法，并对其进行了进一步发展。穆拉特尼的建筑作品与 BBPR 小组和卢多维科·夸罗尼（Ludovico Quaroni）类似，试图在瑞典和英国发展一种意大利式的"新经验主义"（New Empiricism），比如将其应用在大型城市公共住宅项目中，如由夸罗尼同里多尔菲与艾莫尼诺事务所（Ridolfi & Aymonino）设计的罗马蒂布提诺四号居住区（Tiburtino，1949—1954）。穆拉特尼的研究和教学集中在记录罗马和威尼斯等城市的历史结构，极具影响力。穆拉特尼引用战后意大利关于历史修复的格言"com'era, dov'era"（在它原来的地方重建成它原来的样子）来理解"历史上看起来像是阻止变革的东西"。这使他对具有"内聚力"（internal coherence）的形式和材料特别感兴趣，并进行了研究，如砖砌圆顶和拱门，以及在很长一段历史时期内发展缓慢的建筑形式。现代主义怀疑论将历史建筑形式看作对陈旧生活和建筑方式进行的死板整理。而穆拉特尼认为，这些建筑形式是功能和外形的"自然融合"，它们能够有逻辑地连接城市结构、街道和地形。

罗西的思想得到了不断发展。1966年，他将建筑风格定义为前现代主义历史城市建筑的总和。与 J. B. 杰克逊、文丘里以及斯科特·布朗对美国本土环境的推崇截然不同，罗西对历史城市类型学中的抽象简化形式（如拱廊、拱门、塔楼和小方形窗户）感兴趣，这些形式也引发了新的反现代主义运动，1977年评论家查尔斯·詹克斯（Charles Jencks）将其命名为"后现代主义"（postmodernism）。罗西借鉴了在大屠杀中丧生的法国社会学家莫里斯·哈布瓦赫（Maurice Halbwachs，1877—1945）的作品，强调历史城市也是集体记忆的场所。他还重新提出了战前法国城市学家的一些观点，马塞尔·波蒂（Marcel Poëte，1886—1950）在巴黎进行讲学时已将这些观点制度化。罗西根据城市如何从原始机构如堡垒、宫殿、大学和宗教场所发展起来的，来解释城市的历史，而不是从现代建筑视角将其看成一套抽象的、重复的住宅单元和功能街区——这样便可以不顾集体记忆或传统生活方式而不断建设。罗西还强调了地点的重要性，他提到古代城市规划的"地点"概念，即放置城市器物的关键地点，这些器物传达了宗教和文化意义，并将它们的名字赋予整个地区。这些器物通常具有与其功能无关的外部特征，因为这些特征会随着时间变化而变化，而它们的类型形式品质（如建筑架构）保持不变。

罗西与其他意大利建筑师合作——特别是卡尔罗·艾莫尼诺（Carlo Aymonino，1926—2010）——设计了格拉利特（Gallaratese）街区（1967—1973）。该街区属于阿米亚塔山住宅项目（Monte Amiata），位于米兰的偏远郊区。尽管罗西使用了严肃、抽象的建筑词汇，但他设计的四层建筑既让人想起米兰的传统公寓，也创建了各种室外公共空间，如二楼的混凝土窄墙将空间隔离开，从而在一楼形成了独特的凉廊。罗西还在研究传统城市建筑形式的基础上，继续发展他的都市主义理论，分析它们之间的相互关系，他发现通常每个城市都独具特色。

这些调查对 20 世纪 70 年代中期的城市设计产生了重大影响。除了自己的摩德纳公墓（Modena cemetery，1972）等作品，罗西的理念也使建筑师乔治·格拉西（Giorgio Grassi，1935—　　）和维托里奥·格里高蒂（Vittorio Gregotti，1927—2020）的作品和思想得到发展。后者设计的"禅"住宅区（ZEN, 1969）位于西西里岛巴勒莫（Palermo），四个以古罗马集合住宅（insulae）为基础的平行低层住宅街区构成了室内庭院和门廊，并且在角落布局有稍高的塔楼。之后这片街区成了卡拉布里亚大学的校园（1972），该校由 21 个院系以近似街区的布局组成，地面高低起伏并正对着一座长长的悬索桥，可容纳 3 万名学生。

这些意大利项目（尽管有些并未建成）在 20 世纪 70 年代非常有影响力，就像纽约城市发展公司在同一时期建造的许多社会住宅项目一样，都是由著名建筑师设计，如泽特、杰克逊 [扬克斯的河景城（Riverview）]、理查德·迈耶 [布朗克斯的东北双子公园（Twin Park Northeast）]、西奥多尔·利伯曼（Theodore Liebman）和肯尼斯·弗兰姆普敦 [布鲁克林的马库斯加维村（Marcus Garvey Village）] 等。这表明对当时的许多建筑师来说，不同的城市设计决策对创造更好的社会效益并不十分有效。正在此时，意大利马克思主义建筑历史学家兼批判家、威尼斯大学建筑史教授曼弗雷多·塔夫里开始对他称为"建筑意识形态"的思想进行激进的批判。塔夫里于 1973 年出版了一部影响深远的著作《建筑与乌托邦：设计与资本主义发展》（*Architecture and Utopia: Design and capital development*），该书是他 1969 年在意大利发表的一篇文章的扩展，书中追溯了"理性冒险"的历史，即自 18 世纪以来，建筑师努力改善城市形态的历史。

塔夫里使用法兰克福学派的"批判理论"和法国结构主义者如巴特和米歇尔·福柯的社会、精神分析和文学分析方法，研究后得出：尽管从朗方、勒杜到路易斯·卡恩等人都有着良好的意愿，但是无论采取什么样的设计手段，建筑都无法改变社会。相反，他绝望地总结道，建筑学所能做的就是创造"非乌托邦的建筑"。晚年，作为历史学家他致力于研究文艺复兴时期威尼斯的社会和有记载的历史。尽管有时塔夫里著作的翻译质量很差，但塔夫里和他的同事在威尼斯建筑大学（IAUV）进行的大量文献研究改变了建筑史领域，使主要关注设计先

307

例或总结现代建筑师具体工作（如吉迪恩、班纳姆）的研究范式发生了转变。相反，作为整个历史时期特征的社会、政治、管理和技术因素被重新赋予了重要性，这从根本上改变了建筑史的教学和记录方式，并为其后几代建筑师和历史学家的工作提供了基础。

美国文学评论家弗雷德里克·詹姆逊（Frederic Jameson）发展了塔夫里的思想。他在1982年发表的论文《建筑与意识形态的批判》（Architecture and the critical of Ideology）中提出了如何将空间视为"意识形态"的问题。他还指出，亨利·列斐伏尔强调"空间是一种政治范畴"，这是在延续当时的一种观念，即城市和建筑的主要价值与它们传达社会意义的能力有关。然而詹姆逊反对这一观点，在他称之为"晚期资本主义"的新文化逻辑下，空间政治有真正改变阶级关系的潜力。他认为不同于早期的市场资本主义和冷战时期超级大国主导的战后准帝国主义，晚期资本主义是一种累加制度。这个新阶段就在20世纪80年代开始，不仅包括传统的商品贸易关系，还包括媒体、农业综合企业，以及超越以往国家和文化界限的当代生活等其他方面。詹姆逊重申了塔夫里的立场：建筑师作为设计师设计不出具有革命性的建筑，因此也无法创造出更新、更好的城市环境。因此，建筑评论家不可能成为未来建筑风格的"有远见的支持者"。相反，詹姆逊主张他们应该扮演消极的角色，抨击建筑现在和过去所承载的意识形态。

战后柏林，历史城市问题与新城市主义（1964—1980）

1964年，汉斯·夏隆、路德维希·密斯·凡·德·罗等人在柏林墙以西设计了新柏林文化广场（Kulturforum，图116）。柏林墙是由苏联支持的民主德国于1961年为防止其公民非法越境而建造的"反法西斯保护屏障"。1963年，夏隆聘请年轻的科隆建筑师奥斯瓦尔德·马休·昂格尔斯（Oswald Mathias Ungers, 1926—2007）在柏林技术大学教授建筑设计。昂格尔斯曾与现代德国建筑师埃贡·艾尔曼（Egon Eiermann, 1904—1970）在卡尔斯鲁厄工业大学一起学习。1953年，他参加了第9届CIAM大会，在那里遇到了一些未来的十次小组成员。

图 116 新国家美术馆，路德维希·密斯·凡·德·罗设计，柏林，1967 年。

尽管如此，昂格尔斯还是在 1959 年的 CIAM 大会上支持埃内斯托·罗杰斯，反对十次小组。1960 年，昂格尔斯早期在科隆创作的住宅、小型城市公寓和商业建筑等作品吸引了尼古拉斯·佩夫斯纳和阿尔多·罗西的兴趣。在科隆新城项目（Neue Stadt，1963）和荷兰恩斯赫德学生公寓方案（1964）等项目中，昂格尔斯探索出独立于功能的"内在"（intrinsic）建筑形态，其方法与罗西、穆拉特尼以及其他意大利同事的一些城市概念类似。1965 年，昂格尔斯还参加了在柏林自由大学（由坎迪利斯－若西克－伍兹事务所设计）举行的十次小组会议，参加会议的还有史密森夫妇、凡·艾克、德·卡洛、赫尔曼·赫茨伯格、汉斯·霍莱因（Hans Hollein）等人。昂格尔斯在其著作中指出，1966 年赫茨伯格提出的"荷兰结构主义"矩形几何秩序与史密森夫妇以及坎迪里斯－若西克－伍兹的

设计现代城市：1850 年以来都市主义思想的演变

"非常规"项目之间的区别。

昂格尔斯是柏林曼基仕社区（Märkisches, 1962—1974）的设计师之一，一起工作的还有夏隆的学生等。该社区是一个由 17000 套公共住宅单元组成的围合式建筑综合体，包括 4—16 层的建筑，总面积达 914 英亩（370 公顷）。在当时的西柏林和东柏林，现代城市重建项目的典型特征往往构思不周，曼基仕社区遭到了公众的严厉批判，导致昂格尔斯开始寻找新的城市设计理念。他邀请了很多建筑师和历史学家，如卡恩、斯特林、彼得·库克、吉迪恩、班纳姆、柯林·罗等参加在柏林工业大学举办的研讨会。当时罗在康奈尔大学教书，1967 年，他邀请昂格尔斯担任全职教师一直到 1974 年。1971—1972 年，昂格尔斯和十次小组的 12 个成员组织了一次"康奈尔链教学"（Cornell chain teach）活动，成员包括荷兰的雅各布·贝克马、匈牙利的卡罗里·波洛尼（Karoly Polónyi）和芬兰的雷伊马·皮耶蒂莱（Reima Pietilä, 1923—1993），其中雷伊马·皮耶蒂莱执教时间最长。彼得·史密森、德·卡洛、凡·艾克、沙德·伍兹等成员也举办了讲座。此时，史密森夫妇刚刚完成了科威特城的毯式建筑（mat-building）项目，1968 年史密森夫妇赢得了该项目的设计资格，他们的竞争者包括坎迪利斯 - 若西克 - 伍兹设计事务所、皮耶蒂莱和 BBPR 小组。这个项目以一个 66×66 英尺（20×20 米）的网格状独立支柱为基础，专门为步行交通留出一层固定的空间，他们认为这与传统的阿拉伯城市空间有关，即以清真寺作为视觉组织的焦点。

后来，罗和昂格尔斯在康奈尔大学发生了严重的知识和学术政治分歧。大约从 1963 年开始，在城市历史学家约翰·雷普斯（John Reps）的建议下，罗和他的学生们一起探讨城市设计的理念，这些理念常常是对当时主流现代主义方法的质疑。1967 年，阿瑟·德雷克斯勒（Arthur Drexler）和他剑桥的学生埃森曼邀请罗的学生设计团队在现代艺术博物馆展示哈莱姆区重建项目，他们是被邀请的四个团队之一。与意大利近代的思想相一致，他们建议将重建的哈莱姆中心区改造成标准的纽约城市街区，但周围要有公园和现代塔楼。1978 年，罗和弗瑞德·科特（Fred Koetter）共同出版了《拼贴城市》（*Collage City*）一书后，这种思想在美国建筑教育界产生了十分广泛的影响。罗将一直以来对现代和传统建筑正式属性（来源之一是此时埃森曼的一项正式调查）的兴趣和卡尔·波普尔（Karl Popper）的"开放社会"[1]思想相结合。罗和科特试图将勒·柯布西耶的城市愿景与传统古典纪念碑和空间元素如提沃利的哈德良别墅或罗马的纳沃纳广场相协调，由此产生的城市"拼贴"并不是有意设计的完整城市规划，而是一系列城市碎片，每个碎片都有其内在的设计逻辑。

　　1972 年，昂格尔斯邀请荷兰建筑师雷姆·库哈斯（1944— ）合作参加康奈尔大学举办的设计比赛。库哈斯是后都市主义的另一位关键人物。库哈斯曾在荷兰首都保守派的《哈格斯邮报》（Haagse Post）做过记者，在从事艺术和建筑之前还做过电影制作人。1968 年至 1972 年，他在伦敦建筑联盟学院从事教学工作。在那里，他与建筑电讯派的彼得·库克发生了冲突，并为苏联先锋派和超级工作室"批判的乌托邦"所吸引。1971 年，库哈斯在柏林见到了昂格尔斯，那时他正带着建筑联盟学院的学生进行年度实地考察，参观柏林墙。库哈斯被柏林墙强烈的城市存在感所震撼——不是因其"实体"，而是因其"缺失而感到震撼"，他总结到，这种缺失在城市中比任何已建成的建筑都更具说服力。1972 年，库哈斯和伦敦的同事一起开发了他的"大逃亡"（Exodus）项目，这是一个横跨伦敦的大型建筑——被称为"都市理想地带"（strip of metropolitan desirability），由 12 个广场组成，广场之间以高墙隔离，平行排列，用来举办所有的城市活动。它让人想起苏联先锋派的"社会凝聚器"（social condensers），也让人想起超级工作室的"连续纪念碑"项目，以及昂格尔斯在 20 世纪 60 年代关于柏林的许多研讨会出版物。

　　在康奈尔大学，库哈斯与昂格尔斯为争取柏林兰德维尔运河（Landwehrkanal）的建筑和基础设施项目展开了一场竞赛。受到建筑联盟学院院长阿尔文·博雅斯基（Alvin Boyarsky，1928—1990）的启发，库哈斯也开始收集明信片，并阅读《向拉斯维加斯学习》。这让他意识到，即使现代主义宣言的时代似乎已经结束，或许也有可能将城市"本身当作一种宣言"来书写。就在这个时候，他被埃森曼邀请去建筑与都市研究所（Institute for Architeeture and Urban，简称 IAUS）任

310

1　开放社会（open society）反对罗认为的任何乌托邦城市计划都不可避免的是极权主义。

职。建筑与都市研究所是埃森曼和菲利普·约翰逊于 1967 年在纽约现代艺术博物馆创建的一个独立智库。1973—1984 年，由琼·奥克曼（Joan Ockman）担任编辑，该智库出版了《异议》（Oppositions）杂志。1978 年，在纽约时，库哈斯开始撰写《癫狂的纽约》（Delirious New York）一书——一本"回溯性宣言"（retrospective manifesto），文中他与混乱、过度投机和不公平的资本主义城市对话。这本著作促使勒·柯布西耶等现代建筑师提出应该运用类似的建筑和基础设施技术为所有人创造更好的生活条件。

到 20 世纪 70 年代中期，库哈斯和许多建筑师一样对现代都市主义持批判态度，但与罗西或后现代主义者不同，他并不试图通过回归过去的城市形式来重新激发现代城市的社会活力。相反，在曼哈顿，他发现了一种需要"回溯性宣言"的"拥挤文化"（culture of congestion），这就需要对现代建筑师拒绝或认为无趣的城市元素进行全新的认识，网格中的每一块都可以根据其自身的形式逻辑进行设计，而且可以完全无视城市设计师通过立法法规创造和谐环境的努力。库哈斯还通过纽约的实际发展确定了一组 20 世纪重要的建筑师，包括雷蒙德·胡德、华莱士·K. 哈里森、哈维·威利·科贝特（1873—1954）和画家休·费里斯。

1975 年，库哈斯、玛德珑·弗里森多普（Madelon Vriesendorp）和同事增西利斯夫妇（Elia and Zoe Zenghelis）成立了大都会建筑事务所（Office for Metropolitan Architecture，简称 OMA），自称是在纽约、伦敦和柏林基础上成立的。同时，美国和英国的建筑设计事务所如 SOM、HOK 和卢埃林－戴维斯事务所开始进行国际性工作。1932 年，加州标准石油公司（Standard Oil of California）初次在沙特阿拉伯发现了石油，因此为保守的逊尼派伊斯兰沙漠王国的快速发展提供了资金，这使中东成为一个特别活跃的地区。1979 年，伊朗邀请许多著名设计师包括泽特、阿尔瓦·阿尔托和伊恩·麦克哈格（Ian McHarg）等在那里开发城市项目，直到伊朗伊斯兰革命爆发。

1975 年，库哈斯/OMA 和昂格尔斯参加了在纽约罗斯福岛举行的设计竞赛，竞赛最初的目的是进一步发展泽特、杰克逊等刚刚完成的多功能住宅项目的理念。由于竞赛是在纽约城市破产之际举行的，因此也导致了城市发展公司的彻底重组。罗伯特·斯特恩（Robert A. M. Stern，1939—　）、昂格尔斯和 OMA 作品的入选标志着城市设计新理念的出现，当时罗西十分认同这一理念——被称为坦丹萨学派（La Tendenza）。1973年，罗西以具有讽刺意味的"理性建筑"为主题组织米兰三年展，既暗指20世纪30年代带有法西斯倾向的现代主义，也暗指塔夫里所指出的现代建筑所面临的社会困境。展览汇集了罗西、格拉西、马西莫·斯科拉里（Massimo Scolari）、超级工作室的莱昂和罗伯·克里尔兄弟（Léon and Rob Krier）、马里奥·博塔（Mario Botta）、里卡多·波菲尔（Ricardo Bofill）和纽约五人组[1]的设计作品。这些松散又联系在一起的坦丹萨学派成员都认为，与现代主义理论相反，建筑主要不是解决功能问题。相反，罗西等人坚持认为建筑的自身形式更为重要，因此相对独立于其他因素，如功能和材料等问题。

这些理念在20世纪70年代中期迅速流行起来，当时里卡多·波菲尔（1939— ）等欧洲建筑师在法国设计了几个大型的公共住宅项目，他们使用了一种超大规模的、抽象的古典词汇，比如1978—1983年在巴黎附近的马恩河谷（Marne-la-Vallée）设计的项目。罗西、博塔和克里尔兄弟都成了国际建筑界的名人，他们的作品在建筑期刊上广为流传。1977年，昂格尔斯在柏林发表了《城市宣言》（manifesto for the city In the city），罗伯·克里尔也很活跃，并在1978年出版了颇有影响力的作品《城市空间》（*Urban Space*）。所有这些思想都在以不同的方式讨论是否应放弃现代行列板式住宅的场地设计策略（通常以1972年开始被电视新闻大量宣传报道的普鲁伊特－艾戈住宅区项目拆除为例），还是应当用传统街区、街道和城市广场来"重建"城市。 312

1978年，在昂格尔斯的努力下，西柏林市政府决定再举办一届国际建筑展（International Building Exhibition，简称IBA），主题是"修复受损的城市"（The inner city as a place to live），当时的新概念是"内城是一个居住的地方"。市政府拨款约8500万德国马克（现在约合1.52亿美元），柏林参议院于1983年正式批准了12项新的"城市重建谨慎原则"。从而结束了早期现代主义清除计划和高层住宅设计，转而将重点放在对当地居民的规划和对现有建筑结构的再利

1　纽约五人小组（the New York Five）包括埃森曼、迈耶、约翰·海杜克（John Hejduk）、查尔斯·格瓦斯梅（Charles Gwathmey）和麦克尔·格雷夫斯（Michael Graves）。

用上。具有生活、工作和商业空间的城市混合建筑将得到保护。在不驱逐现有居民的情况下，公开讨论规划决策和新公共设施的安置被确立为具有法律强制性的优先事项。建筑师约瑟夫·保罗·克莱休斯（Josef Paul Kleihues, 1933—2004）负责的几个地区是这些工作的第一个焦点，其中就包括靠近柏林墙的克罗伊茨贝格（Kreuzberg）地区。到 1987 年，第一批项目已基本完成。许多德国和国际建筑师为国际建筑展设计了独特的建筑和街区，包括昂格尔斯、罗西、格拉西、艾莫尼诺、克里尔兄弟、博塔、斯特恩、海杜克、OMA、埃森曼、库克和克里斯汀·霍利（Christine Hawley）、斯特林与威尔福德、黑川纪章以及查尔斯·摩尔后来的公司——摩尔、乐伯、约德建筑师事务所（Moore, Ruble, Yudell）。

美国的新城市主义

1980 年举行的威尼斯双年展（Venice Biennale exhibition）再次将这些新兴的城市设计理念汇聚在一起，本次展览以"呈现过去"（Presence of the Past）为主题。其中一个核心元素是"主街"（*La Strada Novissima*），包括一系列由罗西和文丘里、劳赫（Rauch）和斯科特·布朗等建筑师设计的店面。在美国，罗西、克里尔兄弟和坦丹萨学派的城市理念为新城市主义协会（the Congress for the New Urbanism，简称 CNU）提供了新思想。该协会于 1992 年正式成立，目的是反对 CIAM，其创立者包括建筑师安德鲁·杜安尼（Andres Duany, 1949—　　）、伊丽莎白·普拉特－兹伯格（Elizabeth Plater-Zyberk, 1950—　　）、彼得·卡尔索普（Peter Calthorpe, 1949—　　）等人。CNU 提倡使用基于外形的三维编码，在各种建筑和规划的早期模型上创建紧凑、可步行的建筑居住区，以此来对抗美国郊区的无序蔓延（它本身主要是早期分区制和房地产评估标准的产物）。

1989 年，CNU 提出了一个特别有影响力的概念，即卡尔索普首次提出的"步行口袋"（pedestrian pocket）设想。其目的是开发以步行为导向、与交通相连的多功能开发项目，占地面积达 100 英亩（45 公顷）。新城市主义者也是最早对 20 世纪中期美国大都市地区建成建筑持批判态度的城市设计师。他们不像以往许多人那样提出有缺陷或不可实现的反现代主义愿景，而是分析确定了蔓延的五个"特点"：仅供居民居住的住宅小区，大型地面停车场环绕的购物中心，郊区办公园区，学校、宗教建筑和市政厅等郊区市政机构，以及通常作为唯一可用的交通路线的高速公路。作为对战后美国城市发展的标准模式的回应，新城市主义者计划设计了一系列密集、可步行且部分多功能的区域，这些区域最初非常强调历史建筑类型和正式编码的再利用。这种方法最早应用于佛罗里达州的海滨度假小镇（1982），其编码决定的传统形式受到罗西和克里尔兄弟作品和思想的启发，并从查尔斯顿和萨凡纳（Savannah）等历史城镇的历史建筑类型中汲取灵感。

尽管有一段时期，新城市主义为新城镇、校园和城区设计的建筑方案广受赞誉，但它并没有实现重塑北美大都会区的目标（图 117）。虽然如此，在过去的 30 年里，它对美国的城市发展还是产生了巨大的影响。新城市主义者鼓励对中心城市环境进行重新评估，这种方法是大多数欧洲城市在战时遭到破坏后已经采取的措施，但直到 20 世纪 80 年代才在其他地方得到广泛应用，洛杉矶、圣保罗和东京等的战后不同案例都表明了这一点。之后，相关思想也迅速成为主流，像库珀·埃克斯塔特（Cooper Eckstut）设计的纽约巴特利公园城（Battery Park City）等大型城市项目不断投入建设。该项目于 1979 年开工，试图在曼哈顿下城新区复制 20 世纪 20 年代的阶梯建筑形式，并设计了网格状的街道、新的海滨长廊以及广场。在一段时间里，这种设计被证明是将在世界范围内广泛流行的模式，尤其是金丝雀码头（Canary Wharf，1991）——一个重建的伦敦旧码头区。这种新现象表明除了富人，所有人都在逐渐远离代表成功的城市核心地带。1991 年，萨斯基娅·萨森（Saskia Sassen）将其定义为"全球城市"。

到了 20 世纪 80 年代中期，许多欧洲城市，甚至一些仍处于苏联影响下的东欧国家城市，都开始积极热情地关注重新居住在市中心的问题。1975 年佛朗哥结束西班牙的独裁统治后，加泰罗尼亚[1]首府巴塞罗那也开始将"城中城"（city of cities）作为一种规划理念。每个拥有 10 万至 15 万居民的自治地区将与公共公司合作解决居民面对的具体问题。20 世纪 80 年代中期，巴塞罗那开始筹备

314

1　当时加泰罗尼亚是拥有约400万人口的独立派地区。

图 117　圣查尔斯新城，杜安尼与普莱特·柴伯克设计，密苏里州，2003年。

1992 年奥林匹克运动会，大量的公共投资被用于这个前工业城市的现代化进程和城市扩张。他们建设了与现有社区相连接的新环路，并完成了新体育场和其他设施的修建，新住宅区和滨水区改造也得到实施。后来，这成为一个特别成功且有影响力的案例。不寻常的政治形势下，他们通过使用现代建筑重建了一个密集、步行的欧洲城市（图 118），替代了新传统建筑，也加强了对社会和物质层面重建的重视。帕斯夸尔·马加尔市长（Pasqual Maragall，任期为 1982—1997 年）和建筑师奥里奥尔·博希加斯（Oriol Bohigas，1925—　）是这一成就中尤为重要的人物。许多当地的建筑师和其他专业人士也参与其中。不幸的是，这种对传统城市生活方式的重新评估往往也导致了后来所谓的"绅士化"现象。20 世纪 60 年代，该词首先使用在伦敦北部的工人阶级地区，后来在富裕的房屋翻修者中流行起来。在成功的步行城市中，它已经与高昂的房价联系在一起。在这些城市中，现有居民也往往负担不起居住费用。

　　20 世纪 80 年代，美国俄勒冈州的波特兰也成为一个广受赞誉的典范，因为它既保留了以交通和步行为导向的市中心，同时又保留了大都市边缘的开放土地。波特兰曾是太平洋西北部一个重要的区域中心，尽管在罗伯特·摩西的建议下 20 世纪 40 年代在波特兰修建了一条滨河高速公路，但它基本上错过了 60 年代战后北美郊区的繁荣契机。1972 年，市长尼尔·高德斯米德（Neil Goldschmidt）组建了一个规划委员会来解决城市中心人口持续减少的问题。SOM 建筑设计事务所的总体规划是将市中心保留为一个可步行的区域，这一规划扩展了劳伦斯·哈普林 20 世纪 60 年代以步行为导向的现代城市重建工作。当时，他在南沃迪托瑞姆（Auditorium South）重建区设计了一条步行长廊，将三个引人注目的多层混凝土喷泉与绿道连接起来。

20 世纪 70 年代末，波特兰的规划者和居民摒弃了哈普林的现代主义方法，³¹⁵ 而采纳了新的城市规划理念。他们支持拆除滨河公路，并将公路的支出转移到波兰特新轻轨系统上。1977 年，明尼阿波利斯市以这一系统为基础建成了一个轻轨徒步区。到 2000 年，43% 的波特兰市区通勤者都可以乘坐公共交通工具

图 118　巴塞罗那新奥林匹克区模型，1986—1992 年。

上下班。1972 年，哈普林出版了《威拉梅特谷：未来的选择》（*The Willamette Valley: Choices for The Future*）报告，他预言由于无序扩张，该地区有失去农田和风景区的危险。这促使波特兰地区成立了一个不寻常的农民和环保人士北美联盟。1973 年，在他们的努力下俄勒冈州土地保护和发展委员会成立，且在随后颁布了一项具有法律约束力并涉及全州的法规：要求每个市、县要明确目标，保护农田、提供负担得起的住房并实现公共服务有序发展。1979 年，波特兰通过并设立了一条城市增长边界，鼓励面向交通的发展，该边界一直保留至今。

在《美国大城市的死与生》中，简·雅各布斯指出当时许多美国城市都在进行大规模清除贫民窟工作，造成成千上万的居民流离失所，其中大多数是穷人，且通常是非裔美国人。这产生了一种由管控高层建筑导致的压抑的城市环境，因此其所创造出的城市条件远比其初衷要糟糕。此后 30 年的城市历史证明了这一判断基本上是准确的。最终在"第六希望"（Hope VI）计划的联邦基金支持下，大部分项目（纽约市除外）在 2000 年之前被拆除。受新城市主义的强烈影响，这个克林顿时代（1992—2000）的计划资助了带有低层联排别墅建筑群的高层城市公共住宅的拆除和重建，目的是为不同收入水平的人提供住房。尽管平淡无奇的典型红砖建筑设计和充足的安全停车场很少能达到欧洲城市住宅加密项目建筑或城市化的质量，但这些项目在市场上大多都成功了。在许多情况下，"第六希望"计划中缺乏商业和公共设施，也重现了战后郊区的一些问题，这导致人们首先对现代都市主义的排斥。

自 20 世纪 50 年代中期以来，对现代主义的批判成为主流。这最早出现在十次小组和情景主义者的欧洲作品中，后来雅各布斯和文丘里、斯科特·布朗等建筑师加强了对现代主义的批判。20 世纪 60 年代之后，从提出静止现代主义（still-modernist）城市概念的泽特、林奇、哈普林、鲁道夫、尤纳·弗莱德曼、保罗·索莱里（Paolo Soleri）、文丘里和斯科特·布朗，到更公开反对现代运动方向的查尔斯·摩尔、罗西、克里尔兄弟以及新城市主义协会成员，他们都在批判中提出了各自的城市化补救措施。

拓展阅读

Robert Bruegmann, *Sprawl* (Chicago: University of Chicago Press, 2005).

Joan Busquets, *Barcelona: The Urban Evolution of a Compact City* (Rovereto, Italy: Nicolodi, 2005).

John Dutton, *New American Urbanism: Re-forming the Suburban Metropolis* (Milan: Skira, 2000).

Diane Ghirardo, *Italy: Modern Architectures in History* (London: Reaktion, 2013).

Florian Hertwecht and Sébastian Marot, *The City in the City* (Cologne: Lars Muller, 2013).

Paul L. Knox, *Palimpsests: Biographies of 50 City Districts* (Basel: Birkhäuser, 2012).

Igor Marjanović and Jan Howard, *Drawing Ambience: Alvin Boyarsky and the Architectural Association* (St. Louis, 2014).

Joan Ockman, with Edward Eigen, *Architecture Culture, 1943–1968* (New York: Rizzoli, 1993).

Michelangelo Sabatino, *Pride in Modesty: Modernist Architecture and the Vernacular Tradition in Italy* (Toronto: University of Toronto Press, 2010).

Josep Lluís Sert, "The Human Scale," in Eric Mumford, ed., *The Writings of Josep Lluís Sert* (New Haven: Yale University Press, 2015), 79–90.

Chris Wilson and Paul Groth, *Everyday America: Cultural Landscape Studies After J. B. Jackson* (Berkeley: University of California Press, 2003).

第八章
20世纪50年代至今的全球化和都市主义

"场地与服务"：
20世纪50—80年代有组织的自建居民区的挑战

　　世界人口数量在 20 世纪八九十年代持续增长，截至 2000 年达到 60 亿。据估计，目前世界总人口达 74 亿，并且仍在迅速增长。在这几十年里，西方一些城市规划者和发展专家开始关注 19 世纪以来工业化给环境带来的影响以及人口大规模增长导致的问题。在欧洲和北美大都市区发展中常见的技术密集型发展，如高速公路、公共交通和公共设施网络等在其他地区却并不多见，大部分的城市增长通常是在未开发土地上建立非正式居民区，通常位于这些发展中地区的城市边缘。20 世纪 70 年代出现了这样一种共识，即面对以上这些情况，应该采用"场地与服务"方式来组织这种大规模的城市化运动。

　　这种方式在欧洲城市已有先例——允许贫困移民在边远地区建立临时安置点。20 世纪 20 年代，奥匈帝国崩溃，维也纳突然需要接收大量从前帝国境内逃离出来的德语系难民。20 世纪 20 年代初，阿道夫·路斯及其合伙人，包括玛格丽特·舒特－里奥茨基对这些移民的"野生聚落"所带来的挑战给予了相当多的关注，而这些移民还在市政府组织下建立了住宅合作社。英帝国也有这方面的实践，特别是在 20 世纪 30 年代末以后。当时有人试图将英国规划法的部分规定扩展到帝国的殖民地，尤其是 1938 年的特立尼达岛。他们想借此解决那些长期被忽视的问题，如恶劣的卫生环境，过密的人口，稀缺的基础设施、学校和卫生设施等。20 世纪 40 年代中期，这种方式开始由麦克斯韦·福莱和简·德鲁等人介绍到当时的英属西非殖民地，1947 年后又从那里传到了南亚。

"二战"后，鼓励政府预留土地并在上面规划街道和开放空间，以及为城市移民提供洁净饮用水等基本公共服务的做法在不同领域取得了进展。倡导这种"场地与服务"规划理念的有道萨迪亚斯、摩洛哥 ATBAT 非洲项目组的建筑师和规划师、美国规划师雅各布·莱斯利·克兰，其中克兰曾在美国住房金融局（Housing and Home Finance Agency，简称 HHFA）国际住房办公室工作，后来成为联合国住房顾问。克兰在 1951 年国际住房和城市规划联合会（International Housing and Town Planning，简称 IFHTP）会议上发表了一篇论文，呼吁建立一种新的"规划者 - 实施者"模型（planner-doer）来帮助人们为自己做好规划。大概在同一时间，克兰于 1951 年在波哥大成立了住房和规划研究中心（CINVA）。1939 年，罗斯福新政时期的波多黎各总督雷克斯福德·特格韦尔开始支持类似的举措，CINVA 与波多黎各一起成为拉丁美洲自建住宅设计、管理以及建造的中心。接着，CIAM 成员、联合国经济和社会事务部（United Nations Department of Social and Economic Affairs）住房司副司长恩斯特·威斯曼，以及查尔斯·艾布拉姆斯和同为联合国技术协助任务成员的奥托·科尼格斯伯格开始在世界范围内提倡这些技术。

这种有利于所有或部分自建住宅区的"场地与服务"方式最初是作为传统中世纪规划议程的一部分加以构想的。这些住宅区将建在现代区域总体规划内，总体规划通常包括高速公路网、新市镇和工业区等，并预期其未来的发展能与当时在北欧已经应用的规划大致相当。福莱与德鲁的规划根据社会与自然环境的不同而改变，从加纳到南亚和拉丁美洲的各种规划试验，再到 1948—1994 年南非共和国种族隔离制度下的新市镇，规划举措都不尽相同。1956 年，福莱与德鲁、德雷克与拉斯顿在现在的加纳设计了一个渔民新村——特马·曼河（Tema Manhean），1966 年他们将其作为设计模型出版，出版物由当时建筑联盟学院的热带研究学院（the School of Tropical Studies）发展系的负责人科尼格斯伯格刊发。正如中央政府所要求的那样，他们对特马的居民进行了广泛深入的调研和协商，结果发现许多人更愿意留在村里，在祖祖辈辈赖以生存的土地上继续从事农业生产活动。1961 年，道萨迪亚斯设计联合体被聘请制定总体规划，他们采取了一种截然不同的方法，为整个阿克拉－特马（Accra-Tema）地区设计区域
319 规划。他们设想这是一个充满活力且不断发展的城市区域，并且沿着新的泛非公路将所有新的西非独立国家连接起来。道萨迪亚斯计划在特马地区内建设一个高速公路网，该公路网是勒·柯布西耶 7V 原则的改良版，按照交通速度划分成八类交通流，并结合了先前的规划工作，而先前的规划中有一些是对后来称为"贫民窟"的地方所做的规划。

尽管存在许多冲突，并且其中还有很多至今仍未得到解决，但与这些 20 世纪 60 年代的规划努力相关的城市化方法仍继续得到应用，而且往往是运用于大规模项目当中，如 1972 年道萨迪亚斯在利雅得（Riyadh）的规划。而始于 20世纪 70 年代的尼日利亚新首都阿布贾规划就部分以巴西利亚规划方案为基础，由包括英国公司 Archisystems、丹下健三以及位于美国费城的 WMRT 工作室在内的团队设计，其中 WMRT 由规划师大卫·华莱士（David Wallace）和景观生态设计师伊恩·麦克哈格创建。

1971 年，阿拉伯联合酋长国脱离英国独立，其规划也采用了相似设计理念。从 16 世纪到 1750 年，这一地区的阿拉伯港口部分被葡萄牙帝国控制。在一段时间的动荡之后，尤其是穆罕默德·伊本·阿卜杜勒·瓦哈卜（Muhammad bin Abdul Wahab, 1703—1792）所代表的逊尼派被英国和奥斯曼帝国视为一种威胁，1819 年英国入侵并把"特鲁西尔诸国"[1]置于帝国的统治之下。1833 年，迪拜作为阿布扎比的一个分支而建立，最终由阿勒马克图姆（al-Maktoum）家族进行统治，然而沙迦（Sharjah）仍是英国政治代理人的所在地。到 1900 年，拥有1 万人口的迪拜已经成为英国通往印度航线上的重要蒸汽船港口和区域配送中心。1911 年，在英国海军大臣温斯顿·丘吉尔的领导下，英国海军决定使用石油而非煤炭作为主要燃料来源，导致英国对石油资源的需求大幅度增加。1918 年奥斯曼帝国战败后，其先前的行政区划和邻国被划分为以欧洲为主导的民族国家。1910 年，英国在伊朗的阿巴丹加速了海湾地区石油资源的开发，紧随其后的是

---

1 "特鲁西尔诸国"（Trucial States）为阿拉伯联合酋长国的旧称。

科威特。

1932 年，中东的汉志内志王国（the Kingdom of the Hejaz and Nejd）更名为沙特阿拉伯王国。在英美的支持下，沙特阿拉伯开始发展成为石油生产中心。1966 年，在特鲁西尔诸国发现的石油使该地区在冷战期间具有十分重要的战略地位，英国公司开始从南亚、伊朗、中东和欧洲招募工人，工人数量最终超过了当地居民的数量。1960 年，英国规划师约翰·R. 哈里斯（John R. Harris）为迪拜设计了城市总体规划方案，构建一套广阔的城市道路交通系统，并要求在该城市的两个区域之间新建一个市中心、居住区、两座桥梁，以及一条小溪及其之下的公路隧道（这条小溪将城市分隔成两个区域，而隧道则可以把原来分隔开的两个区域连接起来）。朱美拉（Jumeirah）地区被指定用于住宅开发，并建立新的工业、卫生、教育和休闲区。

到 21 世纪初，迪拜的人口已增长至 250 万，移民与当地居民的人口比例为 7 : 1。迪拜积极推进吸引旅游和国际投资的战略，主张扩建机场，打造国际客运 320 枢纽。然而这几十年里，始于 20 世纪 60 年代对西方社会的质疑——其中大部分最初与阿尔及利亚反对法国殖民统治的战争（1955—1963）和美国民权运动有关，也导致人们对当时被称为"第三世界"（Third World）的城市规划的质疑。"第三世界"是法国人类学家阿尔弗雷德·索维（Alfred Sauvy）于 1952 年提出的，用来描述冷战时期以美国为首的西方国家和以苏联为首的共产主义国家以外的国家，他认为这个词与法国大革命时期的"第三等级"（Third Estate）也即平民类似。

第三世界作为西方思想的一个焦点出现的同时，也出现了对现代都市主义的新的批判态度。法国为了更好地了解新现代住宅项目中居民的需求和期望所做的举措遭到了来自社会学的批判，而对第三世界的批判与此相重叠。法国社会学家保罗－亨利·雄巴尔德洛韦（Paul-henry Chombart de Lauwe）在战后的工作旨在为此类项目提供更好的设计指导，法国马克思主义理论家亨利·列斐伏尔（1901—1991）自 20 世纪 40 年代末专注于观察工人阶级的"日常生活"，而不是 CIAM 和法国政府的规划者所喜欢的抽象指标和类型模型。列斐伏尔开始批判法国新住宅项目中沉闷而过度控制的公共空间，并开始关注他所谓的"空间的社会生产"（the social production of space）。在 1968 年出版的《城市权利》（*The Right to the City*）一书中，列斐伏尔有力地支持了"空间正义"（spatial justice）这一主张，并且关注城市空间的日常实践和表达。他将空间定义为一种基于价值和社会意义的社会建构，当事物具有不变性和普遍性时，他主张都市主义的研究应该从对空间的抽象研究转向对其产生的社会和政治过程的研究。1974 年，列斐伏尔在《空间的生产》（*The Production of Space*）一书中开始区分一般公众所认为的"可感知空间"（perceived space）、设计师的"构思空间"（conceived space）以及城市居民的"居住空间"（lived space）。

　　20 世纪 60 年代，也就是情境主义者简·雅各布斯等的批判性思想开始得到广泛关注时，对城市空间的态度转变也激发了英国建筑师约翰·F. C. 特纳对建立棚户区的兴趣。从 1957 年开始，特纳与秘鲁 CIAM 组织 Agoupacion Espacio 前成员、建筑师爱德华多·内拉·阿尔瓦（Eduardo Neira Alva, 1924— ）合作，负责秘鲁公共工程部赞助的有组织自建项目，这些项目最初是在秘鲁第二大城市阿雷基帕进行的。1958 年，阿雷基帕发生地震后，恩斯特·威斯曼到访阿雷基帕，并开始在 7 座秘鲁城市开展联合国资助的有组织自建试点项目，截至 1962 年，这 7 座城市已建成 3 万套自建住宅。

321　　这些城市贫民区（barriadas，1970 年以前使用的秘鲁术语）项目的设计有时遵循前哥伦布时代和西班牙殖民时代的先例，使用常规的网格规划并设计一些开放式公共广场和住宅——通常与 1948 年城市规划协会为钦博特设计的庭院住宅相同。当局政府通常会向有意向的居民（一般是来自农村的新移民）提供免费的土地，这些土地一般被分成 26 英尺 3 英寸（8 米）见方的小块，供有组织的自建团体建造自己的低层住宅。低层住宅通常是用传统的砌体承重墙与临时木搁栅建造的，之后有可能的话可用混凝土替代。政府在选举前往往会为自建地区安装管道和电力服务，有时还包括路灯。其他的一切都将以非正式的方式组织和构建，但会以高标准化的方式进行。世界上有许多城市开始根据自身特有的形式，以相关方式发展起来，如里约热内卢的贫民区（fowelas）、加拉加斯的殖民地（colonias）或是伊斯坦布尔非法建造的寮屋建筑（gecekondular）。

　　20 世纪 50 年代末，联合国还委托威斯曼进行了一项研究，即调查世界 7 个地方的居民对公共住宅的满意度。这 7 个地方分别是苏联的高尔基市、印尼、比属刚果（刚果的旧称）、摩洛哥、马德里、智利的圣地亚哥和危地马拉市。这项研究表明，人们对公共住宅"普遍感到失望"，这使得威斯曼开始主张将"援助自助"（aided self-help）作为一种成本更低、但不受欢迎的替代选择。1963 年，特纳开始在《建筑设计》（*Architectural Design*）和其他期刊上发表一系列文章，并得到了热烈追捧。在这些文章中，他称棚户区居民比现代建筑师更懂得如何组织自己的环境。1972 年出版的《建造的自由》（*Freedom to Build*）集聚了他对现代高层大众住宅的批判，他的批判引起了许多建筑师的共鸣。他认为自建不是自上而下的总体规划模式，它可以为组织城市发展提供框架，这一观点在 20 世纪 70 年代得到联合国、世界银行以及其他国际组织的认同和接受。1976 年，在温哥华召开的联合国第一次人类住区大会 [U.N. Conference on Human Settlements, 又称人居 I（Habitat I）] 清楚地表明了这一点，会议上福莱与德鲁为"热带地区"开发了早期定居点的设计方法，这其中的许多方法随后由科尼格斯伯格在 20 世纪 60 年代扩展为"行动规划"（action planning），为泽特的规划乃至新的世界发展规划议程奠定了基础。科尼格斯伯格和特纳关于自助和参与式规划的理念使联合国和世界银行形成了一种新的思维方式，即探讨如何通过设计来规划大规模且持续的世界城市化进程。

　　尽管这些规划者抛弃了建筑师作为城市环境唯一设计师的概念，但他们的理念直接源于后期的 CIAM 和十次小组方法，并且所有这些方法都同样基于这样一个理念：城市设计应该以居民的健康和福祉为出发点，根据可利用的自然资源和自然系统，运用适当的技术进行设计。PREVI（1968—1975）[1]是毕业于耶鲁大学的英国建筑师彼得·兰德（Peter Land）在利马北部一快速发展地区进行总体规划设计时的示范项目，该项目凸显了规划方向上的一些困难（图 119）。贝朗德（Belaunde）在当选总统的第一任期（1963—1968）即将结束之际，启动了 PREVI 项目。随后在胡安·贝拉斯科将军（Juan Velasco, 1968—1975 年任

322

1　即住房实验项目（Proyecto experimental de viviendas），该项目的支持者贝朗德总统在1968年军事政变中倒台，但 PREVI项目并没有终止。PREVI最初包括三个试点项目，第一个试点项目于1975 年建造完成交付使用，然而因国家动荡，该项目规划中的第二期未能开始。

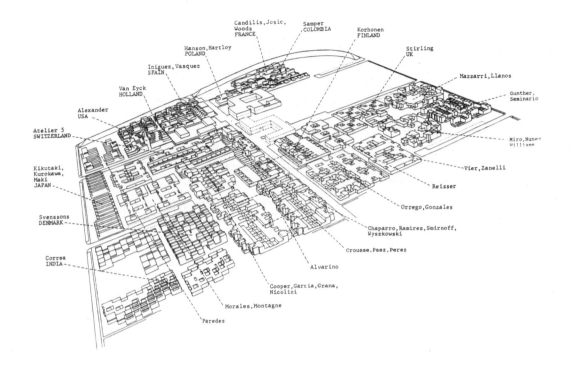

图 119 PREVI 项目,协调员彼得·兰德,秘鲁利马,1968—1975 年。图中展示了建筑师为各种指定自建地点做的选择。

总统)的左翼军事独裁统治下,PREVI 项目并没有终止,仍然继续展开,它是将建筑设计与自建方式相结合的实践。彼得·兰德确定了场地规划,然后通过竞赛[1]诞生了 26 个低层住宅备选方案,这些方案提供了 468 个住宅模型,综合建筑群中还包含教育、购物和休闲设施,由国家资助的 PREVI 办公室建造,然后由居民扩建。被邀请参加竞赛的建筑师分为两组:一组是国际知名建筑师,如詹姆斯·斯特林、槙文彦、阿尔多·凡·艾克、查尔斯·柯里亚(Charles Correa,1930— 2015)等;一组是秘鲁本土建筑师,包括一些著名的利马建筑师,如路易斯·米罗·克萨达(Luis Miró Quesada, 1914—1994)、雅克·克鲁斯(Jacques Crousse)等。PREVI 以行人为导向的场地规划仍然运作良好,并且提供了一系列安全、景观美化的行人开放空间,并修建了传统的秘鲁天主教堂。随着时间的推移,建筑师设计的大部分项目已经被当地居民在各个方面进行了广泛地改动,现在已变得跟利马北部其他大多数的自建区没什么两样了。

---

1 1969年,秘鲁住宅银行和联合国发展署组织了一场国际竞赛,邀请了全球26位建筑师和事务所参加。

贝拉斯科执政下短暂而激进的秘鲁政府还监督实施了利马的另一项大型工程，即 20 世纪 70 年代有组织自建的萨尔瓦多别墅区（Villa El Salvador）。1971 年 5 月，新成立的政府组织国家支持社会动员体系（Sistema Nacional de Apoyo a la Movilización Social，简称 SINAMOS）将城市旧中心区的非法居民重新安置到城市最南端的 2400 英亩（971 公顷）土地上。当地建立起了医院，卡车运来了净水，政府鼓励非正式企业提供食品和燃料供应等基本服务。米格尔·罗梅罗·索特罗（Miguel Romero Sotelo）的网格化总体规划提出建立 120 个住宅集群，16 个街区为一个集群，每个街区都有自己的公共广场。一个街区有 24 个地块，每个地块面积为 66×23 英尺，即 1518 平方英尺（20×7 米 = 140 平方米）。该规划与新的政治结构相关联，在这种结构中，每个居民都可以为其所在的集群投票选举一个委员会，然后委员会将这些地块分配给居民。贝拉斯科的政府不久就倒台了，之后几十年里这个国家一直动荡不安。但萨尔瓦多别墅区发展得非常成功，它以同样的物理和社会模式自建，到 2006 年已经有 185 个住宅集群，毗邻许多轻工业和仓库设施。尽管萨尔瓦多别墅区的网格规划相对死板，而且稀缺的资源严重限制了指定公园和公园道路区域的景观美化，但它依旧是一个成功的城市设计典范，因为它基本上实现了自建和自治（图 120）。

图 120 萨尔瓦多镇，秘鲁利马，1975 年。

20 世纪 70 年代，相关思想也开始在西欧产生影响。葡萄牙埃沃拉（Évora）的马拉古埃拉区（Malagueira）是阿尔瓦罗·西扎·维埃拉（Àlvaro Siza Vieira, 1933—　）1977 年设计的一个重建项目。项目由 1200 间泥灰砌体排屋构成，坐落在占地 67 英亩（27 公顷）的历史古城中，古城中分布着各种非正式居民区。之后法西斯的独裁统治（1926—1974）被葡萄牙社会主义政府推翻，在葡萄牙社会主义政府的支持下，马拉古埃拉区既反映了早期的低层现代住宅模式，又采取了一种更具情景性和开放性的方式。新建的两层混凝土水道与文艺复兴时期的渡槽相呼应，该渡槽服务于周围的古城，西扎将它作为新住宅的结构梁。新区进行了网格化，街道网格宽 19 英尺 8 英寸（6 米），网格大小 39 英尺 5 英寸 ×26 英尺 2 英寸（12×8 米）作为房屋用地。每栋房子都有临街或背街的庭院，包括一个可用于商业或存储的朝街房间。此外，还留出了空间作为菜地，使项目的总体密度只有每英亩 30 个单元。在整个设计过程中，规划者广泛征询了当地居民的意见，其中很多居民来自前葡萄牙殖民城市，比如罗安达和卢伦索－马科斯（Lourenço Marques, 1976 年更名为马普托）。马拉古埃拉项目一度被视为未来欧洲低成本住宅的典范。

20 世纪 80 年代，在整体或部分自建的低层住宅区规划方面取得成功的例子不胜枚举，例如阿那亚（Aranya），一个有组织的自建居民点，该居民点在 1983—1986 年就容纳了印度印多尔附近的 4 万名印度教、伊斯兰教和耆那教居民。这个获得年度阿卡·汗建筑奖（Aga Kahn Award）的项目由印度建筑师巴克里希纳·多西（1927—　）设计。在这个项目中，他规划了 6500 个建筑地块，并设计了多种备选住宅类型，每一类型的住宅都基于一个卫生间和一个水槽的排水容量设置管道枢纽。

肯尼亚内罗毕的丹多拉社区发展项目（Dandora Community Development, 1975—1983）是 1973 年内罗毕大都会发展战略（Nairobi Metropolitan Growth Strategy）提出的东北大都会走廊延伸计划的一部分，由内罗毕市议会与世界银行合作发起。这是对 1948 年英国殖民时期的内罗毕总体规划的修改与发展，该规划划分了更为精英、绿色的郊区西部地区和平坦、密度更高的东内罗毕南亚地区。1948 年规划是在传统英国殖民社会条件下制定的，当时非洲土著人被剥夺居住在城市里的权利，被迫居住在边远的棚户区。1964 年，肯尼亚脱离英国独立后，新政府宣布这座城市对所有居民开放，并大大扩展了城市面积。丹多拉社区发展项目为超 7.2 万名居民分配了 6000 个地块，提供饮用水、污水处理、电力和垃圾收集等全方位服务，此外还修建有学校、健康中心、社区中心、体育中心和商业市场。项目沿着连接 5 个社区的中央交通要道进行布局，很像坎迪利斯 – 若西克 – 伍兹的"杆"概念。特定的开放空间带将社区围成一圈，穿过这些区域的人行道可以到达多个地点。该项目非常成功，以至于新出租房建设过度密集。但是，它那将可步行城市密度和明晰的交通策略相结合的设计原则，仍被运用于建设其他许多类似的定居点。

当代城市设计的挑战

1969 年，景观设计师伊恩·麦克哈格在其著作《设计结合自然》（*Design with Nature*）一书中系统地提出了一种针对北美大都会区而设计的新方法。麦克哈格从 1954 年起就在宾夕法尼亚大学任教，他认识到工业化已经打破了建筑在前现代时期对场地、气候和照明条件的关注，到 20 世纪五六十年代，一系列新技术，如重型建筑设备、空调（50 年代在美国家庭普及）和荧光照明（1940 年开始在工厂中使用）等使得罗马建筑师维特鲁威在两千年前详细讨论过的设计要点似乎不再重要。人们认为，只要有足够的资金，任何地点都适合建造建筑，任何气候或照明条件都可以进行设置。至少 20 世纪 90 年代之前，这种想法在建筑和都市主义中普遍存在，导致那些对成本或市场吸引力没有直接影响的细节被忽视。在费城 WMRT 工作室的教学和实践中，麦克哈格提出了一种颇具影响力的新方法。他与规划师大卫·A. 华莱士（1917—2004）共同设计了巴尔的摩郊区的"山谷规划"（Plan for the Valleys，1962）。该规划将新的住宅开发集中在地势较高的地区，保留了具有重要生态意义的河道作为景观走廊，从而保护了该市西北部的蓄水层，保障淡水供给。麦克哈格还推广类似于电子表格的自然要素矩阵系统，推动了决策的制定，为数字化地理信息系统（geographical information systems，简称 GIS）的发展奠定了基础。格迪斯方法以数据和地图为中心，其中许多基本要素是由地理学家伊娃·杰曼·里明顿·泰勒（Eva Germaine Rimington Taylor, 1879—1966）在英国规划中发展起来的，尽管泰勒的设计工作大部分已经遗失，但仍然为杰克琳·蒂威特和英国规划与区域重建协会的工作提供了重要基础。

20 世纪 70 年代初，一些大型美国郊区开发项目已经开始采用这些方法，包括 WMRT 工作室的伍德兰（Woodlands）总体规划。伍德兰是位于休斯敦以北 28 英里（45 公里）的规划分区，占地 16939 英亩（6855 公顷）。伍德兰总体规划计划建造 47375 套住宅（其中 15% 预留给中低收入家庭），分布在 19 个社区、6 个村庄和一个市中心里，并通过开放空间网连接起来。20 世纪 70 年代，欧文公司（Irvine Company）在欧文牧场（Irvine Ranch）项目中使用了相关设计理念，项目由雷·沃森（Ray Watson）负责规划。在这个项目中奥兰治县贝克湾（Back Bay）河口得到保护，免受发展带来的破坏，并且在这片快速发展、富裕且密度中等的洛杉矶南部郊区，组建了一个覆盖面广且非常成功的自行车和徒步旅行路线网。新住宅区选址与南岸广场和新港中心时尚岛的新式商业办公空间"边缘城市"（edge cities）大规模重建相结合，后者由乔恩·杰德（Jon Jerde, 1940—2015）于 1989 年重新设计为一系列舒适的室外空间（图 121）。

图 121 欧文牧场新港中心时尚岛（Fashion Island/Newport Center），杰德国际建筑师事务所，加州，1989 年。

在 1973 年中东"石油危机"的刺激下，商业开发越来越紧凑、越来越具有生态意识，与此同时，社会上也出现了许多替代方向。弗兰克·劳埃德·赖特的建筑和都市主义一直与气候、光线和场地三者密切相关。1951 年，意大利建筑师保罗·索莱里（1919—2013）在菲尼克斯地区靠近西塔里埃森（Taliesin West）的地方成立了科桑蒂基金会（Cosanti Foundation），他曾经是弗兰克·劳埃德·赖特在塔里埃森的弟子之一。索莱里想建造一个占地 5 英亩（2 公顷）的乌托邦式社区，该社区由"土铸"混凝土建筑组成。按照索莱里的设想，这些建筑以沙漠中的沙子和土壤为模板，建成为巨型混凝土建筑，为未来世界上快速增长的人口提供城市环境。1970 年，索莱里在亚利桑那州的柯德思立交（Cordes Junction）附近启动了科桑蒂二号（Cosanti II），也被称为阿科桑蒂（Arcosanti），计划建造一个 5000 人的定居点。阿科桑蒂的半穹顶设计让人想起古代的遗迹，很快就成为另类建筑的象征。

20 世纪 70 年代，当时拥有 60 万人口的巴西南部城市库里蒂巴开始了影响深远的成功实践，并成为生态发展的典范。这些实践是基于圣保罗建筑师豪尔赫·威尔海姆（Jorge Wilheim, 1928—2014）制定的 1965 年城市总体规划[1]，该方案要求沿着从城市中心延伸出来的大型交通要道建立新的"发展轴"，取代早期为城市所制定的传统城市发展模式，即 20 世纪 40 年代，法国城市规划专家阿尔弗莱德·阿加什制订的学院派规划中所采用的环形加放射状发展的空间结构。1964 年，巴西军政府在美国的支持下上台，这个新规划得到了巴西军政府的支持，军政府希望这座城市继续发展成为一个工业中心。1966 年，为实施库里蒂巴城市总体规划，库里蒂巴城市规划设计研究院（Institute of Urban Research and Planning，简称 IPPUC）成立。五个公共交通枢纽于 1974 年建成并投入使用。1971 年，杰米·勒纳（Jaime Lerner, 1937—   ）被任命为市长，之后三次连任。随后，他成功当选巴西巴拉那州州长。

库里蒂巴新区划允许新"优先道路"高密度开发，鼓励在公共交通站点附近修建新住宅（大部分是高层建筑，图 122）。多车道道路将低速地方交通与公交车

1　库里蒂巴市政府就 1965 年城市总体规划组织了地方建筑和规划界的城市规划竞赛，圣保罗建筑师豪尔赫·威尔海姆制定的城市总体规划一举夺冠。

图 122　在建的库里蒂巴总体规划，豪尔赫·威尔海姆和其他人共同规划建设。

道、中央高速车道分隔开来。得益于这些新建的多车道街道道路，车流被引流到远离市中心的方向。这些变化使得 2004 年库里蒂巴的汽油消耗量比巴西其他城市低 30%。与此同时，勒纳市长在市中心购物街中创建了一条 24 小时营业的步行街，并成立了历史保护单位来修复全市的重要建筑。到了 21 世纪，河滨保护区也建立起来，并设计了 26 个新公园，用于解决洪水和卫生问题。1976 年，非正式居民从有环境危险的地区迁出，库里蒂巴公共住宅局（COHAB）采取了一项战略，即在现有社区内建造多种类型住房，有些社区有日托和公共卫生设施，如拥有 26000 套自建住房的拜罗诺沃项目（Bairro Novo，1989）。1980 年，由于库里蒂巴的人口仍以每年 5% 以上的速度增长，勒纳政府建立了快速公交系统（RIT），该系统后来对波哥大和克利夫兰等许多城市产生了巨大影响。20 世纪 90 年代，库里蒂巴的人口已增长到 130 万，市政府将工作重点转移到创造就业、公共教育、固体废物管理以及 UNILVRE（环境开放大学）的成立上。市政府向贫民区居民提供食品券和过境票，作为交换，居民负责收集和分类垃圾，回收的材料则出售给当地工业。

328

库里蒂巴作为一个快速发展、以生态为导向的工业中心所取得的成功，直到 20 世纪 90 年代才为国际所知。即使在今天，它在许多具体方面的成就对规划者来说甚至仍然是陌生的。在 20 世纪八九十年代的北美城市设计中，城市生态问题往往没有得到很大重视，因为当时的建筑和都市主义辩论往往集中在"新城市主义"与"新先锋主义"谁更有效的争论上，而后者是 1988 年现代艺术博物馆"解构主义建筑"展上明确提出的新方向。该展览展示了不同流派建筑师的一系列作品，如资深实践者弗兰克·盖里（Frank Gehry，1929—　），更具理论倾向的建筑师彼得·埃森曼、丹尼尔·里伯斯金（Daniel Libeskind，1946—　）、维也纳蓝天组建筑设计事务所［Coop Himmelb(l)au］，以及欧洲新生代建筑师伯纳德·屈米（Bernard Tschumi，1944—　）、雷姆·库哈斯和他的学生扎哈·哈迪德（Zaha Hadid，1950—2016），其中哈迪德出生在伊拉克，曾在建筑联盟学院学习。

　　在接下来的几十年里，这些建筑师以及其他许多受他们指导和影响的建筑师接受了大量来自世界各地的委托项目，而这其中许多是关于城市规模的规划项目。而他们的作品恰逢数字技术形式正在改变设计专业对建筑形式、技术系统和社会用途之间关系的认知，并与现代主义和后现代主义所固有的认知不同。尽管这些设计师极富创造力，并且他们的思想也受到越来越多专业院校的欢迎，但解构主义对都市主义的影响仍具体体现在某些城市实践中，如屈米 1982 年的巴黎拉·维莱特公园（Parc de la Villette）规划方案，该方案运用包豪斯的"点、线、面"概念，将一系列受苏联（俄罗斯）建构主义启发的红亭子建造在地表网格上，网格能够巧妙地将道路和运河进行分层，从而建造一个新型城市公园（图123）。到 21 世纪初，更多来自大地景观、概念艺术的城市设计正在全球范围内开展，盖里、库哈斯、埃森曼和哈迪德等建筑师成为闪耀全球的"明星"，他们建成或未建的设计项目遍布世界各地。

　　然而到了 21 世纪初，人们对气候变化以及建筑供暖和制冷系统、汽油动力汽车等人类活动的影响的科学依据——尽管在 2017 年仍存在政治争议——的关注，致使许多建筑师和其他同样关心建筑环境设计的人士将注意力转移到通常被称为以景观为中心、可持续发展或注重生态的都市主义上。许多设计师现在都在

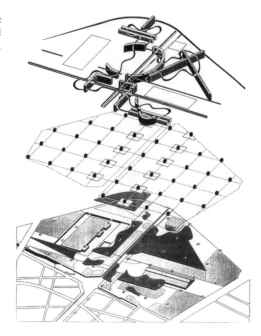

图 123 拉·维莱特公园竣工，伯纳德·屈米设计，巴黎，获奖作品，1982 年。

寻求将麦克哈格的生态驱动设计方法与各种形式的步行都市主义相结合，他们往往通过新的方式使用数字设计技术来整合多种设计模式。但从诺曼·福斯特的生态摩天大楼［如 1997 年竣工的德国法兰克福商业银行大楼和 2015 年完工的阿布扎比低层高密度的马斯达尔城（Masdar City）］，到斯堪的纳维亚众多从生态角度设计的新城区，这些实践都未能改变城市化的全球模式。

相反，近几十年来的大多数城市干预措施，要么是设计复杂（通常非常昂贵）的单体建筑，以寻求改善城市体验，如盖里设计的位于洛杉矶市中心的迪士尼音乐厅（1991—2003）、拉斐尔·莫内欧（Rafael Moneo）设计的洛杉矶大教堂（2002），以及伊东丰雄设计的仙台媒体中心（2001）；要么是大型多功能建筑群和各种类型的城市区域，通常由 AECOM[1]、SOM、HOK、KPF[2]、佐佐木（Sasaki Associates）等全球大型设计公司设计。在经济上取得成功的西欧、美

---

1 AECOM 是全球基础设施全方位综合服务企业，成立于 1990 年，总部位于洛杉矶。公司业务涉及建筑（Architecture）、工程（Engineering）、咨询（Consulting）、运营（Operations）和维护（Maintenance），公司名称源于这几项业务名称的首字母。

2 KPF，全称 Kohn Pedersen Fox Assciates，1976 年由尤金·科恩（A. Eugene Kohn）、威廉·佩特林（William Pedersen）和谢尔登·福克斯（Sheldon Fox）创立。

国和亚洲部分地区的全球化城市，完全有可能继续在城市规划目标之间实现新的协同效应，在实现提高步行的连通性同时兼顾建筑的复杂性和生态友好性。密歇根湖湖畔的芝加哥千禧公园，由 SOM 建筑设计事务所和其他人共同完成规划建造（2000—2015）；清溪川是首尔市中心一条历史悠久的河流，在拆除河道上的高架桥后，修复为公共绿道（图 124）；2007 年竣工并对外开放的西雅图奥林匹克雕塑公园（Olympic Sculpture Park）由韦斯/曼弗雷迪建筑事务所（Weiss/Manfredi）设计，横跨高速公路；纽约高线公园（High Line, 2008 年转为公共公园）是景观设计师詹姆斯·库勒（James Comer, 1961—   ）联合迪勒·斯科菲迪欧与伦弗罗建筑事务所（Diller Scofidio + Renfro）成功改造一座废弃高架货运铁路（20 世纪 30 年代该高架货运铁路通车运营）的成果。所有这些都表明，这些方面有可能改善现有中心城市行人体验。

　　然而，即使把游客和临时居民也包含在项目用户之内，能够负担起这些项目的城市现在也只覆盖世界人口的很小一部分。在世界许多其他地方，现今的模式类似于早期城市和大都市发展阶段，但却以一种极为迅速的方式进行着。中国是世界上人口最多的国家，超过 13.8 亿，从 1978 年开始迅速发展为如今的世界第二大经济体，而且 50% 以上的人口生活在城市，其中许多城市在 1992 年以后才

图 124　2003 年韩国首尔政府启动清溪川修复工程，历时两年，这一工程正式竣工。清溪川是首尔市中心一条历史悠久的河流，全长 7 英里（11 公里），现已得到修复。

　　设计现代城市：1850 年以来都市主义思想的演变

陆续建成。与 19 世纪的欧洲城市一样，这些翻天覆地的变化导致了个人收入和发展机会的巨大差异，以及生态问题。

中国政府现在正迅速采取行动，进一步将人口从农村转移到城市。已建成的城市地区大部分不是密集的历史城市新版本，而是由高层住宅区组成，这些住宅区的塔楼间距很大，周围是开阔的空间和宽敞的交通道路。这种以"塔楼和公园"为特征的城市化形式大多来自魏玛及之后的现代都市主义等其他理论。如今，这种典型的两居室公寓往往为私人所有。这些系统建造而成的高层建筑单元受到追捧，通常来说高楼要比传统的低层城市模式更受青睐，后者往往与旅游业或贫困相联系。

1978 年以后，中国城市化的确切历史还有待书写，但很明显，这种发展的许多规范和做法在其他地方都有先例，特别是在 20 世纪五六十年代，伦敦郡议会给了新加坡和中国香港的高层地产以很大的启发，并从 20 世纪 70 年代开始成为中国城市发展的典范。现在这种都市主义无处不在，并正成功地输出到中东和撒哈拉以南非洲的城市，如埃塞俄比亚的亚的斯亚贝巴和安哥拉的罗安达，有时还伴随更激进的大型基础设施项目，如高速公路、机场、铁路、购物中心、商业区以及大学和工业产业园。这种新的全球城市模式偶尔会因为相对较少的公园、绿道和操场而显得更有商业活力。按照西方的标准，它在形象和密度上无疑是"城市化"的，但这种高度资源密集型城市化目前看来是不可持续的，因为它需要大量的自然资源来建造、维护和服务。2005 年，中国"十一五"规划提出了城市可持续发展的目标，在一段时间内，这一目标可能会进而成为世界各地建设新城市的主要方式（图 125）。

上海这座中国式的全球高层商业城市在经济上取得了巨大成功，它的规划经验在其他地方也得到了推广，但世界上许多新兴城市的人口仍住在不太正规的住宅里。非正式居民点的居民有时还缺乏基本的公共服务——清洁水源、安全交通、基本医疗保健和教育等。与此同时，他们使用手机和其他现代消费品的机会越来越多。目前尚不清楚在这种情况下，当前的城市模式在世界现有资源下能得到多大程度的推广。在许多地方，各种形式的非正规性城市无论有无规划，现在都是城市聚落的主要形式。随着这些现实问题日益凸显，设计者将如何回应这些

图 125　上海浦东新区
陆家嘴，上海城市规划
设计院（总体规划）及
各类建筑师共同规划，
1994 年。

现实情况仍有待观察。显而易见的是，未来的城市形态就像过去一样，仍将是经过深思熟虑后的产物，而不是客观力量作用下的随机结果。

拓展阅读

Joan Busquets, ed., *Deconstruction/Construction: The Cheonggyecheon Restoration Project in Seoul* (Cambridge, Mass.: Harvard Graduate School of Design, 2010).

Viviana D'Auria et al., *Human Settlements: Formulations and (Re)Calibrations* (Amsterdam: SUN Architecture, 2010).

Richard Harris, "A Double Irony: The Originality and Influence of John F. C. Turner," *Habitat International* 27, no. 2 (June 2003): 245–69.

Felipe Hernandez, Peter Kellett, and Lea K. Allen, eds., *Rethinking the Informal City: Critical Perspectives from Latin America* (New York: Berghahn, 2010).

Robert Home, *Of Planting and Planning: The Making of British Colonial Cities* (London: Spon, 1997).

Clara Irazábal, "Urban Design, Planning, and the Politics of Development in Curitiba," in Vicente de Rio and William Siembieda, eds., *Contemporary Urbanism in Brazil* (Gainesville: University Press of Florida, 2009), 202–23.

Sharif Kahatt, *Utopias construídas: Las unidades vecinales de Lima* (Lima: Fondo Editorial de la Pontificia Unversidad Catolica del Peru, 2015). In Spanish only.

Paul L. Knox, *Palimpsests: Biographies of 50 City Districts* (Basel: Birkhäuser, 2012).

Mary McLeod, "Henri Lefebvre's Critique of Everyday Life," in Steven Harris and Deborah Berke, *Architecture of the Everyday* (New York: Princeton Architectural Press, 1997), 9–29.

Paniyota Pyla, ed., *Landscapes of Development* (Cambridge, Mass.: Aga Khan Program, Harvard Graduate School of Design, 2013).

John F. C. Turner and Robert Fichter, *Freedom to Build: Dweller Control of the Housing Process* (New York: Macmillan, 1972).

结　语

　　当今都市主义无论影响因素、发展目标还是发展路径都不确定，而且常常伴随各种争议。虽然许多设计师现在都热衷于步行导向且具有丰富多样性的密集型城市环境，但当今世界各地正在建设的众多城市无论是在经济上还是在其他方面，都趋向于汽车导向且高度分层的城市环境。与此同时，19世纪中叶出现的为改善城市贫民窟而涌现的慈善力量，到1909年发展为"城镇规划"，再到20世纪30年代发展成为20世纪中叶福利国家集体住宅的支持力量，现在则常被视为对传统社会和文化生命力所做出的压抑且令人遗憾的实践。除此之外，我们还对世界持续城市化所带来的生态影响表示担忧。这些方向似乎让许多都市主义实践陷入了某种僵局，城市设计师们很少能建造出他们自己版本的更好的城市，尽管在快速发展的城市环境中，物质和社会问题不断成倍增加，其中多存在于亚洲和非洲。

　　许多城市居民和设计师仍面临一系列挑战——改善卫生条件，设计具有充足阳光照射与良好空气流通的密集型经济适用房，缓解交通拥堵，找寻方法为公园和其他安全且有吸引力的公共环境分配空间。现在这些挑战已经有了一段较长的历史，其结果并不仅以众所周知的西方20世纪中期现代规划的失败而告终。与此同时，我们也清楚地看到，许多以往城市化背后的动机，尤其是通过建造纪念性建筑来代表国家权威的行为，就算没有遭遇强烈的反对，也往往被认为是过时的。考虑到这些问题，有必要更好地了解20世纪50年代以来现代都市主义的历史，审视已经提出的建议，并确定其中那些仍然重要的问题。

　　贯穿本书的一个关键观点是，对过去西方城市化的失败进行单纯批判的行为是不可取的，因为殖民主义、种族歧视和其他各种形式的社会统治对这些失败都有着明显而深刻的影响。我们应该试图去理解现代城市中人类生活的更大图景，³³⁴因为现代城市在 1850 年左右就已经发展起来。如果不这样做，就意味着对人类可以成功设计自己的城市环境的可能性表示否决。由此很多人就会确信：所有成功的设计努力都是为了某些群体凌驾于他人之上的自我强化。这种观点对城市的规划和设计愿景产生了广泛的质疑，与此同时，前所未有的全球城市发展继续遵循着其可预测的扩张模式，这些模式几乎不可避免地会导致交通拥堵、社会隔离、住房短缺和严重的环境问题。

如果我们密切关注过去的规划方案和结果，会发现其中许多规划都是出于努力解决其中一些相同的问题，我们不仅需要关注失败的案例，还必须去关注随着时间的推移，哪些类型的城市环境取得了成功，无论城市的原始生产条件如何。当然，这种做法为许多后现代都市主义者的作品和设计工作提供了借鉴，但我认为这是一种过于狭隘和工具化的方式，拒绝了这样一种可能性，即各种总体规划中或多或少所呈现的现代主义环境（如库里蒂巴），也可能被认为是成功的，而不仅仅是建筑师的设计。与此同时，非正规定居点的基础设施、公共卫生、住宅和社区形式等方面的设计也至关重要且迫在眉睫，这些大规模的非正规定居点如今已成为世界众多城市的特征，即使对于设计师来说"前进道路"仍然充满挑战。

译后记

　　作为一位城市地理学背景的研究者，从事城市研究已逾 20 年，这期间见证了中国改革开放以来蓬勃兴旺的城市化，也结识了来自不同学科背景、不同专业领域的优秀城市实践者。尤记得 2000 年初刚成为一名博士研究生时，我的研究方向转向了城市空间公共资源配置，接触到大量政治学、社会学、公共行政等领域的知识，从此打开了城市研究的新视野，也因此随着各种养分的添加以至于我很难准确定义何为城市研究。20 年来，我不断尝试，越来越坚信城市就是知识的汇聚地，城市发展、城市变迁，包括中国的快速城市化进程是所有学科的共力。规划一座城，建造一个 CBD，举办一次全球盛会……这些城市事件显然不是规划师或建筑师的一厢情愿，更不是政府或开发商一拍脑门只为一时荣耀，那应该是什么呢？历史会给我们线索，当下的政治经济格局会给我们信号，城市研究似乎没有权威。于是，城市研究"杂学"兴起，它不属于特定某个学科，任何专业人士都可以提出批判性意见，而我正借助了各种"杂学"开启了本书的翻译工作。

　　不同于一般的城市设计史，本书最引人瞩目的是它从社会变迁、制度转型以及科技革命等多元角度探讨了彼此之间如何互动，从而建构了全新的城市形态和城市发展模式。本书虽然主要介绍 1850 年以来的都市主义思想演变，却不吝于从更早的 18 世纪修建的凡尔赛宫说起。一座皇宫改变的不仅仅是欧洲上层社会的社交方式，更为重要的是开启了欧洲各帝国执政者对权力彰显形式的竞争。要实现这一目的，使帝国都城更宏伟、更安全、更有秩序，这背后就是技术的革命、思想的创新。因此，巴黎的城市现代化离不开法国大革命的解放思想（提出了"消除无知、迷信和错误"目标）以及巴黎工科综合学校培养的创新型技术人才（当然这种思想创新＋科技人才的发展模式又影响了苏联、美国等追随者）；而伦敦的城市现代化则表现出专业人士如规划师、建筑师等在调和皇室贵族、资产阶级以及工人阶级间的空间竞争中的关键作用，在解决一个个社会冲突过程中所形成的若干法律法规则促使现代法制社会下城市政府以及城市管理的形成。至于北美，其城市化不仅仅是新技术革命的结果，更表现出了联邦、州与地方的集权与分权关系，新旧移民与种族的融合关系。当然，城市革命的星星之火不仅点燃了整个欧美，也迅速蔓延到世界各地。伴随着帝国的殖民统治以及全球贸易网络的建构，现代城市建设也迅速在亚洲、非洲、拉丁美洲展开，各种都市实践层出不穷，城市思想中的革命性点亮了全球城市文明的进程。快速城市化带来的城市问题必然表现出阶级冲突、文化冲突，于是，无论是改良派还是革命派，都试图通过各种城市实践来找到解决方案。欧洲激进的社会主义城市革命，与北美从上至下的罗斯福新政改良运动，它们所展现的是如火如荼、百花齐放般灿烂的都市主义思想与现实主义的态度。冲突与竞争、交流与碰撞，新城市精神也随着"二战"后全球新秩序的形成与全球化的发展而不断演变，而这把新思想之火正在第三世界城市中燃烧。

21 世纪是城市的世纪，更是探索城市新思想的世纪。如果说 19 世纪的巴黎展现了何为美好而充满艺术情趣的现代城市生活，那么 20 世纪的纽约则告之世人何为欲望与权力的城市。进入 21 世纪，全球政治经济格局已发生重大改变，尤其是中国的崛起开辟了在原殖民体系所形成的核心—边缘模式中的另一条道路，那么 21 世纪是否会形成以中国城市为标志的新城市主义，并且这种新城市发展模式、新城市生活方式是否会代表全球命运共同体之精神则是中国未来城市发展需要回答之问。40 多年的改革开放使中国城市已经或是即将完成西方百年城市化进程，追随与模仿已到尽头，遗憾与冲突也留下诸多反思，未来中国城市如何引领城市命运共同体，需要合作与探讨的不再仅仅是建筑师、规划师、工程师，更需要艺术家、文学家、哲学家甚至宗教人士一起探索何为具有人类命运共同体精神的理想城市生活。在这里我们遵守公序良俗，追求命运大同。21 世纪的城市不仅仅是物质与财富的中心，更是思想与心灵的归属地。

至此，我要感谢好友黄家章先生的引荐，感谢社会科学文献出版社给我这个机会翻译本书。杨轩编辑的耐心与贴心给予我莫大的宽慰，王雪编辑不厌其烦地对有关词汇的译法与我进行了反复沟通，她的专业精神和负责态度让我无比钦佩。最后，我要感谢我的研究生赵思梦和张宇华对本书第七、八章的校对，感谢我的先生对本书翻译给予了第一时间的校对以及之后的无数次校对，正是他们的帮助让我得以顺利完成本书的翻译。

刘　筱

2020 年 9 月 19 日于深大荔园

图片来源

除图片说明中所示的所有者，图片的摄影师和视觉素材来源如下所示。本书已尽一切努力提供完整和正确的图片出处，如有错误或遗漏，请与出版方联系，以便在后续版本中更正。

A. C. Bosselman & Co.: 20

Missouri History Museum, St. Louis: 48

Eric Mumford: 50, 82, 101, 109, 110, 114, 116, 117, 118, 124, 125

Michelle Hauk: 69

Peter Land: 119

Wikimedia Commons: 1, 5, 7, 11–13, 15, 17, 22, 23, 28, 30, 32, 33, 36, 41, 51 (Charles F. Doherty, 1929), 53–55, 60–62, 70 (David Shankbone), 76–78, 79 (Maurice Gautherot), 94, 95, 104–7, 112, 115 (John Lambert Pearson), 120, 121 (D. Ramey Logan), 122, 123

索　引

（索引后页码为原书页码，即本书页边码）

图书在版编目（CIP）数据

设计现代城市：1850年以来都市主义思想的演变 /
（美）埃里克·芒福德（Eric Mumford) 著；刘筱译. --
北京：社会科学文献出版社，2020.12
　　书名原文: Designing the Modern City: Urbanism
Since 1850
　　ISBN 978-7-5201-6896-0

　　Ⅰ.①设…　Ⅱ.①埃…②刘…　Ⅲ.①城市规划－建
筑设计－研究－世界　Ⅳ.①TU984

　　中国版本图书馆CIP数据核字（2020）第128314号

设计现代城市：1850年以来都市主义思想的演变

著　　者 / ［美］埃里克·芒福德（Eric Mumford）
译　　者 / 刘　筱

出 版 人 / 谢寿光
责任编辑 / 杨　轩　王　雪

出　　版 / 社会科学文献出版社（010）59367069
　　　　　　地址：北京市北三环中路甲29号院华龙大厦　邮编：100029
　　　　　　网址：www.ssap.com.cn
发　　行 / 市场营销中心（010）59367081　59367083
印　　装 / 北京盛通印刷股份有限公司

规　　格 / 开　本：787mm×1092mm　1/16
　　　　　　印　张：26.75　字　数：434千字
版　　次 / 2020年12月第1版　2020年12月第1次印刷
书　　号 / ISBN 978-7-5201-6896-0
著作权合同
登 记 号 / 图字01-2019-0837号
定　　价 / 138.00元

本书如有印装质量问题，请与读者服务中心（010-59367028）联系